Rostfreie Stähle

Berechtigte deutsche Bearbeitung der Schrift „Stainless Iron and Steel" von J. H. G. Monypenny in Sheffield

Von

Dr.=Ing. Rudolf Schäfer

Mit 122 Textabbildungen

Berlin
Verlag von Julius Springer
1928

Alle Rechte, insbesondere das der Übersetzung
in fremde Sprachen, vorbehalten.

ISBN-13: 978-3-642-98270-5   e-ISBN-13: 978-3-642-99081-6
DOI: 10.1007/978-3-642-99081-6
Softcover reprint of the hardcover 1st edition 1928

Vorwort.

In dem Vorwort der englischen Ausgabe betont Monypenny, daß die Hauptaufgabe seiner Arbeit darin bestand, die Grenzen der verschiedenen Werkstoffe zu zeichnen, die unter dem Namen „Rostfreier Stahl" auf dem Markte sind und mit weit voneinander abweichenden Eigenschaften hergestellt werden. Ein solches weites Grenzgebiet ist von großem Vorteil für den Verbraucher, namentlich den Konstrukteur und Ingenieur, die für besondere Zwecke auf den rostfreien Stahl zurückgreifen müssen. Die reichlich hingestreuten Angaben über besonders wichtige Eigenschaften des rostfreien Stahls geben dem Verbraucher Fingerzeige, bei der Wahl dieses oder jenes Werkstoffes dessen besonderen Eigentümlichkeiten Rechnung zu tragen.

Nicht nur theoretisch, sondern auch praktisch ist die Untersuchung des Kleingefüges der Stähle äußerst wertvoll. Was die rostfreien Stähle anbetrifft, so ist diese Untersuchung ganz besonders wichtig, weil hierdurch nicht nur die Ursache für das verschiedene mechanische Verhalten dieser Stähle festgelegt, sondern weil auch namentlich aus dem Kleingefüge abgelesen werden kann, aus welchem Grunde sich dieser oder jener Stahl gegenüber dem Rost und der Korrosion verschieden verhält. Daher wurde eine Anzahl Kleingefügebilder gebracht, die den Verbraucher belehren können, welchen Aufbau sein für einen besonderen Zweck ausgesuchter Stahl haben muß, um die besten Ergebnisse hinsichtlich seiner Beständigkeit gegenüber verschiedenen Angriffsmitteln und anderen Beanspruchungen zu zeigen.

Streng genommen umschließt der Begriff „rostfreier Stahl" oder „nichtrostender Stahl" nicht alle diejenigen Eigenschaften, die in diesem Werkstoff schlummern. Doch sind diese Bezeichnungen für die in diesem Buche beschriebenen Werkstoffe seit Jahren allgemein üblich, und es ist auch fraglich, ob sie durch andere eindeutigere Namen ersetzt werden können. —

Es bedarf wohl keiner besonderen Begründung, warum es der Unterzeichnete unternommen hat, diese Schrift von Monypenny den deutschen Herstellern und Verbrauchern von rostfreiem Stahl zugänglich zu machen. Kommt doch Monypenny ein großes Verdienst in der Hinsicht zu, daß er in jahrelanger Arbeit tiefgründige Forschungen in Gemeinschaft mit Brearley angestellt hat, um unser Wissen über die rostfreien Stähle zu vertiefen und vielfältigen Nutzen aus ihnen zu ziehen. In der Metallurgie des Stahls nimmt dieses noch junge Kind bereits eine hervorragende Stelle ein, werden doch schon jährlich Tausende von Tonnen dieses besonderen Werkstoffes für alle möglichen Zwecke erzeugt. Die Verwendung des rostfreien Stahls kann man füglich als unbegrenzt bezeichnen.

In erster Linie hat sich Monypenny in seinem Buche, das keineswegs vollkommen sein kann, wenn hier namentlich an die Herstellung rostfreier Stähle gedacht wird, mit den reinen rostfreien Chromstählen befaßt, die besonders in England geschätzt werden. In Deutschland sind dagegen mehr die bezüglichen Chromnickelstähle gefördert worden. Hier ist es vor allen Dingen Krupp, der die nichtrostenden Chromnickelstähle und deren Abkömmlinge untersucht und ihnen ein weites Verwendungsgebiet erschlossen hat. Daher mußte die vorliegende deutsche Arbeit ausgiebig Rücksicht auf die Erfindungen und Forschungen der Firma Krupp und ihrer Mitarbeiter insbesondere in den Personen von Strauß, Maurer und Schottky nehmen.

Die deutsche Bearbeitung entspricht im Aufbau der englischen Ausgabe. Auch in diesem Buche wie in seinen vorhergehenden Schriften über „Werkzeugstähle", „Konstruktionsstähle und „Einsatzhärtung" hat sich der Unterzeichnete bemüht, wissenschaftliche Erklärungen in tunlichst kurzer leichtverständlicher Form zu bringen, wie sich auch Monypenny einer einfachen Erklärungsweise befleißigt hat. Denn es kommt in einem solchen Buche wie dem vorliegenden nicht so sehr darauf an, wissenschaftlichen Fragen tiefgründig nachzugehen, sondern diese Arbeit soll in erster Linie den Zweck haben, dem Menschen im „Zeitalter des Eisens" immer wieder vor Augen zu führen, daß er auf Schritt und Tritt sehen kann, wie trotz aller möglichen Schutzmaßnahmen Rost und Korrosion noch ungeheuere Werte vernichten und so sehr vom Übel sind, daß ihre Ausrottung sich durchaus verlohnt.

Die zahlreichen in der deutschen Bearbeitung gebrachten Fußanmerkungen sollen den Leser darin unterstützen, sich über das gerade in Frage stehende Gebiet genauer zu unterrichten. Auch das in der deutschen Ausgabe am Schluß gebrachte Schrifttum über rostfreie Stähle soll dem gleichen Zwecke dienen, aber auch andererseits andeuten, wie überaus lebhaft in- und ausländische Forscher sich der Aufhellung der Eigenschaften der bestehenden rostfreien Stähle widmen und neue aufbauen. Zahlreiche Patente des In- und Auslandes geben ferner davon Zeugnis, in welch umfassender Weise sich Forschergeist und Unternehmertum auf diesem besonderen Gebiete der Metallurgie des Stahls betätigen.

Die Zahl der Abbildungen wurde in der deutschen Ausgabe um 13 erhöht.

Berlin, im Januar 1928.

Schäfer.

Inhaltsübersicht.

Seite
I. Einleitung und Geschichtliches 1
II. Der Einfluß des Chroms auf Härte und Gefüge des Stahls 21
  1. Veränderungen des Gefüges während der Erhitzung und Abkühlung 30
  2. Einfluß der Abkühlungsgeschwindigkeit auf Härte und Kleingefüge 40
  3. Einfluß des Kohlenstoffs auf das Kleingefüge 46
  4. Rostfreie Stähle mit hohem Kohlenstoffgehalt 50
  5. Grobgefüge und Ungleichmäßigkeit des Rohblocks 55
  6. Thermische Schaulinien 64
III. Herstellung, Bearbeitung und Behandlung von rostfreiem Stahl 71
  1. Herstellung 71
  2. Walzen und Schmieden 79
  3. Beizen 84
  4. Wärmebehandlung 86
  5. Löten und Schweißen 93
IV. Die mechanischen und physikalischen Eigenschaften rostfreier Stähle im Hinblick auf ihre Zusammensetzung und Behandlung. 99
  1. Härtungstemperatur 106
  2. Hochchromhaltiges Eisen und hochchromhaltiger Stahl . . . 108
  3. Anlaßprödigkeit 112
  4. Einfluß der Stangengröße beim Kerbschlagversuch 116
  5. Versuche mit geglühtem rostfreiem Werkstoff 118
  6. Elastizitätsmodul 119
  7. Schubmodul 120
  8. Ermüdung 120
  9. Mechanische Eigenschaften bei höheren Temperaturen . . . 124
  10. Einfluß verschiedener Legierungszusätze auf die physikalischen Eigenschaften von rostfreiem Stahl 132
    a) Silizium S. 132; b) Nickel S. 139; c) Mangan S. 146; d) Kupfer S. 147; e) Aluminium S. 149.
  11. Einfluß der Kaltbearbeitung auf die mechanischen Eigenschaften von rostfreiem Stahl 152

12. Einige physikalische Eigenschaften von rostfreiem Stahl. . . . 157
   a) Spezifisches Gewicht (Dichte) S. 157; b) Ausdehnungskoeffizient S. 158; c) Wärmeleitvermögen S. 158; d) Elektrischer Widerstand S. 161; e) Magnetische Eigenschaften S. 162.

V. **Der Einfluß verschiedener Behandlung und Zusammensetzung rostfreier Stähle auf den Widerstand gegen Korrosion** 163
   1. Härten 170
   2. Anlassen 171
   3. Glühen 173
   4. Kaltbearbeitung 175
   5. Die durch veränderte Zusammensetzung von rostfreiem Stahl erzeugten Wirkungen 178
      a) Kohlenstoff und Chrom S. 178; b) Silizium S. 181; c) Nickel S. 184; d) Kupfer S. 185; e) Zunder S. 187.

VI. **Der Widerstand rostfreier Stähle gegen verschiedene Angriffsmittel** 188
   1. Atmosphärische Korrosion 190
   2. Leitungswasser 192
   3. Fluß- und Brunnenwasser 192
   4. Meerwasser und Salzwasser (Sole) 192
   5. Ammoniak, Alkalien und Alkalikarbonate 193
   6. Wäßrige Salzlösungen 193
   7. Ammoniumchlorid 195
   8. Ammoniumsulfat 195
   9. Alaun 196
   10. Eisenchlorid 197
   11. Kupferchlorid 197
   12. Quecksilberchlorid 198
   13. Natriumsulfat 198
   14. Essig und Fruchtsäfte 199
   15. Schwefelsäure 202
   16. Schweflige Säure 212
   17. Salzsäure 212
   18. Salpetersäure 213
   19. Phosphorsäure 223
   20. Borsäure 224
   21. Organische Säuren 224
   22. Elektrolytische Korrosion bei Berührung von rostfreiem Stahl mit Kupferlegierungen und Graphit 225
   23. Überhitzter Dampf 226
   24. Schmieröle, Schmierfette, Paraffin, Benzol und Petroleum 228
   25. Oxydation bei hohen Temperaturen 228

VII. **Besondere rostfreie Stähle** 232
   1. Chromsiliziumstähle 237
   2. Chromnickelstähle (Nickelchromstähle) 241

a) Mechanische Eigenschaften S. 245; b) Schmieden und Walzen S. 247; c) Kaltbearbeitung S. 250; d) Kleingefüge S. 259; e) Einfluß hoher Temperaturen S.259; f) Verzunderung S. 261; g) Widerstand gegen Korrosion S. 262; h) Physikalische Eigenschaften S. 265; i) Löten und Schweißen S.266.

    3. Chromnickelsiliziumstähle 278
    4. Chrommolybdänstähle 291
    5. Komplexe Legierungen 295

VIII. Einige Anwendungen rostfreier Stähle 298
Patente 328
Schrifttum 332

I. Einleitung und Geschichtliches.

Rosten von Eisen und Stahl tritt ein, wenn diese Werkstoffe während einer gewissen Zeit entweder der Atmosphäre oder dem Wasser ausgesetzt oder in der Erde vergraben sind. Diese Kenntnis wird allgemein als selbstverständlich vorausgesetzt. Die Rostneigung ist dem Eisen eigentümlich, die wahrscheinlich niemals ganz beseitigt werden wird. „Das Eisen rostet" und es ist alsdann auf dem besten Wege, vollständig zu verderben. Wird es auf irgendeine Weise, etwa durch einen Farbanstrich, während einer längeren Zeit vor der Zerstörung durch Rost bewahrt, so wird diese Tatsache immerhin schon als ein besonderes Ereignis angesehen. Es wird berichtet, daß die Sheffielder Messerschmiede, als ihnen die ersten geschmiedeten Messerklingen aus „fleckenlosem" („fleckenfreiem") Stahl (stainless steel), der nicht rostet, gezeigt wurden, in ihrer urwüchsigen Sprache sagten, daß dies ein ausgemachter Unsinn sei.

Die allmähliche Zerstörung des Eisens und Stahls durch den Rost ist volkswirtschaftlich außerordentlich bedeutungsvoll, denn ungeheure Geldwerte werden im Laufe der Zeit vernichtet. Jeder kennt die Unannehmlichkeiten des Rostes bei Haushaltungsgegenständen, Eisenröhren und dergleichen, jedoch bekommt man erst einen Begriff von der großen Wichtigkeit, der Rostfrage die größte Aufmerksamkeit zuzuwenden, wenn man große Eisenbauwerke betrachtet. Die gewaltige Forthbrücke in England muß z. B. dauernd Jahr für Jahr mit einem Schutzanstrich versehen werden. Zu verschiedenen Zeiten hat man die Verluste geschätzt, die der Rost bei Eisen- und Stahlbauten verursacht, wobei sich sehr hohe Zahlen ergaben, wenn man die Eisenmengen der ganzen Welt berücksichtigt. So hat Hadfield vor kurzem gelegentlich eines Vortrages in der „Königlichen Wissenschaftlichen Gesellschaft" in London angegeben, daß der jährliche Verlust durch Rost auf der ganzen Welt auf etwa 10 Milliarden Mark geschätzt werden müsse. Auch der „Reichsausschuß für Metallschutz" in Berlin hat auf Grund von Erhebungen ebenfalls festgestellt, daß von den vom Jahre 1766 ab in der ganzen Welt erzeugten Millionen Tonnen Eisen nicht weniger als 718 Millionen Tonnen verloren gegangen sind. Noch heute büßt die Welt jährlich etwa 22 Millionen Tonnen Eisen durch den Rostfraß ein, das ist gleich der Jahreserzeugung der gesamten deutschen Eisenindustrie von etwa 22,5 Millionen Tonnen. Overbeck berichtet, daß der Kampf mit dem Rost in den Vereinigten Staaten Amerikas allein jährlich mehrere Milliarden Mark kostet[1].

Wenn auch diese Zahlen sicherlich nur mit einer gewissen Zurückhaltung betrachtet werden müssen, so geben sie doch an, daß die Verluste durch die Verrostung von Eisen und Stahl eine riesige Höhe erreichen. Berücksichtigt man, daß die Deutsche Reichsbahn allein in eisernen Brücken ein Kapital von 1,2 Milliarden Mark besitzt, das nur einen Bruchteil der innerhalb Deutschlands in Eisenbauwerken angelegten Geldwerte ausmacht, so drängt sich jedem die Erkenntnis auf, daß dem Zerfall dieser großen Geldwerte Einhalt getan werden muß. Für den Rostschutz ihrer Eisenkonstruktionen benötigt die Deutsche Reichsbahn jährlich 48,5 Millionen Mark[2], für die Rostbekämpfung ihrer Telegraphenoberleitungen muß die Deutsche Reichspost jährlich etwa 5 Millionen Mark aufwenden, und die Berliner Brücken erfordern je nach ihrer korrosiven Beanspruchung zwischen einer bis drei Mark je Quadratmeter und Jahr für die Rostbekämpfung. Der Aufwand einer Schiffahrtsgesellschaft für die Instandhaltung des Außenanstrichs ihrer Schiffe beträgt jährlich viele 100000 Mark (Hausen). Nach Zeitungsnachrichten hat kürzlich die Deutsche Reichsbahn ein westfälisches Eisenhüttenwerk mit Erfolg auf Schadenersatz verklagt, weil als erwiesen angesehen wurde, daß die aus den Fabrikanlagen herrührende Staub- und Rauchentwicklung nicht nur die Bettung der Eisenbahngleise gänzlich verstopfe und verschlamme, sondern auch eine vollständige Verrostung der Schienen, Schrauben, Signale und anderer Teile der Bahnanlagen in solchem Maße herbeiführe, daß die Unterhaltungs-

---

[1] Jaeger: Warum lassen wir jährlich Millionen Tonnen Stahl verrosten? Der Werksleiter 1927, S. 104. — Vgl. Iron Age 1924 (113), S. 306.

[2] Vgl. auch Schulze: Über Rostschäden und Rostschutz bei Reichsbahnfahrzeugen. Glasers Annalen vom 1. Juli 1927. Jubiläumsnummer und Kühnel und Marzahn: Zusammenhang zwischen Rosten und Baustoffeigenschaften. Glasers Annalen 1923, S. 134.

Einleitung und Geschichtliches. 3

kosten wesentlich erhöht würden. Die stärkere Verrostung von eisernen Gegenständen in Industriegebieten und Städten ist auch erklärlich, da bei der Verbrennung der Kohle zunächst schweflige Säure gebildet wird, die sich in der feuchten Luft zum Teil in Schwefelsäure umsetzt, welch letztere das Eisen bekanntlich stark angreift[1].

Außer den großen Geldverlusten hat aber das Rosten von Eisen und Stahl auch noch andere Schäden im Gefolge. Bei Eisenbauwerken kann eine unbeachtete Rostung nur eines kleinen Teiles, z. B. einer Brücke, die Festigkeit (Tragfähigkeit) des verrosteten Teiles dermaßen schwächen, daß er die ihm aufgebürdete Last nicht länger tragen kann, wodurch aber das ganze Bauwerk infolge von Brüchen oder Formveränderungen ungemein gefährdet ist und somit Leben und Gesundheit z. B. der Insassen eines darüberfahrenden Zuges auf dem Spiele stehen. Haushaltungsgegenstände und andere Geräte, die öfters poliert werden müssen, nehmen viel Zeit und Arbeit weg, die vermieden werden können, wenn die blank zu haltenden Flächen nicht rosteten.

Es ist deshalb nicht zu verwundern, daß zahllose Versuche gemacht worden sind, diese unangenehmen Erscheinungen des Rostens entweder zu vermindern oder ganz zu beseitigen. In manchen Fällen werden aus diesem Grunde anstatt Eisen und Stahl andere Legierungen, z. B. solche des Kupfers vorgezogen, da diese im allgemeinen der Korrosion einen größeren Widerstand entgegensetzen. Außer denjenigen Fällen, bei denen die höheren Kosten solcher widerstandsfähigen Legierungen in Kauf genommen werden müssen, gibt es jedoch noch viele andere Fälle, mit denen die mechanischen Eigenschaften, die man gerne erhalten möchte, nur durch Verwendung irgendeiner besonderen Eisen- oder Stahllegierung erzielt werden können. In solchen Fällen, in denen eine glänzende Oberfläche benötigt wird, ist des öfteren entweder ein ziemlicher Kraftaufwand beim Polieren des Gegenstandes erforderlich, mit dem eine natürliche Abnutzung des letzteren einhergeht, oder der Gegenstand muß mit irgendeiner Art von durchsichtigem Lack oder dergleichen bestrichen werden. Es ist

---

[1] Vgl. Schäfer: Über den Schwefel in den Brennstoffen. Zeitschrift für das Berg-, Hütten- und Salinenwesen im Preußischen Staate 1910, S. 281 und Meurer: Stoffverfall und Stofferhaltung. Zeitschrift des Vereins deutscher Ingenieure 1926, S. 461.

selbstverständlich, daß das letztere Verfahren in vielen Fällen nicht in Frage kommen kann. Man kann auch eine mehr oder weniger dauerhafte metallische Oberfläche etwa durch Verzinnung, Verzinkung oder durch Galvanisierung oder Elektroplattierung mit irgendeinem Metall erhalten, das in größerem oder geringerem Maße gegen korrodierende Einflüsse gewappnet ist. Ist eine polierte oder rein metallische Oberfläche nicht notwendig, so müssen andere Schutzmaßnahmen ergriffen werden, z. B. Farbanstrich, Überzug mit einer festhaftenden Schicht von magnetischem Eisenoxyd (Bower-Barffverfahren oder seine Abänderungen oder das Ruffingtonverfahren)[1] oder die Herstellung einer Eisenphosphathaut, wie sie nach dem Coslettverfahren erhalten wird.

Wenn auch alle diese Verfahren für viele Zwecke von großem Wert sind, so haben sie trotzdem in gewissen wichtigen Beziehungen augenscheinliche Nachteile. In manchen Fällen ist der Überzug brüchig und blättert leicht ab, während in allen Fällen die Anbringung einer Schutzhaut die letzte Arbeitsstufe bei der Herstellung eines Gegenstandes sein muß. Nachdem die Schutzhaut aufgebracht ist, darf der Gegenstand nicht gebohrt, gesägt oder mit irgendeinem Werkzeug oder einer Maschine bearbeitet werden, denn sonst wird die einheitlich geschützte Oberfläche unterbrochen und eine ungeschützte Fläche des Gegenstandes aus Eisen oder Stahl hervorgerufen. Vom Standpunkte des Ingenieurs besteht ein noch ernsterer Nachteil bei der Aufbringung von Schutzdecken, die eben nur ein oberflächliches Gepräge haben, darin, daß der Gegenstand, der mit der Schutzschicht versehen wurde, nur von sehr geringem Wert ist, wenn er während seines Gebrauches irgendeiner Art von Reibung oder Abnutzung unterworfen oder eine schneidende Kante verlangt wird. In solchen Fällen darf daher das angewendete Schutzverfahren, um das Eisen oder den Stahl genügend rostfest zu machen, nicht nur auf die Oberfläche beschränkt bleiben, sondern es muß auch der gesamten Masse des Werkstoffes mitgeteilt werden, damit er nach Abnutzung der Oberfläche genau so widerstandsfähig gegen Rost und Korrosion ist, wie die Oberfläche selbst. Ein der-

---

[1] Vgl. auch Arndt: Über den Einfluß der Oberflächenbeschaffenheit auf das Rosten des Eisens. Metallurgie 1911, S. 353 und von Knorre: Verhandlungen zur Beförderung des Gewerbfleißes 1910, S. 265.

artiger Schutz kann nur durch eine vollständige Änderung der Eigenschaften der ganzen Eisen- und Stahlmasse erreicht werden und die einzige Möglichkeit in dieser Richtung ist diejenige, daß man den Stahl mit irgendeinem anderen Metall legiert, das die Fähigkeit besitzt, die ganze legierte Stahlmasse vor Witterungseinflüssen und Säureangriff zu bewahren.

Die Möglichkeit, das Rosten von Eisen und Stahl durch die Hinzufügung anderer Metalle zu verlangsamen oder tunlichst vollständig zu beseitigen, ist seit vielen Jahren bekannt, und manche dem Rost starken Widerstand entgegensetzende Stahllegierungen wurden schon vor geraumer Zeit entdeckt. Anscheinend sind die besten Beispiele dieser Art die schon länger geschätzten hochlegierten Nickelstähle mit 25 bis 35 vH Nickel. Trotzdem ein derartiger Werkstoff keinesfalls „nichtrostend" ist, widersteht er aber dem Rostangriff in viel höherem Maße als der gewöhnliche Stahl, und daher wird er sehr viel gebraucht. Dieser Nickelstahl ist jedoch ziemlich teuer und seine mechanischen und physikalischen Eigenschaften sind nicht für alle Verwendungszwecke geeignet. Er kann z. B. durch Abschreckung nicht in dem Maße gehärtet werden, wie der für schneidende Werkzeuge allgemein übliche einfache Kohlenstoffstahl oder der legierte Schneidstahl, der als Schnelldrehstahl bekannt ist.

Über einen anderen gegen eine besondere Art von Korrosion widerstandsfesten Werkstoff soll später ebenfalls berichtet werden. Er enthält etwa 12 bis 14 vH Silizium und wird unter verschiedenen Handelsnamen verkauft. Eine solche Legierung besitzt eine große Beständigkeit gegen die Einwirkung von Mineralsäuren. Ihrer Natur nach ist sie mehr oder weniger dem Gußeisen verwandt und deshalb ist ihr Gebrauch auf solche Verwendungszwecke beschränkt, für die sich ihre mechanischen und physikalischen Eigenschaften eignen. Doch ist sie verhältnismäßig brüchig und kann weder geschmiedet noch gewalzt werden[1].

Hieraus ist zu ersehen, daß es ein großes Anwendungsgebiet für Stahlerzeugnisse gibt, die die Eigenschaft einer großen Widerstandsfähigkeit gegen Rost bei jenen Gegenständen besitzen, die aus ihnen hergestellt werden und die auch ein weites Gebiet der

---

[1] Vgl. „Säurebeständiger Guß" in Geiger: Handbuch der Eisen- und Stahlgießerei. I. Berlin: Julius Springer 1925 und „Gießereizeitung" 1925, S. 371 und 1927, S. 192.

mechanischen und physikalischen Eigenschaften im Vergleich zu denjenigen umfassen, die innerhalb des Gebietes des „Stahls" gefunden werden. Ein derartiger nichtangreifbarer Werkstoff ist jetzt in der Form des „rostfreien Stahls" auf dem Markte.

Über rostfreien Stahl wurde in England zuerst im Jahre 1914 berichtet, und zwar wurde dieser Stahl in Form von Tischmessern vorgestellt. Sein fast ausschließlicher Gebrauch für Messerwaren während einer langen Zeit nach dem Jahre 1914 erweckte den Glauben, daß der „rostfreie Stahl" nur eine besondere Art des Messerschmiedestahls ist, der also nur ein sehr enges Gebiet hinsichtlich seiner mechanischen Eigenschaften einschloß. Man war sogar der Ansicht, daß dieser Stahl nur eine andere Art der „Versilberung" darstellte. Wäre dies der Fall, so hätte der rostfreie Werkstoff ein sehr begrenztes Anwendungsgebiet und er wäre daher für den Ingenieur von nicht besonders großem Wert. Glücklicherweise ist dies nicht der Fall. Der „rostfreie Stahl" umfaßt in Wirklichkeit eine Reihe von Stählen, deren mechanische und physikalische Eigenschaften sich in weiten Grenzen ändern können, und zwar in ähnlicher Weise, wie sich die verschiedenen Arten oder „Härtegrade" (Qualitäten) der gewöhnlichen Kohlenstoffstähle ändern. Sie haben alle die hervorstechenden Eigenschaften eines großen Widerstandes gegen Korrosion und sind hauptsächlich durch das Vorhandensein eines hohen Gehaltes an Chrom ausgezeichnet. Im allgemeinen bewegt sich der Gehalt des Chroms im rostfreien Werkstoff zwischen 11 und 14 vH.

In den gewöhnlichen Stählen werden die Schwankungen der mechanischen Eigenschaften größtenteils durch die Anwesenheit wechselnder Mengen von Kohlenstoff hervorgerufen. Sehr weicher Stahl (Flußeisen) kann z. B. 0,1 vH Kohlenstoff und weniger enthalten, während bei gewissen Arten von Werkzeugstählen 1,3 bis 1,7 vH Kohlenstoff vorhanden sind. Diese Beträge an Kohlenstoff bedeuten die Grenzwerte des schmiedbaren Eisens. Mittlere Kohlenstoffmengen werden gewählt, um Eigenschaften zu erzielen, die für besondere Zwecke geeignet sind. So werden auch im rostfreien Stahl die Schwankungen hinsichtlich der mechanischen Eigenschaften zum größten Teil ebenfalls durch das Vorhandensein unterschiedlicher Mengen von Kohlenstoff herbeigeführt. Jedoch ist aus Gründen, die später erläutert werden, in diesem Falle das Grenzgebiet des Kohlenstoffgehaltes viel mehr beschränkt, so daß der Höchstgehalt an Kohlenstoff im rostfreien Stahl gewöhnlich nicht mehr als 0,4 vH beträgt. Der rostfreie Stahl mit der oben genannten Zusammensetzung, also mit 11—14 vH Chrom und mit bis 0,4 vH Kohlenstoff, enthält mitunter noch geringe Mengen von Nickel bis zu etwa 1 vH. Jedoch hat das Vorhandensein dieses Elementes, das nicht absichtlich hinzugefügt und nur zufällig zugegen ist, auf die Beständigkeit des Stahls keinen wesentlichen Einfluß.

Den Widerstand hochchromhaltiger Stähle gegen Rost „entdeckte" anscheinend Brearley im Jahre 1913. Er war damals mit einer eingehenden Untersuchung über den Widerstand gegen das Anfressen verschiedener Stahlarten im Hinblick auf ihre Verwendungsmöglichkeit für Militärgewehre und Marinegeschütze bei den Firmen John Brown and Co., Ltd. und Thomas Firth and Sons, Ltd. in Sheffield beschäftigt. Unter den Stählen, die Brearley zu dem genannten Zwecke untersuchte, waren einige, die große Mengen Chrom enthielten. Im Laufe dieser Untersuchungen wurde eine Anzahl von Proben, die sich in verschiedenen Zuständen der Wärmebehandlung befanden, mikroskopisch untersucht, wie dies bei solchen Untersuchungen allgemein üblich ist. Hierbei bemerkte Brearley, daß diese hochgradigen Chromstähle entweder gar nicht oder nur sehr langsam von den gewöhnlichen Ätzmitteln, die zur Kenntlichmachung des Kleingefüges polierter Schnitte (Schliffe) für die mikroskopische Prüfung dienten, angegriffen wurden und auch nicht rosteten, wenn sie während einer längeren Zeit der Laboratoriumsluft ausgesetzt wurden. Auch fand er, daß derselbe Stahl nach den verschiedenen Arten der Wärmebehandlung von den verschiedenen Ätzmitteln zuweilen angegriffen wurde, manchmal aber keine Einwirkung erkennen ließ. Seine Aufmerksamkeit wurde durch diese auffallenden Eigenschaften der Chromstähle gefesselt. Brearley erweiterte daher seine Untersuchungsfolge dahin, daß er festzustellen versuchte, bis zu welchem Hundertsatz die Zusammensetzung bei der Herstellung eines Stahls, der praktisch vollständig rostfest ist, gehen kann, und welche Umstände bei der Wärmebehandlung berücksichtigt werden müssen, um irgendeinen besonderen Stahl im Hinblick auf seine Rostsicherheit im höchsten Grade zu vervollkommnen.

Die vielen möglichen Verwendungsarten eines derartigen

Werkstoffes, der einen großen Widerstand gegen Korrosion besitzt, waren Brearley vollkommen klar. Am nächstenlag der Gebrauch dieses Stahls für Messerschmiede. Zuerst bestanden einige Schwierigkeiten in der Prüfung dieser Legierung, doch gegen Mitte des Jahres 1914 gelang es Brearley, Stuart, den Leiter der Messerschmiedeabteilung der Firma R. F. Mosley in Sheffield zu überreden, einen Teil dieses neuen Stahls zu Messern zu verarbeiten. Trotz mancher Anfangsschwierigkeiten waren die Erfolge durchschlagend, was hauptsächlich auf die erkannten besseren Bedingungen des Schmiedens und der weiteren Bearbeitung zurückzuführen war, weil dieser Stahl anders geartet war als derjenige, der gewöhnlich für Messerschmiedezwecke gebraucht wird. In dieser Hinsicht verdient Stuart für die unermüdlichen Versuche großes Lob, die er anstellte, um die Arbeiten der Messerherstellung den ungewöhnlichen Eigenschaften des rostfreien Stahls anzupassen. Auch der Firma R. F. Mosley gebührt Dank, daß sie die Anwendungsmöglichkeiten des rostfreien Stahls sehr schnell begriffen und zu ihm ein derartiges Vertrauen hatte, daß sie ihre Werkstätten für diese bahnbrechenden Arbeiten zur Verfügung stellte.

Im Frühjahr 1915 löste Brearley seine Verbindung mit den Firmen Brown und Firth und wurde Leiter der Brown, Bayleys Steel Works, Ltd. in Sheffield. Wegen Zeitmangel infolge großer Arbeitsmenge in seiner neuen Stellung und auch aus anderen Gründen wurde kein Gesuch zur Erlangung eines englischen Patentes eingereicht, aber im August 1915 wurde ein Patent in Kanada (Nr. 164622) und weiterhin im September 1916 ein Patent in den Vereinigten Staaten von Amerika (Nr. 1197256) für einen rostfreien Werkstoff erhalten, der seine Eigenschaften folgenden drei neuen Gesichtspunkten verdankt, daß

a) seine chemische Zusammensetzung sich innerhalb bestimmter Grenzen hält;

b) er wärmebehandelt werden kann, um gewisse Besonderheiten in seinem Kleingefüge hervorzubringen;

c) er metallisch blank ist und sich in einem unverzerrten Zustande befindet.

Der Inhalt dieser beiden Patente ist auf S. 328 wiedergegeben. Aus ihnen ist zu ersehen, daß die Stähle 9 bis 16 vH Chrom bei einem Kohlenstoffgehalt unter 0,7 vH, am besten unter 0,4 vH

Einleitung und Geschichtliches. 9

enthalten. Die Gegenwart gewisser anderer Elemente in beschränkten Mengen (bis zu etwa 1 bis 2 vH) wird noch zugebilligt, da sie den Wert dieser Stähle nicht beeinträchtigen. Die in den Patenten angegebenen Elemente sind außer Chrom und Kohlenstoff noch Nickel, Kobalt, Kupfer, Wolfram, Molybdän und Vanadin. Das amerikanische Patent bezieht sich mehr auf rostfreien Stahl für Messerschmiedezwecke und andere polierte Gegenstände, während das kanadische Patent hauptsächlich einen Werkstoff umfaßt, der gehärtet und dann bis zu einem genügenden Grade angelassen werden kann, wobei er noch zäh und geschmeidig ist.

In seinem kanadischen Patent gibt Brearley für die folgende besondere Zusammensetzung seines "fleckenlosen" Stahls mit 0,24 vH Kohlenstoff, 0,3 vH Mangan und 13 vH Chrom etwa 60 kg/mm^2 Streckgrenze, 76 kg/mm^2 Zugfestigkeit, 25 vH Dehnung, 63 vH Einschnürung und 12 mkg/cm^2 Izodkerbzähigkeit nach einer Abschreckung von 900° C in Öl und Anlassen auf 700° C an. In Frankreich sind die Brearleyschen rostfreien Stähle unter Nr. 483152 vom 31. Dezember 1915 geschützt[1].

Die in den Patenten gemachten Angaben über die An- oder Abwesenheit von mikroskopisch zu erfassenden freien Karbiden beziehen sich, wie später gezeigt wird, auf einen bei einer ziemlich hohen Temperatur gehärteten Werkstoff. Der "Erfinder" gibt jedoch nicht an, auf welche Weise er auf diese Begrenzung des Kohlenstoffgehaltes kam, doch scheint es, daß der Betrag von 0,7 vH Kohlenstoff aus dem Aussehen kleiner Proben, die aus dem geschmolzenen Zustande abkühlten, geschätzt wurde. Zu jener Zeit jedoch hatte man das Kleingefüge des hochgradigen Chromstahls und seine Veränderungen während der Wärmebehandlung noch nicht eingehend genug erforscht und wohl auch noch nicht völlig verstanden. Die genannten Gehaltszahlen umgrenzen also in ausgezeichneter Weise den für technische Zwecke brauchbaren rostfreien Werkstoff. Müßte man heute die Zusammensetzung desselben nach dem gesammelten Wissen der letzten Jahre festlegen, das dem "Entdecker" damals nur in sehr beschränktem Maße zur Verfügung stand, so würden die Grenzen der Zusammensetzung des rostfreien Stahls, die heute gewählt werden müßten, fast gar nicht

---

[1] Vgl. auch die Auszüge aus den Kruppschen Patenten S. 330, sowie die im "Schrifttum" S. 332 angegebenen Patente.

von denjenigen verschieden sein, die vor mehr als zehn Jahren festgelegt worden waren.

Die Herstellung von Chromstahl war jedoch nicht neu, in der Tat enthält das Schrifttum über die Eisen- und Stahlerzeugung des neunzehnten Jahrhunderts und während der ersten zehn Jahre des gegenwärtigen Jahrhunderts viele Mitteilungen über die Erzeugung von Chromstählen und über einige ihrer physikalischen Eigenschaften. Verschiedene und verhältnismäßig eingehende Untersuchungen über die Eigenschaften von Chromstählen führten namentlich Hadfield[1], Guillet[2] und Portevin[3] aus, doch ist es auffallend, daß weder diese Forscher noch irgendwelche anderen den Gedanken gehabt haben, daß die hochgradigen Chromstähle so außerordentlich beständig gegen Rost sind. In den meisten Fällen wurden überhaupt keine Untersuchungen über den Einfluß des Chroms auf den Grad der Beständigkeit des Stahls gemacht. Nur in einem bemerkenswerten Falle und in sehr beschränktem Umfange führte Hadfield derartige Versuche aus. Dessen Ergebnisse zeigten schon, wie später noch angegeben wird, daß der Grad der Korrosion mit steigendem Gehalt an Chrom zunahm. Es erübrigt sich auch, eingehend über die vielen Untersuchungen über Chromstähle zu berichten, die nichts mit dem Einfluß dieses Elementes auf die Rostfestigkeit dieses Stahls zu tun haben. Für diejenigen, die aus der Geschichte des Chromstahls Belehrung schöpfen wollen, befindet sich eine gute Übersicht über alle diese Versuche in der oben angeführten Arbeit von Hadfield[4]. Es ist jedoch von Wert, kurz auf die Berichte und Arbeiten einzugehen, in denen irgendwie auf das Rosten oder den Widerstand dieses Werkstoffes gegen den Angriff von Säuren Bezug genommen wird.

Die früheste Andeutung über den Einfluß von Chrom auf die Korrodierbarkeit des Eisens oder über den Grad seiner Auflösung in Säuren dürfte sich in einer Arbeit von Berthier befinden (1821), der Legierungen von Chrom und Eisen unter-

---

[1] The Journal of the Iron and Steel Institute 1892 (2), S. 48. — Vgl. auch Mars: Die Spezialstähle. 2. Auflage. 1922 und Hadfield: Iron Age 1916 (1), S. 202.
[2] Revue de Métallurgie 1904, S. 155, und Stahl und Eisen 1904.
[3] Comptes Rendus 1911 (153), S. 64 und Stahl und Eisen 1911, S. 2115.
[4] Weiteres über „Chromstähle" siehe noch Mars: Die Spezialstähle. a. a. O. und die Zeitschrift „Stahl und Eisen".

Einleitung und Geschichtliches.

suchte[1]. Berthier gibt an, daß Ferrochromlegierungen in den stärksten Säuren, selbst in kochendem Königswasser, beständig sind. Zwei Jahrzehnte später (1838) sagt Mallet über den Einfluß des Wassers auf Eisen aus, daß die Legierungen des Eisens mit irgendeinem der Elemente Nickel, Kobalt, Zinn, Kupfer (Kupfer und Zink), Quecksilber, Iridium, Osmium, Kolumbium und Chrom weniger rosten als das gewöhnliche Eisen und von diesen Legierungen diejenigen des Chroms mit dem Eisen am beständigsten sind[2]. Mallet behauptet auch noch, daß „ein Metall, das zu ihm positiv ist (wie das Chrom), trotzdem dieses das Eisen möglicherweise gegen einen Angriff schützen kann, sein Gefüge durch seine eigene Entfernung wahrscheinlich frei und grob machen wird, wodurch es für seine darauffolgende Auflösung und Entfernung geeigneter wird". Mallet scheint der Ansicht gewesen zu sein, daß der Widerstand chromhaltigen Eisens gegen Korrosion im Anfang seiner Aussetzung durch das Vorhandensein von Chrom vermehrt, daß aber das Chrom zuerst durch das Korrosionsmittel beseitigt wird und nachdem dies geschehen, das zurückbleibende Eisen viel schneller korrodiert, als wenn das Chrom nicht zugegen gewesen wäre.

Mallet erwähnt ferner noch, daß Faraday gefunden hatte, daß die Legierungen der meisten Metalle mit Eisen von feuchter Luft viel weniger angegriffen werden als unlegierter Stahl[3].

In einer Arbeit über kristallisiertes Chrom und seine Legierungen bemerkt Frémy (1857), daß die Chromkristalle[4] den stärksten Säuren und sogar Königswasser widerstehen[4]. Frémy beobachtete auch noch, daß Chromlegierungen häufig der Einwirkung konzentrierter Säuren Widerstand entgegensetzten. Der größere Widerstand von Eisenchromlegierungen gegen Säuren im Vergleich zu dem des gewöhnlichen Eisens war auch Boussignault nicht unbekannt geblieben (1886)[5].

Gruner untersuchte die Widerstandsfähigkeit verschiedener Stähle gegen den Einfluß der Luft, des Meerwassers und von

---
[1] Annales de Chimie et de Physique 1821 (17), S. 55.
[2] The action of water of iron. B. A. Report 1838 (7), S. 265.
[3] Faraday und Stodart: Philosophical Transactions 1822, S. 253 und Annales des Mines 1822, S. 67.
[4] Comptes Rendus 1857 (44), S. 632. — Vgl. auch Hittorf, Zeitschrift für physikalische Chemie 1898, S. 729.
[5] The Journal of the Iron and Steel Institute 1886 (2), S. 807.

Säuren[1]. Seine Ansicht über Chromstähle gipfeln in folgenden Worten: ,,Das Vorhandensein von Chrom begünstigt die Korrosion sowohl durch angesäuertes Wasser als auch durch feuchte Luft und Meerwasser."

Im Jahre 1892 veröffentlichte Hadfield die Ergebnisse einer ausgedehnten Arbeit über Chromstähle, die auch einige Versuche über Korrosion enthält. Diese wurden mit Proben angestellt, die dem Angriff einer 50%igen Schwefelsäure ausgesetzt wurden. Hadfield nahm hierbei an, daß ein derartiger Säureversuch Ergebnisse derselben Art, wenn auch in sehr beschleunigterem Maße zeigen würde, als bei gewöhnlichen Korrosionsversuchen. Die Versuche ergaben, daß der Grad der Einwirkung ganz bedeutend wuchs, sowie das Chrom von 1,18 vH auf 9,18 vH stieg. Es ist bemerkenswert, daß sich Hadfield in seiner Arbeit über diese Ergebnisse nicht weiter äußert und sich auch nicht auf irgendwelche anderen Korrosionsversuche bezieht. In einem Nachtrag zur Hadfieldschen Arbeit gibt Osmond eine Beschreibung des Kleingefüges einiger Hadfieldstähle. Er bemerkt, daß bei denjenigen mit 5,19 und 9,18 vH Chrom das Kleingefüge zuweilen winzige Körnchen zeigt, wahrscheinlich Karbide, die durch Ätzmittel, z. B. eine 20%ige Salpetersäure, nicht im geringsten angegriffen werden.

Anscheinend die einzige Auskunft über den bezüglichen Einfluß von Kohlenstoff und Chrom hinsichtlich des Widerstandes von Eisenlegierungen gegen Säuren enthält eine Arbeit von Carnot und Goutal (1898) über den Zustand von Silizium und Chrom in metallurgischen Erzeugnissen[2]. Diese Forscher fanden, daß hochkohlenstoffhaltige Chromstähle mit geringen Mengen Chrom leicht durch Säuren, auch wenn letztere kalt und verdünnt sind, angegriffen werden, daß der Angriff aber viel langsamer und mit viel größerer Schwierigkeit vor sich geht, wenn die Stähle nur eine geringe Menge Kohlenstoff enthalten.

Die Ergebnisse der Untersuchungen von Hadfield über die höhere Korrodierbarkeit von Chromstählen in Schwefelsäure konnte Monnartz (1911) bestätigen[3]. Monnartz fand auch, daß

---

[1] Annales des Mines 1883.
[2] Comptes Rendus 1896 (126), S. 1243.
[3] Monnartz: Beitrag zum Studium der Eisenchromlegierungen unter besonderer Berücksichtigung der Säurebeständigkeit. Metallurgie 1911,

das Verhalten von Chromeisenlegierungen gegen Salpetersäure verwickelter ist. Bis zu 4 vH Chrom vermindert sich der Widerstand gegen verdünnte Salpetersäure in dem Maße, wie der Chromgehalt wächst, während sich andererseits der Widerstand gegen konzentrierte Salpetersäure erhöht. Bei über 4 vH Chrom erhöht sich der Widerstand gegen verdünnte Salpetersäure schnell, steigt der Chromgehalt bis zu 14 vH an, dann wird der Widerstand geringer und bei 20 vH Chrom sind dann diese Legierungen so beständig gegen Salpetersäure wie reines Chrom. Die Arbeit von Monnartz befaßt sich mehr mit dem Verhalten der Ferrochromlegierungen gegen Säuren. Monnartz bemerkt auch noch, daß die höheren Chromlegierungen, besonders diejenigen mit über 40 vH Chrom, eine vorzügliche Beständigkeit gegen Witterungseinflüsse zeigen. Er gibt nämlich an, daß solche Legierungen, die zwei Jahre lang der Laboratoriumsluft ausgesetzt waren, keinerlei Veränderung zeigten, sie behielten sogar ihren ursprünglichen silberhellen Glanz. Auch gegen Flußwasser waren diese Legierungen in hervorragendem Maße beständig. Außerdem hatten diese hochgradigen Legierungen dem kalten Meerwasser gut widerstanden, während diejenigen mit weniger Chrom angegriffen wurden. Jedoch gibt Monnartz keine Einzelheiten an, welche Legierungen (seine Untersuchungen umfaßten Legierungen mit bis 100 vH Chrom) hierbei beständig waren und welche nicht. Tatsächlich werden die Hinweise über dieses Luft- und Wasserverhalten nur nebenbei gebracht.

Lagen bisher also immerhin schon bemerkenswerte Angaben über die Rostfestigkeit oder doch Rostträgheit gewisser Eisenchromlegierungen vor, so blieben die Versuche über rostsichere Stähle doch weiterhin in Fluß. Friend, Bentley und West (1912) untersuchten die Rostneigung von Stählen mit bis zu 5,3 vH Chrom[1] und zugleich auch die anderer Legierungsstähle. Friend fand die Untersuchungsergebnisse Hadfields über den Widerstand dieser Stähle gegen den Angriff von Schwefelsäure bestätigt. Was den Widerstand gegen neutrale Angriffsmittel

---

S. 161 und 193. — Vgl. auch Schleicher: Unterschiede in der Rostneigung einiger Eisenmaterialien. Metallurgie 1909, S. 182 und 201.

[1] The Journal of the Iron and Steel Institute 1912 (1), S. 249 und 1913 (1), S. 388. — Vgl. Stahl und Eisen 1912, S. 876 und 1913, S. 788 und Ferrum 1912, S. 59 und 344.

anbetrifft, so sagt Friend, daß bei einem solchen Angriffsmittel der der Korrosion gebotene Widerstand offenbar mit dem Gehalt an Chrom wächst. Dies ist besonders bei Salzwasser der Fall, und aus diesem Grunde dürfte die Verwendung von Chromstählen im Schiffbau vollständig berechtigt sein. Es muß jedoch darauf aufmerksam gemacht werden, daß Friend keinen Versuch mit irgendeinem Stahl machte, der mehr als 5,3 vH Chrom enthielt, ein Betrag, der vollständig ungenügend ist, um die Korrosion des Stahls in neutralen Mitteln bis auf einen nicht zu berücksichtigenden Betrag zu vermindern. Obschon er fand, daß die Korrosion durch das Vorhandensein von Chrom sehr verringert wurde, wurden solche Stähle doch in beträchtlichem Maße angegriffen.

Hieraus ist zu ersehen, daß zur Zeit der Entdeckung der bemerkenswerten Eigenschaften eines „nichtangreifbaren" Stahls, der später als „rostfreier Stahl" (rostsicherer Stahl, rostfester Stahl, nichtrostender Stahl usw.) auf den Markt kam, trotz der vorliegenden Kenntnisse über Chromstähle anscheinend niemand den Gedanken hatte, daß dermaßen wertvolle Eigenschaften in den genannten chromhaltigen Legierungen vorhanden waren. Kurz zusammengefaßt war damals im großen und ganzen folgendes Wissen bekannt:

a) Eisenchromlegierungen mit großen Mengen Chrom widerstehen dem Angriff gewisser starker Säuren.

b) Die Hinzufügung von Chrom zum Stahl vermindert dessen Widerstand gegen den Angriff von Schwefelsäure. Doch darf nicht vergessen werden, daß diese Versuche die allgemeine Korrodierbarkeit der verschiedenen Stähle in anderen Mitteln anzeigen. Folglich könnte der Eindruck erweckt werden, daß Chromstähle nicht sehr wertvoll als „nichtangreifbare" Werkstoffe sind.

c) Es wurde gezeigt, daß das Vorhandensein von Chrom bis zu etwa 5 vH die Korrodierbarkeit des Stahls in neutralen Mitteln verlangsamt. Die Untersuchungen geben jedoch nichts über den Einfluß des Kohlenstoffgehaltes an, auch nichts über die Wärmebehandlung des Stahls oder über andere Punkte, die, wie später gezeigt wird, einen bestimmenden Einfluß auf die „nichtkorrosiven" Eigenschaften haben, noch lassen sie den Gedanken aufkommen, daß ein Stahl, der praktisch gegen Korrosion „immun" ist, weiter entwickelt werden könnte.

Einleitung und Geschichtliches. 15

d) Aus der Arbeit von Monnartz erhellt, daß die hochgradigen Ferrochromlegierungen, besonders diejenigen mit 40 vH Chrom und mehr, dem atmosphärischen Angriff, dem Fluß- und Meerwasser widerstehen.

Es ist deshalb klar, daß die „Entdeckung" der „nichtkorrosiven" Eigenschaften des rostfreien Stahls durch Brearley im Jahre 1913 etwas vollständig Neues in der Geschichte der Chromstähle war, Eigenschaften, die anscheinend jenen früheren Forschern vollständig unbekannt geblieben waren.

Zur Zeit der Entdeckung des rostfreien Stahls gab es auf dem Markte verschiedene Arten von Ferrochrom. Der Unterschied dieser Ferrochrome lag in dem Hundertsatz an Kohlenstoff. Das Chrom hat eine große Verwandschaft zum Kohlenstoff, so daß es eine sehr schwierige Arbeit ist, Legierungen herzustellen, die reich an Chrom und zugleich verhältnismäßig frei von Kohlenstoff sind. In den verschiedenen, zu jener Zeit gebrauchten Arten von Ferrochrom schwankte der Kohlenstoff zwischen 8 und 0,6 bis 0,8 vH. Da diese Legierungen ungefähr 60 vH Chrom enthielten, so war es klar, daß nur das Erzeugnis mit niedrigstem Kohlenstoffgehalt irgendeinen Wert für die Herstellung eines Stahls mit geringem Kohlenstoffgehalt besaß, der ungefähr 12 vH Chrom aufwies. Ferner mußte es einleuchten, daß mit diesem niedrigst gekohlten Ferrochrom die wirtschaftliche Gewinnung eines rostfreien Stahls mit weniger als 0,25 vH Kohlenstoff unmöglich war, während es verhältnismäßig leicht war, beim Schmelzen bis zu 0,3 oder 0,4 vH Kohlenstoff anzusteigen, was auf die Gier zurückzuführen ist, mit der das geschmolzene Metall den Kohlenstoff aufnimmt.

Sicherlich gab es auf dem Markte Chromlegierungen ohne Kohlenstoff und sogar vollständig reines Chrom. Die durch das Thermiverfahren (aluminothermisches Verfahren) hergestellten Ferrochrome waren jedoch viel teurer als die anderen im Schmelzofen erzeugten Chromlegierungen, die auch nicht in größeren Mengen erschmolzen wurden. Wie sich jedoch herausstellte, lag der Kohlenstoffgehalt des rostfreien Stahls, wie er durch solche Chromlegierungen mit niedrigem Kohlenstoffgehalt, wie oben angeführt, erzeugt wurde, in der Nähe von 0,3 vH. Diese waren wahrscheinlich am geeignetsten zur Gewinnung von rostfreiem Messerschmiedestahl, für den sie auch wirtschaftlich gebraucht wurden, so daß der Bedarf eines Werkstoffes mit niedrigerem Kohlenstoffgehalt zu dieser Zeit nicht dringend war. Die weitere Entwicklung in dieser Richtung wurde durch den Weltkrieg aufgehalten, weil der Wert des rostfreien Stahls für Kriegszwecke, insbesondere für die Ventile der Flugzeugmotore bald eingesehen wurde, so daß in England die Gesamterzeugung von rostfreiem Stahl für diesen Bedarf aufgebraucht wurde. Hier bestand kein besonderer Anreiz, einen Stahl mit niedrigerem Kohlenstoffgehalt zu gewinnen, weil für die Fertigung von Ventilen für Flugzeugmotore ein etwas höher gekohlter Stahl als derjenige für die Messerschmiede gewünscht wurde. Dies war ein Vorteil, wie später gezeigt werden soll. Nach dem Abbruch der Feindseligkeiten ergaben sich Möglichkeiten in bezug auf die Herstellung eines rostfreien Stahls mit einem Kohlenstoffgehalt von wesentlich unter 0,3 vH. Mit der Abgabe wirtschaftlich tragbarer Preise und seit der Gewinnung genügender Mengen von kohlenstofffreiem Ferrochrom wurde erst die Erzeugung von rostfreiem Werkstoff mit 0,1 vH Kohlenstoff und darunter möglich. Soweit bekannt geworden ist, wurde ein solcher rostfreier Stahl mit niedrigem Kohlenstoffgehalt oder „rostfreies Eisen", wie dieser Werkstoff im allgemeinen genannt wird, zuerst in belangreichen Mengen im Juni 1920 erzielt, als in England Güsse von 5000 bis 6000 kg mit 0,07 vH Kohlenstoff und 11,7 vH Chrom erhalten wurden. Diese wurden zu Blöcken von 300×300 mm^2 Querschnitt vergossen. Ein solcher niedrig gekohlter Werkstoff ist sicherlich schon vor dieser Zeit erzeugt worden, doch nur in kleinen Mengen und nur für Versuchszwecke.

Die physikalischen und mechanischen Eigenschaften des so hergestellten Werkstoffes mit niedrigem Kohlenstoffgehalt waren für eine Anzahl Zwecke ausgezeichnet. Er konnte mit viel größerer Leichtigkeit in der Wärme behandelt werden als der gewöhnliche „rostfreie Stahl". Je nach der gewählten Wärmebehandlung erreichte er eine Zugfestigkeit von 55 bis 110 kg/mm^2 und war hierdurch für manche Gegenstände geeignet, für die die höhere Zugfestigkeit des „rostfreien Stahls" eher nachteilig gewesen wäre.

Die Notwendigkeit für die Verwendung eines völlig verschiedenen Rohstoffes, nämlich von kohlenstofffreiem Ferrochrom anstatt der gewöhnlichen niederen kohlenstoffhaltigen Arten (0,6 bei 1 vH Kohlenstoff), hat zu der Ansicht geführt, daß „rostfreies Eisen" ein besonderes Erzeugnis und ganz verschieden vom „rostfreien Stahl" ist. Während diese Ansicht vielleicht in mancher Hinsicht richtig ist, ist sie vom metallurgischen Standpunkte aus ganz falsch. Die Bezeichnung „rostfreies Eisen" ist vielleicht für den Handel berechtigt, da alsdann der Werkstoff als ein sehr weicher rostfreier Stahl richtiger umschrieben ist, der mithin das niedrigste Kohlenstoffglied einer Reihe von Stählen bildet, deren Gehalt an Kohlenstoff dauernd wechselt. Diese sind daher in mancher Beziehung gleichbedeutend mit einer Reihe von gewöhnlichen Kohlenstoffstählen vom sehr weichen Stahl (Flußeisen) bis zu Werkzeugstählen, nur daß beim rostfreien Werkstoff der Kohlenstoffbereich, wie schon früher bemerkt, nicht so weit gesteckt ist. So ist es z. B. noch nicht möglich, einen rostfreien Werkstoff mit einer Zugfestigkeit herzustellen, die derjenigen der weichsten Kohlenstoffstähle gleicht, d. h. mit etwa 40 kg/mm², während es am anderen Ende des Kohlenstoffgebietes nur möglich ist, denselben Härtegrad beim rostfreien Stahl zu erzielen, der bei einem vollständig gehärteten kohlenstoffreichen Werkzeugstahl zutrifft. Eine Vermehrung des Kohlenstoffgehaltes auf eine Höchstmenge hat aber einen merklichen Abfall im Widerstand gegen Korrosion zur Folge. Jedoch innerhalb der Grenzen der am ehesten erreichbaren Zugfestigkeiten, die sich von etwa 45 kg/mm² bis zu 175 kg/mm² erstrecken, kann ein rostfreier Werkstoff von irgendeiner bestimmten Festigkeit hergestellt werden, indem man einfach die Zusammensetzung und Behandlung des Stahls ändert.

Die Absicht, verschiedene „Härtegrade" (Qualitäten) von rostfreiem Werkstoff ähnlich jenen des gewöhnlichen Kohlenstoffstahls aufzustellen, ist noch nicht vollständig verwirklicht worden, und besonders nicht für solche Stähle, die zu Konstruktionszwecken dienen. Dies ist jedenfalls noch ein Übelstand, da im allgemeinen die Verwendung der richtigen Art des rostfreien Werkstoffes für einen bestimmten Zweck genau so wichtig ist, als wenn man es nur mit den gewöhnlichen Kohlenstoffstählen zu tun hat.

Es ist vielleicht von Wert, in diesem Zusammenhange auf eine Arbeit über rostfreien Stahl einzugehen, die Monypenny im Jahre 1920 veröffentlichte[1]. Am Schluß dieser Arbeit sagt Monypenny: „Genau so wie in früheren Zeiten der Stahl überhaupt als ein Härteerzeugnis des Eisens angesehen und wenig oder gar nichts unternommen wurde, ihn in härtere oder weichere Arten ab-

[1] The Journal of the Society of Chemical Industry 1920 (November).

zustufen, ist gegenwärtig für die meisten Personen der „rostfreie Stahl" ein Erzeugnis, der nur eine bestimmte Reihe von Eigenschaften besitzt. Auch betrachten ihn viele nur als eine besondere Art von Messerschmiedestahl. Als in den vergangenen Zeiten der Gebrauch des Stahls mehr allgemeiner wurde, begriff man, daß durch die Änderung des Gehaltes an Kohlenstoff oder Mangan Stähle von wesentlich verschiedener Härte hergestellt werden konnten und für jeden Zweck eignete sich am besten irgendein bestimmter „Härtegrad" des Stahls. In der gleichen Weise, wie der Gebrauch des rostfreien Stahls ausgedehnter wird, wird sich zeigen, daß Erzeugnisse von verschiedener Härte ähnlich den verschiedenen Arten (Qualitäten) des gewöhnlichen Stahls gewonnen werden können. Alle besitzen die bezeichnende Eigenschaft eines großen Widerstandes gegen Korrosion, sind aber unter sich verschieden, wie sich der weiche Stahl z. B. vom Feilenstahl unterscheidet. In Zukunft wird es für jeden Verwendungszweck des rostfreien Stahls auch einen besonderen „Härtegrad" geben."

Während bisher mehr über die Entwicklung des rostfreien Stahls in England gesprochen wurde, den ein englischer „Erfinder" auf den Markt brachte, so müssen aber auch an dieser Stelle die unbestreitbaren Verdienste gewürdigt werden, die Deutschland in der Entwicklung der rostfreien Stähle zukommen. Der Name Krupp ist mit der Einführung nichtrostender Stähle eng verknüpft, hat doch schon Krupp vor Brearley ein Patent auf rostfreie Stähle erhalten (D. R. P. Nr. 304 126 Gr. 20, Kl. 18 b vom 18. Oktober 1912). Dieses Patent dürfte auch die erste im Schrifttum bekannt gewordene Veröffentlichung über die Herstellung von Messern, Turbinenschaufeln usw. sein. Denn Krupp hatte seine Versuche über nichtrostende Stahllegierungen bereits im Jahre 1909 begonnen. Nach zeitweiliger Unterbrechung dieser Versuche wurden sie im Oktober 1912 abgeschlossen. In der Hauptversammlung des „Vereins Deutscher Chemiker" im Juni 1914 in Bonn wies Strauß kurz auf die hohe Rostsicherheit und Säurefestigkeit der von Krupp erzeugten hochlegierten Chromnickelstähle hin[1]. Über den Gebrauch dieser Stähle als Ersatz des Platins für Kunstgebisse (1921) und Geräte für chemische Laboratorien (1925) sowie auf ihre Verwendung für den Apparatebau und andere

---

[1] Zeitschrift für angewandte Chemie 1914, S. 329; Kruppsche Monatshefte 1920, S. 129 und Stahl und Eisen 1914, S. 1814.

Gegenstände wurde im Laufe der Jahre gebührend aufmerksam gemacht[1] (vgl. auch die Kruppschen Patente Nr. 304159, 399806, 340067 und 395044 auf S. 331).

Auch der Amerikaner Haynes nimmt für sich in Anspruch, der „eigentliche Erfinder" des „rostfreien" oder „fleckenlosen" Stahls zu sein[2]. Aber auch diese Behauptung ist schon aus dem Grunde hinfällig, weil das Patentgesuch in Amerika mit dem Bemerken zurückgewiesen wurde, daß die Eigenschaften der Chromstähle bekannt seien. Haynes sagt selbst, daß er seine Untersuchungen im Jahre 1911 begonnen habe und Brearley erst im Oktober 1912. Das amerikanische Patent meldeten diese beiden Forscher erst im Jahre 1915 an, so daß wohl mit Recht Strauß und Maurer in Firma Krupp als die wirklichen Erfinder des nichtrostenden Stahls angesehen werden müssen, wenn von einer „Duplizität der Ereignisse" nicht gesprochen werden soll. Ferner stellte Krupp im Frühjahr 1914 auf der Baltischen Ausstellung in Malmö nichtrostende Chromnickelstähle in Stangen und Blechen und hieraus gefertigte Gegenstände aus. Dies dürften die ersten in der Welt bekannt gewordenen Erzeugnisse aus rostfreiem Stahl gewesen sein. Auch muß hier nochmals ausdrücklich unterstrichen werden, daß die tiefgründigen Untersuchungen von Monnartz über die Säurebeständigkeit der Eisenchromlegierungen äußerst wertvolle Unterlagen für diejenigen Forscher abgaben, die sich nach Monnartz mit der Rost- und Korrosionsfrage bei Stahllegierungen befaßten.

Die Hauptversuche Krupps bezogen sich auf hochgradige Chromstähle mit Nickelzusatz, bei denen auch die Wärmebehandlung zu berücksichtigen war. Die Ergebnisse dieser Untersuchungen, von denen sich auch einige auf hochgradige Chromstähle allein bezogen und ähnliche Feststellungen ergaben wie die späteren Hadfields[3], daß nämlich ein Chromstahl mit 20 vH Chrom nach monatelanger Aussetzung in der Laboratoriumsluft völlig blank geblieben war, lassen sich nach einer Arbeit von Strauß und Maurer (1920) kurz dahin zusammenfassen, daß „durch Anwendung einfacher Wärmebehandlungsverfahren zwei Gruppen von

---

[1] Kruppsche Monatshefte 1921, S. 3 und 45; 1925, S. 149 und 157; 1926, S. 181; 1927, S. 103 und 125.
[2] Vgl. Daeves: Stahl und Eisen 1922, S. 1315.
[3] Engineer 1916, I, S. 441 und Iron Age 1916, 20. Januar 1916, S. 203.

quaternären Chromnickelstahllegierungen der praktischen Verwendung zugänglich gemacht worden sind, die neben vorzüglichen Festigkeitseigenschaften im hohen Grade widerstandsfähig gegen jede Art von Korrosion und praktisch nichtrostend sind. Zum erstenmal ist auch eine Stahllegierung angegeben worden, die bei einem Eisengehalt von etwa 70 vH in Wasser sowohl wie in Luft nicht rostet." In den folgenden Ausführungen müssen daher die Kruppschen nichtrostenden Stähle zu ihrem vollen Rechte kommen.

II. Der Einfluß des Chroms auf Gefüge und Härte des Stahls.

Die Entwicklung der Metallographie während der letzten dreißig Jahre hat es den Metallurgen ermöglicht, nicht nur verbesserte Verfahren für die Herstellung und Behandlung des Stahls auszuarbeiten, sondern diese neue Wissenschaft hat auch eine Erklärung für viele alte Arbeiten abgegeben, die geschickte Fachleute, die sehr viel von der Kunst der Stahlbereitung verstanden, auf rein empirische Art ausführten[1]. Hinsichtlich der Sonderstähle war die Untersuchung des Gefüges und auch der Einfluß des allmählichen Zusatzes von Legierungselementen auf dieses Gefüge und die sonstige Beschaffenheit des Stahls von grundsätzlicher Wichtigkeit sowohl in der weiteren Entwicklung der Stähle als auch in bezug auf ihre Wärmebehandlung, die am ehesten die besonderen Eigenschaften der verschiedenen Stähle ans Licht bringt. Es ist hinlänglich bekannt, daß die Eigenschaften des gewöhnlichen Stahls in erheblichem Maße geändert werden können, wenn seine Zusammensetzung ebenfalls geändert wird, hauptsächlich natürlich in seinem Kohlenstoffgehalt. Ferner können die Eigenschaften irgendeines bestimmten Stahls auch noch dadurch beeinflußt werden, daß er verschiedenen Behandlungen entweder mechanischer oder thermischer Art oder einer Vereinigung beider Behandlungsarten unterworfen wird. Außer dieser Beeinflussung der physikalischen Eigenschaften des Stahls wie der Härte, Zähigkeit, Dehnbarkeit usw. prägt sich diese verschiedenartige Zusammensetzung und Behandlung auch im Gefüge des Stahls aus, so daß es eine besondere Aufgabe der Metallographie im

---

[1] Zum eingehenderen Studium dieses neueren Wissensgebietes sind zu empfehlen: Goerens: Einführung in die Metallographie. 5. Auflage. Halle 1926; Ruer: Metallographie in elementarer Darstellung. 2. Auflage. Leipzig 1922; Tammann: Lehrbuch der Metallographie. 2. Auflage. Leipzig 1921 und Hanemann: Einführung in die Metallographie und Wärmebehandlung. Berlin 1915.

weiteren Sinne war, diese Veränderungen im Gefüge genau zu verfolgen und sie mit den gleichlaufenden Veränderungen der physikalischen Eigenschaften in Beziehung zu bringen.

Die frühzeitige Entwicklung einiger Legierungsstähle fiel in die Zeit, als die metallographischen Untersuchungen noch nicht die Wichtigkeit erlangt hatten, die sie jetzt in der Eisen- und Stahlindustrie einnehmen und auch die grundlegenden Bedingungen für die richtige Wärmebehandlung des Stahls nicht gewürdigt oder sogar nicht verstanden wurden. Die Folge hiervon war, daß die verwendeten Sonderstähle viel zu oft in einem Zustande vorlagen, in dem ihre nützlichen Eigenschaften keinesfalls voll entfaltet waren. Es wurden dann teurere Stähle gebraucht, mit denen man die gewünschten Eigenschaften zu erlangen glaubte. Im Lichte der neuzeitlichen Erkenntnis bilden sowohl manche der älteren Untersuchungen über die Legierungsstähle als auch die Vorschriften über die Wärmebehandlung, die für diese Stähle festgelegt wurden, einen sehr absonderlichen, aber doch nützlichen Lehr- und Lernstoff.

Hinsichtlich des rostfreien Stahls ist die Kenntnis der Veränderungen, die in seinem inneren Gefüge durch verschiedene Zusammensetzung und Behandlung erhalten werden, von besonderer Wichtigkeit, weil in diesem Falle nicht nur die beobachteten allgemeinen physikalischen Eigenschaften mit solchen Veränderungen abwechseln, sondern auch der Grad des Widerstandes gegen Rost und Korrosion beeinflußt wird. Damit nun vom rostfreien Stahl ausgiebigster Gebrauch gemacht werden kann, müssen die Einflüsse dieser Veränderungen in der Zusammensetzung und Behandlung des Stahls an dieser Stelle gründlich gewürdigt werden. Folglich sind sowohl die Kenntnis der Veränderungen, die im Gefüge und in der Beschaffenheit dieses Stahls durch verschiedene thermische und mechanische Behandlungen hervorgerufen werden, als auch die Grundsätze, die sich aus der metallographischen Erklärung dieser Veränderungen ergeben, nicht nur für den Hersteller, sondern auch für den Verbraucher dieses Stahls von großem Wert. Aus diesem Grunde ist es auch verständlich, daß hier etwas ausführlicher die metallographische Seite des in Frage stehenden Gegenstandes hervorgekehrt wird. Auch bedeutet die allgemeine Bekanntschaft mit dieser Wissenschaft, nämlich der Metallographie, eine große Hilfe für diejenigen, die den

Wunsch haben, Vorteile aus diesen fast einzigartigen Eigenschaften des rostfreien Stahls zu ziehen, und sie ist auch für diejenigen von Nutzen, deren Kenntnisse über die neuzeitliche Metallographie im weiteren Sinne begrenzt sind. Daher sind die folgenden Ausführungen in leicht verständlicher Weise vorgebracht worden.

Die Hinzufügung großer Mengen Chrom zum Stahl hat eine Anzahl ausgeprägter Einwirkungen auf dessen Eigenschaften im Gefolge. Im Hinblick auf diese Einwirkungen beanspruchen vom Standpunkte der Gefügeeigenschaften und der Wärmebehandlung der chromhaltigen Stähle die vier folgenden Leitsätze besondere Beachtung.

Das Vorhandensein von Chrom im Stahl:

a) vermindert den Kohlenstoffgehalt des Gefügebestandteils Perlit;

b) erhöht die Temperatur, bei der der Kohlenstoffumwandlungspunkt (Haltepunkt) auftritt und dadurch auch die Niedrigsttemperatur, bis zu der der Stahl erhitzt werden muß, um durch Abschreckung gehärtet zu werden;

c) vermindert in bemerkenswerter Weise die Schnelligkeit, mit der sich der Kohlenstoff im erhitzten Stahl ausbreitet, sich in ihm löst;

d) verleiht dem Stahl die Eigenschaft eines „Lufthärters", d. h. es gibt ihm die Möglichkeit, sich allein durch Luftabkühlung von Temperaturen oberhalb des Umwandlungspunktes zu härten.

Der durch diese Veränderungen gezeichnete Einfluß des Chroms ist von grundsätzlicher Wichtigkeit. Es ist bekannt, daß das Kleingefüge (Feingefüge) der gewöhnlichen Kohlenstoffstähle mit weniger als 1 vH Kohlenstoff (genauer 0,9 vH Kohlenstoff) aus Gemischen von zwei nebeneinander liegenden Bestandteilen, Ferrit und Perlit, besteht[1]. Der erstere ist praktisch reines Eisen, daher sein Name, während der letztere ein Gemenge von Eisen und Eisenkarbid darstellt, in dem ein Gemengteil neben dem anderen ab-

---

[1] Es sei hier ausdrücklich betont, daß die Grenze, bei der der gewöhnliche Stahl nur aus Perlit besteht, nicht genau bei 1 vH liegt, sondern ein wenig darunter, bei etwa 0,9 vH. Aber mit Rücksicht darauf, daß sich der Praktiker die Zahl 1 vH leichter merken kann als 0,9 vH, ist hier stets die abgerundete Zahl 1 vH gesetzt worden. Heyn sagt, daß es schwierig ist, diesen Kohlenstoffgehalt genau zu ermitteln, er liegt zwischen den Grenzen 0,85 bis 1,1 vH je nach den Abkühlungsverhältnissen und dem Gehalt an fremden Beimengungen (Heyn-Wetzel: Die Theorie der Eisenkohlenstofflegierungen. Berlin: Julius Springer 1924).

wechselnd in Form von dünnen Plättchen (Lamellen) angeordnet ist (lamellarer Perlit). Diese ausgeprägten Gefügearten sind vielen Verbrauchern des Stahls wohl bekannt. Um diese Gefügearten, die auch in den rostfreien Stählen vorkommen, miteinander vergleichen zu können, sind sie in den Abb. 1 und 2 als ausgesprochene Vertreter wiedergegeben. Abb. 1 stellt das Kleingefüge eines gewöhnlichen weichen Stahls mit 0,3 vH Kohlenstoff in hundertfacher Vergrößerung und Abb. 2 das feine plattenartige, lamellare Gefüge des Perlits dar, der gewöhnlich nur bei sehr starker Vergrößerung im Mikroskop erkannt werden kann[1].

Versuche haben gezeigt, daß das Eisen und Eisenkarbid, aus denen der Perlit aufgebaut ist, in solchem Verhältnis zueinander stehen, daß dieser Gefügebestandteil rund 1 vH Kohlenstoff enthält. Da in dem Ferrit kein Kohlenstoff enthalten ist, so folgt hieraus, daß sich in den Stählen mit weniger als 1 vH Kohlenstoff die Perlitmenge entsprechend dem Kohlenstoffgehalte des Stahls von Null im kohlenstofffreien Eisen bis zu hundert vom Hundert in einem Stahl mit 1 vH Kohlenstoff vermehrt. Der Beweis hierfür ist in Abb. 1 gegeben, in der die vom Perlit eingenommene Fläche ungefähr ein Drittel der Gesamtfläche ausmacht. Wird der Kohlenstoffgehalt über 1 vH erhöht, bei welchem Betrage die ganze Masse des Stahls aus Perlit besteht, so tritt ein neuer dritter Gefügebestandteil auf, der Zementit, der freies Eisenkarbid darstellt. Dieser kann entweder als ein Netzwerk um die Perlitkörner (Abb. 4), oder als sich kreuzende Plättchen oder als mehr oder weniger kugelige Einlagerungen auftreten.

Aus dieser Übersicht der Gefügebestandteile der gewöhnlichen Kohlenstoffstähle und den bekannten Eigenschaften des sehr dehnbaren reinen Eisens und des eine harte und spröde Eisenkohlenstoffverbindung darstellenden Eisenkarbids · kann man leicht folgern, daß die mechanischen Eigenschaften der Stähle bis zu etwa 1 vH Kohlenstoff im großen und ganzen von ihrem Kohlenstoffgehalt abhängen. So erhöht sich z. B. die Zugfestigkeit von etwa 30 kg/mm^2 des kohlenstofffreien Eisens auf etwa 100 kg mm^2 bei einem Stahl mit 1 vH Kohlenstoff, während

---

[1] Vgl. auch Brearley-Schäfer: Die Werkzeugstähle und ihre Wärmebehandlung. 3. Auflage, Berlin: Julius Springer 1922 und Hanemann-Schrader: Atlas Metallographicus. Berlin: Gebrüder Borntraeger 1927.

Der Einfluß des Chroms auf Gefüge und Härte des Stahls. 25

gleichzeitig die aus der Verlängerung eines geprüften Zerreißstabes ermittelte Dehnung allmählich fällt (Abb. 5)[1].

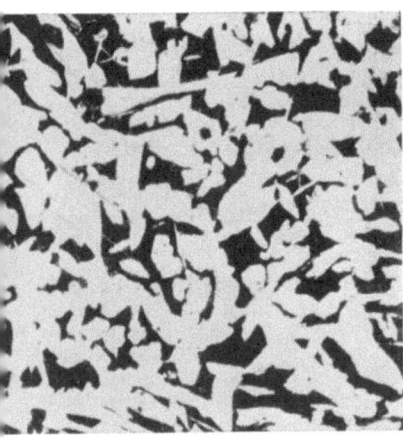

Abb. 1. Perlit (dunkel) und Ferrit (hell) in einem gewöhnlichen Stahl mit 0,3 vH Kohlenstoff. × 100.

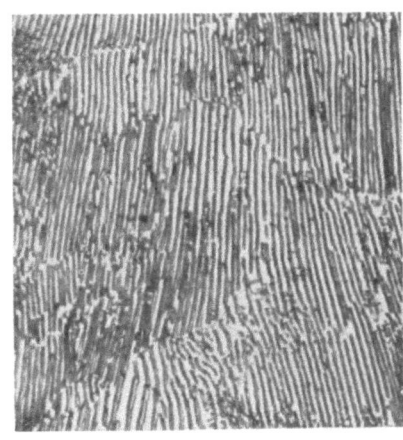

Abb. 2. Dunkle Stellen der Abb. 1. Lamellarer (streifiger) Perlit. × 1200.

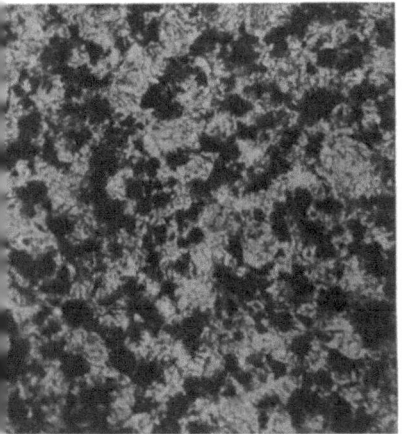

Abb. 3. Rostfreier Stahl mit 0,15 vH Kohlenstoff, ausgeglüht. Perlit und Ferrit. × 100.

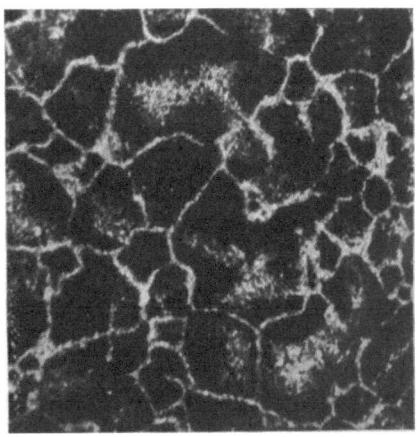

Abb. 4. Rostfreier Stahl mit 0,5 vH Kohlenstoff und 12 vH Chrom, ausgeglüht. Netzwerk von freiem Karbid (Zementit) um den Perlit. × 300.

Bei mehr als etwa 1 vH Kohlenstoff prägen sich die oben genannten Eigenschaften des Eisenkarbids (Zementits) in einer

[1] Siehe auch Oberhoffer: Das technische Eisen. 2. Auflage. S. 200.

mehr schärferen Weise auf die physikalischen Eigenschaften des betreffenden Stahls aus. Bis zu diesem Kohlenstoffgehalt war das Eisenkarbid nur als ein Teil des Perlits vorhanden, mit dem Erfolg, daß der Mangel an Dehnbarkeit des Eisenkarbids zum größten Teil verdeckt wurde, weil im Perlit jedes dünne Karbidplättchen zwischen zwei stärkeren Plättchen von sehr dehnbarem Eisen (Ferrit) eingeklemmt ist. Das Karbid jedoch, das sich im freien Zustande als Zementit darstellt, ist diesem vermittelnden Einfluß des dehnbaren Eisens nicht unterworfen. Infolgedessen überrascht es nicht, daß die Dehnung nicht in demselben Maße dauernd abfällt, wie der Kohlenstoffgehalt über

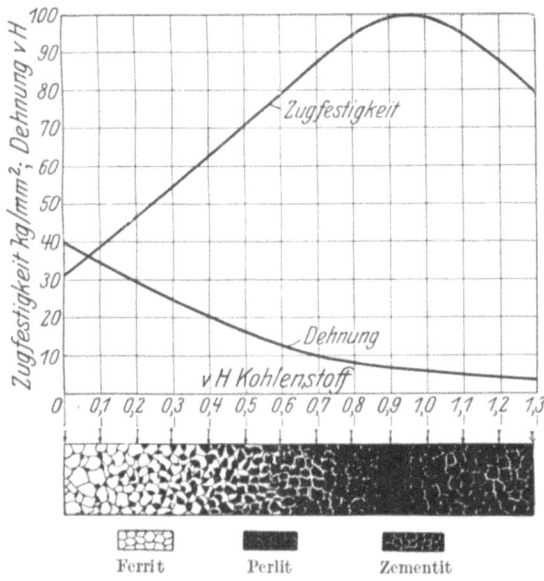

Abb. 5. Einfluß des Kohlenstoffgehaltes auf Gefüge und mechanische Eigenschaften des gewöhnlichen Stahls.

1 vH steigt. Dazu kommt, daß die Zugfestigkeit abzunehmen beginnt, sobald der Zementit in genügender Menge vorhanden ist, weil dann erst die Eigenschaften und der Zustand des Zementits fühlbar werden. Diese kurze und einfache Erklärung des Einflusses des veränderten Kohlenstoffgehaltes auf die Eigenschaften der gewöhnlichen Stähle ist in Abb. 5 zusammengefaßt, die auch die allmähliche Veränderung im Gefüge der Stähle bei zunehmendem Kohlenstoffgehalt wiedergibt und aus der erhellt, daß der wichtigste

Der Einfluß des Chroms auf Gefüge und Härte des Stahls. 27

Umstand, der tatsächlich die Beziehung zwischen dem Kohlenstoffgehalt und den mechanischen Eigenschaften eines Stahls beherrscht, in der jeweiligen Höhe des Kohlenstoffgehaltes liegt, den der Gefügebestandteil Perlit besitzt. Wird irgendwie, z. B. durch Hinzufügung von Sonderelementen die Zusammensetzung dieses Gefügebestandteiles geändert, so wird die Beziehung zwischen dem Kohlenstoffgehalt des Stahls, seinem Gefüge und seinen physikalischen und mechanischen Eigenschaften ebenfalls geändert. Betrachtet man den Einfluß irgendeines beliebigen Legierungszusatzes auf den Stahl, so ist es deshalb von größter Wichtigkeit, seinen Einfluß auf den Kohlenstoffgehalt des Perlits zu kennen, weil es allein der Perlit ist, der sehr erheblich den Bereich des wertvollen Kohlenstoffgehaltes, der in diesem besonderen Legierungsstahl wirksam ist, bestimmt.

Es steht fest, daß das Chrom einen sehr großen Einfluß auf den Kohlenstoffgehalt des Stahls hat. In einer Arbeit aus dem Jahre 1920 beschreibt Monypenny einige Versuche zur Feststellung der Zusammensetzung des Perlits bei einer Reihe von Chromstählen[1]. Für diese Versuche dienten zementierte (oberflächlich gekohlte) Stangen aus einem Stahl mit niedrigem Kohlenstoffgehalt (Flußeisen) und verschiedenen Mengen Chrom. Die Stangen von 25 mm Durchmesser und 150 mm Länge wurden während 24 bis 36 Stunden bei 1000 bis 1100° C zementiert, um eine tiefe Kohlungsschicht zu erhalten. Sie wurden dann nach der Zementation zur Erlangung eines gut ausgeprägten Perlitgefüges langsam abgekühlt. Nachdem die Stangen mit Schmirgelleinen gereinigt waren, wurden sie über die Hälfte ihrer Länge in Spanstärken von je 0,25 mm abgedreht, worauf jede jeweilige Schicht auf ihren Kohlenstoffgehalt chemisch untersucht wurde. Von der anderen nicht abgedrehten Hälfte der Stange wurden Scheiben für die mikroskopische Prüfung abgeschnitten, um festzustellen, bis zu welcher Tiefe der freie Zementit in der Stange vorhanden war. Aus den erhaltenen Ergebnissen wurde die Beziehung zwischen dem Kohlenstoffgehalt des Perlits und

---

[1] Journal of the Iron and Steel Institute 1920 (1), S. 493 und Stahl und Eisen 1920, S. 271. — Über „Chromstähle" siehe weiter Schäfer: Die Konstruktionsstähle und ihre Wärmebehandlung. Berlin: Julius Springer 1923.; Mars: Die Spezialstähle. 2. Auflage. Stuttgart 1922 und Oberhoffer: Das technische Eisen. 2. Auflage. Berlin: Julius Springer 1925.

der Menge des Chroms im Stahl in einer Schaulinie nach Abb. 6 festgehalten. Aus dieser ist zu ersehen, daß der Perlit in einem Stahl mit 12 vH Chrom etwas mehr als 0,3 vH Kohlenstoff enthält anstatt etwa 1 vH bei Stählen ohne Chrom. Es leuchtet daher ein, daß der Kohlenstoff einen viel größeren Einfluß bei der Herstellung von „Stahl" aus einem „Eisen" mit einem hohen Chromgehalt besitzt als aus einem „Eisen", das dieses Legierungsmetall nicht aufweist, und ferner ist es klar, daß der nutzbare Bereich des Kohlenstoffgehaltes eines solchen hochgradigen Chromstahls viel mehr beschränkt ist, als der der chromfreien Stähle. Als Beispiel hierfür kann angeführt werden, daß im Hinblick auf sein Gefüge ein ausgeglühter Stahl mit 0,5 vH Kohlenstoff und 12 vH Chrom auch eine große Menge von freiem Karbid enthält und daher in dieser Hinsicht mit einem Werkzeugstahl mit 1,3 bis 1,5 vH Kohlenstoff verglichen werden kann.

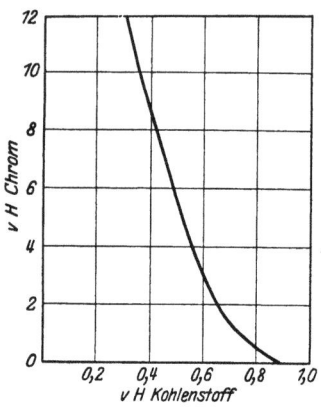

Abb. 6. Einfluß des Chroms auf den Kohlenstoffgehalt des Perlits in Chromstählen.

Dies geht auch klar aus Abb. 4 hervor, die zeigt, daß ein Stahl mit 0,5 vH Kohlenstoff und 12 vH Chrom ein sehr deutliches Netzwerk von freiem Karbid (Chromkarbid) um die Perlitkörner aufweist. In derselben Weise nehmen die Perlitkörner nach Abb. 3, die das Kleingefüge eines ausgeglühten rostfreien Stahls mit 0,15 vH Kohlenstoff darstellt, fast die Hälfte des Gesichtsfeldes ein und nicht etwa nur den sechsten Teil, wie es bei einem gewöhnlichen Kohlenstoffstahl mit dem gleichen Kohlenstoffgehalt der Fall ist. Die Perlitflächen bei beiden Proben hatten ein Aussehen ähnlich wie Abb. 2, wenn sie bei sehr starker Vergrößerung untersucht wurden. Dieses bezeichnende Aussehen des Perlits kann auch bei Proben aus rostfreiem Stahl erhalten werden. Die Abb. 2 bis 4 stammen von Proben, die sehr langsam von hoher Temperatur abgekühlt waren, eine Wärmebehandlung, die, wie später begründet werden soll, nötig ist, um ein wohlausgebildetes Perlitgefüge im hochgradigem Chromstahl zu erzielen.

Es ist wichtig, diesen Einfluß des Chroms auf den Kohlenstoffgehalt des Perlits besonders zu unterstreichen. Die Erfahrungen vieler Jahre über die Bedeutung des Kohlenstoffgehaltes bei den verschiedenen Arten der gewöhnlichen Stähle, die sich am besten für besondere Zwecke eignen, haben sich diejenigen zunutze gemacht, die mit diesen Stählen arbeiten. So enthalten z. B. Stähle für Einsatzhärtung im allgemeinen 0,1 bis 0,2 vH Kohlenstoff[1], Stähle für Achsen und weicher Schmiedestahl 0,25 bis 0,35 vH Kohlenstoff, während der Kohlenstoffgehalt bei besonderen Schmiedestücken bis zu 0,4 oder 0,5 vH ansteigen kann. Eisenbahnschienen haben einen noch höheren Kohlenstoffgehalt, während Eisenbahn- und Straßenbahnradreifen bis zu 0,75 oder 0,8 vH Kohlenstoff aufweisen können. Werkzeugstähle besitzen noch mehr Kohlenstoff, und es ändert sich hier dieser Gehalt je nach dem Zweck, für den sie bestimmt sind. Da diese Einteilung mehr oder weniger nach der Erfahrung aus den beobachteten Eigenschaften der Kohlenstoffstähle ermittelt wurde, so ist es vielleicht nicht allgemein begriffen worden, daß diese Eigenschaften in erster Linie von dem Kohlenstoffgehalt des eutektoiden Perlits (etwa 1 vH) abhängen. Diese Tatsache wird jedoch besonders bekräftigt, wenn ein Werkstoff wie der rostfreie Stahl vorliegt, dessen Perlit einen weit verschiedeneren Kohlenstoffgehalt als etwa 1 vH besitzt. Wegen dieses ausgesprochenen Unterschiedes müssen die Vorstellungen über den Kohlenstoffgehalt des Stahls, die sich wiederum aus der Kenntnis und Behandlung der gewöhnlichen Kohlenstoffstähle, die für bestimmte Verwendungszwecke am geeignetsten sind, entwickelten, vollständig geändert werden, wenn rostfreie Stähle vorliegen.

Wie oben bei den Zementierungsversuchen bemerkt wurde, ist es wichtig, den sehr hohen Gehalt an Kohlenstoff zu berücksichtigen, der in Stähle mit großen Mengen Chrom eingeführt werden kann. Bekanntlich ist es sehr schwierig, einem gewöhnlichen chromfreien Eisen mehr als 1,7 vH Kohlenstoff, sogar nach langer Zementation, einzuverleiben. Bei den oben angegebenen Versuchen wurden die Stähle mit einem Chromgehalt innerhalb der Grenzen, die für rostfreien Werkstoff verlangt werden, 36 Stunden lang bei etwa 1100° C zementiert (oberflächlich gekohlt). Die äußeren Schichten der auf diese Weise behandelten

---

[1] Vgl. Brearley-Schäfer: Die Einsatzhärtung von Eisen und Stahl. Berlin: Julius Springer 1926.

Stangen enthielten etwa 3 vH Kohlenstoff, die Eindringungstiefe betrug etwa 10 mm. Diese hochgekohlten Schichten wiesen natürlich sehr große Mengen von freiem Karbid (Chromkarbid) auf.

1. Veränderungen des Gefüges bei der Erhitzung und Abkühlung.

Indem in der Betrachtung der weiteren Einwirkungen des Chroms, die in den Punkten b, c und d auf S. 23 angegeben sind und die alle für die Wärmebehandlung des Stahls bedeutsam sind, fortgefahren wird, wird es nützlich sein, den Einfluß der Wärmebehandlung auf das Gefüge und die Eigenschaften des gewöhnlichen Kohlenstoffstahls in einfacher Darstellung kurz in die Erinnerung zurückzurufen.

Wird ein Probestück aus gewöhnlichem, weichem Stahl mit etwa 0,3 vH Kohlenstoff langsam erhitzt, so tritt keine wahrnehmbare Veränderung bis zu einer Temperatur von etwa 740° C in seinem Gefüge ein. In gleicher Weise wird die Abschreckung eines Stahls von einer Temperatur unter 740° C keine merkbaren Veränderungen in dessen Eigenschaften hervorrufen. Bei der Temperatur von etwa 740° C tritt nun bekanntlich der sogenannte Haltepunkt (Umwandlungspunkt, kritischer Punkt, kritische Umwandlung, Kaleszenzpunkt) als Ac_1 auf, der von einer bemerkenswerten Wärmeaufnahme (Wärmebindung, Umwandlungswärme) begleitet ist. Bei diesem Punkte Ac_1 geht der aus einem Gemisch von zwei verschiedenen Bestandteilen, nämlich aus reinem Eisen und Eisenkarbid bestehende Perlit in die „feste Lösung" über, die als Gefügeart Austenit genannt wird. Wird ein kleines Probestück dieses weichen Stahls sofort nach dieser Umwandlung schnell in Wasser abgekühlt, die Probe also abgeschreckt, so zeigt sich, daß das ursprüngliche Gefüge von Ferrit und Perlit (Abb. 1) durch ein anderes ersetzt worden ist, das zwar dasselbe allgemeine Muster hat wie vorher, in dem aber die Perlitflächen von einem neuen Bestandteil eingenommen werden, der keinerlei Zeichen des Doppelgefüges des Perlits besitzt. Dieser neue Gefügebestandteil wird Martensit genannt (vgl. Abb. 11), auf den die Härte des abgeschreckten Stahls zurückzuführen ist[1].

---

[1] Vgl. Brearley-Schäfer: Die Werkzeugstähle und ihre Wärmebehandlung, a. a. O. und Rapatz: Die Edelstähle. Berlin: Julius

Veränderungen des Gefüges bei der Erhitzung und Abkühlung. 31

Wird die Erhitzung des weichen Stahls über den Ac_1-Punkt fortgeführt, so wird mit steigender Temperatur die vorhandene „feste Lösung", der Austenit, den umgebenden noch freien Ferrit allmählich auflösen, bis endlich die ganze Masse aus Austenit besteht. Werden kleine Proben dieses weichen Stahls von allmählich anwachsenden Temperaturen über 750 °C schnell abgekühlt, so wird sich herausstellen, daß die Menge des Martensits in diesen abgeschreckten Proben allmählich wächst, während sich die des Ferrits allmählich vermindert, bis zuletzt die ganze Masse martensitisch ist. Wird in derselben Weise der gewöhnliche Stahl mit mehr als 1 vH Kohlenstoff erhitzt, so gehen ähnliche kritische Veränderungen vor sich: der Perlit wird zuerst bei dem Ac_1-Haltepunkt durch Austenit ersetzt, der dann, sowie die Temperatur steigt, den Zementit allmählich auflöst.

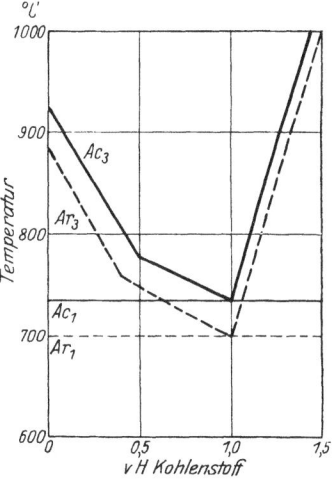

Abb. 7. Einfluß des Kohlenstoffgehaltes auf die während der Erhitzung und Abkühlung in den gewöhnlichen Stählen auftretenden kritischen Veränderungen (Zustandsdiagramm oder Zustandsschaubild).

Der Martensit besitzt nicht das Doppelgefüge des Perlits, er zeigt vielmehr bei mehr oder weniger tiefem Ätzen das kennzeichnende Aussehen von sich schneidenden Nadeln. Abb. 11 gibt das Gefüge des Martensits oder des Austenits wieder, aus dem ersterer gebildet wurde. Die Größe und Schärfe des martensitischen Gefüges nimmt dauernd in dem Maße zu, wie die Abschrecktemperatur über den Ac_1-Punkt erhöht wird.

Man könnte erwarten, daß die Temperatur, die nötig ist, um bei der Erhitzung eine gleichförmige (homogene) Masse von Austenit in einem besonderen Stahl zu erzeugen, mit der Menge des vorhandenen Ferrits oder Zementits schwankt. Dies ist tatsächlich der Fall, und es sind die Ergebnisse zahlreicher Untersuchungen in dieser Richtung in Abb. 7 zusammengefaßt.

Springer 1925. — Eine ausführliche wissenschaftliche Beleuchtung dieser Vorgänge findet sich in Goerens: Einführung in die Metallographie, a. a. O. und Oberhoffer: Das technische Eisen. 2. Auflage. Berlin: Julius Springer 1925.

Wie vorauszusehen war, zeigt sie, da nur der Bestandteil Perlit allen Stählen gemeinsam ist, daß die Umwandlung, der Haltepunkt, bei der Erhitzung aller Kohlenstoffstähle bei fast gleicher Temperatur auftritt, eine Tatsache, die durch die durchgehende Linie Ac_1, die über dem Schaubild bei 740° C verläuft, gekennzeichnet ist. Die Temperatur der vollständigen Lösung des Ferrits wird durch die Linie Ac_3 angedeutet, die von ungefähr 920° C bei äußerst geringem Kohlenstoffgehalt des Stahls auf 740° C bei etwa 1 vH Kohlenstoff fällt, wo sie sich mit der Ac_1-Linie vereinigt. In derselben Weise stellt die sich rechts anschließende ausgezogene Linie die Temperatur der vollständigen Lösung des Zementits dar, und man kann beobachten, daß sie sehr schnell ansteigt, sobald sich der Kohlenstoffgehalt über 1 vH erhöht.

Werden die Stähle langsam abgekühlt, so gehen die gleichlautenden Veränderungen in umgekehrter Reihenfolge vor sich, jedoch bei Temperaturen, die um etwa 40 bis 50° C unter denen liegen, bei denen die Veränderungen bei der Erhitzung auftreten (Rekaleszenzpunkt). So gibt die punktierte Linie Ar_3 und die rechte unterbrochene Linie in Abb. 7 den Beginn der Ausscheidung des Ferrits bzw. des Zementits aus der festen Lösung unter Wärmeabgabe an, während Ar_1 in gleicher Weise die Umwandlung des Austenits zurück in den Perlit bedeutet.

Aus diesen kurzen Darlegungen erhellt, daß von allen Kohlenstoffstählen vom Gesichtspunkte der während der genannten Wärmebehandlungen auftretenden Veränderungen der einfachste Stahl derjenige mit etwa 1 vH Kohlenstoff ist. Ein solcher Stahl besteht vollständig aus Perlit und hat bei der Erhitzung nur einen Haltepunkt bei 740° C, bei der sich der Perlit in den Austenit umwandelt. Ein kleines, schnell von irgendeiner Temperatur oberhalb 740° C abgeschrecktes Stahlstück besteht vollständig aus Martensit. Ein Stahl von dieser Zusammensetzung wird „eutektoider Stahl" genannt, eine Bezeichnung, die aus alten griechischen Wörtern geprägt wurde, um anzudeuten, daß die in diesem Stahl auftretenden Haltepunkte während der Erhitzung bei einer niedrigeren Temperatur vollendet werden als bei einem Stahl mit irgendeinem anderen Kohlenstoffgehalt. Diese Tatsache ergibt sich natürlich auch aus Abb. 7. Stähle mit weniger als 1 vH Kohlenstoff werden „untereutektoide Stähle" und diejenigen mit

Veränderungen des Gefüges bei der Erhitzung und Abkühlung.

höherem Kohlenstoffgehalt als 1 vH „übereutektoide Stähle" genannt[1].

Man könnte erwarten, daß bei rostfreien Stählen die einfachsten Veränderungen bei der Erhitzung und Abkühlung auch bei einem Stahl von eutektoider Zusammensetzung gefunden werden. Dies ist auch tatsächlich der Fall, doch werden die Veränderungen, die bei diesen Stählen im Gefüge und den sonstigen Eigenschaften vorsichgehen, verständlicher werden, wenn man seine Aufmerksamkeit zuerst den Stählen von dieser eutektoiden Zusammensetzung widmet.

Ein von den Einflüssen großer Mengen Chrom in dem auf S. 23 beschriebenen Stahl ist der, daß er die Eigenschaften eines „Lufthärters" annimmt, d. h. seine Härtung wird bei einfacher Luftabkühlung von Temperaturen erzielt, die über dem Haltepunkt liegen, und zwar in derselben Weise, wie der gewöhnliche Kohlenstoffstahl sich nur durch Abschreckung in Wasser usw. von diesen Temperaturen härtet. Infolge dieser Eigenschaft, die später eingehender betrachtet werden soll, ist es notwendig, den rostfreien Stahl sehr langsam von verhältnismäßig hohen Temperaturen abzukühlen, um in ihm ein Perlitgefüge zu erzielen. Ein Stahl mit 0,3 vH Kohlenstoff und 12 vH Chrom jedoch, d. h. also ein eutektoider rostfreier Stahl, der langsam von einer Temperatur von 1000°C oder darüber abgekühlt wurde, besteht aus wohlausgebildetem Perlit (Abb. 2 und 8) mit einer Brinellhärte (Kugeldruckhärte) von 200[2]. Werden kleine Proben eines derartigen Stahls von allmählich wachsenden Temperaturen abgeschreckt, so wird bis zu einer Temperatur von etwa 800°C keine Änderung im Gefüge oder in der Härte der abgeschreckten Probe hervorgerufen, weil das Chrom, wie unter b) auf S. 23 gesagt wurde, die Temperatur, bei der der Haltepunkt auftritt, erhöht. Hier, bei etwa 800°C, erscheint der Ac_1-Wechsel, und er ist, wie auch bei den gewöhnlichen Stählen, von einer merklichen Wärmeaufnahme begleitet. Während jedoch in gewöhnlichen

---

[1] Heyn (†) gebrauchte noch für diese Stähle die Bezeichnungen: eutektische, untereutektische und übereutektische Stähle (siehe Fußnote S. 23), wie auch diese Bezeichnungen im früheren deutschen Schrifttum gewöhnlich üblich waren.

[2] Vgl. Döhmer: Die Brinellsche Kugeldruckprobe. Berlin: Julius Springer 1925, sowie die in Fußnote auf S. 99 angegebenen Buchwerke.

34 Der Einfluß des Chroms auf Gefüge und Härte des Stahls.

Stählen beim Ac_1-Punkt die Auflösung des Karbids im Perlit (feste Lösung) sehr schnell vor sich geht, stellt sie sich sowohl in

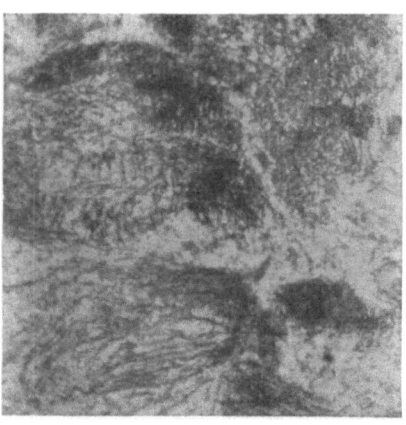

Abb. 8. Von hoher Temperatur langsam abgekühlter rostfreier Stahl mit 0,3 vH Kohlenstoff und 12 vH Chrom. Perlit und Ferrit. × 750.

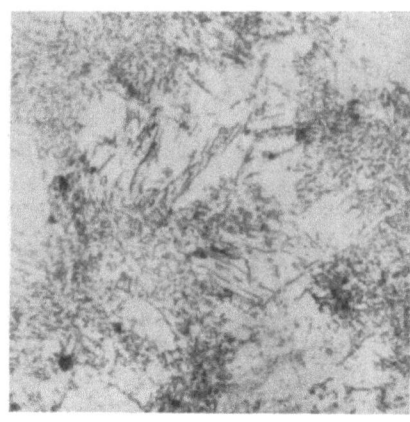

Abb. 9. Stahl wie nach Abb. 8, auf 825° C wiedererhitzt und in Wasser abgeschreckt. × 750.

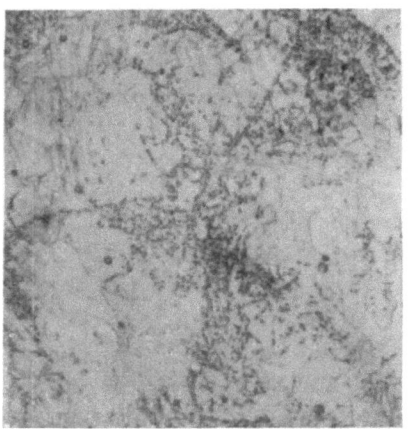

Abb. 10. Stahl wie nach Abb. 8, auf 950° C wiedererhitzt und abgeschreckt. × 750.

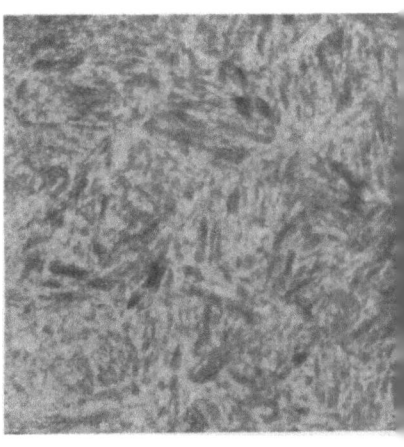

Abb. 11. Stahl wie nach Abb. 8, auf 1050° C wiedererhitzt und abgeschreckt. Martensit. × 750.

rostfreien Stählen als auch in allen hochgradigen Chromstählen viel langsamer ein. Als eine Folge der Wärmeaufnahme bei solchen Stählen, die allgemein beim Ac_1-Punkt bemerkt wird, ist die Tatsache zu verzeichnen, daß hier nur der Anfang dieser Veränderung vorhanden ist, weil nur ein Teil des eutektoiden Karbids bei dieser Temperatur aufgelöst wird. Der Rest geht allmählich ebenfalls in Lösung, sowie die Temperatur um etwa 150 bis 200° C über diesen Punkt hinausgeht. Die Temperatur, die die Wärmeaufnahme im Beginn dieses Bereichs anzeigt, wird auf den folgenden Seiten als Ac_1-Haltepunkt angegeben. Werden zwei Probestücke des fraglichen Stahls, das eine Stück gerade unter und das andere gerade über diesem Ac_1-Punkt abgeschreckt, so stellt sich heraus, daß dieses viel härter ist als jenes. Sofern ein Schnitt (Schliff) für die mikroskopische Untersuchung vorbereitet wird, ätzt dieser langsamer an, doch ist das Kleingefüge der beiden Proben scheinbar völlig gleich. Bei denjenigen unterhalb des Haltepunktes abgeschreckten Proben besteht das Kleingefüge aus Perlit oder aus feinen Lamellen von Karbid, die mehr oder weniger gleichmäßig in einer ferritischen hellen Grundmasse verteilt sind (Abb. 8). Das oberhalb des Haltepunktes abgeschreckte Probestück besteht aus Karbidlamellen, die jedoch weniger zahlreich sind als vorher und in ähnlicher Weise, aber auf einem martensitischen Untergrunde verteilt sind. Da jedoch die Karbidlamellen äußerst dicht beieinander liegen, hat der Untergrund sehr wenig Gelegenheit, irgendwelche besonderen Merkmale des Martensitgefüges zu entwickeln. Die Ähnlichkeit zwischen den Gefügen zweier derartiger Probestücke wie diesen wird durch einen Vergleich der Abb. 8 und 9 dargetan. Abb. 9 gehört zu einem Stahlstück, das von 825° C, also um etwa 25° C oberhalb des Ac_1-Punktes, abgeschreckt wurde. Die Ähnlichkeit zwischen den beiden Gefügen, besonders hinsichtlich der großen Menge Karbid, die noch ungelöst in dem von 825° C abgeschreckten Stahlstück verbleibt, ist augenscheinlich. Das gebräuchlichste Ätzmittel für diese Stähle scheint eine 10%ige Lösung von Salzsäure in Alkohol zu sein. Die Zeit des Ätzens mit diesem Mittel ändert sich je nach dem Zustande des Stahls. Man benötigt etwa 3 bis 5 Minuten für ausgeglühte und 20 bis 30 Minuten für gehärtete Probestücke. Um das Karbid (Doppelkarbid) in rostfreien Stählen aufzudecken, ist das von Murakami vorgeschlagene Ätzmittel sehr brauchbar[1]. Dieses besteht aus einer Lösung von

---

[1] Vgl. Stahl und Eisen 1920, S. 988.

10 g Kalilauge (Ätzkali) und 10 g Ferrizyankalium in 100 ccm Wasser. Es färbt die Karbide dunkel, läßt aber die anderen Bestandteile unberührt und wirkt deshalb in der gleichen Weise wie eine wäßrige Lösung von Natriumpikrat auf gewöhnlichen Stahl. Bei Verwendung des Ätzmittels von Murakami in kaltem Zustande sind 10 bis 20 Minuten zum Anätzen nötig, in kochendem Zustande geht der Angriff des Ätzmittels schneller vonstatten.

Sobald die Temperatur über den Ac_1-Punkt steigt, wird die ungelöst zurückbleibende Karbidmenge immer geringer, während in den Stahlstücken, die von allmählich steigenden Temperaturen abgeschreckt wurden, das Auftreten von Martensit immer deutlicher wird. Bei einer Temperatur von schließlich 1000°C, die aber in gewissem Grade sowohl von der Erhitzungsgeschwindigkeit als auch von der Zeit des Verweilens des Stahls bei der Höchsttemperatur und auch vom Chromgehalt abhängt, erhält man bei dieser Temperatur oder darüber die vollständige Auflösung des Karbids und daher abgeschreckte (gehärtete) oder luftabgekühlte Stahlstücke mit Martensitgefüge (Abb. 10 und 11).

Infolge der allmählichen Lösung des Karbids oberhalb des Ac_1-Punktes erreicht der rostfreie Stahl bei der Abschreckung unmittelbar über diesem Punkt seine volle Härte nicht. Im Gegenteil, die Härte der abgeschreckten Proben erhöht sich in dem Maße, wie die Abschrecktemperatur über diesen Punkt innerhalb des Gebietes von 150 bis 200°C und darüber hinaufgesetzt wird, in welchem, wie schon vorher gesagt wurde, das Karbid in allmählicher Auflösung begriffen ist. Dies geht auch aus Abb. 12 hervor, die die Brinellhärten angibt, die eine Reihe von Probestücken ergaben, die von allmählich steigenden Temperaturen abgeschreckt wurden.

Nachdem nun die Änderungen verfolgt worden sind, die eintreten, wenn rostfreier Stahl bis zu demjenigen Punkt erhitzt wird, bei dem er durch Abschreckung vollständig gehärtet wird, so daß das entstehende Gefüge gänzlich aus Martensit besteht, können wir alsdann unsere Aufmerksamkeit der Erklärung der Einflüsse widmen, die bei der Wiedererhitzung (Anlassen) eines solchen Stahls zutage treten. Wird ein vollständig gehärteter gewöhnlicher Stahl von eutektoider Zusammensetzung, also mit etwa 1 vH Kohlenstoff, bis zu verschiedenen allmählich steigenden Temperaturen wiedererhitzt, also angelassen, so ist es wohl be-

Veränderungen des Gefüges bei der Erhitzung und Abkühlung. 37

kannt, daß die Härte des Stahls langsam vermindert wird. Bis zu einer Anlaßtemperatur von etwa 200° C entsteht praktisch kein Härteverlust, aber sowie die Temperatur über diesen Betrag bis zu 740° C, dem Ac_1-Punkt, steigt, fällt die Härte fast gleichmäßig ab. Dies wird durch die Schaulinie B in Abb. 13 angedeutet, auf der die Brinellhärten angegeben sind, die erhalten werden, wenn ein solcher gehärteter Stahl auf allmählich steigende Temperaturen angelassen wird. Der Stahl wurde von jeder Anlaßhitze sofort in Wasser abgekühlt, folglich ist der bei 740° C auftretende Ac_1-Punkt durch eine plötzliche Härtesteigerung besonders gekennzeichnet. Wird in derselben Weise ein gehärteter rostfreier Stahl angelassen, so werden auch Veränderungen hervorgerufen, die denjenigen beim gewöhnlichen Kohlenstoffstahl vorkommenden ähnlich sind, nur daß sie bei viel höheren Temperaturen eintreten.

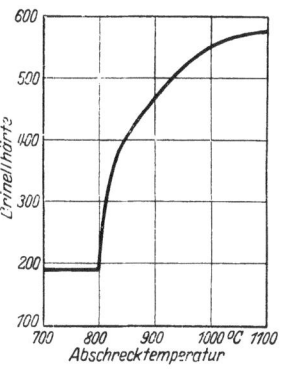

Abb. 12. Brinellhärte eines von verschiedenen Temperaturen wasserabgeschreckten rostfreien Stahls mit 0,3 vH Kohlenstoff.

Bei dem hochgradigen Chromstahl bleibt die Härte bis zu 500° C oder wenig darüber fast unverändert. Bei etwa 550° C setzt das „Anlassen" ziemlich plötzlich ein. Die Härte fällt schnell, so daß in dem Augenblick, in dem die Temperatur 600° C erreicht, die Brinellhärte nur noch 250 bis 300 beträgt. Bei 600 bis 750 oder 800° C verringert sich die Härte

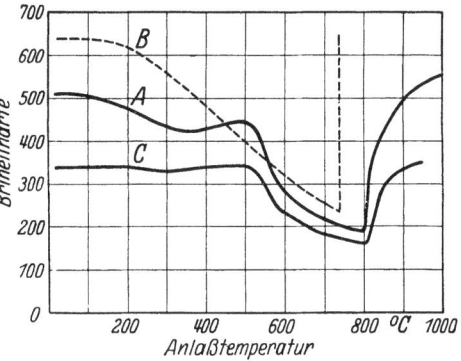

Abb. 13. Beim Anlassen verschiedener wassergehärteter Stähle auf wachsende Temperaturen erhaltene Brinellhärte. A = rostfreier Stahl mit 0,3 vH Kohlenstoff bei 1050° C abgeschreckt, B = gewöhnlicher Stahl mit etwa 1 vH Kohlenstoff und C = rostfreies Eisen mit 0,07 vH Kohlenstoff bei 950° C abgeschreckt.

langsam und gleichmäßig bis zu einem Wert von ungefähr 200 Brinelleinheiten. Die Schaulinie A in Abb. 13 gibt die Brinellhärten an, die beim Anlassen eines solchen Stahls auf allmählich wachsende Temperaturen erhalten wurden. Ein Vergleich dieser mit den Härten der Schaulinie B in Abb. 13 läßt den Unterschied zwischen den beiden Stahlarten klar erkennen. Auch die Schaulinie C gibt sehr deutlich die drei Stufen der vorher angegebenen Anlaßtemperaturen an, die beim Anlassen von gehärtetem rostfreiem Eisen vorkommen. Vom praktischen Gesichtspunkte aus ist die dritte Stufe von 600 bis 750 oder 800° C sehr lehrreich und nützlich, weil ein Stahl, der sich beim Anlassen in einem Gebiet von 50 bis 100° C in der Härte und Zugfestigkeit nicht sehr verändert, offenbar in praktischer Hinsicht leichter wärmebehandelt werden kann als ein Stahl, bei dem die Härte schnell wechselt, wenn die Anlaßtemperatur steigt. Andererseits macht es der plötzlich eintretende Abfall der Härte zwischen 500 und 600° C äußerst schwierig, vorgeschriebene Eigenschaften beim Anlassen von rostfreiem Stahl in dieser Stufe zu erlangen.

Die beim Anlassen eines gehärteten Probestückes aus rostfreiem Stahl vorkommenden Veränderungen in der Härte werden auch von Gefügeveränderungen begleitet. Nach dem Anlassen auf Temperaturen innerhalb des Gebietes bis zu 500° C, in dem die Härte praktisch gleich bleibt, besteht das Gefüge immer noch aus Martensit ähnlich demjenigen in dem unangelassenen Stück, obschon dieses zur Bloßlegung seines Gefüges wahrscheinlich einen kürzeren Ätzangriff benötigt als das erstere. Der plötzliche Abfall der Härte zwischen 500 und 600° C wird durch eine Gefügeänderung angezeigt. Der Martensit geht in den aus sehr feinen Teilchen von Karbid bestehenden Sorbit über, der nur bei stärkster Vergrößerung im Mikroskop erkannt werden kann. Dieser Sorbit ist in einer ferritischen Grundmasse eingebettet. In dem dritten Anlaßgebiet zwischen 600 und 750 oder 800° C verschmelzen sich allmählich die vorher ausgeschiedenen Karbidteilchen zu größeren Kügelchen. Ein derartiger vollständig angelassener Stahl hat daher ein Gefüge gleich demjenigen nach Abb. 14.

Wird die Erhitzung des gehärteten rostfreien Stahls auf noch höhere Temperaturen weitergeführt, so tritt manchmal dieselbe Reihenfolge wie die der auf S. 36 beschriebenen Vorgänge auf. Der Ac_1-Punkt kommt bei ungefähr 800° C zum Vorschein und es wird wieder Austenit gebildet. Ein Teil des Karbids geht in Lösung, während sich der Rest nur allmählich auflöst, sowie die

Veränderungen des Gefüges bei der Erhitzung und Abkühlung. 39

Temperatur über diesen Punkt steigt. Gleichfalls erhöht sich auch die Härte von abgeschreckten Stählen mit dem An-

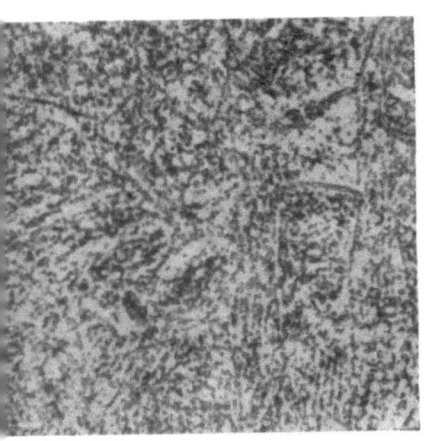

Abb. 14. Gehärteter und auf 700° C angelassener rostfreier Stahl. Brinellhärte 207. × 1000.

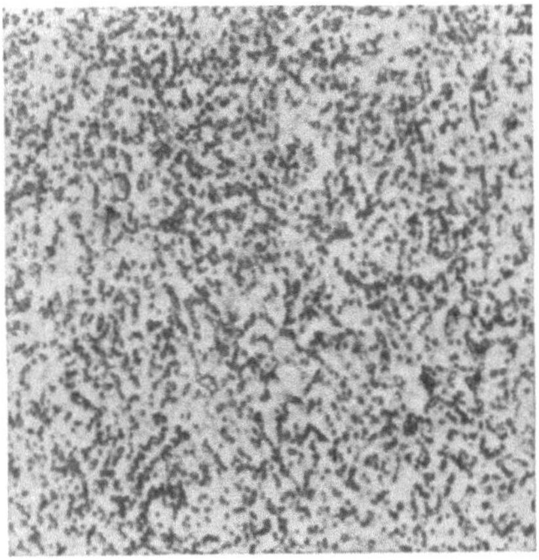

Abb. 15. Rostfreier Stahl bei 900° C ölgehärtet. Brinellhärte 437. × 1000.

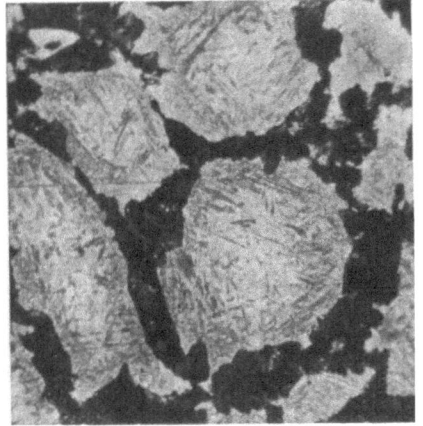

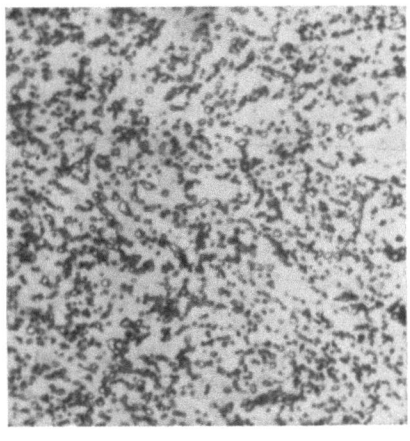

Abb. 16. Mäßig langsam von 1200° C abgekühlter rostfreier Stahl mit Martensit (hell) und Troostit (dunkel). Brinellhärte 364. × 250.

Abb. 17. Rostfreier Stahl bei 860° C geglüht. Brinellhärte 170. × 1000.

steigen der Abschrecktemperatur, wie es in dem rechten Teil der Schaulinie A in Abb. 13 angegeben ist. Das Gefüge eines solchen bei 900° C ölgehärteten Stahls ist in Abb. 15 zu erkennen

40 Der Einfluß des Chroms auf Gefüge und Härte des Stahls.

und dieses kann als vorbildlich für das Gefüge eines richtig gehärteten einfachen rostfreien Stahls angesehen werden.

2. Einfluß der Abkühlungsgeschwindigkeit auf Härte und Kleingefüge.

Es wurden schon vorher einige Bemerkungen über den Einfluß gemacht, den verhältnismäßig große Mengen Chrom zur Herbeiführung von Lufthärtungseigenschaften des Stahls besitzen. Hierauf muß etwas näher eingegangen werden. Es ist allgemein bekannt, daß ein gewöhnlicher Werkzeugstahl, wenn er von einer geeigneten Temperatur schnell in Wasser abgekühlt wird, gehärtet ist. Wird er von derselben Temperatur in Öl oder in irgendeinem anderen Mittel, das langsamer abkühlt als Wasser, abgeschreckt, so ist er weniger hart (milde Härte). Er wird immer weicher, wenn er mit noch geringerer Geschwindigkeit abgekühlt wird, wie es erreicht wird, wenn ein kleines Stahlstück frei in der Luft abkühlt. Hieraus geht hervor, daß ein bestimmter Zusammenhang zwischen der Abkühlungsgeschwindigkeit und dem hierbei gelieferten „Härtegrad" eines Stahls besteht, und ferner ist es auch erklärlich, daß eine sehr schnelle Abkühlung notwendig ist, um gewöhnliche Kohlenstoffstähle zu härten. Diese Tatsache ist dem Schmied längst bekannt, der weiß, daß, wenn er einen Kohlenstoffwerkzeugstahl in Form einer Stange von 10 bis 12 mm Durchmesser in Wasser von einer genügend hohen Temperatur abschreckt, die Stange durch und durch gehärtet und mit einem feinen gleichmäßigen Bruch ausgezeichnet ist. Schreckt er jedoch auf gleiche Weise von derselben Temperatur eine stärkere Stange desselben Stahls z. B. mit etwa 40 mm Durchmesser ab, so wird diese nicht bis zur Mitte durchgehärtet sein, vielmehr wird sie nach dem Brechen einen weichen ungehärteten Kern zeigen.

Wird dieser Härtungsversuch mit verschiedenen Abkühlungsgeschwindigkeiten, wie sie durch Wasser-, Öl- und Luftabschreckung gekennzeichnet sind, bei einem Stahl wiederholt, der dieselbe Menge Kohlenstoff wie vorher und außerdem noch 1,5 oder 2 vH Chrom enthält, so zeigt sich, daß sowohl die in Öl als auch in Wasser abgeschreckte Stange so hart ist, wie das in Wasser abgeschreckte Stück aus gewöhnlichem Kohlenstoffstahl. Andererseits ist aber die an der Luft abgekühlte Stange doch viel weicher als jede der anderen abgeschreckten Stangen. Dies legt den

Einfluß der Abkühlungsgeschwindigkeit auf Härte und Kleingefüge. 41

Gedanken nahe, daß es dem Stahl durch das Vorhandensein des Chroms ermöglicht wird, bei einer langsameren Abkühlung zu härten. Tatsächlich besitzt das Chrom diese Fähigkeit bis zu einem Grade, der sich mit der Menge dieses Elementes erhöht, so daß die bei einem so hohen Gehalt an Chrom, wie er im rostfreien Stahl vorkommt, bei der Abkühlung von der Härtungstemperatur auftretenden Veränderungen in einem solchem Maße gebremst werden, daß der Stahl hart ist, wenn er von einer solchen Temperatur luftabgekühlt wird. Jedoch ist die auf diese Weise bei rostfreien Stählen erzeugte Härte nicht unabhängig von der Abkühlungsgeschwindigkeit. Verschiedenheiten in dieser Geschwindigkeit bewirken gleiche Veränderungen, wie sie durch verschiedene Abkühlungsgeschwindigkeiten auch bei gewöhnlichen Stählen erzeugt werden. Doch sind die wirksamen Werte dieser benötigten Geschwindigkeiten, um gleiche Wirkungen bei diesen beiden Stahlarten hervorzubringen, sehr verschieden voneinander. Genau so wie bei dem gewöhnlichen Stahl gibt es bei dem rostfreien Stahl eine ganz bestimmte Abkühlungsgeschwindigkeit, die überschritten werden muß, um Härtung herbeizuführen. Diese Geschwindigkeit wechselt jedoch mit der Zusammensetzung des Stahls und auch bei jedwedem anderen Stahl mit der Temperatur, von der er abgekühlt wird. Je höher die Temperatur über dem Ac_1-Punkt liegt, desto geringer ist die Geschwindigkeit, mit der der Stahl, um gehärtet zu werden, abgekühlt werden kann. Dies wird in Abb. 18 vor Augen geführt, die die Brinellhärten angibt, die von Proben eines rostfreien Stahls von etwa eutektoider Zusammensetzung erhalten wurden, nachdem sie mit verschiedenen Geschwindigkeiten von 860 und 1200°C abgekühlt worden waren. Die Abkühlungsgeschwindigkeit wurde durch die Zeit gemessen, die zur Abkühlung der Stücke oberhalb des Gebietes von 850 bis 550°C erforderlich war. Das Gebiet von 850 bis 550°C wurde für diese Versuche aus dem Grunde gewählt, um die Abkühlungsgeschwindigkeiten hauptsächlich vom Standpunkte der Zweckmäßigkeit festzulegen. Tatsächlich wurde bei diesem Versuch gefunden, daß dieser Temperaturbereich das ganze Gebiet einschließt, in dem die Ar_1-Umwandlung im rostfreien Stahl bei langsamer Abkühlung stattfindet. Wird dieses Temperaturgebiet mit der erforderlichen Geschwindigkeit durchschritten, so wird diese unterhalb 550°C, jedenfalls aber unter 500°C die hervor-

42 Der Einfluß des Chroms auf Gefüge und Härte des Stahls.

gebrachte Härte des Stahls nicht mehr besonders beeinflussen. Um eine richtige Vorstellung von der Bedeutung der Abkühlungsgeschwindigkeiten, wie sie in Abb. 18 dargestellt werden, zu geben, muß noch bemerkt werden, daß eine frei in der Luft abkühlende Stange von etwa 18 mm Durchmesser ungefähr 1½ Minuten gebraucht, um das Gebiet von 850 bis 550° C zu durchschreiten, vorausgesetzt, daß in dem Stahl selbst keine Wärme entwickelt wird. Die Linienzüge A und B in diesem Schaubild zeigen, daß die Abkühlungszeit, um bei dem Probestück eine Brinellhärte von mindestens 400 zu erhalten, nicht mehr als 2 Minuten betragen soll, wenn es von 860° C abgekühlt wird, sie darf aber 60 Minuten erreichen, wenn die Höchsttemperatur 1200° C beträgt. Bei noch langsamerer Abkühlung als dieser wird der Stahl allmählich bis zum vollständig ausgeglühten Zustande weicher, indem er dann dem „normalisierten" (ausgeglühten) gewöhnlichen Kohlenstoffstahl gleicht. Die

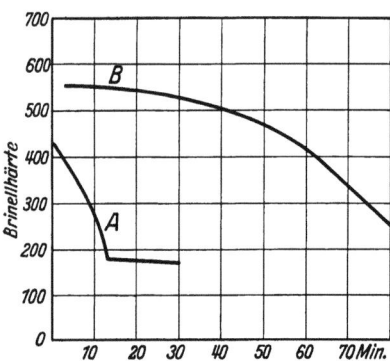

Abb. 18. Einfluß verschiedener Abkühlungsgeschwindigkeiten auf die Härte von rostfreien Stählen, wenn diese von 860°C (Linienzug A) und 1200° C (Linienzug B) abkühlen.

wirksamen Abkühlungsgeschwindigkeiten, die nötig sind, irgendeinen besonderen Stahl zu härten oder auszuglühen, hängen von seinem Chrom- und Kohlenstoffgehalt ab und werden auch noch durch die Anwesenheit anderer Elemente, hauptsächlich Nickel, sehr beeinflußt. Die Geschwindigkeit, mit der ein Stahl abgekühlt werden muß, um vollständig auszuglühen, ist geringer, je höher der Chrom- und Nickelgehalt ist. Andererseits werden Legierungen mit hohem Kohlenstoffgehalt viel leichter ausgeglüht als solche mit niedrigerem Kohlenstoffgehalt, die aber sonst von gleicher Zusammensetzung sind, d. h. sie glühen bei höheren Abkühlungsgeschwindigkeiten aus.

Das richtige beim Ausglühen von rostfreiem Stahl erhaltene Kleingefüge hängt auch von der Höchsttemperatur ab, bis zu der der Stahl vor der langsamen Abkühlung erhitzt worden war. War diese Temperatur hoch genug, um alles Karbid aufzulösen,

Einfluß der Abkühlungsgeschwindigkeit auf Härte und Kleingefüge. 43

so wird ein perlitartiges Gefüge erhalten, das nach vollständiger Ausglühung des Stahls praktisch nicht von dem der gewöhnlichen Stähle zu unterscheiden ist (vgl. Abb. 2 und 8). Zur Herstellung eines solchen Gefüges gebraucht man eine sehr niedrige Abkühlungsgeschwindigkeit, wie aus Abb. 18 zu ersehen ist. Bei Abkühlungsgeschwindigkeiten von dieser Temperatur, auch bei einer dazwischenliegenden, die zur Härtung des Stahls nötig ist, d. h. bei Abkühlungsgeschwindigkeiten, die sich aus den Brinellhärten zwischen 400 und 200 nach Abb. 18 ergeben, besteht das Gefüge aus Gemischen von Martensit und feinerem oder gröberem Perlit. Die Folge der Gefügeveränderungen, die innerhalb dieser Abkühlungsgeschwindigkeiten erhalten werden, kann am besten durch die Betrachtung der Abkühlungsgeschwindigkeit beleuchtet werden, die gerade ausreicht, den Stahl vollständig zu härten. Sobald die Abkühlungsgeschwindigkeit allmählich geringer als diese wird, beginnt das Gefüge, das in dem vollständig gehärteten Stahl nur aus Martensit besteht, kleine Flächen zu zeigen, die sich sehr schnell ätzen und unter dem Mikroskop als schwarze gefügelose Flecken erscheinen, die als Troostit bekannt sind. Dieser besteht aus einem Gemisch von Eisen und Eisenkarbid ähnlich dem Perlit, jedoch sind in ihm die einzelnen Gefügeteilchen so klein, daß sie unter dem Mikroskop selbst bei stärkster Vergrößerung als selbständige Körper nicht unterscheidbar sind. Sowie die Abkühlungsgeschwindigkeit noch geringer wird, vermehrt sich die Menge des Troostits, die Härte läßt dementsprechend nach, bis die ganze Stahlmasse aus diesem Bestandteil besteht. Bei sehr geringen Geschwindigkeiten werden die Teilchen des Karbids und des Eisens in dem Troostit gröber und gröber, bis endlich ein wohlentwickeltes lamellares Perlitgefüge erhalten wird. Die fortschreitende Änderung des Gefüges vom Martensit bis zum Perlit ähnelt deshalb genau derjenigen, die erreicht wird, wenn die Abkühlungsgeschwindigkeiten beim gewöhnlichen Kohlenstoffstahl geändert werden, nur daß die Geschwindigkeiten zur Erzielung gleicher Gefüge in den beiden Stählen weitaus verschieden sind. Abb. 16 zeigt ein Gefüge, das aus Martensit und Troostit besteht. Der Stahl, von dem dieses Gefüge erhalten wurde, hatte eine Brinellhärte von 364.

Wird jedoch der Stahl mehr oder weniger langsam von Temperaturen abgekühlt, die nicht genügend hoch sind, um alles

Karbid aufzulösen, so sind die erhaltenen Kleingefüge von jenen verschieden, die in dem letzten Absatz beschrieben wurden. Auf S. 36 wurde gezeigt, daß das Gefüge, wenn rostfreier Stahl von dieser Temperaturstufe abgeschreckt wird, aus karbidischen Teilchen besteht, die in einer Grundmasse von Martensit verteilt sind (vgl. Abb. 9, 10 und 15). Bei etwas geringeren Abkühlungsgeschwindigkeiten, als nötig ist, um den Stahl bei dieser Temperaturstufe zu härten, d. h. nach etwa 5 bis 12 Minuten (Schaulinie A in Abb. 18), ätzt sich der Hintergrund einer Schlifffläche des so behandelten Stahls dunkler, das Gefüge sieht verworren aus, es ist kein richtiger Troostit zu erkennen, wie es bei der Abkühlung von hohen Temperaturen der Fall ist. Bei sehr langsamer Abkühlung erhält man schließlich einen vollständig geglühten Werkstoff von körnigem Gefüge, wie er in Abb. 17 zu sehen ist, das demjenigen Gefüge sehr ähnlich ist, das durch Härten und vollständiges Anlassen, also durch Vergüten des Stahls erreicht wird, nur daß die Karbidkörner in dem geglühten Stahl viel gröber sind als in dem anderen. Dies wird klar, wenn die Abb. 14 und 17 miteinander verglichen werden.

Es ist jedoch möglich, mit diesen halb ausgeglühten Stahlproben lehrreiche Ätzbilder bei Anwendung einer 5%igen Lösung von Pikrinsäure in Alkohol zu erhalten, die fast allgemein bei der Ätzung von Proben aus gewöhnlichem Stahl für die mikroskopische Untersuchung gewählt wird. Dieses Ätzmittel hat praktisch genommen keinen Einfluß auf polierte Schliffe von rostfreiem Stahl, der gehärtet oder auch gehärtet und angelassen wurde. Werden jedoch mit Zwischengeschwindigkeiten abgekühlte Stahlproben, wie oben angegeben, mit alkoholischer Pikrinsäure geätzt, so erscheint Troostit. So zeigt Abb. 19 bei einer mittleren Vergrößerung nach der Ätzung mit Pikrinsäure einen rostfreien Stahl, der von 860 °C während einer Zeitdauer von neun Minuten abgekühlt wurde. Die Brinellhärte war 245. Das Gefügeaussehen erinnert stark an ein Gemisch von Martensit und Troostit. Werden jedoch solche Stahlproben unter dem Mikroskop bei stärksten Vergrößerungen untersucht, so erkennt man, daß diese dunklen Flecken nicht Troostit, sondern Gruppen von Karbidkörnern sind, wie Abb. 20 feststellt. Das Aussehen des Gefüges in Abb. 19 kann vielleicht so erklärt werden, daß die dunkleren Teile des Gesichtsfeldes von der schwachen Pikrinsäure

Einfluß der Abkühlungsgeschwindigkeit auf Härte und Kleingefüge. 45

schneller angegriffen wurden als der Rest, weil sie die ersten Zersetzungsmittelpunkte des Martensits sind.

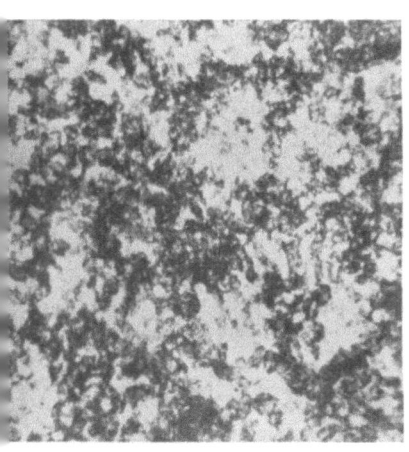

Abb. 19. Rostfreier Stahl von 950°C zur Erzielung der Härtung nicht schnell genug abgekühlt. Brinellhärte 245. × 250.

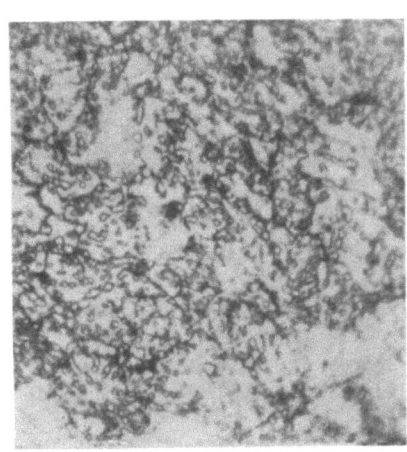

Abb. 20. Dunkle Stellen der Abb. 19. × 1500.

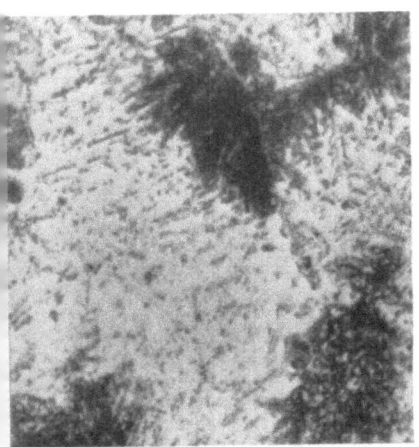

Abb. 21. Rostfreier Stahl mit 0,15 vH Kohlenstoff von 1050°C langsam abgekühlt. × 750.

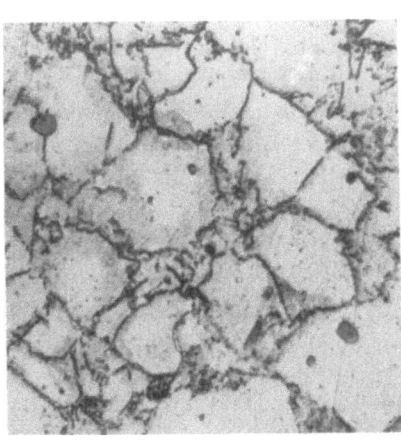

Abb. 22. Rostfreies Eisen mit 0,07 vH Kohlenstoff von 1050°C langsam abgekühlt. × 750.

Werden Stahlproben von hohen Temperaturen langsam abgekühlt, die ähnlich wie nach Abb. 16 aus Gemischen von Martensit und Troostit bestehen und mit Pikrinsäure behandelt, so wird der Troostit deutlich geätzt, während der Martensit vollständig unangegriffen bleibt. Wird eine solche Probe nachher auf etwa 700° C angelassen, um in den Martensitflächen ein Gefüge ähnlich wie nach Abb. 14 zu erzeugen und wird sie dann mit Pikrinsäure geätzt, so werden wiederum nur die Troostitflächen angegriffen. Diejenigen Flächen, die das gehärtete und angelassene Gefüge haben, das aus dem vor dem Anlassen bestandenen Martensit gebildet wurde, bleiben nach der Ätzung fast hell. Diese Ergebnisse mit Pikrinsäureätzung lassen einen lehrreichen Rückschluß auf den bezüglichen Widerstand gegen die Korrosion von geglühten bzw. gehärteten und angelassenen Stählen zu. Hierauf soll später noch besonders eingegangen werden.

3. Einfluß des Kohlenstoffs auf das Kleingefüge.

Nachdem die Veränderungen, die in einem rostfreien Stahl von etwa eutektoider Zusammensetzung vor sich gehen, beleuchtet worden sind, soll jetzt noch der Einfluß verschiedener Kohlenstoffgehalte betrachtet werden. Werden Stähle bei hohen Temperaturen, etwa bei 1000° C und höher, geglüht, so bestehen sie mit einem niedrigeren Kohlenstoffgehalt als dem eutektoiden aus einem Gemisch von Ferrit und Perlit ähnlich den gewöhnlichen weichen Stählen, nur daß der Ferrit in den hochgradigen Chromstählen eine besondere Neigung besitzt, einzelne Karbidkügelchen und Karbidlamellen zurückzuhalten. Dies erhellt aus Abb. 21, die das Gefüge eines Stahls mit 0,15 vH Kohlenstoff wiedergibt, der langsam von 1050° C abgekühlt wurde. Die Karbidkügelchen können auch in Abb. 3 erkannt werden, die das Gefüge desselben Stahls bei geringerer Vergrößerung zeigt. Es muß jedoch bemerkt werden, daß erwartungsgemäß die Perlitflächen dieses Probestückes ungefähr das halbe Gesichtsfeld einnehmen, weil der Kohlenstoffgehalt dieses Stahls ungefähr die Hälfte desjenigen des Perlits in dem üblichen rostfreien Stahl ausmacht. Wird der Kohlenstoffgehalt auf den Betrag vermindert, der im allgemeinen im rostfreien Eisen gefunden wird, nämlich auf 0,1 vH oder weniger, so hat das Karbid in dem Perlit das Bestreben zur Kügelchenbildung, so daß ein derartiger niedrig gekohlter Werkstoff, wenn er bei hohen Temperaturen geglüht wird, oft aus Ferritkörnern mit eingelagerten Kügelchen be-

Einfluß des Kohlenstoffs auf das Kleingefüge. 47

steht, die bestrebt sind, ein Netzwerk um die Ferritkörner zu bilden. Ein ausgesprochenes Beispiel hierfür ist Abb. 22. Werden andererseits solche untereutektoiden Stähle luftabgekühlt oder in Wasser oder Öl von hohen Temperaturen abgeschreckt, so bestehen sie vollständig aus Martensit. Ist der Kohlenstoffgehalt sehr niedrig, dann kann auch freier Ferrit und am ehesten in den luftabgekühlten Stählen vorhanden sein. Die Gegenwart oder Abwesenheit von Ferrit wird außer durch den Chrom- und Kohlenstoffgehalt auch noch besonders durch die übrige Zusammensetzung des Stahls beeinflußt. So ist es wahrscheinlich, daß ein niedrig gekohlter Werkstoff mit verhältnismäßig großen Mengen Silizium mehr Ferrit enthält als ein Stahl mit niedrigem Siliziumgehalt von sonst gleicher Zusammensetzung, wenn beide Stähle in derselben Weise behandelt werden.

Beim Anlassen von gehärteten Probestücken niedrig gekohlter Chromstähle ergibt sich eine Brinellhärte von ähnlicher Höhe wie diejenige der hochgekohlten rostfreien Stähle (vgl. Schaulinie C in Abb. 13). Beim Überschreiten des Haltepunktes verhält sich das Karbid des Perlits genau so wie das im eutektoiden Stahl, d. h. ein Teil desselben löst sich bei der Wärmeaufnahme, die beim Auftreten dieses Haltepunktes eintritt, auf und der Rest dann, sowie die Temperatur über diesen Punkt steigt. Die Temperatur, die nötig ist, um eine vollständige Lösung des Karbids bei den gewöhnlichen Bedingungen der Erhitzung herbeizuführen, d. h. durch Verweilen während 30 bis 60 Minuten bei der Höchsttemperatur, hängt in gewissen Grade von der früheren Verteilung des Karbids ab. Ist dieses gleichmäßig verteilt, wie es bei einem vorher vollständig gehärtetem Stück, das ganz und gar aus Martensit besteht und wiedererhitzt wird, vorkommt, so wird die vollständige Lösung etwas früher erreicht, als es der Fall ist, wenn derselbe Stahl vorher ausgeglüht worden wäre, um ein Gefüge von Ferrit und Perlit zu ergeben. Diese Verschiedenheit ist aus der sehr geringen Lösungsgeschwindigkeit des Kohlenstoffs in diesem hochgradigen Chromstahl und aus der größeren Zurückhaltung erklärlich, die das Karbid hat, um sich mit dem Perlit und Ferrit aufzulösen. Diese Beharrlichkeit der Karbidteilchen kann auch in Abb. 23 gezeigt werden, die zu einer kleinen 6 mm dicken Stahlscheibe gehört und anfangs das Gefüge nach Abb. 21 hatte, nachdem sie eine Stunde lang bei

900⁰ C wiedererhitzt und dann in Wasser abgeschreckt wurde. Sogar in äußerst weichen Stählen mit 0,1 vH Kohlenstoff oder

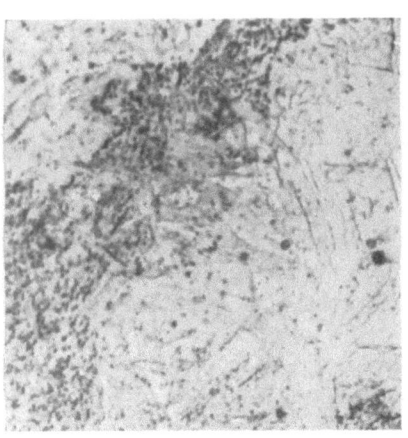

Abb. 23. Stahl wie in Abb. 21, 1 Stunde bei 900⁰C wiedererhitzt und abgeschreckt. Zurückgebliebene ungelöste Karbidkörner. × 1000.

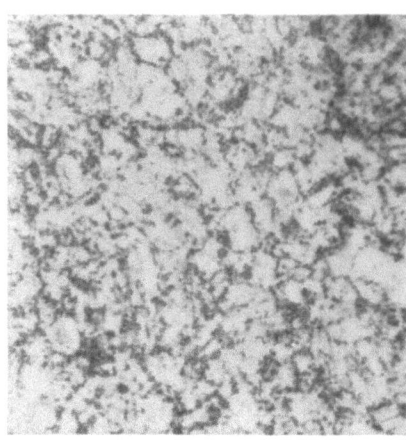

Abb. 24. Rostfreies Eisen mit 0,07 vH Kohlenstoff und 13,3 vH Chrom bei 950⁰C gehärtet und auf 700⁰C angelassen. Brinellhärte 174. × 1000.

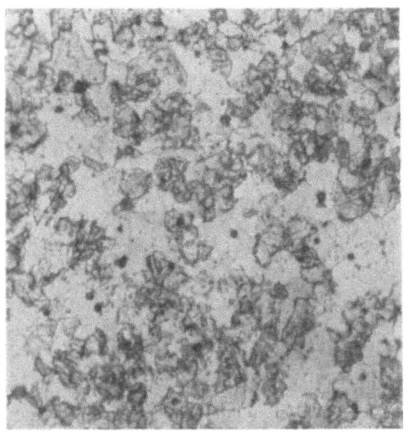

Abb. 25. Rostfreies Eisen mit 0,07 vH Kohlenstoff und 13,3 vH Chrom von 850⁰C wasserabgeschreckt. Brinellhärte 238. × 300.

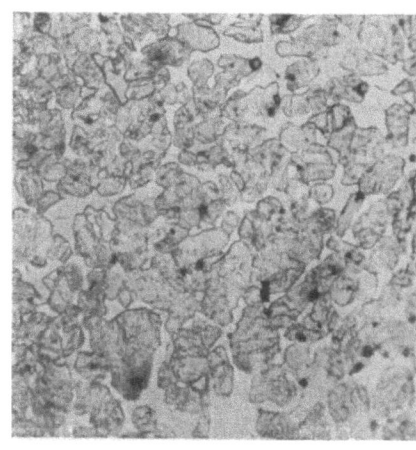

Abb. 26. Wie Abb. 25, aber von 900⁰C abgeschreckt. Brinellhärte 281. × 300.

weniger kann man das Karbid in Probestücken, die 50 bis 100⁰ C über dem Haltepunkt abgeschreckt wurden, nachweisen. Die

Ac_3-Linie für diese Stähle, die die Temperatur der vollständigen Auflösung des freien Ferrits bei der Erhitzung darstellt, ist noch nicht betrachtet worden. Ihre Lage ändert sich wahrscheinlich in hohem Maße mit den Veränderungen des Stahls hinsichtlich seines Gehaltes an Silizium, Mangan und Nickel, von denen sich immer kleine, doch schwankende Mengen im rostfreien Werkstoff vorfinden. Der Ferrit wird allmählich aufgelöst, sowie die Temperatur über den Ac_1-Punkt hinausgeht. Die Abb. 25 und 26 zeigen das Gefüge von kleinen Stahlstücken mit 0,07 vH Kohlenstoff und 13,3 vH Chrom nach der Abschreckung von 850 und 900⁰ C. Sie verbildlichen die schrittweise Auflösung des Ferrits. Wird von noch höheren Temperaturen abgeschreckt, so wird das Gefüge vollständig martensitisch werden.

Nach dem Härten und folgenden Anlassen zwischen 600 und 750⁰ C bestehen die niedrig gekohlten Legierungen aus Ferrit mit Karbidteilchen, die mehr oder weniger gleichmäßig verteilt sind (Abb. 24). Werden diese Legierungen bei Temperaturen eben über dem Ac_1-Punkt geglüht, so bestehen sie aus Ferrit

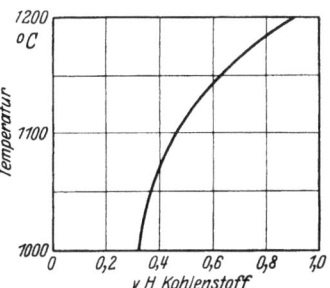

Abb. 27. Löslichkeit des freien Karbids im rostfreien Stahl mit 11,2 vH Kohlenstoff bei hohen Temperaturen.

und ziemlich groben, jedoch in geringer Zahl auftretenden Karbidkörnern, ähnlich denjenigen nach Abb. 17. Die Verteilung der Körner hängt in gewissem Grade von dem vorhergegangenen Lebenslauf des Probestückes ab.

Rostfreie Stähle von übereutektoider Zusammensetzung verhalten sich in gleicher Weise wie die gewöhnlichen hochkohlenstoffhaltigen Stähle. Der Überschuß an Karbid löst sich allmählich auf, nachdem das eutektoide Karbid in Lösung gegangen ist. Monypenny hat die Löslichkeit des freien Karbids in einem Stahl mit 11,2 vH Chrom untersucht und seine Ergebnisse in Abb. 27 zusammengefaßt[1]. Aus ihr ist zu ersehen, wie das Karbid in einem derartigen Stahl, das 0,35 vH Kohlenstoff bei 1000⁰ C, 0,45 vH Kohlenstoff bei 1100⁰ C und etwa 1 vH Kohlenstoff bei

---

[1] The Journal of the Iron and Steel Institute 1920 (I), S. 493 und Stahl und Eisen 1920, S. 271.

1200° C entspricht, gelöst wird. Wie bei der Lösung des Eutektoidkarbids gibt es wahrscheinlich ein besonderes „Zeitelement" hinsichtlich der Löslichkeit des Karbidüberschusses. Die Angaben in Abb. 27 beziehen sich auf Versuche mit Probestücken, die eine halbe Stunde lang den genannten Temperaturen ausgesetzt worden waren. Bei verhältnismäßig längerem Verweilen wären wahrscheinlich die Kohlenstoffmengen, die bei irgendeiner Temperatur in Lösung gehen, etwas größer.

4. Rostfreie Stähle mit hohem Kohlenstoffgehalt.

Chromstähle mit verhältnismäßig hohem Kohlenstoffgehalt, z. B. 0,8 bis 1 vH, können schwerlich als die gewöhnlichen Vertreter des rostfreien Stahls angesehen werden, weil ihr Widerstand gegen Korrosion, wie später dargelegt wird, ein ganz beträchtlich geringerer ist als derjenige eines Stahls mit niedrigerem Kohlenstoffgehalt, der aber sonst in seiner Zusammensetzung mit dem obigen übereinstimmt. Theoretisch beanspruchen sie jedoch große Aufmerksamkeit, und da ihre Eigenschaften, die nicht immer vorteilhaft die Einflüsse zeigen, die bei Verwendung eines höheren Kohlenstoffgehaltes im Vergleich zu dem üblichen rostfreien Stahl vorhanden sind, in etwas stärkerem Maße hervortreten, so wird es nicht außerhalb dieser Betrachtung liegen, wenn sie kurz besprochen werden. Diese Stähle enthalten sehr große Mengen von freiem Karbid (Doppelkarbid), und da dieser nur bei sehr hohen Temperaturen vollständig in Lösung geht, sofern dies überhaupt der Fall ist, so bereitet ihre Wärmebehandlung hinsichtlich der Verfeinerung eines groben Gefüges merkliche Schwierigkeiten. Infolge ihrer großen Karbidmenge sind diese Stähle nicht besonders weich, auch wenn sie vollständig angelassen worden sind. Solche hochkohlenstoffhaltigen Chromstähle können auch sehr leicht verbrannt werden. Das ausgeprägte Gefüge eines solchen verbrannten Stahls, in dem große Mengen von teilweise geschmolzenen Bestandteilen von kennzeichnendem getüpfeltem eutektischem Aussehen vorhanden sind, wird in Abb. 31 gezeigt, so daß die Klarlegung der hieraus entstehenden Störungen bei den später zu besprechenden Untersuchungen verhältnismäßig leicht ist.

Diese Stähle lassen sich auch viel schwerer schmieden als diejenigen mit niedrigerem Kohlenstoffgehalt, und da die Wiedererhitzungstemperatur infolge der Verbrennungsgefahr nicht un-

Rostfreie Stähle mit hohem Kohlenstoffgehalt. 51

gebührlich erhöht werden darf, so ist deshalb die Bearbeitung eines solchen Stahls viel schwieriger als diejenige der Stähle mit niedrigerem Kohlenstoffgehalt.

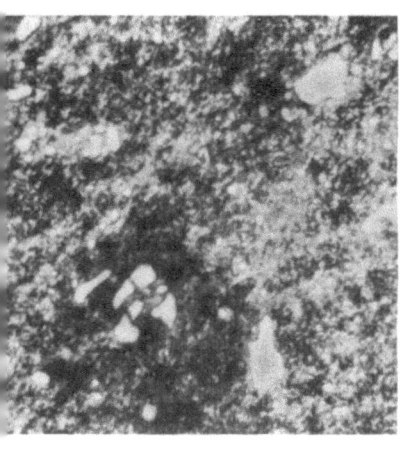

Abb. 28. Stahl mit 1,01 vH Kohlenstoff und ,8 vH Chrom, gehärtet und voll angelassen. Brinellhärte 241. × 1000.

Abb. 29. Stahl wie nach Abb. 28, aber von 1000°C abgeschreckt. Brinellhärte 627. × 750.

Abb. 30. Stahl mit 0,67 vH Kohlenstoff und 4,1 vH Chrom von 1200° C abgeschreckt. Austenit. × 500.

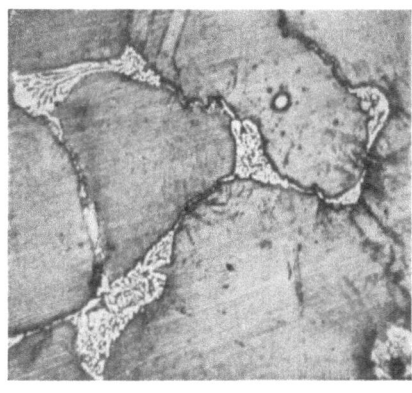

Abb. 31. Verbrannter rostfreier Stahl mit hohem Kohlenstoffgehalt. „Eutektikum" zwischen den Kristallkörnern. × 500.

Vom theoretischen Standpunkte aus liegt ihre bedeutsamste Eigenschaft in der Tatsache, daß sie sich, wenn sie von sehr hohen Temperaturen etwa um 1200° C abgeschreckt werden, nicht härten

4*

und zwar aus dem Grunde nicht, weil der Austenit, der bei diesen hohen Temperaturen vorhanden ist, bei der Abschreckung als solcher erhalten bleibt und sich nicht zu Martensit verändert. Während der Abschreckung der gewöhnlichen Stähle oder der niedriger gekohlten rostfreien Stähle werden die Veränderungen, die gewöhnlich während einer langsameren Abkühlung beim Ar_1-Punkt eintreten, nicht ganz unterdrückt, wenn auch natürlich die Trennung des Eisenkarbids in mikroskopisch sichtbare Teilchen vollständig verhindert wird. Der Teil der Veränderung, die trotz äußerster Geschwindigkeit bei der Abschreckung noch eintritt, betrifft das Eisen selbst. Die Fähigkeit, die das Eisen im Perlit besitzt, die abwechselnd gelagerten Lamellen des Karbids zu lösen, wenn es bis zu dem Ac_1-Punkt erhitzt wird, wird durch eine Umlagerung seines eigenen kristallinen Gefüges verursacht. Der Kohlenstoff ist in der gewöhnlichen Form des Eisens bei atmosphärischer Temperatur vollständig unlösbar, doch mit der Veränderung seines kristallinen Gefüges, die eintritt, wenn Austenit gebildet wird, besitzt das Eisen die Fähigkeit, eine begrenzte Menge von Kohlenstoff aufzunehmen. Es bestehen dann andere Eigentümlichkeiten in dem physikalischen Verhalten der beiden Eisenformen. So ist die gewöhnliche Form des Eisens bei niedriger Temperatur, die nach Übereinkunft als α-Eisen bezeichnet worden ist, stark magnetisch, während die Form des Eisens bei hoher Temperatur, als γ-Eisen bekannt, praktisch unmagnetisch ist. Während der langsamen Abkühlung des gewöhnlichen Stahls oder rostfreien Stahls gibt der Ar_1-Punkt den Übergang des γ-Eisens, des Austenits, in das α-Eisen mit seiner gleichzeitigen Ausscheidung von Eisenkarbid aus der Lösung an. Werden die bis jetzt betrachteten rostfreien Stähle sehr schnell abgeschreckt, so wird die Ausscheidung des Karbids verhindert, aber wie auch bei gewöhnlichen Kohlenstoffstählen kann der Übergang des γ-Eisens in das α-Eisen nicht unterdrückt werden. Unter solchen Bedingungen tritt dieser Teil der Veränderung bei etwa 300°C ein. Dies führt zur Bildung von Martensit, der aus dem Austenit entstanden und zufällig magnetisch ist. Bei reinem Eisen tritt die Umwandlung aus dem γ-Zustande in die α-Form bei etwa 900°C ein. Bei einem solchen Werkstoff ist es nicht möglich, den Eintritt dieser Veränderung zu verhindern, selbst nicht durch schroffste Abschreckung. Bei Gegenwart von Kohlenstoff bleibt die γ-Form, die dieses Element in Lösung enthält, bis zu dem Ar_1-Punkt bei etwa 700° C bei langsamer Abkühlung in der Luft beständig (stabil) und wird bis zu noch niederen Abschrecktemperaturen festgehalten. Die Gegenwart von Chrom im Stahl vermindert noch mehr das Bestreben des γ-Eisens, sich bei der Abkühlung in die α-Form zu verändern, so daß, wenn beide Elemente, Chrom und Kohlenstoff, sich in genügender Menge im Eisen in Lösung befinden, die Beständigkeit der γ-Form bis zu einem solchen Grade zunimmt, daß sie während der Abkühlung bis auf gewöhnliche Temperaturen unverändert erhalten werden kann. Damit dies eintritt, muß sowohl Chrom als auch Kohlenstoff im Eisen gelöst sein. Dies ist nur dann der Fall, wenn der diese Elemente enthaltende Stahl auf hohe Temperaturen erhitzt wird. Werden daher solche Stähle von stufenweise oberhalb Ac_1 ansteigenden Temperaturen abgeschreckt, so werden sie zunächst allmählich härter und erreichen Brinellhärten von 600 und mehr, wenn sie von etwa 1000° C abgeschreckt werden. Das Gefüge solcher abgeschreckten Stähle besteht aus Martensit zugleich mit großen Mengen von freiem Karbid.

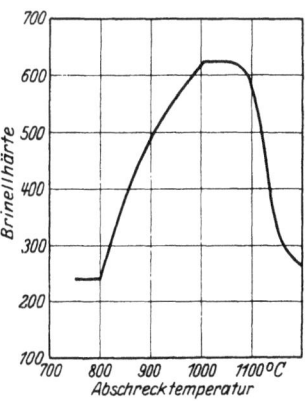

Abb. 32. Brinellhärte eines von hohen Temperaturen abgeschreckten Stahls mit 0,96 vH Kohlenstoff und 13,1 vH Chrom.

Erreicht jedoch die Abschrecktemperatur eine Höhe, die gewöhnlich zwischen 1100 und 1200° C liegt, so fällt die Brinellhärte des abgeschreckten Stahls plötzlich bis auf einen sehr niedrigen Wert. Er nimmt auch ein bezeichnendes mikroskopisches Gefüge an, und außerdem erkennt man, daß er unmagnetisch ist. Die nach der Abschreckung eines solchen Stahls mit 0,96 vH Kohlenstoff und 13 vH Chrom von verschiedenen Temperaturen erhaltenen Härtezahlen sind in Abb. 32 dargestellt und ermöglichen eine Erklärung für die auffallenden Veränderungen des Härtewertes, der erhalten wird, wenn die Abschrecktemperatur bei einem solchen Stahl erhöht wird.

Der zur Bildung von Austenit benötigte Kohlenstoffgehalt ändert sich mit der Menge des im Stahl vorhandenen Chroms.

Bei etwa 13 vH Chrom jedoch wird der Martensit in einem von 1200° C abgeschreckten Stahl teilweise durch Austenit ersetzt, wenn der Kohlenstoffgehalt ungefähr 0,5 vH beträgt. Vollständig austenitisch wird der Stahl mit 0,7 vH Kohlenstoff oder mehr nach einer gleichen Behandlung.

Eine weitere Aufmerksamkeit beanspruchen diese austenitischen Stähle im Hinblick auf ihr Verhalten beim Anlassen. Es wird kein merklicher Einfluß bis zu einer Anlaßtemperatur von etwa 550 bis 600° C festgestellt werden können. Bei dieser Temperatur setzt jetzt der Übergang vom Austenit zum Martensit ein, der unterdrückt wurde, als der Werkstoff von 1200° C abgeschreckt wurde. Folglich härtet er sich, wenn er nunmehr auf diese Weise angelassen wird. So stellt die Schaulinie A in Abb. 33 die Brinellhärten von solchen Stählen dar, nachdem sie auf allmählich steigende Temperaturen angelassen worden waren. Auch verdeutlicht Abb. 33 das ganz wesentliche Wachstum der nach dem Anlassen auf ungefähr 600° C erhaltenen Härte. Das Gefüge von solchen „gehärteten" Stählen besteht aus Martensit, wenngleich dieser gewöhnlich von mehr oder weniger großen Mengen Troostit begleitet wird, weil der durch die Anlaßarbeit entstandene Martensit selbst sehr leicht verändert wird, was auch aus dem raschen Abfall der Härte ersichtlich ist, der eintritt, wenn die Anlaßtemperatur noch mehr erhöht wird (Abb. 33).

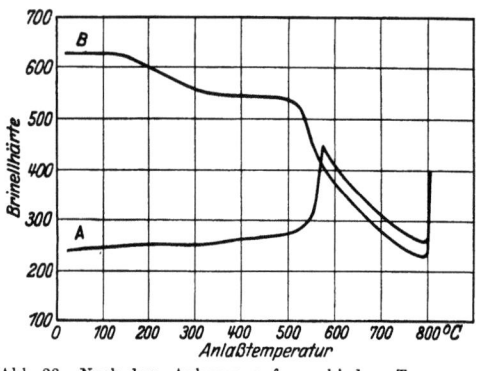

Abb. 33. Nach dem Anlassen auf verschiedene Temperaturen erhaltene Brinellhärte eines Stahls mit 1,01 vH Kohlenstoff und 11,8 vH Chrom. Schaulinie A nach vorheriger Abschreckung von 1200°C, Schaulinie B nach vorheriger Abschreckung von 1000°C.

Werden andererseits diese hochkohlenstoffhaltigen Chromstähle von niederen Temperaturen abgeschreckt, d. h. von etwa 1000° C oder darüber, bei denen eine Brinellhärte von etwa 600 erhalten wird, so bestehen sie aus Martensit zugleich mit freiem Karbid. Beim Anlassen verhalten sie sich ähnlich wie die Stähle mit niedrigerem Kohlenstoffgehalt. Dies beweist die Schaulinie B (Abb. 33), die von demselben Stahl wie Schaulinie A erhalten wurde, doch wurde er vorher von 1000° C anstatt 1200° C abgeschreckt. Ein Vergleich dieser beiden Schaulinien gibt auch ein Bild von einer anderen Wirkung verschiedener Abschrecktemperaturen auf rostfreien Stahl, nämlich von derjenigen, daß die von 1200° C abgeschreckten Stähle härter sind als die von 1000° C abgeschreckten, wenn beide auf Temperaturen über 600° C angelassen werden. Diese Erscheinung, „Rotglühhärte" genannt, wird häufig bei allen hochgradigen Chromstählen, wozu auch die Schnelldrehstähle gehören, beobachtet. Hierauf soll später noch in Verbindung mit der Besprechung der mechanischen Eigenschaften dieser Stähle zurückgekommen werden.

Als bezeichnendes Beispiel des Gefügeaussehens hochkohlenstoffhaltiger Chromstähle mögen die Abb. 28, 29 und 30 dienen. Abb. 28 stellt das Gefüge eines gehärteten und vollständig angelassenen Stahls mit 1,01 vH Kohlenstoff und 11,8 vH Chrom dar. Die Brinellhärte ist 241. Nach Abb. 28 enthält ein solcher Stahl eine große Menge von Karbid. Derselbe von 1000° C abgeschreckte Stahl hatte eine Brinellhärte von 627 und ein Gefüge nach Abb. 29. Sogar bei dieser Temperatur verbleibt noch viel ungelöstes Karbid zurück. Die Wichtigkeit des Einflusses dieses Karbids auf die Widerstandsfähigkeit eines solchen Werkstoffes gegen Korrosion soll später besprochen werden. Abb. 30, von einem Stahl mit 0,67 vH Kohlenstoff und 14,1 vH Chrom nach der Abschreckung von 1200° C erhalten, ist für das Aussehen des Austenits in diesen Stählen bezeichnend.

5. Grobgefüge und Ungleichmäßigkeit des Rohblocks.

Auf den vorhergehenden Seiten wurden die Veränderungen besprochen, die durch die verschiedenen Verfahren der Wärmebehandlung des rostfreien Werkstoffes auftreten, in der stillschweigenden Annahme, daß eine solche Legierung von vollkommen gleichmäßiger Beschaffenheit ist, d. h. daß die im Stahl vorhandenen Elemente Chrom und Kohlenstoff und noch etwa andere gleichmäßig in ihm verteilt sind oder zumindest in einer derart genügend gleichmäßigen Art und Weise, daß sich der Stahl für praktische Zwecke einem vollständig homogenen Zustande nähert. Es ist jedoch zu wissen wichtig, ob nun ein solcher

Der Einfluß des Chroms auf Gefüge und Härte des Stahls.

Zustand tatsächlich besteht, und wenn nicht, bis zu welchem Grade das Gefüge des Stahls von der Gleichmäßigkeit (Homogenität) abweicht.

Es ist wohl bekannt, daß, wenn der gewöhnliche Kohlenstoffstahl aus dem flüssigen Zustand fest wird, die Teile eines jeden Kristalls, die zuerst erstarren, anfänglich einen kleineren Anteil gelöster Unreinigkeiten wie Kohlenstoff, Silizium, Mangan und Phosphor enthalten als der flüssige Stahl, aus dem sie sich absonderten. Sowie die Erstarrung allmählich weiter fortschreitet, wird ein Erzeugnis erhalten, das daher allmählich wachsende Mengen solcher Unreinheiten aufweist. Auch sind die zuletzt erstarrten Teile viel unreiner als das ursprüngliche flüssige Metall. Während und nach der Erstarrung tritt jedoch schnell eine Auflösung des Kohlenstoffs ein, so daß die ursprüngliche Verteilung dieses Elementes in dem festen Erzeugnis in einem sehr viel höheren Grade verwischt ist. Die anderen vorhandenen Elemente lösen sich jedoch, wenn überhaupt, viel langsamer auf, und folglich kann dieses ursprüngliche kristallinische, sich während der Erstarrung gebildete Gefüge in gewöhnlichen Stählen durch die Verwendung besonderer Ätzmittel gezeigt werden, die den Stahl in einer Weise angreifen, die von der Dichtigkeit dieser gelösten Unreinigkeiten abhängt. Durch den Gebrauch solcher Ätzmittel, z. B. verschiedener Lösungen von Kupfersalzen, wie sie z. B. Rosenhain, Stead, Le Chatelier, Heyn und Bauer u. a. entwickelten, oder durch das noch trefflichere Verfahren der Grobätzung nach Humphrey[1], werden die reineren Dendriten (tannenbaumförmige Kristalle), die zuerst fest wurden, im Vergleich zu den unreinen Flächen vorzugsweise angegriffen[2]. Nach der Ätzung erhält man ein dendritisches Gefüge, ähnlich dem nach Abb. 34, das sehr deutlich zeigt, wie die kristalline Masse des Stahls aufgebaut ist. Wird derselbe Längsschnitt mit den gewöhnlichen Mitteln geätzt, die im allgemeinen bei der mikroskopischen Untersuchung des Stahls verwendet werden, z. B. mit einer 5%igen alkoholischen Lösung von Pikrinsäure, so wird nur die Verteilung des

---

[1] Vgl. hierüber Bauer-Deiß: Probenahme und Analyse vom Eisen und Stahl. 2. Auflage. Berlin: Julius Springer 1922. — Oberhoffer: Das technische Eisen. 2. Auflage. Berlin: Julius Springer 1925.
[2] The Journal of the Iron and Steel Institute 1919 (I), S. 273.

Kohlenstoffs in dem erkalteten Stahl angezeigt, woraus zu entnehmen ist, in welcher Weise sich der Kohlenstoff während und

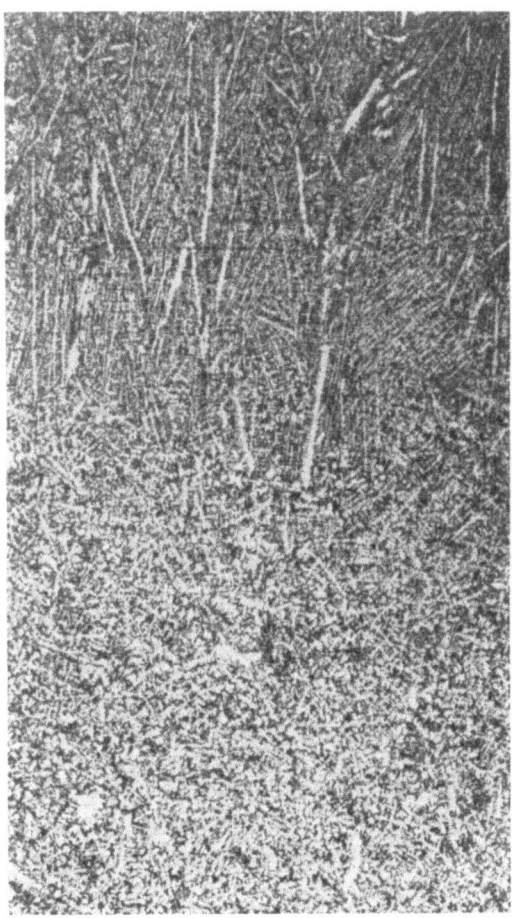

Abb. 34. Dendritisches Gefüge eines Gußblocks aus gewöhnlichem Stahl.

unmittelbar nach der Erstarrung ausgebreitet hat. Es wird ein austenitisches Gefüge gebildet, das in bezug auf den Kohlenstoffgehalt praktisch gleichmäßig (homogen) ist, sich aber später bis zu den kritischen Punkten (Haltepunkten) in Perlit und Ferrit oder

Zementit spaltet. Es werden daher durch diese beiden Ätzmittel sehr oft die Muster hervorgebracht, die scheinbar in keiner Beziehung zu einander stehen. Während irgendeiner nachfolgenden Wärmebearbeitung (Bearbeitung des hocherhitzten Rohblocks) wird die ursprüngliche Verteilung der Unreinigkeiten, außer der des Kohlenstoffs, praktisch nicht berührt, sogar Walzen oder Schmieden entfernt dieses Muster nicht, es ist nur in größerem oder geringerem Maße verzerrt. Andererseits wird die Kohlenstoffverteilung, die durch das gewöhnliche Perlit- und Ferrit- oder Zementitgefüge gekennzeichnet ist, jedesmal umgestaltet, wenn der Werkstoff durch die Haltepunkte hindurch erhitzt und abgekühlt wird. In jedem Stück eines gewöhnlichen Kohlenstoffstahls befinden sich daher zwei mehr oder weniger von einander unabhängige Gefügearten. Die eine zeigt den Zustand und die Verteilung des Kohlenstoffs im Stahl an und bildet das gewöhnliche Kleingefüge (Mikrostruktur), die andere zeigt die durch die Erstarrung hervorgerufene ursprüngliche Kristallisation des Gußblocks an, die mehr oder weniger durch nachfolgende mechanische Bearbeitung verzerrt wird. Man nennt nun dieses letztere Gefüge gewöhnlich das Grobgefüge (Makrostruktur, Gußgefüge, Blockgefüge), da dessen Muster ziemlich grob und dem unbewaffneten Auge im allgemeinen deutlich sichtbar ist.

Im rostfreien Werkstoff verlangsamt das Vorhandensein großer Chrommengen die Auflösung des Kohlenstoffs in solchem Maße, daß die Verteilung dieses Elementes in einem gegossenen und erkalteten Rohblock das soeben gekennzeichnete ursprüngliche dendritische Gefüge nicht nur nach der Erstarrung des Metalls erkannt wird, sondern dieses Gefüge bleibt auch weiter stark ausgeprägt während der Schmiede- und Walzarbeiten bestehen. In Proben z. B. aus Blöcken oder Gußstücken, die nach dem Gießen zum Zwecke der vollständigen „Erweichung" genügend langsam abgekühlt wurden, zeichnet sich das ursprüngliche dendritische Gefüge sehr deutlich durch die Verteilung des Karbids ab. So gibt Abb. 35 das Gefüge einer solchen Probe mit 0,42 vH Kohlenstoff und 11,3 vH Chrom wieder. Hier ist zu erkennen, daß die zuerst erstarrten Dendriten weniger Karbid enthalten als die später erstarrte interdendritische Ausfüllung. Eine gleiche nach dem Guß schnell abgekühlte Probe besteht aus einem Gemisch von Martensit und Austenit. Der erstere nimmt die Lage der

Dendriten ein, während der letztere in der interdendritischen Ausfüllung vorkommt. Die Kohlenstoffsättigung war hier hoch genug, um die vollständige Unterdrückung der Haltepunkte bei schneller Abkühlung zu erreichen und alsdann die Zurückhaltung des Austenits zu verursachen. Ähnliche dendritische Gefüge können mit niedriggekohltem rostfreiem Eisen erhalten werden, wie dies z. B. aus dem Gefüge nach Abb. 36 hervorgeht, das von einem Block mit

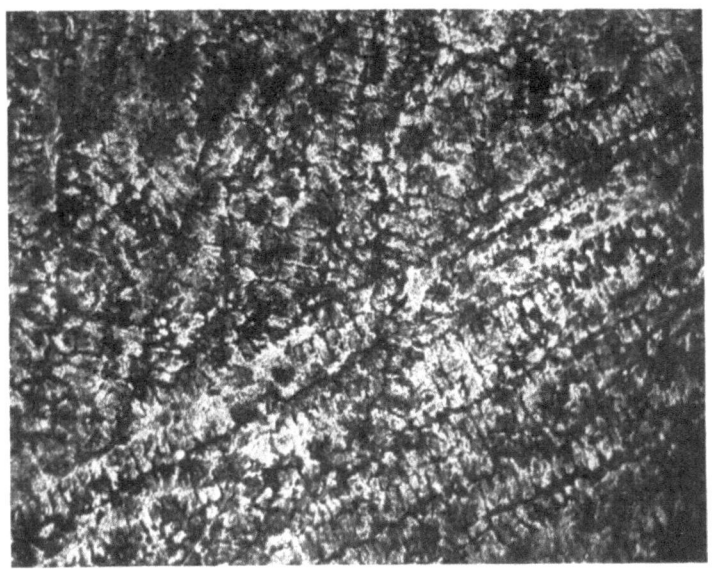

Abb. 35. Dendritisches Gefüge eines Gußstückes aus rostfreiem Stahl mit 0,42 vH Kohlenstoff und 11,3 vH Chrom nach langsamer Abkühlung nach dem Guß. × 50.

0,07 vH Kohlenstoff und 11,7 vH Chrom und einem Kleingefüge aus Ferrit und Martensit erhalten wurde. Dieses dendritische Gefüge ist sogar nach kräftiger Wärmebearbeitung sehr träge. Als lehrreiche Beispiele mögen noch die Abb. 37 und 38 dienen. Abb. 37 stellt das Gefüge eines Gußstückes ähnlich wie das nach Abb. 35 erhaltene dar, nachdem es vier Stunden lang bei 1100°C geglüht worden war. Die letztere Abb. gibt das Aussehen einer Stange von etwa 38 mm Durchmesser von gleicher Zusammensetzung wie das oben beschriebene Gußstück nach Schmiede- und Walzarbeiten wieder, die nötig waren, um das Gußstück von einem Block von

60   Der Einfluß des Chroms auf Gefüge und Härte des Stahls.

300×300 mm² zu verringern. In beiden Fällen ist das dendritische Gefüge ganz erhalten geblieben. Diese beiden Gußstücke befinden sich offensichtlich in dem ausgeglühten Zustande. Dieses durch solche Behandlung erhaltene Gefüge betont die Verteilung des Karbids in viel bemerkenswerterer Weise, als wenn der Werkstoff gehärtet oder gehärtet und angelassen wurde. Der ziemlich hohe Kohlenstoffgehalt der Gußstücke unterstützt

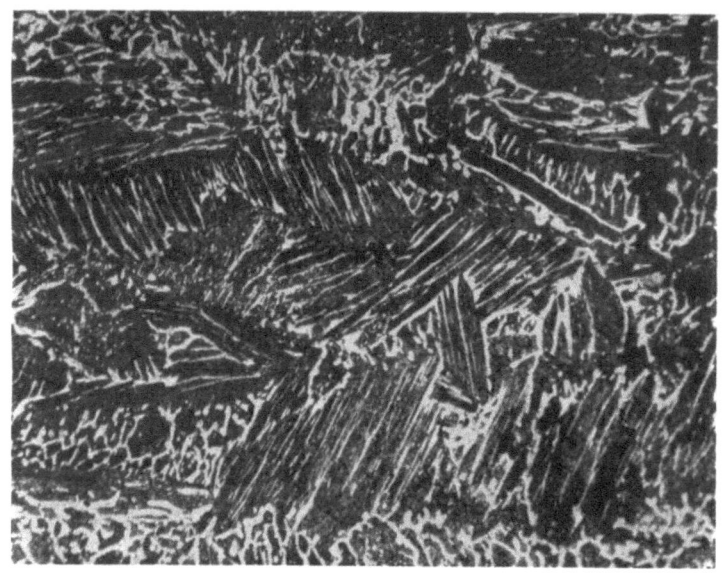

Abb. 36. Dendritisches Gefüge eines Gußblocks aus rostfreiem Eisen mit 0,07 vH Kohlenstoff und 11,7 vH Chrom. × 50.

auch die Beibehaltung der ursprünglichen Ungleichmäßigkeit (Heterogenität) des Gußblocks, wie auch das Chrom die Verlangsamung der Lösung des Kohlenstoffs im Stahl begünstigt.

Aus den obigen Beispielen erhellt, daß wahrscheinlich alle rostfreien Stähle in gewissem Grade ungleichmäßig im Aufbau sind. Während der Walz- und Schmiedearbeiten wird das ursprüngliche dendritische Gefüge mit seiner unterschiedlichen Zusammensetzung verzerrt und in größerem oder geringerem Maße zu Fasern oder dünnen Plättchen je nach dem Schnitt des Werkstückes, in das der Stahl hineingearbeitet wurde, ausgezogen.

Grobgefüge und Ungleichmäßigkeit des Rohblocks. 61

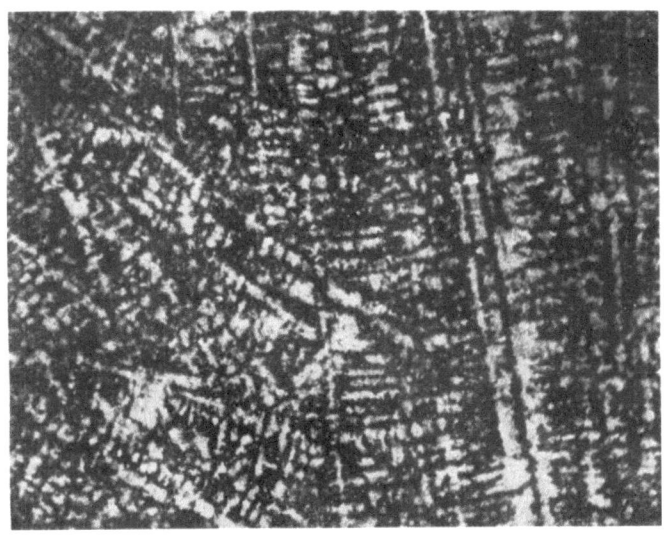

Abb. 37. Gleiches Gußstück wie nach Abb. 35, vier Stunden bei 1100°C geglüht. Das dendritische Gefüge ist noch stark ausgeprägt. × 50.

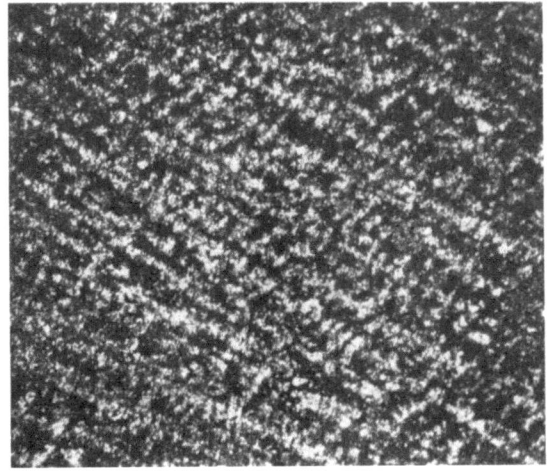

Abb. 38. Reste des ursprünglichen dendritischen Gefüges in einer gewalzten Stange von 38 mm Durchmesser aus rostfreiem Stahl. × 100.

Jede Wiedererhitzung für mechanische Arbeiten bietet in gewissem Grade die günstigste Gelegenheit für das Weitergreifen der Auflösung der Dendriten, während wirksames Walzen und Schmieden den Querschnitt der ursprünglichen Dendriten vermindert und die Entfernung, durch die die Auflösung vor sich gehen muß, verringert und letztere deshalb in erheblichem Maße unterstützt. Bis jetzt scheint eine Berechnung des Betrages der Ungleichmäßigkeit, die von dem ursprünglichen dendritischen Gefüge abhängt und auch noch in einem gewalzten oder geschmiedeten Enderzeugnis des rostfreien Stahls besteht, noch nicht angestellt worden zu sein, obgleich das dendritische Gefüge auf verschiedene Arten sogar in einem Werkstoff aufgedeckt werden kann, der im Querschnitt erheblich vermindert wurde. Doch ist es augenscheinlich, daß hier die Menge der Dendriten viel geringer ist als im Rohblock.

Das Vorhandensein dieser Ungleichmäßigkeit kann auf sehr schlagende Weise gezeigt werden, indem der Stahl von einer Temperatur abgeschreckt wird, die nicht hoch genug ist, um das gesamte Karbid zu lösen. In diesem Falle hat das noch nicht gelöste Karbid (bei einem Längsschnitt) das Bestreben, sich zu Ketten oder Streifen zu ordnen, die durch andere praktisch von Karbiden freie Streifen getrennt sind. Die Ungleichmäßigkeit kann auch durch langsame Abkühlung eines Stahls von gleicher Temperatur bloßgelegt werden. In diesem Falle werden die Streifen, in denen das Karbid vollständig in Lösung gegangen ist, ein perlitisches Gefüge haben, während die abwechselnd gelagerten Streifen, in denen bei der Ausglühtemperatur noch etwas ungelöstes Karbid verblieb, ein kugeliges Karbid enthalten.

Es ist zweifelhaft, welchen Einfluß diese dendritischen Überbleibsel des ursprünglichen Gefüges auf die Eigenschaften des gewalzten oder geschmiedeten Erzeugnisses haben, weil ein Einfluß wie dieser in einem wahrscheinlich noch größeren Maße auch durch Schlacke und andere nichtmetallische Einschlüsse im Rohstahl erzeugt werden. Gleich anderen Dingen, die auf den ersten Blick sehr bedenklich erscheinen, hat die äußerst langsame Auflösung der verschiedenen Elemente im rostfreien Stahl, die es ermöglicht, daß die ursprüngliche während der Erstarrung entstehende Ungleichmäßigkeit in größerem oder geringerem Maße erhalten bleibt, doch einige sehr ausgesprochene Vorteile in belehrender Hinsicht im Gefolge.

Grobgefüge und Ungleichmäßigkeit des Rohblocks. 63

Indem diese Ungleichmäßigkeit leicht sichtbar gemacht werden kann, betont sie die Tatsache, daß jeder gewalzte oder geschmiedete Stahl, ob er rostfrei ist oder nicht, „Faser" oder „Korn" enthält, und jede dieser beiden Gefügebesonderheiten schließt ebensosehr eine Eigenschaft des Stahls ein, wie diese Eigenschaft auch dem Holz eigentümlich ist, trotzdem sie im Metall nicht immer deutlich für das Auge hervorsticht. Das Auftreten von „Faser" wird wahrscheinlich durch das Vorhandensein kleiner Schlackenteilchen oder durch andere im Stahl eingeschlossene nichtmetallische Fremdkörper verursacht. Diese im Rohblock befindlichen mehr oder minder abgerundeten Teilchen werden während der Walz- oder Schmiedearbeiten zu Fäden oder Plättchen ausgezogen und erteilen dem bearbeiteten Werkstück eine „Faser", die genau so sehr beachtet werden muß wie die „Faser" bei der Bearbeitung des Holzes.

Da also die ursprünglichen kristallinen Merkmale des Rohblocks durch irgendeine Wärmebehandlung oder durch mechanische Bearbeitung nicht vollständig zerstört werden, so folgt hieraus, daß sie z. B. in den Stangen von Walzerzeugnissen und Schmiedestücken oder in anderen aus dem Rohblock hergestellten Gegenständen wiedererkannt werden können. Ihr Auftreten unterstützt den Ingenieur darin, die beobacheteten Eigenschaften des fertigen Erzeugnisses oder sein Verhalten während der Wärmearbeiten mit den Eigentümlichkeiten des Rohblocks in Beziehung zu bringen. In derselben Weise erzeugt die Verzerrung des ursprünglichen dendritischen Gefüges während der Schmiedearbeiten ein wiedererkennbares Muster in dem geschmiedeten Gegenstand. Die Untersuchung dieses Musters liefert oft viel nützliche Unterrichtung über die während des Schmiedens angewendeten Verfahren. In dieser Hinsicht ist das Verhalten des rostfreien Stahls außer in gewissen Fällen nicht anders als dasjenige des gewöhnlichen Stahls oder der gebräuchlicheren Legierungsstähle. In allen diesen Stählen können die Reste des Blockgefüges in gleicher Weise bloßgelegt werden. Beim rostfreien Stahl wie auch bei einigen anderen Legierungsstählen erlaubt jedoch die verminderte Geschwindigkeit bei der Auflösung des Kohlenstoffs im Stahl in hohem Maße das Fortbestehen der ursprünglichen Ungleichmäßigkeit in bezug auf dieses Element. Hierdurch wird es ermöglicht, daß die verstärkenden Wirkungen der durch andere Elemente hervorgerufenen Unterschiede in dem verzerrten Blockmuster leichter sichtbar gemacht werden können. In einer Beziehung ist es vielleicht zu begrüßen, daß dies beim rostfreien Stahl in verstärktem Maße zutrifft, weil eines der für den Stahlerzeuger nützlichsten Elemente zur Erkennung der Blockmerkmale, nämlich der Schwefel, sich in dieser Hinsicht bei diesem Werkstoff nicht so ausgeprägt verhält wie beim gewöhnlichen Stahl. Im gewöhnlichen Stahl kommt der Schwefel als sehr kleine Teilchen von Schwefelmangan (Mangansulfid) vor, die mit dem Stahl mechanisch vermischt sind. Die Erforschung der Verteilung dieser Teilchen, die auch leicht mittels des ,,Schwefelabdruckverfahrens" erkannt werden können, gibt viel lehrreiche Auskunft über die Zustände im Block[1]. Ein solcher Schwefelabdruck kann erhalten werden, wenn ein Streifen gewöhnlichen photographischen Bromsilberpapiers, der vorher in Wasser mit 2 bis 3 vH Schwefelsäure getaucht wurde, auf die glattgefeilte oder abgedrehte Endfläche z. B. einer Stange aufgedrückt wird. Bei gewöhnlichem Stahl genügt meist eine Berührung von dreißig bis sechzig Sekunden, beim rostfreien Stahl kann eine stärkere Säurelösung bis zu 10 vH verwendet werden, es genügt hier ein Aufdrücken des Brompapiers von etwa fünf bis zehn Minuten. Beim rostfreien Stahl sind daher die Schwefelabdrücke viel weniger leicht zu erhalten als beim gewöhnlichen Stahl. Auch wenn stärkere Säurelösungen oder längere Berührungszeiten vorgesehen werden, bleibt der Schwefelabdruck zuweilen aus. Wahrscheinlich besteht der Schwefel im rostfreien Stahl in einer nicht leicht durch Säuren angreifbaren Form. Abgesehen von der Verschiedenheit im Verhalten der Schwefelprobe beim gewöhnlichen und rostfreien Stahl ist auch noch wenig über die Art des Schwefelvorkommens im letzteren bekannt. Es ist jedoch klar, daß der Schwefel im rostfreien Stahl nicht in derselben Form vorhanden ist wie in den gewöhnlichen Stählen.

6. Thermische Schaulinien.

Die Aufnahme bzw. Abgabe von Wärme beim Auftreten der Haltepunkte Ac_1 bzw. Ar_1 benutzen die Metallurgen seit langer Zeit als Mittel zur Feststellung der genauen Temperaturen, bei

---

[1] Vgl. Bauer-Deiß und Goerens: (Fußnote S. 56 und 21).

denen diese Veränderungen erscheinen (thermische Analyse). Es kann in gleicher Weise auch beim rostfreien Stahl angewendet werden, und die Untersuchung der hierbei erhaltenen Ergebnisse liefert lehrreiche und nützliche Unterlagen für die Wärmebehandlung dieses Stahls.

Es wurden viele Formen von Geräten erdacht, um solche thermischen Unterlagen über die gewöhnlichen Kohlenstoffstähle und auch Legierungsstähle zu erhalten. Für Versuchszwecke, bei denen eine große Genauigkeit beim Messen der Temperaturen und die Möglichkeit bestehen muß, die geringsten Veränderungen in den Wärmetönungen beim Auftreten der Haltepunkte während der Erhitzung und Abkühlung des Stahls aufzudecken, ist eine solche genaue Ausführung von Geräten erwünscht[1]. Für gewöhnliche Werkszwecke genügt jedoch ein selbsttätiger Temperaturanzeiger, von dem es verschiedene zufriedenstellende Ausführungen auf dem Markt gibt, die bis zu 5°C ablesen, und die meisten, wenn auch nicht alle, liefern die gewünschten genügend genauen Wärmeunterlagen. Mit einem solchen Temperaturanzeiger kann man einen Linienzug erhalten, auf dem die Temperaturen je nach der Zeit vermerkt sind. Wird ein solcher Anzeiger an ein Thermoelement angeschlossen, das in ein in ein Stahlstück gebohrtes Loch eingeführt wird und dann das Stahlstück in einen Ofen gebracht, dessen Temperatur gleichmäßig ansteigt, so steigt die Temperatur des Stahlstückes ebenfalls gleichmäßig an, solange keine Veränderung in dem Stahl selbst vor sich geht. Folglich wird der durch den Temperaturanzeiger aufgezeichnete Linienzug einen glatten Verlauf nehmen, also keine Störungen zeigen. Wird jedoch der Ac_1-Punkt erreicht, so wird die Umwandlung, die dann eintritt, eine beträchtliche Menge an Wärme binden, und folglich wird auf kurze Zeit der Stahl entweder nicht heißer werden oder aber seine Temperatur wird sich langsamer erhöhen als vorher. Dadurch wird ein Knick in dem mit dem Temperaturanzeiger erhaltenen Linienzuge erzeugt. Ähnlich ist es bei der Abkühlung. Die beim

---

[1] Eine ausführliche Beschreibung der Bestimmung der Haltepunkte im Eisen und Stahl mittels des Doppelspiegelgalvanometers nach Saladin befindet sich in Brearley-Schäfer: Die Werkzeugstähle und ihre Wärmebehandlung. 3. Auflage. Berlin 1923. — Vgl. auch Mars und Dujardin: Anleitung zur praktischen Bestimmung der kritischen Punkte (Umwandlungspunkte). Düsseldorf 1913 und Stahl und Eisen 1911, S. 117 sowie Goerens: Einführung in die Metallographie. 5. Auflage. Halle 1926.

Durchgang durch den Ar_1-Haltepunkt entwickelte Wärme hält augenblicklich die weitere Abkühlung der Stahlprobe zurück, bis die Umwandlung vollzogen ist. In Abb. 39 wird eine auf diese Weise von einem Stück gewöhnlichen Kohlenstoffwerkzeugstahls erhaltene Schaulinie gezeigt. Sie kann als Muster dienen, mit dem die auf gleiche Weise von rostfreiem Stahl erhaltenen Linienzüge verglichen werden können. Die Bindung bzw. Abgabe von Wärme bei Ac_1 bzw. Ar_1 sind in Abb. 39 scharf ausgeprägt. Diese Temperaturen stimmen mit den oben angegebenen überein, als im Hinblick auf das Auftreten dieser Punkte die Umwandlungen im Gefüge erklärt wurden (S. 30). Die in derselben Art und Weise von einem rostfreien Stahl erhaltenen Wärmelinien erbrachten das im linken Teil des Linienzuges in Abb. 40 gezeigte Ergebnis. In diesem Falle trat der Ac_1-Haltepunkt in der Nähe von 800° C auf, doch ist sonst die erzielte Wärmelinie gleich derjenigen des gewöhnlichen Stahls, nur ist hier

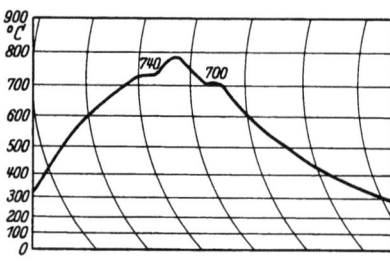

Abb. 39. Erhitzungs- und Abkühlungslinie eines gewöhnlichen Stahls.

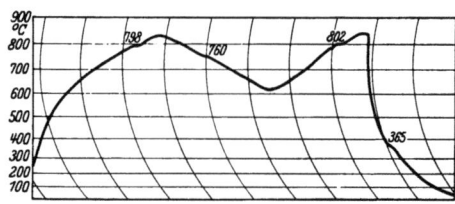

Abb. 40. Erhitzungs- und Abkühlungslinien eines rostfreien Stahls.

die Wärmetönung nicht so scharf ausgeprägt, sondern der Haltepunkt zeigt eher das Bestreben, sich über ein Gebiet von einigen Graden auszubreiten, als bei einem einzigen Temperaturgrad zu erscheinen. Diese Wärmelinie ist für einen rostfreien Stahl mit etwa 0,3 vH Kohlenstoff kennzeichnend. Die wirksame bei irgendeinem besonderen Stahl beim Ac_1-Punkt auftretende Temperatur hängt hauptsächlich von der Zusammensetzung des Stahls namentlich im Hinblick auf den Silizium- und Nickelgehalt ab. Das erstere Element erhöht die Temperatur des Ac_1-Eintritts, das letztere erniedrigt sie.

Es kommt hinzu, daß die Temperatur bei irgendeinem besonderen Stahl, bei der der Ac_1-Punkt erscheint, nur wenig durch die Geschwindigkeit beeinflußt wird, mit der der Stahl erhitzt wird. Zwar wird durch eine höhere Geschwindigkeit und auch durch die vorhergegangene thermische Vorbehandlung des Stahls die Lage des Haltepunktes etwas erhöht. Im letzteren Falle wird wahrscheinlich der Ac_1-Punkt bei einem vorher ausgeglühten Stahl um einige Grade höher liegen als bei einer Probe desselben Stahls, der sich im gehärteten oder gehärteten und angelassenen Zustande befindet. Diese Wirkung, die wahrscheinlich mit der entsprechenden Größe der Karbidteilchen zusammenhängt und auch durch diese beiden Arten der Wärmebehandlung verursacht wird, ist aus Abb. 40 zu ersehen. Vor der Aufnahme der ersten Wärmelinie in diesem Schaubild wurde die Stahlprobe gehärtet und angelassen. Nach der folgenden langsamen Abkühlung, bei der der Ar_1-Punkt bei 760° C auftrat, befand sich der Werkstoff natürlich in geglühtem Zustande. Bei dem darauffolgenden zweiten Versuch erschien daher der Ac_1-Punkt bei 802° C anstatt 798° C.

Hinsichtlich der Veränderungen, die bei der Abkühlung auftreten, spielt jedoch die Geschwindigkeit, mit der das Stück abgekühlt wird, eine sehr wichtige Rolle, wie dies auch schon aus den früheren Darlegungen über die Gefügeveränderungen erklärlich ist. Die erhaltenen Ergebnisse können folgendermaßen zusammengefaßt werden: Wird der rostfreie Stahl von einer Temperatur über dem Ac_1-Haltepunkt genügend langsam abgekühlt, um ihn vollständig zu „erweichen", d. h. ihm entweder ein perlitartiges (Abb. 2, 3 und 4) oder ein körniges Aussehen (Abb. 17) zu geben, das unter gleichen Abkühlungsbedingungen bei Temperaturen erhalten wird, bei denen alles Karbid nicht vollständig in Lösung gebracht worden war, so wird Wärme etwa innerhalb des Bereichs von 770 und 700° C erzeugt (frei). Die bei dieser Wärmeentwicklung auftretende genaue Temperatur hängt von der Abkühlungsgeschwindigkeit und der Höchsttemperatur ab, bis zu der der Stahl vor der Abkühlung erhitzt worden war. Durch eine langsamere Abkühlung wird die Temperatur, bei der der Haltepunkt (Umwandlung) eintritt, erhöht, während durch die Erhöhung der Anfangstemperatur, von der der Stahl abgekühlt wurde, die Lage des Haltepunktes erniedrigt wird. Hieraus folgt, daß die höchste Temperatur, bei der die Wärmeentwicklung eintritt, wahrscheinlich am ehesten durch die Anfangserhitzung des Stahlstückes auf eine Temperatur erreicht wird, die nur gerade über dem Haltepunkt bei der Erhitzung liegt, um alsdann von dieser langsam abzukühlen. Unter diesen Bedingungen ist die Wärmeentwicklung sehr ausgeprägt und tritt bei ungefähr 760° C oder etwas höher ein. Wird die Abkühlungsgeschwindigkeit gesteigert, doch dieselbe Anfangstemperatur, von der die Abkühlung begann, beibehalten, so fällt die Temperatur, bei der Wärme entwickelt wird, unbedeutend, doch wird die kritische Veränderung noch gut ausgeprägt sein. Diese dauert bis zur Erreichung einer Abkühlungsgeschwindigkeit an, die hoch genug ist, um den Stahl zum Härten zu bringen. Die Wärmeentwicklung wird dann weniger bemerkbar und besetzt ein bestimmtes Temperaturgebiet, während ein weiterer Haltepunkt bei etwa 400° C sichtbar wird. Bei noch höheren Abkühlungsgeschwindigkeiten wird der oberste Haltepunkt weniger stark ausgeprägt und setzt bei noch niedrigeren Temperaturen ein, während der tiefere Punkt mehr in die Erscheinung tritt. Gleichzeitig vermehrt sich nach der Abkühlung die Härte der Stahlproben schnell. Endlich verschwindet der obere Punkt vollständig, und man erhält nur den niederen Punkt in dem Temperaturbereich von 350 bis 400° C.

Als Beispiel soll die folgende Aufstellung mit den Ergebnissen von einem Stahl mit 0,34 vH Kohlenstoff, 0,12 vH Silizium,

Abkühlungszeit in Minuten	Temperatur des kritischen Bereichs °C	Brinellhärte nach der Abkühlung
54	766	170
15	748—742	179
13	741—735	179
11	720—700 410	255
9	715—700 385	277
8½	700—665 385	311
6½	schwach angezeigt, zwischen 700 und 600. 405	332
3½	360	387
1½	350	402

0,24 vH Mangan und 11,2 vH Chrom wiedergegeben werden. Der Stahl wurde mit verschiedenen Geschwindigkeiten von 860° C abgekühlt. Diese Geschwindigkeiten wurden in der Weise festgestellt, daß die Zeit gemessen wurde, die während der Abkühlung der Proben von 850 auf 550° C verging.

Werden Stähle von einer höheren Ausgangstemperatur abgekühlt, so erhält man eine ähnliche Aufstellung wie die vorstehende, nur daß die Abkühlungsgeschwindigkeiten zur Erzielung gleicher Wirkungen allmählich fallen, sowie die Ausgangstemperatur bei der Abkühlung erhöht wird. Dies wird aus Abb. 18 und der früheren Beschreibung der Gefügeveränderungen verständlich.

Die Arten von Abkühlungslinien, die mit einem Werksmeßgerät erhalten wurden, sind in Abb. 40 zu sehen. Bei dem ersten Teil der Abkühlungslinie wurde der Stahl langsam im Ofen abgekühlt. Es wurde ein gut ausgeprägter Haltepunkt bei 760° C bemerkbar. Beim zweiten Teil der Abkühlungslinie wurde der Stahl von etwa 20 mm Durchmesser und 25 mm Länge bei einer Temperatur von 840° C aus dem Ofen herausgenommen. Er kühlte an der freien Luft ab, wodurch der „erniedrigte" Ar_1-Punkt bei 365° C eintrat.

Die Temperatur, bei der der „erniedrigte" Ar_1-Punkt erscheint, d. h. derjenige, der bei 400° C oder darunter erhalten wird, wenn der Stahl zum Zwecke einer mehr oder weniger vollständigen Härtung schnell genug abkühlt, hängt von der Höchsttemperatur ab, bis zu der der Stahl vor der Abkühlung erhitzt wurde. Je höher diese Höchsttemperatur ist, desto tiefer ist die Lage des Haltepunktes. So ist bei den Beispielen auf S. 68 der „erniedrigte" Haltepunkt zwischen 350 und 400° C aufgetreten. Die Höchsttemperatur, bis zu der der Stahl vor der Abkühlung erhitzt worden war, war 860° C. Wurde derselbe Stahl von 1200° C abgekühlt, so erschien der „erniedrigte" Haltepunkt in dem Gebiet von 250 bis 275° C.

Die Bedeutung der in diesen beiden Temperaturgebieten erscheinenden Haltepunkte bei etwa 600 bis 750° C und 250 bis 400° C ist vom Standpunkte der Gefügeuntersuchung leicht erkennbar. Die in dem oberen Gebiete auftretenden Haltepunkte zeigen den Zusammenbruch des Austenits mit der Bildung des Perlits oder seiner feineren Abarten Sorbit und Troostit an. Andererseits gibt das niedere kritische Temperaturgebiet die Bildung von Martensit aus dem Austenit wieder. Ist die Abkühlungsgeschwindigkeit von solcher Art, daß in beiden Temperaturbereichen Wärmeentwicklungen stattfinden, so wird ein Gefüge erzeugt, das aus einem Gemisch von Martensit und Troostit besteht. Das Verhältnis der beiden Bestandteile zueinander hängt von dem entsprechenden Grade der Wärmeentwicklungen in diesen beiden Temperaturgebieten ab.

III. Herstellung, Bearbeitung und Behandlung von rostfreiem Stahl.

1. Herstellung.

Rostfreier Stahl und rostfreies Eisen werden gewöhnlich im elektrischen Ofen mit basischem Futter erzeugt. Ein Werkstoff mit einem Kohlenstoffgehalt von etwa 0,2 bis 0,3 vH oder mehr kann im Tiegel erschmolzen werden. Kommt aber ein niedriger gekohlter Werkstoff als dieser in Frage, so ist der elektrische Ofen praktisch unentbehrlich. Ehe die Chromlegierungen (Ferrochrome) dem Schmelzbade zugegeben werden, wird zur Gewinnung von rostfreiem Eisen der Kohlenstoffgehalt des Bades im elektrischen Ofen auf 0,10 vH oder noch weniger vermindert. Alsdann muß die größte Vorsicht beobachtet werden, um eine Verunreinigung durch Kohlenstoff enthaltende Stoffe zu verhindern, die das geschmolzene Metall dann besonders gierig aufnimmt, wenn ein Werkstoff mit niedrigstem Kohlenstoffgehalt erzeugt werden soll. Bildet rostfreier Stahlschrott einen Teil der Beschickung, so wird ein wenig Chrom im Anfang des Schmelzens oxydiert und in die Schlacke geführt, doch kann dieser Verlust an Chrom durch sorgfältigste Überwachung des Schmelzverfahrens auf ein Mindestmaß herabgedrückt werden.

Es ist von größter Wichtigkeit, daß sich Bad und Schlacke in passendem Zustande befinden, ehe das flüssige Metall abgestochen wird. Ein nicht vollständig beruhigtes Bad kann aber blasigen Stahl im Gefolge haben, mit dem örtliche Ausscheidungen (Seigerungen) im Stahl einhergehen können[1]. Ein solcher Stahl ist ganz bestimmt weniger widerstandsfähig gegen Korrosion als ein gesunder Werkstoff von derselben Zusammensetzung. Gleichfalls soll das geschmolzene Metall so frei wie möglich von ein-

---

[1] Siehe hierüber Schäfer: Fehler und Grenzen der Stahlerzeugung. Gießereizeitung 1926, S. 261; Brearley-Rapatz: Blöcke und Kokillen. Berlin: Julius Springer 1926 und Bauer-Deiß: Probenahme und Analyse von Eisen und Stahl. Berlin: Julius Springer 1922.

geschlossenen Schlackenteilchen sein, da diese Rost- und Korrosionsmittelpunkte bilden können.

Die Art des Ferrochroms, das benötigt wird, um das Schmelzbad auf den gewünschten Hundertsatz an Chrom zu bringen, hängt selbstverständlich von dem Kohlenstoffgehalt, der von dem Enderzeugnis verlangt wird, und auch von dem Kohlenstoff- und Chromgehalt des Bades vor dem Zusatz dieser Legierung ab. Für das rostfreie Eisen mit sehr niedrigem Kohlenstoffgehalt ist nur ein kohlenstofffreies Ferrochrom brauchbar. Für Chromstähle mit höherem Gehalt an Kohlenstoff, z. B. für die Messerschmiedegüte mit etwa 0,3 vH Kohlenstoff kann im allgemeinen Ferrochrom mit 0,5 bis 1 vH Kohlenstoff vorgesehen werden[1].

Infolge der hohen Kosten des Ferrochroms mit niedrigem Kohlenstoffgehalt und hauptsächlich im Hinblick auf die praktisch kohlenstofffreie Art des Ferrochroms, die zur Herstellung von rostfreiem Eisen verlangt werden muß (Verbesserungen in der Erzeugung dieser Legierungen, die auch die Kosten berücksichtigen, sind erzielt worden und dürften weiterhin erzielt werden), sind zahlreiche Versuche gemacht worden, das notwendige Chrom bei geringen Kosten einzuführen. Eines der einleuchtendsten und nächstliegendsten Verfahren ist der Gebrauch des Chromeisenerzes (Chromeisensteins), also eines Minerals, das im großen und ganzen aus Chromoxyden besteht und unmittelbar in den Stahlschmelzofen eingebracht werden kann. Die Reduktion dieses Chromerzes wird im Ofen durch Reduktionsmittel wie Ferrosilizium oder Aluminium bewirkt. Da das Chromeisenerz verhältnismäßig billig und die vollständige Reduktion durch Silizium oder Aluminium sehr wohl möglich ist, so hat dieses Verfahren der Einführung des Chromeisenerzes in den Schmelzofen zur Erzeugung von rostfreiem Werkstoff vom Standpunkte der Kosten augenscheinlich rege Aufmerksamkeit hervorgerufen.

Leider sind jedoch verschiedene Nachteile mit diesem Verfahren verknüpft, die noch nicht vollständig überwunden worden sind. Das Chromeisenerz ist natürlich nicht so frei von Unreinig-

---

[1] Über die Gewinnung des Ferrochroms siehe Borchers: Hüttenwesen. 2. Auflage. Halle; Treptow, Wüst und Borchers: Bergbau und Hüttenwesen. Leipzig und Venator: Über Eisenlegierungen und Metalle für die Stahlindustrie. Stahl und Eisen 1908, S. 151.

keiten wie die aus ihm hergestellte geläuterte Legierung. Folglich wird das Erz eher Störungen als das reinere Ferrochrom durch die Aufnahme solcher Unreinigkeiten in das Bad oder in die Schlacke verursachen. Außerdem wird ziemlich viel Schlacke erzeugt, die in dem Falle, in dem Silizium als Reduktionsmittel gebraucht wird, sehr leicht das Futter des Ofens angreift, wodurch weitere Störungen und somit Unkosten einhergehen. Im Hinblick auf das Erzeugnis jedoch wird ein noch ernsteres Übel auftreten, wenn nicht die Reaktionen im Ofen sehr sorgfältig überwacht werden. Wird nämlich der Ofengang nicht sehr sachgemäß beobachtet, so kann der geschmolzene Stahl einen Überschuß an Silizium oder Aluminium aufnehmen und es haben, wie später gezeigt werden soll, diese beiden Elemente einen gewissen Einfluß auf die mechanischen Eigenschaften des Fertigerzeugnisses, der für die meisten technischen Verwendungen dieses Werkstoffes sehr unerwünscht ist. Außerdem besteht eine noch größere Wahrscheinlichkeit der Veränderung in der schließlichen Zusammensetzung des fertigen Stahls, wenn das Chrom nach diesem Erzverfahren eingeführt, als wenn es in der Form einer genau abgewogenen Chromlegierung von bekannter Zusammensetzung beigefügt wird.

Der Gedanke hinsichtlich der Verwendung des Siliziums oder seiner Legierungen als Reduktionsmittel zur Gewinnung von Chromlegierungen mit einem niedrigen Kohlenstoffgehalt ist keineswegs neu. So wurden z. B. Patente, die sich auf den Gebrauch des Ferrosiliziums für die Herstellung solcher Legierungen mit niedrigem Kohlenstoffgehalt beziehen und in denen auch das Ferrochrom als Beispiel, wie in dem Patent der Vereinigten Staaten vom April 1907, genannt wird, Price und Beckett erteilt. Im Februar 1916 hat Melmoth mit Erfolg im elektrischen Ofen von etwa 1000 kg Fassung eine Legierung mit 0,13 vH Kohlenstoff und 12,3 vH Chrom erzeugt. Das Chrom wurde im Ofen durch die vollständige Reduktion von Chromeisenerz durch Ferrosilizium erhalten (vgl. auch das Verfahren von Hamilton-Evans).

Eines der Hemmnisse für den allgemeinen Gebrauch des rostfreien Stahls sind auch heute noch die hohen Kosten im Vergleich zu denen des gewöhnlichen Stahls. Trotzdem die Praxis bestätigt hat, daß in vielen Fällen die entsprechenden Ausgaben für rostfreien Stahl d. h. daß seine Kosten im Verhältnis zu seinem großen Nutzen und seiner langen Lebensdauer wesentlich geringer sind als die des gewöhnlichen Stahls, so wird dieser Gesichtspunkt oft nicht genügend von den in Frage kommenden Verbrauchern gewürdigt. Eine weitere Verringerung der Kosten bei der Herstellung von rostfreiem Stahl ist nichtsdestoweniger sehr wünschenswert. In dieser Hinsicht sind die vorher angegebenen Schmelzverfahren mit Aufmerksamkeit zu verfolgen und obwohl es scheint, daß trotz der Schwierigkeiten, wie sie oben umrissen wurden, der Preis für rostfreien Stahl sich ermäßigen wird, haben diese Verfahren doch keinen vollständigen Erfolg errungen und es ist auch ungewiß, daß die Kostenverringerung in der Folge so groß sein wird, wie man es sich eingeredet hat. Dennoch wird es möglich sein, daß eine wirksamere Überwachung der Schmelzverfahren als Ergebnis einer Sammlung der bisher gemachten größeren Erfahrungen die Schwierigkeiten der Kostenfrage beheben wird. Werden dann späterhin die Kosten bei der Herstellung von rostfreiem Stahl in großem Maße verbilligt, so besteht kein Zweifel, daß dessen Verwendung schnell anwachsen wird.

Das Abstechen des flüssigen Stahls aus dem Ofen in die Pfanne und das Gießen des Metalls in die Blockformen unterscheidet sich in keiner Weise von der gleichen Erzeugung des gewöhnlichen Stahls. Infolge der größeren Kosten des rostfreien Werkstoffes und der Unannehmlichkeiten, die sowohl bei den späteren Arbeiten während der Verfertigung des Stahls als auch nach dem Gebrauch desselben durch Oberflächenfehler oder innere ungesunde Stellen auftreten können, ist es von größter Wichtigkeit, daß jede Vorsicht angewendet wird, um sicher zu gehen, daß die Rohblöcke so frei wie möglich von vermeidbaren Fehlern sind. Die durch verschiedene Einzeldinge verursachten Sonderausgaben, z. B. die Verwendung richtig entworfener Blockformen mit verlorenem Kopf zur Vermeidung von Lunkerbildung im Rohblock und die sorgfältige Besichtigung und Prüfung der Gießformen auf sauberes Aussehen usw. sprechen nicht viel mit, wenn sie mit den Ersparnissen verglichen werden, die der Gebrauch dieser Stähle im Gefolge hat. Gleichfalls ist diejenige Form des Rohblocks überlegener, die im allgemeinen durch den „Guß von unten" (steigender Guß) unter der Voraussetzung erhalten wird, daß besonders darauf geachtet wird, daß Teile von Ganister aus dem Futter der Gießpfanne, feuerfestem Stein (Schamotte) oder irgendein anderer Fremdkörper nicht aus Unachtsamkeit in den flüssigen Block gelangen.

Mit Ausnahme der Arten mit niedrigstem Kohlenstoffgehalt „lufthärten" die rostfreien Stähle bei der Abkühlung von hohen Temperaturen sehr stark. Man muß deshalb bei der Abkühlung der heißen Blöcke sehr vorsichtig sein, denn sonst können ernsthafte Rißbildungen als Folge einer schnellen oder ungleichmäßigen Abkühlung auftreten. Außerdem ist das erkaltete harte Metall gegenüber Rissen während der Nachbehandlung viel empfindlicher als der gewöhnliche Stahl. In einem solchen harten Werkstoff entstehen durch grobe Handhabung Risse viel leichter als in einem weichen. Unbedachtes Schleifen verursacht eine örtliche Erhitzung. Die hierdurch hervorgerufene örtliche Ausdehnung des Werkstoffes kann in der Nachbarschaft der erhitzten Stellen leicht einen genügenden Druck erzeugen, um Risse (Schleifrisse) in dem harten undehnbaren Werkstoff auszulösen. In gleicher Weise sind Oberflächenfehler als Ausgangspunkte von Rissen viel gefährlicher, als wenn sie beim gehärteten Stahl vorkommen. Müssen endlich die Blöcke für das Walzen oder Schmieden wiedererhitzt werden, so muß noch größere Vorsicht obwalten, um das Auftreten von Rissen zu verhüten, wenn sich die Blöcke in dem „gehärteten" Zustand befinden. Die sicherste Art, diese Störungen zu vermeiden oder wenigstens auf ein Mindestmaß herabzudrücken, besteht in der Vorsicht, das Metall niemals weder in der Blockform noch zwischen den verschiedenen Arbeiten der Wiedererhitzung für das Walzen oder Schmieden zu hart werden zu lassen. Da die Beachtung dieses Punktes von der größten Wichtigkeit bei der Verarbeitung des rostfreien Stahls ist, so ist es nötig, ihn hier ganz besonders zu betonen, auch ist es am Platze, im einzelnen über die Maßnahmen zu sprechen, die die genannten Störungen und sonstigen Fehler verhindern können.

Der Werkstoff soll in der Weise abgekühlt werden, daß das Bestreben zur Lufthärtung vollständig unterdrückt wird. Ist er erkaltet, so befindet er sich in dem perlitischen oder ausgeglühten Zustande. Zu diesem Zwecke kann man die heißen Rohblöcke, Knüppel, Brammen oder Platinen oder in welcher Form sich der Werkstoff befindet, langsam in irgendeinem Ofen oder in einer mit feuerfesten Steinen ausgekleideten Grube

(Glühgrube) abkühlen lassen. Bei rostfreiem Stahl tritt bei langsamer Abkühlung der Haltepunkt gewöhnlich in dem Gebiet von 750 bis 600 °C ein. Man soll deshalb den Werkstoff durch diesen Temperaturbereich sehr langsam abkühlen lassen. Bis auf 750 °C herunter ist die Geschwindigkeit der Abkühlung nebensächlich. Aber von 750 bis 600 °C, also in einem sehr wichtigen Temperaturgebiet, soll die Abkühlungsgeschwindigkeit nicht mehr als höchstens 50 °C in der Stunde sein. Nach richtiger Durchführung dieser Maßnahme kann der Werkstoff dann von hier ab mit völliger Sicherheit gegen Überraschungen luftabgekühlt werden.

Wenn auch das Verfahren der Abkühlung in einer mit feuerfesten Steinen ausgefütterten Grube genügt, sofern das Metall in Form von sehr großen Stücken vorliegt, die stundenlang ihre Wärme zurückbehalten, so ist es doch für kleine Knüppel, Brammen oder Schmiedestücke, die natürlich schneller abkühlen, ein unzulänglicher Behelf. Ein weit besseres Verfahren für solche kleingestalteten Gegenstände besteht darin, daß die erhitzten Stangen oder Schmiedestücke in einen Ofen gebracht werden, der auf der Temperaturstufe gehalten wird, bei der die Umwandlung des Stahls bei langsamer Abkühlung eintritt. Bei dieser Stufe verbleibt er während einer genügend langen Zeit, bis die Umwandlung vollendet ist. Hiernach kann er alsdann luftabgekühlt oder sogar in Wasser abgeschreckt werden und er wird dann stets weich sein.

Für die Praxis ist es besser, für die Temperatur des Ofens das Gebiet von 600 bis 700 °C vorzusehen, da die meisten rostfreien Stähle kleine Mengen von Nickel enthalten, durch die die Höchsttemperatur, bei der der Haltepunkt eintritt, erniedrigt wird. Es hat selbstverständlich keinen Zweck, den Stahl bei einer Temperatur weit oberhalb der Höchsttemperatur, bei der die Umwandlung möglicherweise eintreten kann, verweilen zu lassen, während andererseits eine Temperatur, die 50 oder 100 °C unter dieser höchsten liegt, vollständig genügt.

Im allgemeinen reicht ein Verweilen von etwa einer Stunde innerhalb dieses Temperaturgebietes aus, um die kritische Umwandlung herbeizuführen. Es ist jedoch ratsam, irgendein oder einige Mittel zu besitzen, durch die man Kenntnis darüber erhält, wann das rotglühende Metall sich tatsächlich vom Austenit zum

Herstellung. 77

Perlit verändert hat. Zu diesen Behufe kann man sich die Tatsache zunutze machen, daß der Stahl magnetisch wird, wenn diese Gefügeveränderung vor sich gegangen ist. Der Stahl kann mittels eines kleinen Dauermagneten geprüft werden. Er muß dann so lange im Ofen verbleiben, bis er bei Rotglut ausgesprochen magnetisch ist. Es hat natürlich keinen Zweck, die Magnetprobe nach der Erkaltung des Stahls auszuführen, da er ja dann, ob hart oder weich, stets magnetisch ist.

Es muß berücksichtigt werden, daß die hier besprochene Magnetprobe, die für einen rostfreien Stahl vollständig genügt, für das Ausglühen eines Werkstoffes mit niedrigem Kohlenstoffgehalt, also für das rostfreie Eisen, kein zuverlässiges Hilfsmittel ist. Bei diesem Werkstoff stellt sich die Absonderung des freien Ferrits während der langsamen Abkühlung bei einer Temperatur ein, die oberhalb des Umwandlungspunktes liegt, und zwar in gleicher Weise, wie die Ausscheidung des freien Ferrits in gewöhnlichen weichen Stählen vor sich geht. Der sich so abgeschiedene freie Ferrit unterliegt der magnetischen Ar_2-Umwandlung bei einer Temperatur von etwa 650 bis 680° C. Folglich ist der Werkstoff sofort nach dem Eintritt dieser Umwandlung ganz entschieden magnetisch, wenn sich auch der Rest des Werkstoffes immer noch in der Form des unmagnetischen Austenits befindet und deshalb die Fähigkeit besitzt, entweder Martensit oder Perlit zu bilden, was von der nachfolgenden Abkühlungsgeschwindigkeit abhängt. Bei einem solchen weichen Werkstoff ist jedoch die durch die Luftabkühlung erhaltene Härte sehr niedrig, gewöhnlich 230 bis 320 Brinelleinheiten, und deshalb ist er viel weniger gegen Einreißen und andere Fehler empfindlich, die leicht in einem Werkstoff entstehen können, der sich kräftig in der Luft härtet.

Dieses Verfahren des Glühens von rostfreiem Werkstoff bei einem Aufenthalte im Gebiet von 600 bis 700° C hat sich als sehr wertvoll bei der Herstellung und Bearbeitung desselben, wenn er hauptsächlich in Form von kleinen Gegenständen vorliegt, bewährt. Bei der Fertigung z. B. kleiner Gesenkschmiedestücke sollen die heißen Teile, sobald die Schmiedearbeit zu Ende ist, in den Ofen gebracht und bei 600 bis 700° C gehalten werden. Hier verbleiben sie einige Zeit, um alsdann ohne jede Gefahr luftabgekühlt zu werden. Es ist belanglos, ob sich diese Stücke tatsächlich unterhalb einer Temperatur von 600° C befinden, wenn sie in den Ofen eingebracht werden, unter der Voraussetzung, daß sie keine niedrigere Temperatur als 350°C haben und der Vorgang im Hinblick auf die Zeit länger dauern wird, die vergehen muß, um die Stücke auf die benötigte Temperaturstufe wiederzuerhitzen. Liegt die Temperatur unter etwa 350°C, so kann der „erniedrigte" Haltepunkt, bei dem sich die Erzeugung von gehärtetem Werkstoff ergibt, teilweise oder vollständig eingetreten sein, womit die Möglichkeit verbunden sein kann, daß Risse im Stahl auftreten. Bei einem bei einer solchen Temperatur abgekühlten Werkstoff würde eine Wiedererhitzung auf 600 bis 700°C mit nachfolgendem Verbleiben bei dieser Temperatur natürlich auf ein Anlassen des gehärteten Stahls hinauslaufen.

Da die durch das Reißen entstehenden Unannehmlichkeiten bei der Erkaltung des Metalls wahrnehmbar werden, so besteht ein Weg aus ihnen darin, daß die Erkaltung der Gegenstände zwischen den aufeinanderfolgenden Bearbeitungsstufen verhütet wird. So kann der Werkstoff nach der Erledigung einer Stufe der Schmiedearbeit sofort in den Ofen zur Wiedererhitzung für die nächste Arbeitsstufe zurückgeschickt werden, während der kleine Block oder der Knüppel oder in sonst welcher Form sich der Werkstoff befindet, noch rotglühend ist. Wenn dieses Verfahren richtig ausgeführt wird, so ist es zur Vermeidung von Rissen zufriedenstellend. Es hat jedoch den Nachteil, daß zur Untersuchung und Entfernung von Fehlern z. B. durch deren Abschlagen oder maschinelle Beseitigung zwischen den einzelnen Stufen der Schmiedearbeiten keine Möglichkeit besteht, da der Werkstoff zwischen diesen aufeinanderfolgenden Arbeitsgängen nicht kalt werden darf.

Dieses Verfahren ist offenbar von Wert, wenn man es mit Rohblöcken zu tun hat und es seine Anwendungsbedingungen erlauben. Infolge seiner Gefügeeigenschaften wird der rostfreie Stahl genau so wie andere Stähle wahrscheinlich leichter in der Blockform als nach seiner Bearbeitung reißen, so daß es, wenn es die Walz- oder Schmiedearbeiten zulassen, von offensichtlichem Vorteil ist, den Block in Hitze zu erhalten, bis er gewalzt oder geschmiedet wird (wodurch man ihm mithin keine Gelegenheit zum Einreißen gibt), als ihn sogar unter solchen Verhältnissen abzukühlen, die ihn vollständig erweichen würden. Es ist auch wichtig, daran zu denken, daß erkaltete Rohblöcke von rostfreiem Stahl, auch wenn sie vollständig ausgeglüht sind, mit derselben Vorsicht behandelt werden müssen, wie z. B. ein Block aus Feilenstahl.

2. Walzen und Schmieden.

Das Walzen und Schmieden von rostfreiem Werkstoff wird in genau derselben Weise ausgeführt wie beim gewöhnlichen Stahl, nur daß bei den rostfreien Stählen mehr Vorsicht am Platze ist. Sie halten nicht eine so schroffe Querschnittsverringerung aus wie die gewöhnlichen Stähle und sind auch beträchtlich härter als diese. Hinsichtlich seiner Warmbildsamkeit wird sich das rostfreie Eisen genau so leicht schmieden lassen wie ein gewöhnlicher Stahl mit etwa 0,4 vH Kohlenstoff. Das Schmieden wird schwieriger, sowie sich der Kohlenstoffgehalt erhöht, so daß die härteren Arten des rostfreien Stahls mit etwa 0,4 vH Kohlenstoff und darüber fast so schwierig zu schmieden sind wie Schnelldrehstahl. Der Unterschied zwischen rostfreiem Eisen und der passenden Güte für Messerschmiedezwecke (mit etwa 0,3 vH Kohlenstoff) wird durch die Tatsache beleuchtet, daß bei einer Hitze vier- bis sechsmal so viel Arbeit an dem ersteren Werkstoff aufgewendet werden muß als an dem letzteren. Was kleine Gegenstände anbetrifft, so kann das rostfreie Eisen leicht zu solchen verwickelten Formen wie Sporen und dergleichen geschmiedet werden, doch ist ein Maschinenhammer für große Gegenstände oder für jene unerläßlich, die aus den härteren Arten des rostfreien Stahls hergestellt werden.

Rostfreies Eisen und rostfreier Stahl können durch schnelle Schläge zwischen Temperaturen von 1200 und 900° C ohne Rissegefahr scharf geschmiedet werden. Unter 850 bis 900° C „versteift" (verfestigt) sich dieser Werkstoff beträchtlich, und wenn es versucht werden sollte, ihn mit Gewalt durch schwere Schläge weiter umzuformen, so wird er ungebührlich beansprucht und wahrscheinlich reißen.

Es ist auch nicht ratsam, das Hämmern von kleinen Schmiedestücken, z. B. Messerklingen, bis zur annähernden Erkaltung fortzusetzen, um sie „federhart" (elastisch) zu machen. Ein so behandelter mehr oder weniger kalt gereckter Werkstoff wird unzuverlässig und wahrscheinlich eher korrodieren oder rosten als ein richtig behandelter Werkstoff von gleicher Zusammensetzung.

Beim handelsüblichen Schmieden kleiner Gegenstände, bei denen aufeinanderfolgende Schmiedungen, vielleicht auch mit verschiedenen Maschinen, vorgenommen werden, muß man sich vorsehen, daß die Schmiedestücke nicht auf dem Boden zwischen diesen aufeinanderfolgenden Arbeiten abkühlen, da sonst ein Reißen der Stücke mit Sicherheit zu erwarten ist. Auf diese Gefahr ist schon hingewiesen worden, aber trotz der Ansicht, daß dieser Punkt hier zu sehr hervorgekehrt sein könnte, muß er doch immer wieder vorgebracht werden, indem auf die Schwierigkeiten aufmerksam gemacht wird, die in der ersten Zeit der Herstellung von rostfreiem Messerstahl vorkamen. Zu jener Zeit hatte man durch gesprungene Messerklingen viel Ärger, und zwar dadurch, daß man sie nach jeder Schmiedestufe mehr oder weniger kalt werden ließ. Folglich war der Stahl nach jedem Arbeitsgang „gehärtet", und die Wirkung war ähnlich derjenigen, die bei Klingen aus gewöhnlichem Messerschmiedestahl erhalten wird, wenn sie nach jeder Arbeit in Wasser abgeschreckt werden. Indem man es so einrichtet, daß der Werkstoff zwischen jedem Schmiedearbeitsgang warm gehalten wird oder wenn man ihn in einer solchen Weise abkühlen läßt, daß er weich wird, so kann die Gefahr des Reißens der Klingen beträchtlich vermindert werden. In diesem Zusammenhange kann noch bemerkt werden, daß sich Härterisse viel eher bei der Luftabkühlung des Gegenstandes von einer Temperatur unter als über etwa 300° C bilden.

Rostfreier Stahl und rostfreies Eisen können mit dem Fallhammer zwischen Temperaturen von 1000 und 1200° C bearbeitet werden. Wenn irgend möglich, ist es besser, rostfreies Eisen oder die weicheren Stahlsorten zu gebrauchen als die Marken mit hohem Kohlenstoffgehalt, da die ersteren viel leichter „fließen" und infolgedessen auch die Matrizen weniger abnutzen und reißen. Es ist auch ratsam, soviel wie möglich von dieser Arbeit durch vorbereitende Formenstempel zu leisten. Der Stahl kann auch im Gesenk geschmiedet werden, ohne daß große Gefahr besteht, daß die Mitte berstet. Auch kann er „hochkant" bearbeitet (gestaucht) werden, vorausgesetzt, daß dieses Verfahren nicht in einem Arbeitsgange ohne Wiedererhitzung zu weit geführt wird. Lappungen müssen sorgfältig vermieden werden, da von ihnen Risse ausgehen können, wenn z. B. Gesenkstücke bei der nachherigen Luftabkühlung härten. Grate oder Nähte in den Gesenkstücken müssen entfernt werden, während letztere noch heiß sind. Falls sich die Stücke abgekühlt haben sollten, ehe diese Säuberung vorgenommen werden konnte, müssen sie auf niedere Rotglut wiedererhitzt werden, um dann den Grat zu beseitigen. Wird diese Vorsichtsmaßnahme nicht beachtet, so können sich sehr leicht Risse längs der Nähte bilden. So rissen früher viele Tafelmesser hart am Stoß und an der Scheibe zwischen Angel und Schneide ein, weil diese unangenehme Wirkung des Grates nicht immer verstanden wurde.

Fertige im Gesenk geschmiedete oder gewöhnliche Schmiedestücke sollen nicht auf den feuchten Boden geworfen oder an solche Stellen gelegt werden, wo beträchtliche Veränderungen in der Abkühlungsgeschwindigkeit vorkommen können. Sind die Schmiedestücke von einfacher Gestalt, so können sie außerhalb des Luftzuges abgekühlt werden, am vorteilhaftesten an einem warmen Orte. Sind sie erkaltet, so werden sie mehr oder weniger hart sein. Dies hängt von der Zusammensetzung des Werkstoffes ab. Auch kann ein Glühen oder Anlassen nötig werden, ehe irgendeine maschinelle Arbeit an den Stücken vorgenommen wird. Schmiedestücke von verwickelter Gestalt, hauptsächlich diejenigen aus den härteren Arten des rostfreien Stahls, sollen vorzugsweise nach der letzten Schmiedung in einen Ofen von 600 bis 700° C getan und geglüht werden (vgl. S. 76).

Wenn auch das Walzen und Schmieden des rostfreien Werkstoffes, der auf die gewöhnlichen Schmiedetemperaturen von 1000 bis 1200° C erhitzt worden war, nicht unter 950 bis 800° C wegen der Gefahr des Reißens fortgesetzt werden soll, so ist es doch möglich, kleine Scheiben von einer Anfangstemperatur von 700 bis 750° C, also unterhalb des Ac_1-Punktes, zu bearbeiten. Auf diese Temperatur erhitzt, „fließt" der rostfreie Werkstoff ohne irgendeine Gefahr des Reißens, er braucht aber einen sehr hohen Druck, so daß wahrscheinlich wenige Walzwerke oder sonstige Schmiedeeinrichtungen kräftig genug sind, Stangen zu behandeln, die im Querschnitt größer als 25×25 mm² sind. Nachdem der Werkstoff auf diese Weise bearbeitet worden ist, kann er ohne Gefahr luftabgekühlt werden, weil er nach der Erkaltung wegen der genau unter dem Ac_1-Punkt gelegenen anfänglichen Wiedererhitzungstemperatur doch weich sein wird. So gewalzte oder geschmiedete Stangen haben eine sehr schöne und glänzende Oberfläche. Dies ist hauptsächlich dann der Fall, wenn der Knüppel, aus dem die Stange oder der Gegenstand gewalzt oder geschmiedet werden soll, vom Walzsinter oder Zunder frei gebeizt wurde, ehe er für die letzte Walz- oder Schmiedearbeit erhitzt wurde. Die nachfolgende Erhitzung auf 700 bis 750⁰ C verursacht auf der Oberfläche die Entstehung einer nur sehr dünnen Oxydhaut, so daß die schließliche Fläche nur eine äußerst feine Zunderschicht aufweist, die durch eine sehr kurze Beizbehandlung leicht zu entfernen ist. Dieses ganze Verfahren ist in etwa eine Kaltbearbeitung, insofern die Kristalle des Stahls in der bearbeiteten Stange merklich gestreckt werden, wodurch die Zugfestigkeit der letzteren etwas erhöht wird. Ferner haben die auf diese Weise gewalzten Stangen eine sehr hohe Kerbzähigkeit. Damit nun die ganze Arbeit erfolgreich ist, muß die Temperatur des Werkstoffes sehr sorgfältig überwacht werden, da er sonst, wenn die oben angegebenen Temperaturgrenzen überschritten werden, fehlerhaft werden kann. Aus diesem Grunde wird dieses Verfahren wahrscheinlich eher von größerem Wert für den Stahlhersteller sein, der kleine Stangen, Bandeisen oder Feinbleche zu erhalten wünscht und auch eine vollständige Ausrüstung zur Temperaturüberwachung sowie den nötigen technischen Stab zur Beaufsichtigung des Verfahrens besitzt, als für die Verbraucher des rostfreien Werkstoffes. Sofern die nötige Überwachung sorgfältig genug ist, wird dies Verfahren äußerst brauchbar sein. So soll z. B. das Anköpfen von kleinen Bolzen auf diese Weise ausgeführt werden. War der Stangenwerkstoff vorher gehärtet und angelassen (vergütet) worden, um die nötige Festigkeit zu ergeben, so wird sich eine weitere Wärmebehandlung an dem angeköpften Bolzen erübrigen. Wenn auch das Verfahren des Walzens bei niedrigen Temperaturen bei allen Arten („Härtestufen") des rostfreien Werkstoffes angewendet werden kann, so ist es hauptsächlich doch bei rostfreiem Eisen wegen seiner größeren Weichheit bei der Walztemperatur gebräuchlich. Dazu kommt noch, sofern diese Art einen hohen Chromgehalt besitzt, z. B. 14 oder 16 vH, daß die Walztemperatur bis auf 800⁰ C ohne jede Gefahr erhöht werden kann, weil bei einem solchen Werkstoff der Ac_1-Punkt bei höheren Temperaturen auftritt als bei den gewöhnlichen Sorten des rostfreien Stahls. Ferner ist für alle Walz- und Schmiedearbeiten bei dieser niedrigen Temperatur ein vollständig gesunder Werkstoff notwendig. So neigen z. B. gewalzte Stangen aus Knüppeln, die lunkerigen oder blasigen Blöcken entstammten, sehr dazu, während der Walzarbeit der Länge nach aufzuspalten. Deshalb sollten alle diejenigen, die dieses Verfahren anwenden wollen, darauf achten, daß sie nur vollständig gesunden Stahl erhalten, wie er nur durch Geschicklichkeit und sorgfältige Behandlung sowohl während der Schmelz- und Gießarbeiten als auch bei dem darauffolgenden Walzen und Schmieden des Rohblocks gewonnen werden kann.

Kleine Oberflächenmängel wie Nähte und andere Walzfehler sind immer eine Gefahrenquelle während der Bearbeitung oder Behandlung irgendeines Stahls, der stark härtet, weil sie die Neigung besitzen, als Ausgangspunkte von Rissen zu dienen. Ebenfalls soll Gesenkschmiedewerkstoff, besonders wenn die Hochkantstellung oder Stauchung in Frage kommt, frei von Oberflächenfehlern sein, da sich diese hier ebenfalls sehr leicht vergrößern können. Alle Arten von rostfreiem Werkstoff mit Ausnahme der weichsten Sorten gehören in die erste Gruppe, während sich die weicheren Arten besonders für Gesenkschmiedezwecke eignen. Außerdem ist eine vollständige Abwesenheit von Oberflächenfehlern ganz besonders bei jedem rostfreien Werkstoff wichtig, wenn der beste Widerstand gegen Korrosion erreicht werden soll. Nach diesen Betrachtungen ist es klar, daß die vollständig saubere Oberfläche ein sine qua non für alle fertigen Erzeugnisse aus rostfreiem Werkstoff ist.

Rohblöcke aus rostfreiem Stahl, die noch eine leidliche Größe haben, z. B. mit einem Querschnitt bis etwa 350×350 mm^2, können unter sorgfältiger Aufsicht mit einer sehr guten Oberfläche hergestellt werden. Doch trotz der größten Sorgfalt kann es vorkommen, daß die Oberfläche kleine Höhlungen oder Ungleichheiten aufweist, die beim Walzen oder Schmieden Nähte oder Grate ergeben. Aus diesem Grunde werden Rohblöcke aus rostfreiem Werkstoff, die zur Herstellung von Knüppeln für Gesenkschmiedearbeiten oder für Stangen oder andere Schmiedestücke bestimmt sind, an denen später wenig oder gar keine Maschinenarbeit vorgenommen werden soll, fast ausnahmslos zu Rohschienen gewalzt oder geschmiedet, deren Oberflächen sehr sorgfältig auf Fehler untersucht worden sind. Werden Fehler gefunden, so werden sie durch maschinelle Nacharbeit entfernt.

84 Herstellung, Bearbeitung und Behandlung von rostfreiem Stahl.

Die Sonderausgaben, die sich durch eine solche Untersuchung und durch die kleine Maschinenarbeit ergeben, machen sich sowohl vom Standpunkte des Stahlherstellers, der den Wunsch hat, ein vollkommen einwandfreies Erzeugnis zu liefern, als auch von dem des Verbrauchers sehr wohl bezahlt, da man hierdurch sehr wahrscheinlich keine fehlerhaften oder überhaupt nicht zufriedenstellenden Gegenstände erhält.

Die Gefahren bei der Verwendung von Stangen mit Nähten oder von Schmiedestücken, die während der Wärmebehandlungsarbeiten Risse zeigen, sind den Verbrauchern von kräftig härtenden Legierungsstählen wohlbekannt. Der rostfreie Stahl bildet hierin keine Ausnahme von der Regel, und man kann nicht genug die Gefahren der Wärmebehandlung oder der Benutzung eines mit Graten behafteten Werkstoffes ohne vorherige Beseitigung dieser Fehler betonen. Im Falle des weichsten rostfreien Eisens, das nicht besonders härtet, ist diese Beseitigung nicht so wichtig, aber bei allen anderen Arten, die bis zu einer Brinellhärte von etwa 350 oder mehr hart werden, muß die Notwendigkeit dieser Vorsichtsmaßnahme immer im Auge behalten werden.

3. Beizen.

Das Beizen[1] von rostfreiem Stahl kann erfolgreich ausgeführt werden, wenn besondere Vorsicht beobachtet wird. Wird dieser Stahl mit gewöhnlicher Schwefelsäure oder Salzsäure gebeizt, so findet man eine Neigung zur Bildung von Schalen oder Schuppen, die sich in Flecken loslösen. Werden die Gegenstände längere Zeit in dem Beizbad gelassen, um den Rest der Schalen oder Schuppen zu beseitigen, so greift die Säure den Stahl an denjenigen Stellen an, von denen jene schon abgelöst sind, auch wird der Stahl mit unangenehmen Grübchen oder Narben überzogen, während die zurückbleibende Schicht weiter stark angegriffen wird. Dies kommt besonders vor, wenn die Schuppen oder der Zunder ziemlich dick sind. Dieser unerwünschte Zustand kann jedoch vermieden werden, wenn kleine Mengen eines kolloidalen organischen Stoffes als sogenannter „Verzögerer" dem Bade beigefügt werden. Mit einer solchen Zugabe

---

[1] Vgl. Bablik: Das Beizen von Eisen mit Salz- und Schwefelsäure. Stahleisen 1926, S. 218.

arbeitet das gewöhnliche Beizbad mit etwa 5 bis 10 vH Schwefelsäure sehr zufriedenstellend. Einen brauchbaren „Verzögerer" kann man durch Mischung von einem Teil Leimwasser mit einem Teil konzentrierter Schwefelsäure erhalten, um alsdann sofort unter dauerndem Umrühren zwei Teile Wasser hinzuzusetzen. Die Mischung wird natürlich heiß, welcher Umstand die Reaktion zwischen Säure und Leimwasser erleichtert. Nach der Abkühlung ist dann die Mischung gebrauchsfertig. Einem Bad mit 5 vH Schwefelsäure, das bei einer Temperatur von 60 bis 70 ^{0} C gebraucht wird, kann der „Verzögerer" im Verhältnis von einem Teil auf hundert Teile des Bades zugegeben werden. Die durch ein solches Beizbad erhaltene Oberfläche des Stahls hat die Neigung, ein ziemlich mattes Aussehen anzunehmen. Es kann ihr aber ein ansehnlicher Glanz beigebracht werden, wenn man den gebeizten Gegenstand eine kurze Zeit in ein kaltes Bad legt, das ungefähr 5 vH Salpetersäure enthält. Dieses Bad hat auf den Stahl nur einen sehr geringen Einfluß, bewirkt aber eine wesentliche Verbesserung im Aussehen des gebeizten Gegenstandes.

Wo aber eine sehr schöne Oberfläche nach dem Beizen gewünscht wird, kann man von einem Beizbad Gebrauch machen, das 3 bis 5 vH Salpetersäure und 1 vH Salzsäure aufweist. Dieses Bad soll kalt benutzt werden. Es arbeitet ziemlich langsam, erzeugt aber eine silbergraue Oberfläche. Die erforderliche Zeitdauer schwankt mit der Dicke des Zunders, und zwar zwischen ungefähr ½ Stunde oder 1 Stunde für eine dünne Schicht und bis zu ungefähr 24 Stunden für eine dicke Schicht. Dieses Bad wird wahrscheinlich dort am nützlichsten sein, wo eine dünne Zunderschicht, wie sie während des Anlassens auftritt, entfernt werden soll. Bei Preßarbeiten mit rostfreiem Eisen und Stahl kann es z. B. notwendig werden, die Kaltbearbeitung in verschiedenen Abschnitten vorzunehmen und zwischen diesen den Gegenstand weich zu machen. Für diese „Erweichung" ist nur eine Wiedererhitzung auf 700 bis 750 ^{0} C nötig. Eine derartige Wiedererhitzung bildet nur ein dünnes Häutchen auf der Oberfläche. Dieses kann sehr schnell durch das Sonderheizbad entfernt werden, wodurch alsdann eine glänzende silberähnliche Oberfläche in vollendetem Zustande für eine weitere Preßarbeit (Glanzpressen) zurückbleibt.

Besteht hiergegen kein besonderer Grund, so soll der rostfreie Stahl nicht gebeizt werden, wenn er im gehärteten Zustande vorliegt. Der gehärtete Werkstoff befindet sich gewöhnlich in größerem oder geringerem Grade in einem inneren Spannungszustande, und wenn er in diesem gebeizt wird, so lösen sich die Spannungen aus und das Werkstück kann leicht Oberflächenrisse (Spannungsrisse) erhalten.

4. Wärmebehandlung.

Das Gebiet der Wärmebehandlung rostfreier Stähle aller Art ist vielseitig, besonders wenn die Einflüsse von Schwankungen in der Zusammensetzung und der Behandlungstemperatur des Stahls auf seine physikalischen und mechanischen Eigenschaften berücksichtigt werden. In diesem Abschnitt soll versucht werden, diesen Gegenstand nur ganz allgemein zu beleuchten, während die eingehenderen Betrachtungen dem nächsten Abschnitt vorbehalten bleiben sollen.

Wenn nicht die besonderen oben angeführten Vorsichtsmaßnahmen vollständig beachtet werden, so ist der bei den gewöhnlichen Temperaturen gewalzte oder geschmiedete rostfreie Stahl nach dem Erkalten mehr oder weniger hart und muß daher weich gemacht werden, ehe irgendwelche Maschinen- oder Meißelarbeiten ausgeführt werden können. Das Verfahren für eine solche ,,Erweichung'' ist sehr einfach. Der Werkstoff muß nur auf 700 bis 750 ^{0} C wiedererhitzt und dann an der Luft abgekühlt werden oder wenn es vorgezogen wird, kann er auch in Öl oder Wasser abgeschreckt werden. Nach dieser Behandlung wird er eine Brinellhärte von 150 bis 250 besitzen mit einer entsprechenden Zugfestigkeit von 55 bis 85 kg/mm^2, die von der Höhe des Kohlenstoffgehaltes des verwendeten Werkstoffes abhängt. In diesem Zustande läßt er sich leicht auf der Maschine bearbeiten. Die weitere Behandlung besteht einfach darin, daß der Stahl auf die höchstmögliche Temperatur, die sich mit den wirtschaftlichen Bedingungen verträgt, angelassen wird. Ein noch höherer Grad von Weichheit, ganz besonders bei den Arten mit höherem Kohlenstoffgehalt, kann durch Glühen (Ausglühen) des Werkstoffes erreicht werden, obgleich er sich wie jeder andere geglühte Stahl in diesem Zustande nicht so glatt und sauber maschinell bearbeiten läßt als in dem gehärteten und angelassenen, also vergüteten Zustande, auch ist er dann zum Reißen mehr geneigt.

Zum Zwecke des Ausglühens und aus Gründen, die sich im zweiten Abschnitt S. 42 ergaben, soll der Stahl um 50°C oder mehr über den Ac_1-Punkt erhitzt werden, d. h. auf etwa 850 bis 880°C. Nachdem er gleichmäßig erhitzt worden ist, soll er entweder langsam durch diesen Ac_1-Punkt, d. h. bis unter 600°C abgekühlt werden oder sonst in einen zweiten Ofen übergeführt werden, der zwischen 600 und 700°C gehalten wird. Nachdem der Stahl die gleiche Hitze wie der Ofen erreicht hat, soll er bei dieser Temperatur genügend lange verweilen, bis die Umwandlung vollständig eingetreten ist, wie es früher in diesem Abschnitt beschrieben wurde. In diesem Falle, in dem mehr eine vollständige Ausglühung, d. h. die Erzielung eines sehr weichen Werkstoffes als die Verhütung des Reißens ins Auge gefaßt wird, soll der Verbleib bei dieser Temperatur reichlich bemessen werden. Ist der Stahl von abweichender Zusammensetzung, d. h. enthält er beträchtlich mehr Nickel als üblich, so sollte eine Zeit von einer Stunde bis zwei Stunden ausreichen, wonach er luftabgekühlt oder abgeschreckt werden kann. Wenn der Werkstoff im Ofen sehr langsam abgekühlt wird, so soll die Abkühlungsgeschwindigkeit von etwa 750 auf 600°C nicht mehr als 50°C in der Stunde sein. Es ist nicht nötig, die langsame Abkühlung unter 600°C fortzusetzen. Durch ein solches Glühverfahren kann die Brinellhärte eines Stahls mit 0,3 bis 0,4 vH Kohlenstoff bis zwischen 170 und 200 erniedrigt werden.

Jeder Werkstoff, ob er nun für maschinelle Bearbeitung oder für andere Zwecke vollständig ausgeglüht worden ist, oder sich noch in dem mehr oder weniger kaltgehärteten Zustand infolge der Walz- oder Schmiedearbeit befindet, braucht eine letzte Wärmebehandlung, um ihm die beste Vereinigung von Festigkeit, Dehnbarkeit und Zähigkeit für den in Aussicht genommenen Zweck zu verleihen und auch gleichzeitig seinen höchsten Widerstandsgrad gegen Korrosion zu geben. Die Erfahrung hat gelehrt, daß mit allen Stahlarten, besonders mit Legierungsstählen, die beste Vereinigung von Festigkeit, Dehnbarkeit und Zähigkeit dadurch erhalten werden kann, daß der Stahl zuerst gehärtet wird, um ein gleichförmiges (homogenes) Gefüge von Martensit zu erzielen. Dann wird der gehärtete Stahl durch Anlassen erweicht, so daß die verlangte Zugfestigkeit oder Härte zustande kommt. Mit anderen Worten: Was erstrebt wird, möglicherweise unbewußt, ist die Herstellung eines Gefüges, in dem es keine scharf ausgeprägten Bestandteile wie Perlit, freien Ferrit oder Zementit gibt, die durch „Normalisieren" von gewöhnlichen Kohlenstoffstählen und solchen Legierungsstählen, die nicht lufthärtend sind oder, praktisch gesprochen, durch „Ausglühen" aller Stähle erhalten werden, sondern es ist eher ein Gefüge erwünscht, in dem das Karbid als äußerst winzige Körnchen vorkommt, die in einer Grundmasse von feingekörntem Ferrit gleichmäßig verteilt sind. Tatsächlich besteht zum großen Teil die Überlegenheit der Legierungsstähle darin, daß sie in Form von dicken Stangen oder großen Stücken mit Leichtigkeit vollständig gehärtet werden können, die sonst durch kein praktisches Abschreckverfahren durch und durch zu härten sind, wenn es sich um gewöhnliche Kohlenstoffstähle handelt. Solche gehärteten Werkstücke aus Legierungsstählen können dann mit dem Ergebnis angelassen werden, daß sie einen hohen Grad von gleichmäßiger Härte, Zähigkeit und Dehnbarkeit von der Oberfläche bis zur Mitte besitzen. Diese guten Eigenschaften vereinigt der rostfreie Stahl in gleicher Weise wie andere Legierungsstähle, die leicht an der Luft oder in Öl härten. Das Abschrecken von Legierungsstählen mit nachfolgendem Anlassen auf bestimmte Temperaturen, um die besten Festigkeitseigenschaften zu erhalten, wird, wie schon mehrfach erwähnt, als „Vergüten" bezeichnet. Die sogenannten „Vergütungsstähle", die nach diesem Wärmebehandlungsverfahren vorgenommen werden, sind bekanntlich u. a. im Automobilbau unentbehrlich (Automobilstähle)[1].

Um den rostfreien Stahl zu härten, soll er bis auf eine Temperatur erhitzt werden, die sich im allgemeinen auf der Höhe von 900 bis 950° C bewegt, und dann, je nach den Umständen, entweder an der Luft abgekühlt oder in Öl oder Wasser abgeschreckt werden. Ist der Querschnitt des Werkstückes verhältnismäßig klein und wird nur ein geringer Grad von Härte verlangt, so genügt im allgemeinen die Luftabkühlung. Wird ein höherer Härtegrad gewünscht oder ist der Querschnitt des Stückes groß, dann kann die Ölabschreckung vorgezogen werden. Die Wasserabschreckung

---

[1] Siehe hierüber den Abschnitt „Automobilstähle" in Brearley-Schäfer: Die Einsatzhärtung von Eisen und Stahl. Berlin 1926 und auch Schäfer: Die Konstruktionsstähle und ihre Wärmebehandlung. Berlin: Julius Springer 1923. Mars: Die Spezialstähle, a. a. O.

Wärmebehandlung.

ist zulässig, wenn der Querschnitt des Stückes symmetrisch ist, dieses ist dann imstande, großen Spannungen zu widerstehen, auch ist die Wasserabschreckung brauchbar und bequem z. B. beim Härten von Messerklingen. Beim rostfreien Eisen hängt die Härtungsfähigkeit vom Chromgehalt ab. Ein Werkstoff mit etwa 0,07 bis 0,1 vH Kohlenstoff und 10 bis 14 vH Chrom wird in verhältnismäßig kleinen Stücken bei einer Temperatur von 950^0 C auf eine Brinellhärte von 250 bis 350 öl- oder lufthärten. Ist der Gehalt an Chrom jedoch höher, so sinkt die Härtungsfähigkeit ziemlich beträchtlich (vgl. Abb. 51, S. 109), so daß man bei einem Chromgehalt von etwa 16 vH eine Brinellhärte von nicht mehr als 250, auch nicht durch Wasserabschreckung kleiner Stücke erhalten kann, während die durch Luftabkühlung erzielte Höchsthärte niedriger als diese ist.

Hat man es mit Gegenständen von verwickelter Gestalt zu tun und besonders dann, wenn ihr Kohlenstoffgehalt ziemlich hoch ist, so ist die Lufthärtung der Ölhärtung vorzuziehen, um die bei der Abschreckung auftretenden Spannungen (Härtungsspannungen) auf ein Mindestmaß herabzusetzen. Ist gleichzeitig der Querschnitt des Gegenstandes teilweise ziemlich groß, so daß die Abkühlungsgeschwindigkeit solcher Teile kaum hoch genug ist, um sie genügend zu härten, so muß man sich die Tatsache zunutze machen, daß die Fähigkeit des Stahls zur Lufthärtung wächst, sowie die Härtungstemperatur steigt. Für solche Zwecke kann eine Temperatur von 950 bis 975^0 C, sogar bis 1000^0 C angesetzt werden. Es ist jedoch nicht zu empfehlen, die letztere Temperatur zu überschreiten, da hierdurch Neigung zur Bildung eines groben Gefüges besteht (Überhitzung). Wo solche Schwierigkeiten bei der Erzeugung von genügender Härte durch Luftabkühlung auftreten und die Ölabschreckung nicht am Platze ist, kann man die Arbeit beträchtlich unterstützen, indem man einen Stahl mit etwa 1 vH Nickel vorsieht, weil das Vorhandensein dieses Elementes die Geschwindigkeit in dem Augenblick der Abkühlung sehr verzögert, in dem die kritischen Punkte auftreten und es daher dem Werkstoff ermöglicht wird, bei geringeren Abkühlungsgeschwindigkeiten zu härten (S. 140).

Im allgemeinen soll die Anlaßarbeit der Härtung sobald wie möglich folgen, damit die während der Härtung auftretenden Spannungen ausgeglichen werden, ehe sie Gelegenheit zur Verursachung von Rissen haben. Dies bezieht sich natürlich auch in gleichem Maße auf alle Stähle, die kräftig oder tief härten. Es braucht nicht abgewartet zu werden, bis der Gegenstand nach der Härtung ganz erkaltet ist. Der „erniedrigte" Haltepunkt, der bei dem Auftreten des Martensits aus dem Austenit entsteht, erscheint zwischen 250 und 400° C (S. 69) und hängt von der Zusammensetzung des Stahls und der Härtungstemperatur ab. Sobald diese Umwandlung vollständig vor sich gegangen ist, kann der Gegenstand zum Anlassen wiedererhitzt werden. Da der Stahl, nachdem diese Umwandlung zustande gekommen ist, in hohem Maße magnetisch ist, kann ein Magnet als Überwachungsgerät benutzt werden (vgl. S. 77).

Gegenstände, die in dem harten Zustande erhalten bleiben sollen, werden vorzugsweise zwischen 200 und 400° C nach der Härtung angelassen. Durch diese Maßnahme werden die Abschreckspannungen behoben und die Zähigkeit wird deutlich verbessert. Es ist schon früher in Abb. 13 gezeigt worden, daß ein solches Anlassen praktisch keinen Einfluß auf die Härte hat. Infolge dieses Widerstandes gegen das Anlassen ist es möglich, die Härtungs- und Anlaßarbeit zu vereinigen, indem das Werkstück von der Härtungstemperatur in einem geschmolzenen Salz- oder Metallbad abgeschreckt wird, dessen Temperatur zwischen 150 und 250° C gehalten wird. Ein solches Verfahren ist für Gegenstände wertvoll, die leicht reißen, wenn sie in der üblichen Weise abgeschreckt werden. Es ist auch wichtig, darauf zu achten, daß die Temperatur des Bades nicht über die angegebene Temperaturstufe steigt. Die obere Temperaturgrenze ist durch die Tatsache festgelegt, daß sie tiefer als diejenige des „erniedrigten" Haltepunktes liegen muß, sonst wird das Werkstück während seines Aufenthaltes in dem Bade in dem austenitischen Zustande zurückgehalten und härtet vollständig, wenn es von dieser Temperatur abkühlt.

In der Praxis hat sich eine kleine Schwierigkeit beim richtigen Verfeinern von rostfreiem, sehr stark überhitztem Stahl ergeben, wenn er besonders nach einer solchen Überhitzung langsam abkühlen konnte, wodurch ein perlitisches Gefüge hervorgerufen wird. Dies ist vornehmlich der Fall, wenn der Kohlenstoffgehalt etwa 0,3 vH übersteigt. Die Ursache hierfür wird aus der Beschreibung des Kleingefüges ersichtlich, die im zweiten Abschnitt gegeben wurde. Ein von einer hohen Temperatur langsam abgekühltes Werkstück besteht aus Perlit und es ist häufig, wie in Abb. 8 gezeigt wurde, die Verteilung des Karbids in einem solchen Perlit keineswegs einheitlich, wenn sich auch der Stahl im eutektoiden Zustand befindet. Bei einem niedrigeren Kohlenstoffgehalt als 0,3 vH ist die Verteilung des Karbids durch das Vorhandensein von Ferrit noch ungleichmäßiger (vgl. Abb. 3 und 21). Wird ein solches Werkstück zum Zwecke der Härtung auf 900 bis 950° C wiedererhitzt, so ist natürlich die Grundmasse des beim Ac_1-Punkt gebildeten Austenits verfeinert, aber das bei diesen Temperaturen ungelöst zurückbleibende Karbid (vgl. Abb. 10 und 23) umgrenzt immer noch das ursprüngliche grobe Gefüge, und infolgedessen ist der Gegenstand nach einer solchen Härtung nicht richtig verfeinert. Falls Stähle mehr als 0,3 vH Kohlenstoff enthalten, also bei übereutektoiden Stählen, verbleibt der Karbidüberschuß, der wahrscheinlich ein Netzwerk um die Körner des überhitzten Werkstoffs gebildet hat (vgl. Abb. 4), bei 900 bis 950° C vollständig ungelöst zurück und erschwert die ganze Wärmebehandlungsarbeit noch mehr. In solchen Fällen wird das Werkstück mit 0,3 vH oder weniger Kohlenstoff auf 975 bis 1000° C wiedererhitzt oder bei Stählen mit höherem Kohlenstoffgehalt auf eine Temperatur, die hoch genug ist, um den Karbidüberschuß aufzulösen (vgl. Abb. 27). Alsdann wird luftabgekühlt, um das Karbid in gleichmäßiger Verteilung zu erhalten. Die Gegenstände können dann in der üblichen Weise gehärtet und angelassen werden.

Härtet man bei diesen hohen Temperaturen, wie sie oben zum Zwecke der einleitenden Wärmebehandlung angegeben wurden, so wird wahrscheinlich ein Reißen des Gegenstandes herbeigeführt, besonders dann, wenn er eine Form besitzt, die an sich schon in dieser Hinsicht Störungen usw. verursachen wird. Um dies zu vermeiden, ist die Ergreifung von Vorsichtsmaßnahmen notwendig. Ein solches Reißen kommt fast immer vor, entweder während der Gegenstand durch den „erniedrigten" Haltepunkt geht oder gleich danach. Wo deshalb ein Reißen wahrscheinlich ist, soll der Gegenstand bis auf etwa 450 oder 400° C, um der Absonderung des Perlits oder Troostits beim Ar_1-Punkt vorzubeugen, luftabgekühlt werden, und er kann dann verhältnismäßig langsam durch das Gebiet, in dem die „erniedrigte" Umbildung vor sich geht, abgekühlt werden. So kann z. B. der

Gegenstand, nachdem er bis zu etwa 400° C luftabgekühlt ist, in einen Ofen mit dieser Temperatur getan werden, und in diesem läßt man ihn langsam abkühlen, oder die Abkühlungsgeschwindigkeit kann durch andere Mittel, z. B. Einpacken des Gegenstandes in heiße Asche, verzögert werden. Wie auch bei der üblichen Härtungsarbeit kann der Gegenstand für die Schlußhärtung wiedererhitzt werden, sobald er vor dem Erkalten durch den „erniedrigten" Haltepunkt gegangen ist.

Die durch eine solche Behandlung herbeigeführte Verbesserung oder Verfeinerung kann, wie oben beschrieben, durch die folgenden Versuche beleuchtet werden, die an zwei etwa 30 mm starken Rundstangen mit 0,3 vH Kohlenstoff, 0,17 vH Silizium, 0,23 vH Mangan, 12,4 vH Chrom und 0,55 vH Nickel angestellt wurden.

Diese Stangen wurden 3 bis 4 Stunden lang einer Temperatur von 1100° C ausgesetzt und dann langsam abgekühlt, um ein sehr grobes perlitisches Gefüge zu erhalten. Nach dieser Behandlung hatten sie eine Brinellhärte von 292 und eine Kerbzähigkeit von 0,7 mkg/cm². Der Bruch war grobkristallinisch. Die Stange A erhielt eine Verfeinerungsbehandlung bei 1000° C, wurde dann bei 900° C gehärtet und auf 700° C in der üblichen Weise angelassen. Die Stange B wurde bei 900° C gehärtet und zusammen mit A auf 700° C angelassen, erhielt aber nicht die Verfeinerungsbehandlung. Mit diesen Stangen wurden die folgenden Ergebnisse erzielt:

Behandlung	Streckgrenze kg/mm²	Zugfestigkeit kg/mm²	Dehnung vH	Einschnürung vH	Izod-Kerbzähigkeit mkg/cm²
A verfeinert . . .	60,2	82,8	25,0	58,2	8,6
B nicht verfeinert	58,0	78,5	22,0	48,5	3,5

Die durch dieses Verfeinerungsverfahren herbeigeführte Verbesserung im Kleingefüge ist aus einem Vergleich der Abb. 15 mit den Abb. 9 und 10 zu erkennen. Das Gefüge der verfeinerten Stange war gleich dem in Abb. 15. In dem nicht verfeinerten Stück ergaben die Karbidplättchen ein ähnliches „Bild" wie in dem ursprünglichen Gefüge, das durch die Ausglüharbeit in einer Weise herbeigeführt wurde, wie es durch die Abb. 9 und 10 gekennzeichnet ist. Solche Plättchen sind ein günstiger Weg, längs denen sich ein Riß leicht fortsetzen kann. Andererseits ist das Gefüge in Abb. 15 von allen Spuren dieses groben Gefüges vollständig frei.

5. Löten und Schweißen.

Beim Löten[1] von rostfreiem Werkstoff treten keine besonderen Schwierigkeiten auf. Möglicherweise verbindet sich das gewöhnliche Bleizinnlot (Lötzinn) nicht so leicht mit dem rostfreien Stahl wie mit dem gewöhnlichen Stahl, jedoch ist die Herstellung einer einwandfreien Verbindung keinesfalls schwierig. Das Zinkchlorid (Chlorzink) ist ein brauchbares Lötmittel. Der rostfreie Stahl kann, wenn auch mit einiger Schwierigkeit, mittels der gewöhnlichen Lote hartgelötet werden, wobei das Borax als Flußmittel dient. An sich besteht jedoch keine größere Schwierigkeit beim Hartlöten, sondern nur im Hinblick auf den Zustand, den der rostfreie Werkstoff nach Beendigung der Arbeit annimmt. Bei Verwendung des gewöhnlichen Kupferzinkhartlotes (60 vH Kupfer und 40 vH Zink, Schlaglot) muß der Gegenstand, der hartgelötet werden soll, auf eine Temperatur von mindestens 950° C erhitzt werden, wenn die Arbeit erfolgreich sein soll. Bei der Abkühlung von einer solchen Temperatur härtet der rostfreie Stahl je nach dem Kohlenstoffgehalt in größerem oder geringerem Maße und folglich werden, wenn eine hartgelötete Verbindung bei einem solchen Stahl hergestellt wird, die Teile des letzteren, die unmittelbar die Verbindungsstelle umgeben, mehr oder weniger hart und brüchig sein, wenn der Gegenstand nach der Herstellung der Verbindung abkühlt. Dieser Zustand kann natürlich durch Wiedererhitzung des hartgelöteten Stückes auf etwa 700° C verbessert werden, doch ist dies in manchen Fällen nicht angebracht. Die Schaufeln einer Turbine z. B. werden zuweilen an die Radkränze, die sie fest zusammenhalten, hartgelötet, und dadurch wird eine unzulässige Verbiegung verhindert. Es ist aber im allgemeinen nicht möglich, die ganze Scheibe wegen ihrer Größe und auch aus anderen Gründen anzulassen, nachdem die Radkränze in ihrer Lage hartgelötet worden sind. Um deshalb das Auftreten von harten und brüchigen Stellen bei solchen Schaufeln möglichst zu verhindern, ist die Verwendung einer Hartlotmischung vorzuziehen, die einen

---

[1] Vgl. Burstyn: Das Löten (Werkstattbücher). Berlin: Julius Springer 1927.

94 Herstellung, Bearbeitung und Behandlung von rostfreiem Stahl.

weit tieferen Schmelzpunkt als das gewöhnliche Messing 60:40 besitzt. Es ist erwiesen, daß sich eine Legierung mit 44 vH Kupfer, 33 vH Zink und 23 vH Silber für diesen Zweck sehr gut eignet. Dieses Silberlot schmilzt bei einer Temperatur von etwa 700⁰ C und so kann hierdurch die Hartlötung mit viel geringerer Gefahr ausgeführt werden, daß sich später harte oder brüchige Stellen in dem rostfreien Werkstoff bilden. Die Lötfuge ist auch sehr dauerhaft.

Abb. 41. Durch autogene Schweißung an einen Ring aus weichem Stahl angeschweißte Turbinenschaufeln aus rostfreiem Eisen. Wenig vergrößert.

Es ist auch klar, daß es für alle Hartlötzwecke besser ist, das sehr kohlenstoffarme rostfreie Eisen zu benutzen, als einen Werkstoff mit höherem Kohlenstoffgehalt, da das erstere in viel geringerem Grade lufthärtet als der letztere, besonders bei Temperaturen, die nicht viel höher liegen als der Ac_1-Punkt. Bei Verwendung eines Werkstoffes mit niedrigerem Kohlenstoffgehalt sind aber die schlechten Einflüsse einer zufälligen Überhitzung bei der Hartlötarbeit sehr viel weniger ausgeprägt, als es bei demjenigen mit höherem Kohlenstoffgehalt der Fall ist.

Mit dem oben genannten Hartlot wurden Stücke von rostfreiem Bandeisen (50 mm breit und 1,6 mm dick) gelötet und darauf ohne weitere Behandlung über einen Winkel von 180 Grad hart an der Lötfuge umgebogen, ohne daß diese irgendwelche Anzeichen eines Versagens ergab oder das Bandeisen in nächster Nähe der Hartlötstelle die geringsten Merkmale eines Einrisses zeigte. Rostfreier Werkstoff kann auf dem Schmiedeherd in derselben

Abb. 42. Wie Abb. 41. Schnitt durch eine Schweißstelle. × 15.

Abb. 43. Schnitt durch die Schweißstelle (Punktschweißung) von zwei Blechen aus rostfreiem Eisen, die sich von den ungeschweißten Stellen deutlich abhebt. × 15.

Weise geschweißt werden wie der gewöhnliche weiche Stahl[1]. Auch läßt er sich ziemlich leicht im elektrischen Lichtbogen oder mittels des Azetylensauerstoffbrenners schweißen (autogene Schweißung).

---

[1] Vgl. Schimpke: Die neueren Schweißverfahren. Berlin: Julius Springer 1926.

96 Herstellung, Bearbeitung und Behandlung von rostfreiem Stahl.

So zeigt Abb. 41 eine Reihe von kleinen Turbinenschaufeln aus rostfreiem Eisen, die mit dem Azetylensauerstoffbrenner an einen Ring aus weichem Stahl angeschweißt sind. Abb. 42 gibt bei geringer Vergrößerung einen Querschnitt durch eine der Schweißstellen wieder, und Abb. 45 endlich läßt bei stärkerer Vergrößerung die eigentliche Verbindung zwischen dem rostfreien Eisen und dem weichen Stahl erkennen. Man wird hier leicht feststellen können, daß eine einwandfreie Schweißung stattgefunden hat, es ist keine scharfe Trennungsfuge zwischen den beiden Werkstoffen vorhanden. Beim Schweißen von rost-

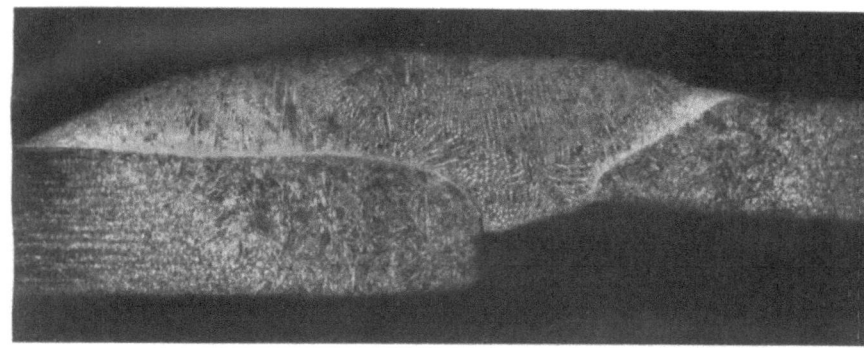

Abb. 44. Überlappungsschweißung von zwei Blechen aus rostfreiem Eisen nach Verwendung eines besonderen Schweißstoffes. × 18.

freiem Werkstoff mit dem Azetylensauerstoffbrenner muß mehr Vorsicht als bei dem gewöhnlichen Stahl angewendet werden, da der rostfreie Werkstoff leichter verbrennt. Sonst sind die Schweißarbeiten bei beiden Werkstoffen gleichartig.

Rostfreier Werkstoff kann auch leicht elektrisch sowohl im Lichtbogen als auch durch das Naht- oder Punktschweißverfahren geschweißt werden. Abb. 43 zeigt einen Querschnitt durch eine Punktschweißung von zwei Blechen aus rostfreiem Eisen. Hier wurde zweifellos eine richtige und saubere Verschweißung der beiden Flächen erzielt.

Wie bei dem gewöhnlichen Kohlenstoffstahl wächst die Schwierigkeit des Schweißens auch beim rostfreien Stahl mit der Zunahme des Kohlenstoffgehaltes. Müssen deshalb Gegenstände aus rostfreiem Werkstoff geschweißt werden, so ist es ratsam, einen

Löten und Schweißen. 97

solchen mit einem so niedrigen Kohlenstoffgehalt wie nur möglich zu verwenden, d. h. dem rostfreien Eisen ist der Vorzug zu geben. Jedes rostfreie Werkstück, das entweder auf elektrischem Wege oder nach dem Azetylensauerstoffverfahren geschweißt wurde, wird in der Nähe der Schweißstelle in größerem oder geringerem Maße, hauptsächlich in Abhängigkeit von dem Kohlenstoffgehalt des verwendeten Werkstoffes, gehärtet sein. Ein solcher geschweißter Gegenstand soll deshalb durch Anlassen auf 600 bis 700 ^{0} C weich gemacht werden. Dies kann oft sehr leicht durch den

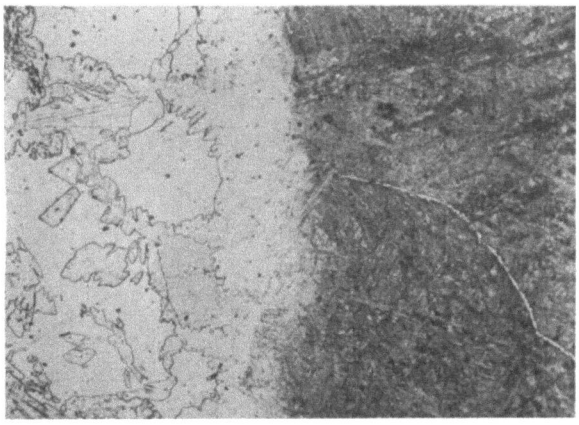

Abb. 45. Wie Abb. 42. Schweißstelle zwischen rostfreiem Eisen (links) und weichem Stahl. × 100.

Schweißer selbst geschehen. Werden z. B. kleine Stücke mit dem Azetylensauerstoffbrenner geschweißt, so kann der durch diese Arbeit erhitzte Teil nach der Abkühlung von der Schweißhitze leicht durch eine zweite Verwendung des Brenners angelassen werden. Sollen zwei Stücke aus rostfreiem Werkstoff geschweißt werden und muß die Verbindung an sich korrosionsfest sein, so ist natürlich die Verwendung von Schweißstäben aus besonderen Stoffen notwendig. Für Lichtbogenschweißarbeiten sind die A. W. P.-Elektroden der „Alloy Welding Processes, Ltd." gut geeignet. Für das Azetylensauerstoffverfahren liefert diese Firma, mit der Monypenny verbunden ist, einen besonderen Schweißstoff, der zufriedenstellende Verbindungen erzeugt. Ein Querschnitt durch eine Überlappungsschweißung, für die die genannten Schweißstäbe

98 Herstellung, Bearbeitung und Behandlung von rostfreiem Stahl.

benutzt wurden, wird in Abb. 44 gezeigt. Abb. 46 läßt in starker Vergrößerung die eigentliche Verbindungsstelle des Eisenbleches nach Verwendung des Schweißstoffes mit dem Merkmal erkennen,

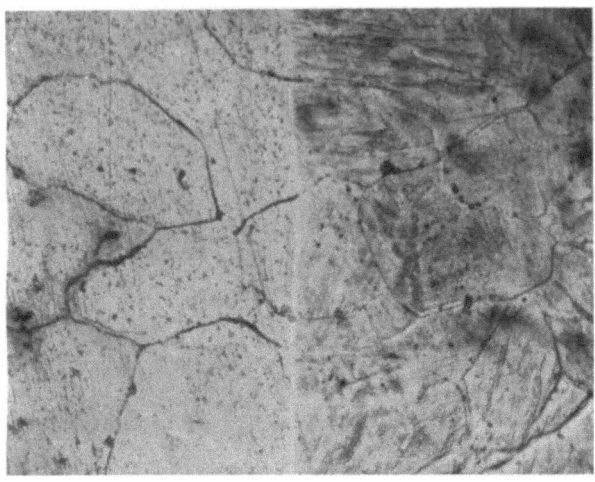

Abb. 46. Wie Abb. 44. Schweißstelle zwischen dem rostfreien Eisen (rechts) und dem Schweißstoff. × 750.

daß die Korngrenzen diese Verbindung durchkreuzen. Es ist also eine sehr innige Verschweißung der Werkstoffe erzielt worden.

IV. Die mechanischen und physikalischen Eigenschaften rostfreier Stähle im Hinblick auf ihre verschiedene Zusammensetzung und Behandlung.

Es liegt ein sehr großes und vielversprechendes Gebiet für die Verwendung von rostfreiem Stahl für technische Belange mannigfaltiger Art vor. Da die Geeignetheit irgendeines Werkstoffes für bestimmte Zwecke gewöhnlich nach seinen physikalischen und mechanischen Eigenschaften beurteilt wird, die durch die verschiedenartigsten Untersuchungsverfahren ermittelt werden können[1], so ist es wichtig, diese vielfältigen Eigenschaften des rostfreien Werkstoffes an dieser Stelle ausführlich zu betrachten.

Wie schon im letzten Abschnitt betont wurde, lehrt die Erfahrung, daß bei allen Stahlarten, besonders den Legierungsstählen, die beste Vereinigung von Festigkeit, Dehnbarkeit und Zähigkeit dadurch erreicht wird, daß der Stahl zur Erzielung eines gleichförmigen (homogenen) Gefüges von Martensit zuerst gehärtet und dann der gehärtete Stahl durch Anlassen weicher gemacht wird (Vergüten), damit die verlangte Festigkeit oder Härte erhalten wird. Durch Veränderung der Anlaßtemperatur kann eine merkliche Abstufung der mechanischen Eigenschaften eines jeden Stahls erreicht werden. Der Grad dieser Abstufung kann in sehr befriedigender und brauchbarer Weise durch passendes Härten einer Anzahl von Stangen des betreffenden Stahls und durch

---

[1] Vgl. Martens-Heyn: Handbuch der Materialienkunde. I. und II. Teil Berlin: Julius Springer 1898 und 1912; Wawrziniok: Handbuch des Materialprüfungswesens. 2. Auflage. Berlin: Julius Springer 1923; Schulze und Vollhard: Werkstoffprüfung für Maschinen- und Eisenbau. Berlin: Julius Springer 1923; Müller: Materialprüfung und Baustoffkunde für den Maschinenbau. München und Berlin: Oldenbourg 1924; Hinrichsen und Memmler: Das Materialprüfungswesen. 2. Auflage. Stuttgart: Ferdinand Enke 1924; Winkel: Festigkeit und Formänderung. Berlin: Julius Springer 1925 und Sachs-Fiek: Der Zugversuch. Leipzig: Akademische Verlagsgesellschaft 1926.

allmähliches Anlassen auf eine Reihe von langsam ansteigenden Temperaturen gezeigt werden. Die Größe der für solche Versuche gewählten Stangen hat oft einen sehr wichtigen Einfluß auf die Ergebnisse, die von einem bestimmten Stahl erhalten werden. Je kleiner der Durchmesser der Stange ist, desto schneller kann sie abgekühlt werden, und wie auch bei einem gewöhnlichen Kohlenstoffstahl die zur Härtung benötigte Abkühlungsgeschwindigkeit verhältnismäßig hoch ist, so hängt der Grad der Härtung sehr wesentlich von der Größe des verwendeten Werkstückes ab. Die Lufthärtungsstähle (Lufthärter), z. B. die rostfreien Stähle, härten bei verhältnismäßig geringen Abkühlungsgeschwindigkeiten und sie sind daher gegenüber Massenanhäufungen im Werkstück nicht so sehr empfindlich. Folglich können die nach dem Gebrauch von kleinen Stangen (z. B. mit einem Durchmesser von etwa 25 mm) mit solchen Stählen erreichten Ergebnisse auch auf Stangen beträchtlicherer Größe angewendet werden. Die meisten der in diesem Abschnitt angeführten Versuche wurden von Stangen mit 25 bis 32 mm Durchmesser erhalten, doch können diese Ergebnisse mit gewisser Einschränkung auch auf Stangen von fünf- bis sechsfacher Größe, auf die später noch verwiesen wird, bezogen werden.

Die von einem rostfreien Eisen mit 0,07 vH Kohlenstoff, 0,08 vH Silizium, 0,12 vH Mangan, 11,7 vH Chrom und 0,57 vH Nickel nach Ölhärtung und nachfolgendem Anlassen auf verschiedene Temperaturen erhaltenen Ergebnisse sind in Zahlentafel 1 wiedergegeben. Sie sind auch in Abb. 47 dargestellt, die die

Zahlentafel 1. Mechanische Eigenschaften von rostfreiem Eisen.

Behandlung		Streck- grenze	Zug- festig- keit	Dehnung (auf 5 fache Meß- länge bezogen)	Ein- schnü- rung	Brinell- härte	Kerb- zähigkeit
ölge- härtet bei °C	ange- lassen °C	kg/mm²	kg/mm²	vH	vH		mkg/cm²
930	—	—	115,3	13,5	41,9	340	3,9
930	200	—	115,0	12,0	38,0	340	4,7
930	300	—	114,0	12,5	36,4	332	5,3
930	400	—	113,9	15,5	51,0	332	5,3
930	500	92,5	114,0	18,0	52,2	340	5,0
930	600	59,9	77,4	22,0	62,4	241	9,0
930	700	48,2	63,6	26,5	65,8	196	11,0
930	750	43,9	57,3	31,0	68,8	179	12,0
930	800	52,9	84,4	13,5	44,6	255	5,0

Mechanische und physikalische Eigenschaften rostfreier Stähle. 101

Änderungen der mechanischen Eigenschaften mit der Anlaßtemperatur leichter zu überblicken gestattet. Die Proben wurden bei 930⁰ C ölgehärtet, auf die jeweiligen Temperaturen angelassen und, wie nach jedem Anlassen im allgemeinen üblich, in Wasser abgeschreckt. Auch bei den folgenden Versuchen ist diese Art der Wärmebehandlung zu beachten.

Für einen solchen sehr weichen Werkstoff wie diesen ist manchmal die Abschreckung in Öl der Lufthärtung vorzuziehen, weil die durch die Luftabkühlung erzielte Härte etwas niedriger ist als die durch Ölabschreckung gewonnene Härte. Der Unterschied wird wahrscheinlich durch die Absonderung von Ferrit und nicht durch den Zusammenbruch des Martensits während der Luftabkühlung hervorgerufen, weil die Trennung des Ferrits durch die schnellere Abkühlung in Öl behindert wird. Aus den wärmebehandelten Stangen wurden Probestäbe

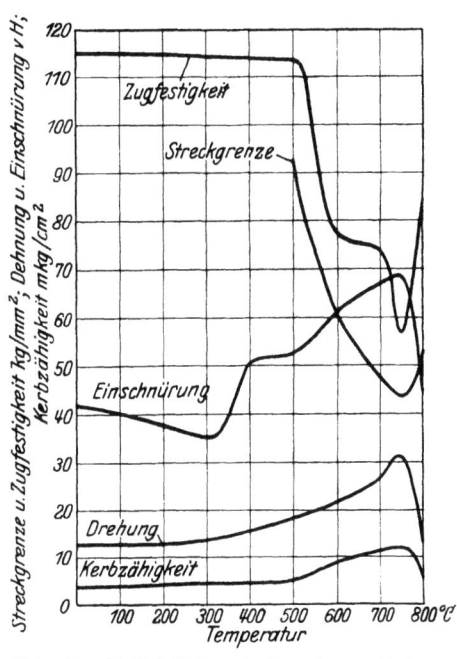

Abb. 47. Festigkeitseigenschaften eines rostfreien Eisens mit 0,07 vH Kohlenstoff und 11,7 vH Chrom nach dem Härten und Anlassen.

zur Ermittlung der Zugfestigkeit nach der britischen Standardgröße (Normalgröße 2 Zoll × 0,564 Zoll) und auch für den Kerbschlagversuch (10 × 10 mm² Querschnitt und Standard-V-Kerbe) geschnitten. Die letztere Probe ist für die Ermittlung der Zähigkeit des Werkstoffes hinsichtlich der Feststellung der Qualität desselben für Konstruktionszwecke von größter Wichtigkeit. Diese Zähigkeit wurde bei allen hier besprochenen Versuchen nach dem Izod-Verfahren festgestellt.

Die Stangen hatten im gehärteten Zustande eine Zugfestigkeit von etwa 115 kg/mm² und eine gute Dehnbarkeit und Zähigkeit.

102 Mechanische und physikalische Eigenschaften rostfreier Stähle.

Der Einfluß des Anlassens auf die Zugfestigkeit war erwartungsgemäß. In Abb. 13 sind die Brinellhärten angegeben. Bis zu einer Temperatur von 500° C war die Zugfestigkeit durch das Anlassen praktisch unberührt geblieben, während die Zähigkeit und Dehnbarkeit in bemerkenswerter Weise verbessert wurden. Zwischen 500 und 600° C fiel die Zugfestigkeit schnell ab, so daß die auf die letztere Temperatur angelassenen Proben nur noch 77 kg/mm² ergaben. Gleichlaufend mit diesem Fallen der Zugfestigkeit bestand eine ausgesprochene Erhöhung der Dehnung und Einschnürung und eine noch merklichere Zunahme der Zähigkeit. Als die Anlaßtemperatur von 600 auf 750° C stieg, fiel die Zugfestigkeit gleichmäßig von 77 kg/mm² bis auf fast 58 kg/mm², während gleichzeitig die Dehnungen wuchsen. In diesem Stahl trat der Haltepunkt zwischen 790 und 800° C ein und folglich zeigte die bei 800° C angelassene Probe deutliche Härtungserscheinungen, die dadurch zum Vorschein kamen, daß die Proben von den Anlaßhitzen in Wasser abgeschreckt wurden. In bezug auf die Anlaßtemperaturen wird später gezeigt werden, daß die Abkühlungsgeschwindigkeit nach der Anlaßarbeit einen ausgesprochenen Einfluß auf die Kerbschlagergebnisse haben kann, die von einem so behandelten Probestab erhalten werden. Die Probestäbe werden daher, wie schon besagt, von den Anlaßhitzen gewöhnlich in Wasser abgeschreckt.

Die Bemerkung dürfte hier wichtig sein, daß die oben angeführten Ergebnisse von dem ersten Gußstück aus rostfreiem Eisen erhalten wurden, das in wirtschaftlicher Weise erzeugt und bereits auf S. 16 erwähnt wurde.

Auf gleiche Weise wurden nach Zahlentafel 2 und Abb. 48 die Eigenschaften eines Probestabes mit etwas höherem Kohlenstoffgehalt (0,1 vH) und mit 0,46 vH Silizium, 0,31 vH Mangan, 11,2 vH Chrom und 0,44 vH Nickel erzielt. In diesem Falle hatte der ölgehärtete Werkstoff eine Zugfestigkeit von 130,4 kg/mm² und nach vollständigem Anlassen auf 750 bis 800° C eine Zugfestigkeit von etwa 63 kg/mm². Ein Versuch mit einer Probe nach der Lufthärtung zeigte eine etwas geringere Festigkeit. In vielen Fällen und besonders dann, wenn die Proben nachher vollständig angelassen werden, ist der Unterschied zwischen luftgehärteten und ölgehärteten Proben ohne Bedeutung.

Mechanische und physikalische Eigenschaften rostfreier Stähle. 103

Zahlentafel 2. Mechanische Eigenschaften von rostfreiem Eisen.

Behandlung		Streck-grenze	Zug-festig-keit	Deh-nung	Ein-schnü-rung	Brinell-härte	Kerb-zähigkeit
gehärtet °C	angelass. °C	kg/mm²	kg mm²	vH	vH		mkg/cm²
luft-gehärtet 950	—	109,0	122,9	12,0	36,4	302	2,7
ölgehärtet 950	—	—	133,4	3,0	8,4	340	3,6
950	500	—	130,0	18,5	57,0	340	2,6
950	600	72,5	86,6	22,0	63,7	241	3,6
950	700	56,7	68,6	27,0	66,8	192	16,6
950	750	51,5	64,3	32,0	67,0	179	16,6
950	800	45,4	62,3	32,5	65,8	170	15,0

Bei steigendem Kohlenstoffgehalt des Stahls werden ähnliche Schaulinien wie jene in den Abb. 47 und 48 erhalten. Die Werte für die Zugfestigkeit solcher Probestäbe steigen unter bestimmten Bedingungen der Wärmebehandlung allmählich an, während die Werte für die Zähigkeit und Dehnung niedriger werden. Stähle mit einem Kohlenstoffgehalt zwischen 0,15 und 0,25 vH eignen sich sehr gut für viele Konstruktionszwecke, von denen eine etwas höhere Zugfestigkeit als diejenige, die das rostfreie Eisen ergibt, verlangt wird. So geben Zahlentafel 3 und Abb. 49 die Werte eines Stahls mit 0,22 vH Kohlenstoff, 0,11 vH Silizium, 0,17 vH Mangan, 11,5 vH Chrom und 0,76 vH Nickel wieder.

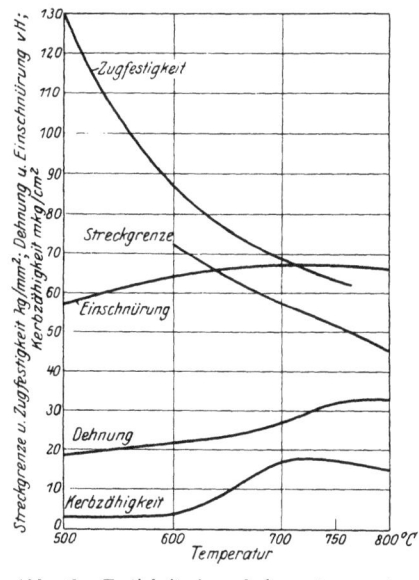

Abb. 48. Festigkeitseigenschaften eines rostfreien Eisens mit 0,1 vH Kohlenstoff und 11,2 vH Chrom nach dem Härten und Anlassen.

Sie verbildlichen die vorteilhafte Vereinigung von Zugfestigkeit und Zähigkeit, die ein solcher Stahl ergibt. Soll er nur gehärtet sein, gleichgültig, ob er nachher bis auf 500° C angelassen wird oder nicht, so ist er für viele Zwecke hart genug

104 Mechanische und physikalische Eigenschaften rostfreier Stähle.

(Brinellhärte 400 bis 450), für die eine Oberfläche des Stahls gewünscht wird, die der Anfressung oder Abnutzung widerstehen soll.

Zahlentafel 3.
Festigkeitseigenschaften von weichem rostfreiem Stahl.

Behandlung		Streck- grenze	Zugfestig- keit	Dehnung	Ein- schnürung	Kerb- zähigkeit
ölgehärt. ⁰C	angelass. ⁰C	kg/mm²	kg/mm²	vH	vH	mkg/cm²
900	500	132,9	138,6	9,5	36,4	2,2
900	600	66,2	88,8	24,0	52,2	3,3
900	700	59,9	73,8	26,0	58,0	8,6
900	750	49,0	69,1	28,0	61,5	9,3

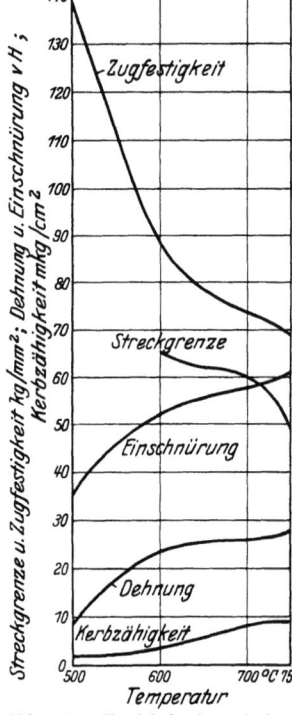

Abb. 49. Festigkeitseigenschaften eines rostfreien Stahls mit 0,22 vH Kohlenstoff und 11,5 vH Chrom nach dem Härten und Anlassen.

Steigt der Kohlenstoffgehalt über etwa 0,3 vH, so wird der Stahl übereutektoid und er hat daher mehr die Natur eines Werkzeugstahls als eines Konstruktionsstahls. Werden solche Stähle gehärtet, so ergeben sie höhere Brinellhärten als jene Stähle mit niedrigerem Kohlenstoffgehalt, doch können sie nicht durch Anlassen auf weniger als etwa 80 bis 85 kg/mm² Zugfestigkeit erweicht werden. Die Vermehrung des Kohlenstoffgehaltes auf über 0,3 vH hat auch keinen so bemerkenswerten Einfluß auf die mechanischen Eigenschaften des Stahls, der unter bestimmten Bedingungen bei dieser Behandlung hervorgerufen wird, wie er bei den niedrigeren Kohlenstoffstufen vorhanden ist. Dies wird durch die Ergebnisse in den Zahlentafeln 4 und 5 veranschaulicht, die sich auf Stähle mit 0,37 und 0,50 vH Kohlenstoff, bzw. mit 11,7 und 12,2 vH Chrom beziehen. Hier wird gezeigt, daß auch solche Stähle, wenn sie richtig behandelt werden, verhältnismäßig zäh und dehnbar werden können.

Zahlentafel 4.
Mechanische Eigenschaften von hartem rostfreiem Stahl.

Behandlung		Streck-grenze	Zug-festig-keit	Deh-nung	Ein-schnü-rung	Brinell-härte	Kerb-zähigkeit
luft-gehärtet °C	ange-lassen °C	kg/mm²	kg/mm²	vH	vH		mkg/cm²
900	—	—	160,7	3,0	3,2	444	0,5
900	300	—	157,5	5,5	6,7	444	0,7
900	500	—	164,4	9,0	24,6	444	0,8
900	550	—	143,6	9,0	30,6	437	1,3
900	600	91,1	102,4	11,5	27,6	302	1,2
900	650	79,1	88,8	17,5	37,8	269	1,8
900	700	73,8	85,1	21,0	52,2	241	3,3
900	750	66,8	81,6	21,0	44,6	241	4,4

Bei noch höheren Kohlenstoffgehalten als den genannten enthält der Werkstoff sehr große Mengen von freiem Karbid. Als Anhalt für die mechanischen Eigenschaften solcher Stähle sind ihre Werte in Zahlentafel 6 miteingeschlossen. Sie sind auch insofern lehrreich, als sie das oben Gesagte bestätigen, daß nämlich der Ein-

Zahlentafel 5.
Mechanische Eigenschaften von hartem rostfreiem Stahl.

Behandlung		Streck-grenze	Zug-festig-keit	Deh-nung	Ein-schnü-rung	Brinell-härte	Kerb-zähigkeit
luft-gehärtet °C	ange-lassen °C	kg/mm²	kg/mm²	vH	vH		mkg/cm²
900	—	—	—	—	—	477	0,6
900	300	—	—	—	—	444	0,7
900	400	—	162,5	7,5	11,8	444	0,8
900	500	—	146,8	6,0	21,4	415	0,5
900	600	87,5	97,7	15,0	42,0	285	1,8
900	650	79,1	89,5	18,0	45,9	262	1,7
900	700	73,1	84,4	20,0	49,7	241	3,5
900	750	67,1	80,9	28,0	52,2	245	4,2

fluß der Erhöhung des Kohlenstoffgehaltes auf die mechanischen Eigenschaften hochkohlenstoffhaltiger Chromstähle unter bestimmten Bedingungen der Wärmebehandlung nicht so ausgeprägt sind, wie es bei Stählen mit niedrigerem Kohlenstoffgehalt der Fall ist.

Zahlentafel 6. Mechanische Eigenschaften von hochgekohlten rostfreien Stählen.

Stahl	Kohlenstoff vH	Silizium vH	Mangan vH	Chrom vH	Nickel vH
A	0,96	0,17	0,33	13,1	0,45
B	1,08	0,17	0,34	13,1	0,50
C	1,18	0,10	0,29	13,1	0,45
D	1,42	0,12	0,35	13,1	0,44

Stahl	Behandlung		Streckgrenze kg/mm^2	Zugfestigkeit kg/mm^2	Dehnung vH	Einschnürung vH	Brinellhärte	Kerbzähigkeit mkg/cm^2
	luftgehärtet °C	angelassen °C						
A	900	650	47,3	93,0	10,0	18,3	265	1,1
	900	700	56,0	84,8	18,5	36,4	255	1,1
	900	750	64,9	84,3	19,0	39,2	241	2,0
B	900	650	69,9	98,3	7,0	10,1	285	1,9
	900	700	59,9	89,1	17,5	29,1	277	2,5
	900	750	69,3	91,1	14,5	29,1	265	1,7
C	900	650	64,3	97,0	8,0	11,8	285	2,2
	900	700	64,3	91,7	15,5	30,6	277	1,9
	900	750	47,3	89,5	15,0	26,1	265	1,9
D	900	650	59,9	97,5	7,0	13,4	302	1,0
	900	700	69,4	94,1	10,0	18,3	385	1,1
	900	750	52,9	92,8	10,0	18,3	281	1,1

1. Härtungstemperatur.

Aus den Schaubildern und Zahlentafeln kann man entnehmen, daß die für rostfreie Stähle benötigte Härtungstemperatur in gewissem Grade mit dem Kohlenstoffgehalt des vorliegenden Werkstoffes schwankt. Für die weichsten Stähle oder rostfreien Eisensorten und auch für jene mit etwas höherem Kohlenstoffgehalt, d. h. mit 0,15 bis 0,20 vH, ist die Luftabkühlung oder Ölabschreckung von 950° C ein passendes Verfahren. Bei etwa 0,25 vH Kohlenstoff kann die Temperatur vorteilhaft auf 925° C ermäßigt werden, während für 0,3 vH Kohlenstoff und höher 900° C eine wirksame Härtungstemperatur darstellen. Der Einfluß einer veränderten Härtungstemperatur auf den Widerstand des Stahls gegen Korrosion wird in einem späteren Abschnitt dargelegt werden, doch soll die Wirkung der Erhöhung der Härtungstemperatur auf die mechanischen Eigenschaften hier kurz besprochen werden.

Im zweiten Abschnitt wurde die allmähliche Auflösung des Karbids im Stahl, sowie letzterer in dem Gebiet von etwa 150° C über

Härtungstemperatur.

dem Ac_1-Punkt erhitzt wird und auch sein Einfluß auf die Härte der innerhalb dieses Gebietes abgeschreckten Proben beschrieben. Infolge dieser allmählichen Lösung des Karbids steigt wahrscheinlich auch die Lufthärtungsfähigkeit des Stahls in diesem Gebiet, wie auch die Temperatur, von der die Luftkühlung erfolgt, wächst. Die vermehrte Lösung des Karbids scheint auch die Zugfestigkeit des Stahls nach dem Anlassen auf eine bestimmte Temperatur zu erhöhen, so daß, wenn Proben desselben Stahls, z. B. bei 900, 950 und 1000° C, gehärtet werden, nicht nur die bei den höheren Temperaturen gehärteten Proben etwas härter sind als jene bei den niedrigeren Temperaturen gehärteten (und sie würden auch bei geringerer Abkühlungsgeschwindigkeit härten), sondern es würden auch weiterhin, wenn nachher die so behandelten Proben z. B. auf 700° C angelassen werden, die bei 900° C gehärteten die niedrigste und die bei 1000° C gehärteten die höchste Härte und Zugfestigkeit besitzen.

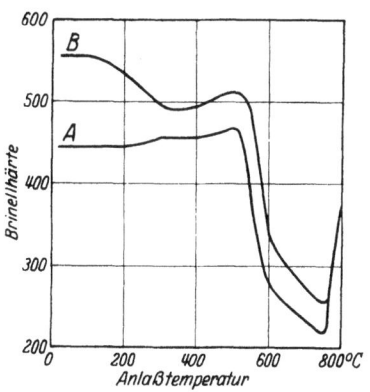

Abb. 50. Einfluß der Härtungstemperatur auf die Härte eines angelassenen rostfreien Stahls mit 0,32 vH Kohlenstoff und 12,2 vH Chrom. Stahl A bei 900° C und Stahl B bei 1050° C gehärtet.

Die größere beim Anlassen erzeugte Härte wurde bei Proben erhalten, die von höheren Temperaturen abgeschreckt wurden, was bei dem hochkohlenstoffhaltigen Stahl auf S. 55 und in Abb. 33 angegeben und durch die Schaulinien in Abb. 50 dargestellt wird. Diese geben die Brinellhärten an, die von Stählen mit 0,32 vH Kohlenstoff, 0,26 vH Silizium, 0,29 vH Mangan, 12,2 vH Chrom und 0,85 vH Nickel gewonnen wurden und die in Öl von 900° C (A) bzw. 1050° C (B) abgeschreckt worden waren. In allen Fällen wurden die bei hohen und niederen Temperaturen gehärteten Proben zusammen in demselben Ofen angelassen. Man kann feststellen, daß die Härte der von der höheren Temperatur abgeschreckten Proben standhaft oberhalb derjenigen der anderen Proben bleibt, bis die Anlaßtemperatur den Ac_1-Punkt erreicht.

Der Einfluß der Härtungstemperatur auf die mechanischen Eigenschaften ist auch durch die Werte in Zahlentafel 7 (Stahl

Zahlentafel 7. Einfluß der Härtungstemperatur auf Härte und Zähigkeit von rostfreiem Stahl.

Behandlung		Brinellhärte		Aus der Brinellhärte ermittelte ungefähre Zugfestigkeit	Kerbzähigkeit
luftgehärtet °C	angelassen °C	nach dem Härten	nach dem Anlassen	kg/mm²	mkg/cm²
900	700	430	228	78,8	11,5
950	700	477	241	81,9	8,6
1000	700	532	248	85,1	4,8

mit 0,25 vH Kohlenstoff, 0,18 vH Silizium, 0,22 vH Mangan, 12,5 vH Chrom und 0,21 vH Nickel) veranschaulicht, die außerdem zeigen, daß die durch die höhere Abschrecktemperatur hervorgerufene gesteigerte Härte von einer bemerkenswerten verminderten Zähigkeit begleitet wird. Dies steht demnach in einer Linie mit dem, was auch bei anderen Stahlarten vor sich geht. Ähnliche Ergebnisse sind sogar mit rostfreiem Eisen mit niedrigem Kohlenstoffgehalt zu erzielen, wenn auch in diesem Falle der Abfall in der Zähigkeit nicht so deutlich ist. Er ist jedoch bei einem Stahl mit 0,16 vH Kohlenstoff ziemlich auffallend, wie aus Zahlentafel 8 (Stahl mit 0,16 vH Kohlenstoff, 0,52 vH Silizium, 0,27 vH Mangan, 13,0 vH Chrom und 0,31 vH Nickel) hervorgeht.

Zahlentafel 8. Einfluß der Härtungstemperatur auf Härte und Zähigkeit von rostfreiem weichem Stahl.

Behandlung		Streckgrenze	Zugfestigkeit	Dehnung	Einschnürung	Brinellhärte		Kerbzähigkeit
ölgehärtet °C	angelassen °C	kg/mm²	kg/mm²	vH	vH	nach dem Abschrecken	nach dem Anlassen	mkg/cm²
900	750	53,6	69,6	33,0	67,8	336	196	15,2
950	750	64,3	75,3	28,0	65,8	402	217	13,7
1000	750	66,2	77,4	25,0	63,6	444	235	12,6

2. Hochchromhaltiges Eisen und hochchromhaltiger Stahl.

Die auf den vorhergehenden Seiten angegebenen Werte beziehen sich auf Erzeugnisse, die die üblichen in rostfreien Werkstoffen gefundenen Mengen von Chrom, nämlich 11 bis 14 vH enthalten. Wird die obere Grenze stark überschritten, so ändern sich auch die Eigenschaften des Werkstoffes in bestimmten Richtungen. Die wichtigste dieser Veränderungen bezieht sich auf dessen

Hochchromhaltiges Eisen und hochchromhaltiger Stahl. 109

Härtungsfähigkeit. Sowie der Chromgehalt über 14 vH steigt, ist eine höhere Abschrecktemperatur für die Härtung des Stahls nötig, was auch von dem allgemeinen Einfluß des Chroms auf die Erhöhung der kritischen Punkte des Werkstoffes und im Hinblick auf die verlangsamte Lösung des Karbids zu erwarten ist. Gleichzeitig vermindert sich die Härtungsfähigkeit des Werkstoffes sehr bedeutend, so daß gegebenenfalls die durch Abschreckung von irgendeiner Temperatur erlangte Härtezunahme bis zu mindestens 1200° C sehr gering ist. Der Einfluß irgendeines bestimmten Chromgehaltes ändert sich mit dem Kohlenstoffgehalt des Werkstoffes, die niedrigeren kohlenstoffhaltigen rostfreien Eisensorten verlieren ihre Härtungsfähigkeit bei einem geringeren Chromgehalt als die Stähle mit höherem Kohlenstoffgehalt. Diese Tatsache kann durch die Schaulinien in den Abb. 51 und 52 gezeigt werden, die die Brinellhärten angeben, die nach der Wasserabschreckung von verschiedenen Temperaturen bei Stählen mit wechselnden Gehalten an Chrom und Kohlenstoff erhalten wurden. Die verwendeten Proben für die Abschreckversuche waren kurze Stücke von 38 bis 50 mm Länge, die von Stangen mit 14×14 mm^2 Querschnitt abgeschnitten waren. Die Schaulinien in Abb. 51 beziehen sich auf Stähle mit niedrigem Kohlenstoffgehalt von folgender Zusammensetzung:

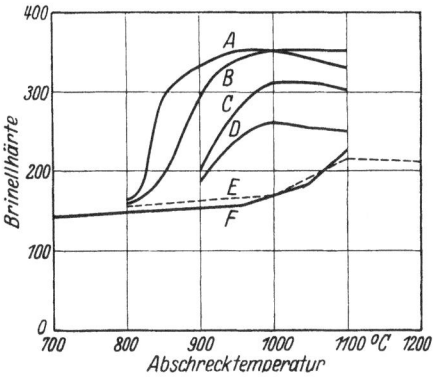

Abb. 51. Einfluß des Chromgehaltes auf die bei der Wasserabschreckung von verschiedenen Temperaturen erzielte Härte von rostfreien Stählen mit niedrigem Kohlenstoffgehalt.

Schau-linie	Kohlenstoff vH	Silizium vH	Mangan vH	Chrom vH	Nickel vH
A	0,07	0,14	0,13	11,5	0,39
B	0,08	0,23	0,18	14,0	0,31
C	0,09	0,35	0,14	15,0	0,28
D	0,07	0,25	0,14	16,0	0,34
E	0,12	0,15	0,24	18,8	0,26
F	0,10	0,31	0,10	20,4	0,30

Das 14 vH Chrom enthaltende rostfreie Eisen B braucht zur Härtung eine höhere Temperatur als das Eisen mit 11,5 vH Chrom (A), erreicht aber schließlich dieselbe Härte wie das letztere. Übersteigt jedoch der Chromgehalt 14 vH, so ist der Abfall in der Härtungsfähigkeit eines solchen Stahls mit niedrigem Kohlenstoffgehalt sehr ausgeprägt, was auch aus dem Schaubild klar hervorgeht.

In Abb. 52 sind die Ergebnisse von einem Stahl mit höherem Kohlenstoffgehalt zusammengestellt. Die mit G und H bezeichneten Stähle hatten folgende Zusammensetzung:

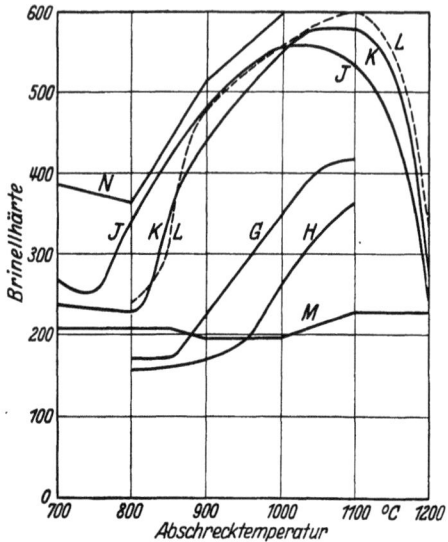

Abb. 52. Die bei verschiedenen Stählen mit hohem Chromgehalt nach ihrer Abschreckung von verschiedenen Temperaturen erzielte Härte.

Schau- linie	Kohlenstoff vH	Silizium vH	Mangan vH	Chrom vH	Nickel vH
G	0,17	0,26	0,18	15,9	0,31
H	0,17	0,21	0,18	17,1	0,27

Sie können mit D und E in Abb. 51 verglichen werden, woraus sich der Einfluß des höheren Kohlenstoffgehaltes ergibt.

Die anderen Probestücke, deren Ergebnisse in Abb. 52 vermerkt sind, waren folgendermaßen zusammengesetzt:

Schau- linie	Kohlenstoff vH	Silizium vH	Mangan vH	Chrom vH	Nickel vH
I	0,48	1,06	0,35	15,1	1,37
K	0,53	0,22	0,29	16,8	—
L	0,87	0,72	0,25	17,6	0,19
M	0,42	0,78	0,32	25,0	0,48
N	1,90	0,91	0,27	27,5	0,36

Die ersten drei Stähle zeigen, daß ein Werkstoff mit hohem Chromgehalt in völlig zufriedenstellender Weise härtet, wenn er einen Kohlenstoffgehalt besitzt, der wesentlich höher als derjenige ist, der sich in gewöhnlichem rostfreiem Stahl vorfindet. Der Abfall in der Härte, der bei der Abschreckung dieser Stähle bei 1200 ⁰ C bemerkbar wird, wird durch die Entstehung von Austenit bedingt.

Bei einem noch höheren Chromgehalt, z. B. 25 bis 30 vH, bleibt ein Erzeugnis mit etwa 0,4 vH Kohlenstoff in der Härte nach der Abschreckung von irgendeiner Temperatur bis zu 1200⁰ C praktisch unverändert (vgl. Schaulinie M in Abb. 52). Wird der Kohlenstoffgehalt jedoch auf einen verhältnismäßig höheren Betrag als diesen gesteigert, so härtet sich eine solche hochgradige Chromlegierung sehr gut (vgl. Schaulinie N in Abb. 52).

Infolge der verminderten Härtungsfähigkeit von rostfreiem Eisen mit mehr als 14 vH Chrom ist die nach dem Härten und Anlassen eines solchen Werkstoffes auftretende Zugfestigkeit nicht so hoch wie bei den niedrigeren Chromeisensorten. Aus demselben Grunde haben wahrscheinlich auch die hochchromhaltigen Eisensorten ein etwas niedrigeres Verhältnis zwischen Streckgrenze und Zugfestigkeit als jene mit einem geringen Chromgehalt. Die bezeichnenden Eigenschaften, die aus solchen Versuchen erhalten wurden, sind in Zahlentafel 9 niedergelegt. Sie geben an, daß ein

Zahlentafel 9. **Festigkeitseigenschaften von hochchromhaltigem rostfreiem Eisen.**

Kohlenstoff vH	Silizium vH	Mangan vH	Chrom vH	Behandlung Ö.H. = Ölhärtung L.H. = Lufthärtung A. = angelassen ⁰C ⁰C		Streckgrenze kg/mm²	Zugfestigkeit kg/mm²	Dehnung vH	Einschnürung vH	Kerbzähigkeit mkg/cm²
0,09	0,21	0,13	14,4	Ö.H. 950	A. 700	56,0	63,0	29,0	66,8	15,2
0,10	0,10	0,23	14,4	L.H. 950	A. 600	34,7	54,2	34,0	65,8	9,5
0,10	0,23	0,14	14,4	L.H. 950	A. 600	45,4	58,9	31,0	63,7	10,6
				Ö.H. 950	A. 700	46,6	58,6	33,0	69,8	13,6
0,10	0,16	0,26	14,5	L.H. 950	A. 600	41,0	57,3	31,0	65,8	9,9
				Ö.H. 950	A. 700	37,1	55,4	34,0	69,8	14,9
				Ö.H. 1050	A. 600	47,6	60,7	29,0	63,7	9,7
0,09	0,26	0,15	15,2	Ö.H. 1050	A. 700	42,5	55,7	31,5	67,8	13,3
				Ö.H. 1000	A. 600	63,0	73,9	22,0	61,5	8,9
0,09	0,24	0,13	15,5	Ö.H. 1000	A. 700	49,3	63,0	28,5	61,5	11,3
				L.H. 950	A. 600	28,4	50,1	36,5	65,8	10,8
				L.H. 950	A. 700	41,0	57,9	34,0	62,6	9,4
0,17	0,26	0,18	15,9	L.H. 1000	A. 700	50,4	69,9	23,0	53,4	7,6
				Ö.H. 1000	A. 700	53,6	71,5	24,0	60,4	10,4

sehr zäher, dehnbarer Werkstoff erhalten werden kann. Wahrscheinlich wird ein solcher Werkstoff wie dieser seine ausgedehnteste Verwendung in dem weichen, entweder vollständig angelassenen oder ausgeglühten Zustande finden, weil er infolge seiner Zusammensetzung äußerst widerstandsfähig gegen Korrosion nach jedweder Art der Wärmebehandlung ist.

Eisensorten mit noch höherem Chromgehalt, z. B. 20 oder 25 vH und auch Chromstähle mit höherem Kohlenstoffgehalt, die sich nicht in stärkerem Maße härten, ergeben offenbar sehr niedrige Schlagwerte, wenngleich ihre Zerreißwerte gut sind. So ergab z. B. eine Probe aus einer Stange von 28 mm Durchmesser aus einem Werkstoff mit 0,1 vH Kohlenstoff und 20,4 vH Chrom nach der Ölabschreckung von 1050° C und Anlassen auf 700° C nach Zahlentafel 10 die folgenden Werte:

Zahlentafel 10. Festigkeitseigenschaften von rostfreiem Eisen mit sehr hohem Chromgehalt.

Streckgrenze kg/mm²	Zugfestigkeit kg/mm²	Dehnung vH	Einschnürung vH	Kerbzähigkeit mkg/cm²
29,0	43,9	34	49,7	0,4

während ein Stahl mit 0,42 vH Kohlenstoff und 25 vH Chrom nach Zahlentafel 11 folgende Ergebnisse zeigte:

Zahlentafel 11. Festigkeitseigenschaften von rostfreiem Stahl mit sehr hohem Chromgehalt.

Behandlung	Streckgrenze kg/mm²	Zugfestigkeit kg/mm²	Dehnung vH	Einschnürung vH	Kerbzähigkeit mkg/cm²
gewalzt	59,6	74,3	21,5	39,2	0,4
von 1000° C in Wasser abgeschreckt	41,0	67,5	26,5	51,0	0,2

Diese schlechten Schlagwerte schienen durch irgendeine Behandlungsart nicht verbessert werden zu können.

3. Anlaßsprödigkeit.

Es ist den Erzeugern und Verbrauchern von Chromnickelstählen und auch denen von Nickelstählen wohlbekannt, daß es gewisse Vorbehalte gibt, die beim Anlassen dieser Stähle bedacht werden müssen, wenn mit ihnen die höchste Zähigkeit,

Anlaßsprödigkeit.

die mit der verlangten Zugfestigkeit in Einklang steht, erreicht werden soll. Werden Proben von Chromnickelstahl gehärtet und dann auf steigende Temperaturen angelassen, so stellt sich heraus, daß die Zähigkeit nicht gleichmäßig mit der Anlaßtemperatur wächst. Eine auf 200° C angelassene Probe wird merklich zäher als die unangelassene Probe sein, aber eine bei 300° C angelassene Probe wird deutlich weniger zäh als diejenige bei 200° C angelassene und wahrscheinlich auch weniger zäh als der unangelassene Stahl ausfallen. Bei wachsenden Anlaßtemperaturen über 300° C erhöht sich die Zähigkeit nur langsam bis etwa 550° C, nach der sie dann scharf ansteigt. Überdies hängt die Zähigkeit von Proben, die auf höhere Temperaturen, z. B. 600 oder 650°C, angelassen wurden, in großem Maße von der Geschwindigkeit ab, mit der sie nach dem Anlassen abgekühlt werden. Sind sie von der Anlaßhitze abgeschreckt worden, so ergeben sie einen feinen grauen Bruch und eine hohe Kerbzähigkeit. Werden sie andererseits langsam abgekühlt, so erhält man einen kristallinen Bruch und eine niedrige Kerbzähigkeit, trotzdem die Zugfestigkeit in beiden Fällen die gleiche sein kann. Der Unterschied in der Kerbzähigkeit ist oft sehr groß. So kann z. B. die Kerbzähigkeit der schnellabgekühlten Probe einen 10 bis 20 mal größeren Wert als die langsam abgekühlte Probe haben.

Diese unter dem Namen **Anlaßsprödigkeit** bekannte Eigentümlichkeit, nämlich das Auftreten erhöhter Sprödigkeit bei langsamer Abkühlung von der Anlaßtemperatur ist in gewissem Grade auch bei anderen Legierungsstählen vorhanden, wenn sie hier auch in einem geringeren Maße als bei Nickelchromstählen besteht. Auch kann sie bei Kohlenstoffstählen beobachtet werden[1]. Es ist deshalb die Feststellung wichtig, in welchem Grade die Anlaßsprödigkeit bei rostfreien Stählen auftritt. Da bei diesen Stählen die Anlaßtemperaturen, die angewendet werden, um bestimmte Eigenschaften zu erzielen, von denjenigen der gewöhnlichen Nickel- und Nickelchromstähle abweichen, so kann die obige Frage in zweifacher Weise untersucht werden:

---

[1] Vgl. Oberhoffer: Das technische Eisen. a. a. O. und Maurer und Hohage: Über die Wärmebehandlung der Spezialstähle im allgemeinen und der Chromstähle im besonderen. Mitteilungen aus dem Kaiser-Wilhelm-Institut für Eisenforschung. Band 1, S. 102. Düsseldorf 1921.

a) Erhöht sich in dem Bereich bis zu 500° C, in dem sich die Zugfestigkeit nicht wesentlich ändert, die Kerbzähigkeit gleichmäßig oder besteht irgendein Zwischenhöchstwert?

b) Verändert die Abkühlungsgeschwindigkeit bei Stählen, die auf 600° C oder darüber angelassen wurden, die Kerbzähigkeit?

In bezug auf a) kann gesagt werden, daß die Kerbzähigkeit im allgemeinen nicht gleichmäßig mit der Anlaßtemperatur steigt. Die meisten Stähle ergeben beim Anlassen einen Höchstwert zwischen 200 und 400° C, bei Erhöhung der Temperatur auf 500° C besteht die Neigung zur Senkung dieses Wertes. Bei verschiedenen rostfreien Stahlgüssen ist jedoch nicht dieselbe regelmäßige Veränderung in der Kerbzähigkeit vorhanden, wie es z. B. bei den auf 200 und 300° C angelassenen Nickelchromstählen der Fall ist. Praktisch wird jeder Nickelchromstahl einen Abfall der Kerbzähigkeit nach dem Anlassen bei 300° C zeigen. Im Hinblick auf den rostfreien Stahl zeigen einige Gußstücke zwar auch einen bestimmten Abfall der Kerbzähigkeit, wenn die Anlaßtemperatur von 400 auf 500° C erhöht wird, während bei anderen die Zähigkeit unveränderlich bleibt oder sogar ansteigt. Im allgemeinen wird jedoch bei gehärtetem Werkstoff ein Anlassen in dem Gebiet von 200 bis 400° C wahrscheinlich die höchste Zähigkeit erzeugen als Anlassen auf 500° C und es wird die Temperatur von 300° C als allgemeine Arbeitstemperatur wohl die passende sein. Abb. 53 zeigt die von einer Reihe von verschiedenen rostfreien Stählen erhaltenen Ergebnisse, die beim Anlassen innerhalb eines Temperaturgebietes von 100 bis 500° C erhalten wurden. Die Zusammensetzung dieser Stähle *A* bis *H*, sowie deren Wärmebehandlung und Härte gibt noch die folgende Zahlentafel 12 an:

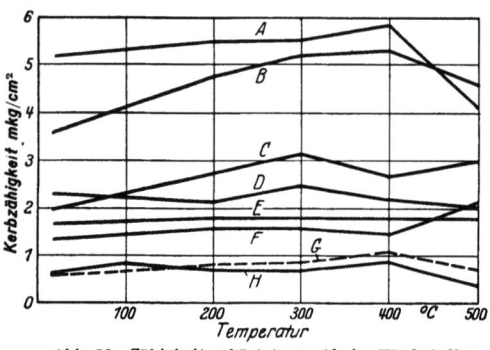

Abb. 53. Zähigkeit gehärteter rostfreier Werkstoffe nach dem Anlassen auf 500° C.

Anlaßsprödigkeit.

Zahlentafel 12.

Werkstoff	Kohlenstoff vH	Chrom vH	Behandlung Ö.H. = Ölhärtung L.H. = Lufthärtung °C	Brinellhärte
A	0,09	11,3	Ö.H. 950	375
B	0,16	13,0	Ö.H. 950	430
C	0,17	14,4	Ö.H. 950	410
D	0,23	12,8	L.H. 950	437
E	0,28	11,7	L.H. 900	444
F	0,29	11,7	L.H. 950	444
G	0,32	11,2	L.H. 900	444
H	0,50	12,2	L.H. 900	477

Die andere in b) auf S. 114 vorgebrachte Frage hinsichtlich der Anlaßsprödigkeit betrifft auch den rostfreien Stahl, doch ist hier diese Sprödigkeit geringer als bei Nickelchromstählen. So wurden die folgenden Ergebnisse von vier Gußstücken aus rostfreiem Stahl mit 0,3 vH Kohlenstoff erhalten (Zahlentafel 13). Die Stücke wurden bei 900°C luftgehärtet und dann auf 700°C angelassen. Vier Stück wurden dann schnell in Wasser abgeschreckt, während die anderen vier langsam im Ofen abkühlten. Die Zeit der Abkühlung bis 400°C erstreckte sich über zehn bis zwölf Stunden.

Zahlentafel 13.
Härte und Zähigkeit von Gußstücken aus rostfreiem Stahl.

Gußstück	Abkühlung	Brinellhärte	Kerbzähigkeit mkg/cm²
R 1051	schnell	251	6,2
	langsam	251	2,9
R 1057	schnell	241	5,5
	langsam	235	3,4
R 1069	schnell	255	4,8
	langsam	248	2,6
R 1081	schnell	258	5,9
	langsam	255	4,6

Eine bemerkenswerte, bei Nickelchromstählen auftretende Eigenart der Anlaßsprödigkeit besteht darin, daß sich die Empfindlichkeit verschiedener Gußstücke durch den Einfluß der Abkühlungsgeschwindigkeit nach dem Anlassen merklich ändert. Manche Gußstücke werden sehr leicht spröde, während andere von derselben chemischen Zusammensetzung mit verhältnismäßig geringen Geschwindigkeiten abgekühlt werden können und immer noch ihre Zähigkeit behalten. Dies bezieht sich auch auf rostfreien Werkstoff. So ergab jedes der beiden Gußstücke A und B, mit denen die oben angegebenen Versuche angestellt wurden, nach Zahlentafel 14 bei der Wasserabschreckung nach dem Anlassen auf 700°C sehr hohe Kerbzähigkeiten. Bei der geringeren Abkühlungsgeschwindigkeit, die durch die freie Abkühlung der Stangen von 28 mm Durchmesser in der Luft von dieser Anlaßtemperatur erhalten wurde, wurde die Kerbzähigkeit des ersten Gußstückes merklich erniedrigt, während die des anderen nicht beeinflußt wurde. Vor dem Anlassen waren die Stücke A und B bei 925°C luftgehärtet worden.

Zahlentafel 14.
Härte und Zähigkeit von Gußstücken aus rostfreiem Stahl.

Gußstück	Kohlenstoff vH	Silizium vH	Mangan vH	Chrom vH	Nickel vH
A	0,25	0,21	0,22	12,2	0,20
B	0,25	0,18	0,22	12,5	0,21

	Streckgrenze kg/mm²	Zugfestigkeit kg/mm²	Dehnung vH	Einschnürung vH	Brinellhärte	Kerbzähigkeit mkg/cm²
A	68,6	84,3	22,5	60,4	248	10,6
	—	—	—	—	241	6,5
B	71,8	82,8	27,0	60,4	241	9,0
	—	—	—	—	255	9,0

Hieraus ist zu entnehmen, daß die bei rostfreien Stählen vorkommende Anlaßsprödigkeit dieselben Eigentümlichkeiten wie jene aufweist, die bei Nickelchromstählen beobachtet wird. Trotzdem die zu ihrer Verhütung notwendigen Vorsichtsmaßnahmen genügend bekannt sind und auch bei den verschiedenen Erzeugnissen angewendet werden, ist die genaue Ursache dieser Sprödigkeit bei den Nickelchromstählen immer noch ungeklärt.

4. Einfluß der Stangengröße beim Kerbschlagversuch.

Auf S. 100 wurde gesagt, daß die Ergebnisse der mechanischen Versuche, die von Stangen aus rostfreiem Werkstoff von etwa

25 mm Durchmesser erhalten werden, mit gewissen Einschränkungen auf solche übertragen werden können, die fünf- bis sechsmal diese Größe übertreffen. In bezug auf den Zerreißversuch werden die Ergebnisse von den dickeren Stangen denen der Stangen mit 25 mm Durchmesser sehr ähnlich sein, nur daß unter gleichen Behandlungsbedingungen von den dickeren Stangen etwas niedrigere Werte der Zugfestigkeit erhalten werden können. Die erzielten Schlagwerte haben jedoch das Bestreben zum Abfall, wenn die Dicke der Stange 50 bis 75 mm Durchmesser übersteigt. Als Beispiel können die Ergebnisse eines Stahls mit 0,30 vH Kohlenstoff, 0,17 vH Silizium, 0,23 vH Mangan, 12,4 vH Chrom und 0,55 vH Nickel angeführt werden (Zahlentafel 15). Die Probe A wurde von einer Stange von etwa 28 mm Durchmesser, Probe B von einer anderen Stange von 100 mm Durchmesser aus demselben Block (mit einem Querschnitt von ungefähr 300×300 mm²) erhalten. Die Wärmebehandlung (Ölhärtung bei 900° C, Anlassen auf 700° C und dann Abschreckung in Wasser) war in jedem Falle dieselbe:

Zahlentafel 15. **Mechanische Eigenschaften von rostfreiem Stahl aus verschieden starken Stangen.**

Stange	Streckgrenze kg/mm²	Zugfestigkeit kg/mm²	Dehnung vH	Einschnürung vH	Brinellhärte	Kerbzähigkeit mkg/cm²
A	62,0	81,2	24,0	59,8	241	9,5
B	61,4	80,3	25,5	57,0	241	4,7

Dieses Ergebnis der Wärmebehandlung hängt nicht so sehr von der Verschiedenheit in der Dicke der Probestücke ab, sondern wahrscheinlich von der Tatsache, daß die dickere Stange während ihrer Herstellung eine geringere mechanische Durcharbeitung erfahren hatte.

Bei der Auswertung der Ergebnisse der mechanischen Versuche wird es ersichtlich, daß sich die Eigenschaften rostfreier Stähle sehr vorteilhaft mit denen der allerbesten Güten der legierten Konstruktionsstähle vergleichen lassen. Es wird weiter ersichtlich, daß Härte und Zugfestigkeit dieser Stähle für die meisten Konstruktionszwecke vollständig genügen.

5. Versuche mit geglühtem rostfreiem Werkstoff.

Es wurde schon früher darauf hingewiesen, daß die langsame Abkühlung rostfreier Stähle von Temperaturen, die über dem Haltepunkt liegen, Veränderungen im Gefüge herbeiführt, die mit jenen vergleichbar sind, die durch „Normalisieren", also durch langsame Abkühlung von Kohlenstoffstählen erzielt werden. Die mechanischen Eigenschaften eines solchen geglühten rostfreien Werkstoffes sind auch ähnlich denjenigen des „normalisierten" Kohlenstoffstahls und sie sind, wenn sie mit den Ergebnissen verglichen werden, die von demselben, aber gehärteten und angelassenen Werkstoff erhalten werden, durch niedrige Werte der Zugfestigkeit und Streckgrenze gekennzeichnet, wobei der Abfall der letzteren besonders hervortritt. Zähigkeit und Dehnbarkeit geglühter Stähle hängen in sehr hohem Maße von der angewendeten Glühtemperatur ab.

Auf den Einfluß der Glühtemperatur auf das Kleingefüge des geglühten Stahls wurde auf S. 42 hingewiesen. Die beiden Gefügearten, die als „perlitisch" und „körnig" bezeichnet wurden und durch Glühung bei genügend hohen Temperaturen entstanden, um das gesamte Karbid in dem Temperaturgebiet über Ac_1, in dem es nicht vollständig aufgelöst wird, zu lösen, sind so weit voneinander verschieden, daß man erwarten kann, daß sich die mechanischen Eigenschaften irgendeines Stahls mit der Art des erhaltenen Gefüges ebenfalls ändern. Die gewonnenen Ergebnisse von einer Reihe von Stählen mit

Zahlentafel 16. Mechanische Eigenschaften von geglühten rostfreien Stählen.

Kohlenstoff vH	Chrom vH	Behandlung		°C	Streck- grenze kg/mm²	Zug- festigkeit kg/mm²	Dehnung vH	Ein- schnürung vH	Brinellhärte	Kerb- zähigkeit mkg/cm²
0,10	11,9	geglüht	bei	880	26,1	46,9	37,0	67,8	137	11,1
		,,	,,	1050	34,7	47,8	40,0	73,6	137	4,6
0,14	11,6	,,	,,	880	27,1	56,4	34,0	65,8	163	3,7
		,,	,,	1050	35,3	58,5	27,5	55,8	170	2,1
0,25	12,5	,,	,,	880	29,9	60,8	32,0	69,8	179	4,6
		,,	,,	1050	34,7	65,1	26,0	47,2	192	1,0
0,32	12,7	,,	,,	880	29,0	64,8	29,0	65,8	179	2,6
		,,	,,	1050	34,7	71,8	24,0	44,6	202	0,4

verschiedenem Kohlenstoffgehalt nach der Glühung bei 880 und 1050° C werden in Zahlentafel 16 aufgeführt.

Diese Ergebnisse zeigen die allmähliche Erhöhung der Zugfestigkeit und Härte mit wachsendem Kohlenstoffgehalt. Sie bringen auch den Unterschied in den mechanischen Eigenschaften klar zum Ausdruck, der mit den körnigen und perlitischen Formen des Gefüges in Einklang steht. Dieser Unterschied ist bei dem Stahl mit dem niedrigsten Kohlenstoffgehalt am geringsten, trotzdem der große Abfall in der Zähigkeit dieses Stahls bemerkbar ist, der durch Glühung bei einer hohen Temperatur hervorgebracht wird. Bei den höher gekohlten Stählen sind die Unterschiede noch ausgeprägter und man kann auch die höheren Zugfestigkeiten der perlitischen Stähle und ihre sehr niedrigen Zähigkeiten beobachten. Man kann auch ferner feststellen, daß die bei 880° C geglühten Proben nicht besonders zäh sind, wenn sie mit den Ergebnissen verglichen werden, die man durch Härten und Anlassen erhält, besonders wenn die niedrige Zugfestigkeit der geglühten Proben im Auge behalten wird.

6. Elastizitätsmodul.

Die Ergebnisse in Zahlentafel 17, die von einer Reihe von rostfreien Stählen mit verschiedenem Kohlenstoffgehalt gewonnen wurden, zeigen, daß der Elastizitätsmodul von rostfreiem Stahl ähnlich demjenigen von Kohlenstoffstahl ist, wenn er auch bei jenem vielleicht etwas höher liegt als bei dem letzteren. In allen diesen Fällen waren die betreffenden Proben ölgehärtet, nämlich Probe A bei 1000° C, die anderen bei 950° C, die dann auf 700 bis 725° C vollständig angelassen wurden.

Zahlentafel 17.
Elastizitätsmodul von rostfreien Werkstoffen.

	A	B	C	D	E
Kohlenstoff vH	0,09	0,12	0,17	0,21	0,23
Chrom vH ..	12,00	12,10	14,00	11,50	12,80
Zugfestigkeit kg/mm² ..	68,50	65,10	70,20	84,10	79,10
Elastizitätsmodul kg/cm²	2 072 000	2 156 000	2 086 000	2 114 000	2 142 000

Auch im Woolwich Arsenal wurden in der gleichen Richtung Bestimmungen an einer Reihe von Stählen gemacht, die in Öl gehärtet und dann auf verschiedene Temperaturen angelassen worden waren. In den meisten Fällen waren die Stähle sowohl bei 950 als auch 1000°C gehärtet und auf 600, 650 und 700°C angelassen worden. Das Gebiet der bei jedem Stahl erhaltenen Zugfestigkeit und auch den Mittelwert des Elastizitätsmoduls enthält Zahlentafel 18[1].

Zahlentafel 18.
Elastizitätsmodul von rostfreien Werkstoffen.

Stahl	Kohlenstoff vH	Silizium vH	Chrom vH	Gebiet der Zugfestigkeit kg/mm^2	Mittelwert des Elastizitätsmoduls kg/cm^2
1	0,10	0,08	12,85	65,1 bis 82,7	2 219 000
2	0,15	0,11	13,50	68,6 ,, 94,3	2 184 000
3	0,17	1,35	13,90	66,8 ,, 90,7	2 072 000
4	0,31	0,31	14,20	76,7 ,, 106,6	2 247 000
5	0,35	1,43	14,70	84,6 ,, 109,8	2 240 000
6	0,43	0,13	12,37	79,4 ,, 100,2	2 261 000

Diese Werte stimmen gut mit jenen in Zahlentafel 17 überein.

7. Schubmodul.

Die Werte eines rostfreien Stahls mit 0,25 vH Kohlenstoff, 0,18 vH Silizium, 0,22 vH Mangan, 12,5 vH Chrom und 0,21 vH Nickel, die beim Verdrehungsversuch erhalten wurden, sind in der folgenden Aufstellung angegeben. Der Probestab (100 mm Länge und 12,5 mm Durchmesser) wurde bei 925°C luftgehärtet und auf 675°C angelassen und ergab eine Brinellhärte von 255.

Proportionalitätsgrenze	25,2 kg/mm²
Streckgrenze	51,8 ,,
Zugfestigkeit	74,5 ,,
Anzahl der Verdrehungen	3,2
Schubmodul	875000 kg/cm²

8. Ermüdung.

Die Frage des Widerstandes (Dauerfestigkeit) von Werkstoffen bei wechselnden oder sich wiederholenden Belastungen ist für gewisse Gebiete der Konstruktionstechnik von der größten Wichtigkeit. Es ist seit vielen Jahren bekannt, daß eine Belastung, wenn sie einmal oder wenige Male auf ein Werkstück einwirkt,

---
[1] Vgl. Werkstoffnormen: DIN 1350.

keinen sichtbaren Schaden verursacht, aber ein Versagen des Gegenstandes hervorruft, wenn sie sehr oft wiederholt wird. In gleicher Weise kann ein Versagen eintreten, wenn die Belastung zwischen einem positiven und einem negativen Wert d. h. zwischen Zug und Druck über eine ziemlich lange Zeitspanne schnell abwechselt. Das Versagen von Metallen unter solchen wiederholten oder wechselnden Belastungen ist unter dem allgemeinen Namen Ermüdung bekannt[1]. Es wurden viele Versuche ausgeführt, um die Höchstgrenzen der Belastung festzustellen, die in unbeschränktem Maße bei besonderen Metallen vorgenommen werden kann, ohne ein Versagen (Dauerbruch oder Ermüdungsbruch) zu verursachen. Bis in die letzten Jahre war man allgemein der Ansicht, daß die Elastizitätsgrenze bei Zug und Druck die Höchstgrenze darstellt, bis zu der der Werkstoff ohne Ermüdung beansprucht werden kann, und folglich betrachtete man den Wert der Elastizitätsgrenze bei Zugbeanspruchung (bei Druckbeanspruchung war es bei gewöhnlichen Metallen ähnlich) als das Merkmal der der Ermüdung widerstehenden Eigenschaften. Eine erst vor kurzer Zeit ausgeführte Arbeit von Moore und Kommers, die im Auftrage des englischen Luftamtes ausgeführt wurde und andere Veröffentlichungen zeigen, daß kein erkennbarer Zusammenhang zwischen der Elastizitätsgrenze (oder auch der Streckgrenze) eines Werkstoffes bei Zug und seiner Ermüdungsgrenze besteht. Im Gegenteil, der einzige Wert beim Zugversuch, der irgendwelche regelmäßige Beziehung zu der Ermüdungsgrenze aufwies, war die Zugfestigkeit, und diese Beziehung war auch nur eine ungefähre.

Untersuchungen ergaben, daß in dem Fall, in dem die Belastung zwischen einem positiven und negativen Wert derselben Größe wechselte (z. B. zwischen Zug und Druck), der völlig sichere Belastungsbereich (d. h. die Summe der Zug- und Druckwerte) oder wie er auch genannt wird, die Ermüdungsgrenze, 90 bis 100 vH der Zugfestigkeit betrug, mit anderen Worten: Läge die Ermüdungsgrenze eines Baustahls mit einer Zugfestigkeit

---

[1] Vgl. Wawrziniok: Handbuch des Materialprüfungswesens. a. a. O., Oberhoffer: Das technische Eisen. a. a. O. McAdam: Die Beziehung zwischen Beanspruchung und Zahl der Lastwechsel beim Dauerversuch und die Korrosionsermüdung von Metallen. Stahl und Eisen 1927, S. 1338; Mailänder, Ermüdungserscheinungen und Dauerversuche. Stahl und Eisen 1924.

von 157 kg/mm² zwischen ± 71 kg/mm² und ± 79 kg/mm², so würden die höchsten Zug- und Druckwerte dieses Bereichs 45 bis 50 vH der Zugfestigkeit betragen. Während dieses Verhältnis bei einer ganzen Anzahl von Metallen bestehen blieb, war es bei anderen erprobten Metallen, hauptsächlich Stahllegierungen, nicht allgemein und man fand gewisse Ausnahmen. Als ein Zeichen für die Art der Übereinstimmung, die bei Stahllegierungen gefunden wurde, werden in Zahlentafel 19 die Ergebnisse vorgeführt, die der genannten Veröffentlichung des englischen Luftamtes entnommen sind.

Zahlentafel 19. Ermüdungsgrenze verschiedener Stähle.

Werkstoff	Elastizitätsgrenze kg/mm²	Zugfestigkeit kg/mm²	Ermüdungsgrenze kg/mm²	Verhältnis der Ermüdungsgrenze zur Elastizitätsgrenze	Verhältnis der Ermüdungsgrenze zur Zugfestigkeit
Stahl für Einsatzhärtung	27,7	62,2	±29,0	2,09	0,94
„ „ „ 3 vH Nickel	25,2	103,2	±48,8	3,88	0,94
„ „ „ 5 „ „	22,1	94,5	±47,3	4,30	1,00
„ „ „ 6 „ „	31,5	91,1	±41,8	2,65	1,02
lufthärtender Nickelchromstahl gehärtet	31,5	171,9	±71,7	4,65	0,84
angelassen auf 200 °C	57,0	159,4	±81,1	2,85	1,02
„ „ 400 °C	84,0	154,2	±74,8	1,78	0,98
„ „ 500 °C	81,4	129,7	±65,4	1,61	1,00
„ „ 600 °C	64,4	110,5	±55,9	1,74	1,00
Nickelchromstahl, ölgehärtet und angelassen	86,6	103,0	±52,0	1,20	1,04
Chromvanadinstahl, gehärtet und angelassen	70,6	99,1	±51,7	1,46	1,04
weicher Stahl, ausgeglüht	36,4	59,7	±26,8	1,47	0,90
gehärtet und angelassen	40,0	73,8	±29,9	1,50	0,82
weicher Stahl, kaltbearbeitet	28,7	64,3	±30,1	2,10	0 91
„ „ angelassen auf 250 °C	32,3	63,2	±29,0	1,80	0,92
„ „ „ „ 400 °C	44,3	62,8	±29,9	1,35	0,95
„ „ „ „ 550 °C	39,4	57,9	±28,4	1,45	0,98

Aus diesen Versuchen geht hervor, daß das Verhältnis der Ermüdungsgrenze zur Zugfestigkeit ziemlich gleich bleibt. Andererseits besteht keine erkennbare Beziehung zwischen Ermüdungsgrenze und Elastizitätsgrenze.

Soweit bekannt geworden ist, wurden keine besonderen ausgedehnten Untersuchungen über die Ermüdungsgrenze von rostfreiem Werkstoff ausgeführt. Jedoch zeigen die folgenden Ergebnisse, daß sich dieser Werkstoff mit denjenigen Stählen ziemlich deckt, die das englische Luftamt erprobte. Der für diese Versuche verwendete Werkstoff enthielt 0,12 vH Kohlenstoff und 12,1 vH Chrom. Er wurde gehärtet und angelassen und ergab folgende mechanische Eigenschaften:

Elastizitätsgrenze	25,4 kg/mm^2
Streckgrenze	47,8 ,,
Zugfestigkeit	67,8 ,,
Dehnung	33,5 vH
Einschnürung	66,8 ,,
Kerbzähigkeit	11,9 mkg/cm^2 .

Die Werte für die Ermüdungsgrenze wurden erhalten:

1. Durch Prüfung von Probestäben bei allmählich steigenden Beanspruchungen und durch Feststellung der Spannung, bei der der Werkstoff viermillionenmal, ohne zu brechen, be- und entlastet wurde.

2. Durch Anwendung des von Gough entwickelten Verfahrens, bei dem die Durchbiegung des sich drehenden Probestabes bei allmählich wachsender Last gegenüber der Last aufgezeichnet wird, wird der Punkt, bei dem die Durchbiegung nicht mehr prozentual der Last zunimmt, als Ermüdungsgrenze angenommen[1]. Die durch diese beiden Verfahren erhaltenen Zahlen sind:

1. ± 33,9 kg/mm^2
2. ± 36,4 ,, .

Diese Zahlen ergeben Werte von 1 und 1,07 für das Verhältnis der Ermüdungsgrenze zur Zugfestigkeit.

Untersuchungen, die Mc Adam an einem rostfreien Stahl mit 0,21 vH Kohlenstoff, 0,79 vH Silizium, 0,59 vH Mangan und 13,31 vH Chrom anstellte, ergaben ähnliche Ergebnisse[2]. Richtig gehärtete und angelassene Proben dieses Werkstoffes mit einer Zugfestigkeit von 68 kg/mm^2 besaßen eine Ermüdungsgrenze, wenn über 100 Millionen Belastungswiederholungen von ±33 kg/mm^2 stattfanden, die gleich war einem Wert von 0,965 für das Verhältnis der Ermüdungsgrenze zur Zugfestigkeit. Es wird deshalb aus diesen allerdings nur kärglich zur Verfügung stehenden Angaben einleuchten, daß der Wert der Grenzspannung,

---

[1] Gough: Fatigue in metals. London 1924.
[2] Chemical and Metallurgical Engineering 1921 (30), S. 1081.

die abwechselnd als Zug und Druck auf rostfreien Werkstoff einwirken darf, schätzungsweise die Hälfte der Zugfestigkeit ist, und daß daher rostfreier Stahl in bezug auf Ermüdung sich ähnlich wie andere Eisen- und Stahlsorten verhält.

9. Mechanische Eigenschaften bei höheren Temperaturen.

Die Verwendung von rostfreiem Stahl für verschiedene Zwecke, bei denen er während der Erhitzung auf Temperaturen über derjenigen der umgebenden Temperatur (Raumtemperatur) beansprucht wird, verlangt, daß seine Eigenschaften bei diesen höheren Temperaturen untersucht werden. Die folgenden Zahlenangaben werden es dem Ingenieur und Konstrukteur ermöglichen, sich ein Bild von den entsprechenden Festigkeiten rostfreier Stähle und auch anderer Stähle bei diesen höheren Temperaturen zu machen.

Die Bestimmung der Zugfestigkeit des Stahls bei Temperaturen bis zu etwa 500° C bietet keine großen Schwierigkeiten. Der Probestab mit den gewünschten Abmessungen wird in die Backen einer Zerreißmaschine gespannt und in dieser Lage in einem zweckmäßig entworfenen Ofen bis zu der verlangten Temperatur erhitzt. Nachdem er bei dieser Temperatur während einer genügend langen Zeit zur Erreichung eines gleichmäßigen Gefüges gehalten wird, wird er, während er noch heiß ist, ohne Abstellung des Ofens dem Zugversuch unterworfen (Warmzerreißversuch[1]). Dieser unterscheidet sich kaum von demjenigen, der mit Probestäben bei gewöhnlicher Temperatur vorgenommen wird. Über 500° C ist jeder Stahl mehr oder weniger bildsam (plastisch) und infolgedessen hängen die je nach der wirksamen Temperatur erhaltenen Ergebnisse in größerem oder geringerem Maße von der Schnelligkeit ab, mit der der Stab gezogen wird. Daß dies tatsächlich der Fall ist, ist schon seit längerer Zeit bekannt. Es ist jedoch weniger bekannt, bis zu welchem Grade sich der Stahl bei verhältnismäßig niedrigen Temperaturen wie eine „viskose" Flüssigkeit verhält, bis Dickenson eine Arbeit über bemerkenswerte Untersuchungen über das „Fließen" von Stählen bei niederer Rotglühhitze veröffentlichte[2].

---

[1] Vgl. Wawrziniok, a. a. O., S. 63.
[2] The Journal of the Iron and Steel Institute 1922 (2), S. 103 und Stahl und Eisen 1923, S. 202.

Mechanische Eigenschaften bei höheren Temperaturen. 125

Dickenson zeigte, daß sich gewöhnliche Stähle und auch Legierungsstähle verschiedener Arten bei Temperaturen von 500°C und mehr „plastisch" streckten und schließlich unter Spannungen brachen, die viel geringer waren als die Werte für die Zugfestigkeit, die aus sorgfältig ausgeführten Zerreißversuchen bei denselben Temperaturen erhalten wurden. So ereignete es sich bei einem weichen Stahl mit 0,3 vH Kohlenstoff, daß er, als er in der gewöhnlichen Weise bei 600°C geprüft wurde, eine Zugfestigkeit von 33 kg/mm² aufwies. Nachdem er aber ununterbrochen während 956 Stunden bei einer Temperatur von 550 bis 600°C beansprucht wurde, brach er bei einer Spannung, die 13,4 kg/mm² entsprach. Auf gleiche Weise zerriß ein Schnelldrehstahl unter derselben Belastung (entsprechend 13,4 kg/mm²) nach 564 Stunden im Bereich von 650 bis 700°C, obgleich ein Zerreißversuch bei 700°C eine Zugfestigkeit von 36 kg/mm² bei dieser Temperatur angezeigt hatte. Ferner streckten sich diese Werkstoffe dauernd unter derselben Belastung bei Temperaturen, die niedriger waren als die oben angegebenen, so daß sie auch zweifellos gebrochen wären. Das bemerkenswerteste Ergebnis war vielleicht das von einer Nickelchromeisenlegierung erhaltene, die entsprechend einer Spannung von 13,4 kg/mm² beansprucht war, während sie sich innerhalb des Bereichs von 600 bis 650°C befand. So ertrug die Legierung die Belastung während 6041 Stunden, obgleich sie sich ununterbrochen vom ersten Tage ab streckte, um dann schließlich am Ende dieser Zeitspanne zu brechen. Der gleiche Werkstoff würde, wenn er in der gewöhnlichen Weise bei 700°C geprüft wird, eine Zugfestigkeit von 43 bis 47 kg/mm² ergeben. Aus der Betrachtung der Werte, die Dickenson erhalten hat, ergibt sich deutlich, daß sich alle Stahllegierungen wie „viskose" Flüssigkeiten bei Temperaturen über 500°C verhalten, und daß daher die von Zerreißproben bei höheren Temperaturen gewonnenen Werte nicht die Spannung darstellen, die der Werkstoff aushält, wenn er während langer Zeitspannen dauernd belastet wird. Gleichzeitig geben solche Zugfestigkeitswerte, wenn sie sorgfältig unter streng vergleichbaren Bedingungen erhalten werden, sicherlich irgendeinen Anhalt über die Lebensdauer der verschiedenen Werkstoffe ab, sofern sie bei diesen Temperaturen beansprucht werden, und sie haben deshalb in dieser Hinsicht eine ganz besondere Bedeutung. Die später angegebenen Werte aus Versuchen mit verschiedenen

Werkstoffen bei hohen Temperaturen müssen in diesem Sinne ausgelegt werden.

Vom Standpunkte des Ingenieurs und Konstrukteurs ist die Festigkeit von Baustoffen innerhalb des Temperaturgebietes, wie es bei der Verwendung von überhitztem Dampf angetroffen wird, von großer Wichtigkeit. Die bereits mitgeteilten Ergebnisse haben gezeigt, daß ein gehärteter rostfreier Stahl dem Anlassen bis zu 500° C widersteht. Er behält seine Festigkeit und Härte sehr gut, wenn er bis zu dieser Temperatur erhitzt wird.

In Abb. 54 sind die Ergebnisse mitgeteilt, die Hatfield von Zerreißproben aus gehärtetem und angelassenem rostfreiem Stahl (A) erhielt, und die bei Temperaturen bis zu 600° C etwa 172 kg/mm² Zugfestigkeit ergaben [1]. Zum Vergleich sind die Ergebnisse von Lea angegeben, die dieser bei zwei Kohlenstoffstählen mit 1 vH (B) bzw. 0,5 vH Kohlenstoff (C) erzielte [2]. Sie waren so behandelt worden, daß sie annähernd dieselbe Härte besaßen wie der rostfreie Stahl. Die Ergebnisse zeigen, daß, während die Zugfestigkeit des hochkohlenstoffhaltigen Stahls auf 109 kg/mm² bei 400°C, auf 63 kg/mm² bei 450° C und auf 50 kg/mm² bei 500° C fällt (der Stahl mit einem Gehalt von 0,5 vH ergab ähnliche Werte), der rostfreie Stahl dagegen fast seine volle Festigkeit bei 400° C behält und bei 500° C eine Zugfestigkeit von 137 kg/mm² ergibt. Aus diesen Ergebnissen folgt, daß solche Maschinenteile, z. B. Ventile, die Temperaturen ausgesetzt sind, wie sie bei überhitztem Dampf vorkommen, sich dann wahrscheinlich viel besser verhalten, wenn sie aus gehärtetem rostfreiem Stahl anstatt aus ge-

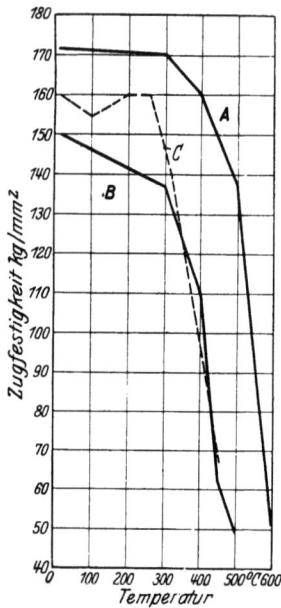

Abb. 54. Zugfestigkeit gehärteter Stähle bei Temperaturen bis zu 600°C. A = rostfreier Stahl, B = gewöhnlicher Stahl mit 1 vH Kohlenstoff und C = gewöhnlicher Stahl mit 0,5 vH Kohlenstoff.

---
[1] Coventry Engineering Society Journal, Juni 1923, S. 126.
[2] Proceedings of the Institution of Mechanical Engineers 1922. Band 2, S. 885.

wöhnlichem Stahl ohne Rücksicht auf Korrosion gefertigt werden.

Gehärteter und vollständig angelassener rostfreier Werkstoff behält auch seine Festigkeit innerhalb desselben Temperaturgebietes hinlänglich bei. Die Abb. 55 und 56 zeigen die Ergebnisse von Untersuchungen, die mit rostfreiem Werkstoff mit verschiedenem Kohlenstoffgehalt ausgeführt wurden, während in Abb. 57 die Werte für die Zugfestigkeit dieser Werkstoffe mit denjenigen einer Anzahl anderer Konstruktionsmetalle zum Zwecke des Vergleichs mit eingetragen sind. Aus diesen Ergebnissen folgt, daß die Zugfestigkeit von rostfreiem Stahl innerhalb des Temperaturgebietes bis zu 500° C eine Gleichheit und Regelmäßigkeit besitzt, die nur wenige andere Erzeugnisse aufweisen, während viele deutlich geringwertiger sind.

Dickenson zeigte ferner, daß die Zugfestigkeiten bei über etwa 500° C, wie sie gewöhnlich bei diesen Temperaturen erreicht werden, keinesfalls die Höchstspannung angeben, die der Werkstoff erträgt, wenn er lange Zeit belastet wird. Werden solche Zerreißversuche auch sorgfältig unter Standardbedingungen ausgeführt, so geben sie sicherlich nur eine bedingte Belehrung

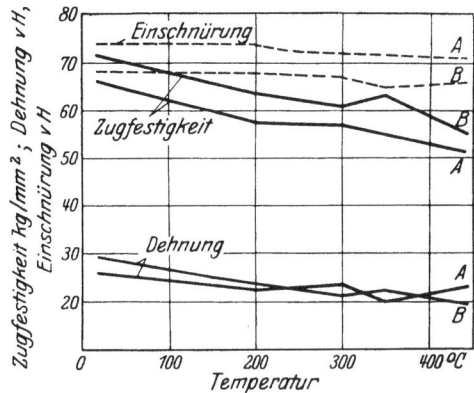

Abb. 55. Zugfestigkeit gehärteter und bis auf etwa 500°C erhitzter weicher rostfreier Stähle. A mit 0,07 vH Kohlenstoff, 11,9 vH Chrom und 0,28 vH Nickel; B mit 0,16 vH Kohlenstoff, 13,0 vH Chrom und 0,31 vH Nickel.

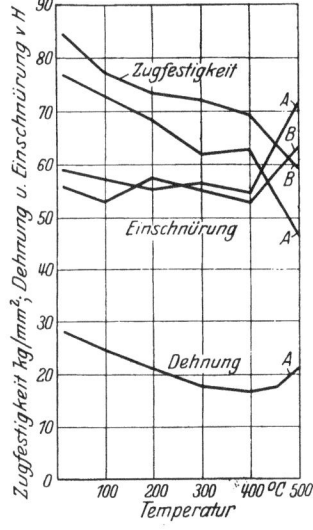

Abb. 56. Zugfestigkeit gehärteter und bis auf 500° C erhitzter rostfreier Stähle. A mit 0,36 vH Kohlenstoff und 11,2 vH Chrom, vorher bei 900° C luftgehärtet, auf 700° C angelassen und abgeschreckt; B mit 0,26 vH Kohlenstoff und 14,7 vH Chrom, vorher bei 925°C ölgehärtet und auf 650°C angelassen.

128   Mechanische und physikalische Eigenschaften rostfreier Stähle.

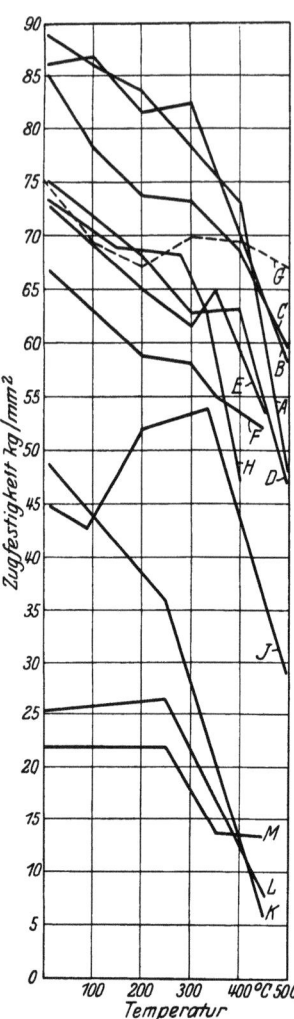

Abb. 57. Zugfestigkeit verschiedener Konstruktionsmetalle bei Temperaturen bis zu 500°C. A = Chromnickelstahl, B = Schnelldrehstahl, $C-E$ = rostfreier Stahl, F = rostfreies Eisen, G = Chromnickellegierung (12 vH Chrom und 65 vH Nickel), H = Monelmetall, J = weicher Stahl, K = Muntzmetall, L = Geschützbronze.

über das Verhalten von Werkstoffen bei stark verlängerter Belastung. Wenn nämlich ein Werkstoff A z. B. bei 700° C eine Zugfestigkeit besitzt, die etwa das doppelte derjenigen ausmacht, die unter gleichen Bedingungen bei einem zweiten Werkstoff B erreicht wurde, dann kann man billigerweise erwarten, daß unter Gebrauchsbedingungen, die bei dieser Temperatur entweder eine dauernde oder aussetzende Belastung über lange Zeitspannen einschließen, der Werkstoff A sich viel langsamer verformen läßt und deshalb eine längere Dienstzeit hat als B. Unter Berücksichtigung dieses Umstandes scheint es also, daß die bei hohen Temperaturen ausgeführten Zerreißversuche einen unterschiedlichen Wert haben. Auch ist es ziemlich klar, daß sie keine besondere Kenntnis über die Höchstspannung vermitteln, die ein bestimmter Werkstoff bei irgendeiner genau bezeichneten Temperatur ertragen wird.

Solche Vergleichsversuche, die Dickenson mit einer Anzahl von Stählen durchführte, ergaben Werte, die in Abb. 58 wiedergegeben sind. Diese lassen erkennen, daß bei diesen hohen Temperaturen die Festigkeit (und also auch die Härte) von rostfreiem Stahl beträchtlich größer ist als diejenige des gewöhnlichen weichen Stahls oder der üblichen Arten der legierten Konstruktionsstähle. Doch ist sie nicht so groß wie diejenige des Schnelldrehstahls oder der hochgradigen Chromnickellegierungen. Durch eine Erhöhung des Kohlenstoffgehaltes des rostfreien Stahls wird demgemäß die Zugfestigkeit bei hohen Temperaturen entsprechend erhöht.

Die Ergebnisse dieser Versuche stimmen in bezug auf die Warmbearbeitung dieser Stähle und Legierungen mit der praktischen Erfahrung überein. Es ist sicherlich schwieriger, den rostfreien Stahl bei den in Abb. 58 angegebenen Temperaturen zu bearbeiten, als den gewöhnlichen Stahl oder den angeführten legierten Konstruktionsstahl. Je höher der Kohlenstoffgehalt ist, desto schwieriger ist auch die Bearbeitung. Anderseits ist er aber viel leichter zu bearbeiten als Schnelldrehstahl oder die hochgradigen Chromnickellegierungen. Ein ähnliches diesbezügliches Verhalten kann auch beobachtet werden, wenn diese verschiedenen Werkstoffe in der Praxis unter Verhältnissen gebraucht werden, die bei hohen Temperaturen eine Formänderung bedingen, wie es z. B. bei den Auspuffventilen von Verbrennungsmaschinen der Fall ist.

Außer der Wirkung hoher Temperaturen auf die Festigkeit oder Härte von Maschinenbaustoffen ist es zu wissen wichtig, in welcher Weise diese hohen Temperaturen die Zähigkeit dieser Stoffe beeinflussen.

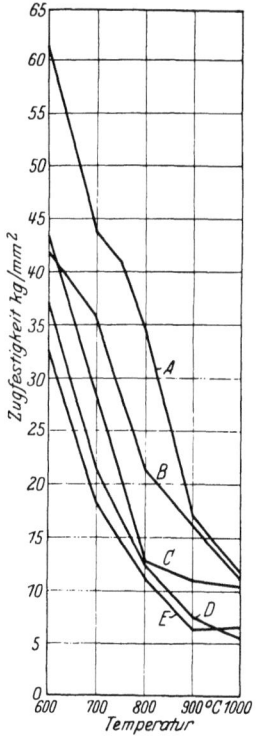

Abb. 58. Zugfestigkeit von Stählen bei hohen Temperaturen. A = Chromnickellegierung (12 vH Chrom und 65 vH Nickel); B = Schnelldrehstahl (14 vH Wolfram); C = rostfreier Stahl (0,26 vH Kohlenstoff und 14,68 vH Chrom); D = Chromnickelstahl (0,25vH Kohlenstoff, 3,63 vH Nickel und 0,55 vH Chrom), E = weicher Stahl (0,3 vH Kohlenstoff). Nach Dickenson.

So ist es genugsam bekannt, daß der gewöhnliche Kohlenstoffstahl ein sprödes Gebiet unter dem Namen „Blaubrüchigkeit" besitzt[1]. Diese Blaubrüchigkeit tritt bei Temperaturen auf, die etwas niedriger als jene sind, bei denen eine schwache Anlauffarbe auftritt, schätzungsweise zwischen 300 und 500° C. Das beste Mittel zur Erkennung dieser Blaubrüchigkeit besteht in der Verwendung irgendeiner Form der Kerbschlagprobe. Bei einer solchen Probe ist es jedoch fast unmöglich, einen Ofen um den Probestab

[1] Vgl. Oberhoffer: Das technische Eisen. a. a. O. S. 280 und 359.

zu bauen, während letzterer zerbrochen wird. Wird jedoch der Stab auf die verlangte Temperatur erhitzt, schnell zur Prüfmaschine (Pendelhammer) gebracht und sofort zerbrochen, so ist der Temperaturverlust zwischen der Herausnahme des Probestabes aus dem Ofen und dem Kerbschlagversuch sehr klein, so daß man die Temperatur des Probestabes im Augenblick des Bruches und die des Ofens als gleich ansehen kann. Bei den oben besprochenen Versuchen hatten die Stäbe einen Querschnitt von 10×10 mm² und den Standardkerb (V-Kerb). Sie wurden jedoch in der Charpymaschine anstatt Izodmaschine zerbrochen, weil der Probestab bei der ersten Maschine schnell in die richtige Lage gebracht und zerbrochen werden kann.

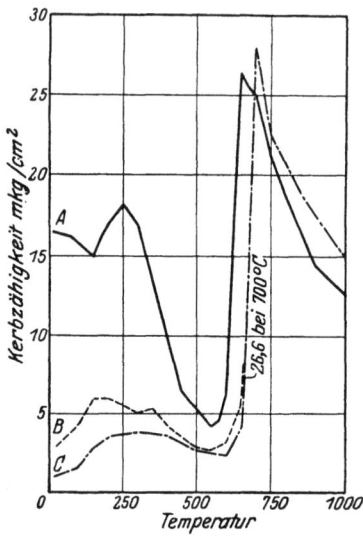

Abb. 59. Kerbzähigkeit gewöhnlicher Stähle (A mit 0,23 vH, B mit 0,47 vH und C mit 0,73 vH Kohlenstoff) bei hohen Temperaturen.

Versuche an gewöhnlichen Kohlenstoffstählen mit verschiedenem Kohlenstoffgehalt zeigen, daß das Gebiet der „Blaubrüchigkeit" durch die Kerbschlagprobe gut angezeigt wird. Dies ist auch aus den Werten dieser Stähle nach Abb. 59 ersichtlich. Die Schaulinien in Abb. 60 sagen an, daß ein ähnliches Brüchigkeitsgebiet bei den verschiedenen im allgemeinen Gebrauch befindlichen legierten Konstruktionsstählen vorkommt. Bei allen diesen Schaulinien wird man bemerken, daß die Kerbzähigkeit bis zu dem Höchstwerte um etwa 700°C scharf ansteigt und dann allmählich abfällt. Bei niedrigeren Temperaturen als jenen, bei denen die höchste Kerbzähigkeit erhalten wird, brechen die Probestäbe schon beim leichten Versuch. Bei dieser Temperatur (700° C) und darüber brechen sie nicht mehr, sondern sie biegen sich nur, und die allmählich fallende Kerbzähigkeit innerhalb des Gebietes von 700 bis 1000° C wird durch das Weicherwerden des Werkstoffes bei ansteigender Temperatur verursacht. Auch ist für das Biegen ein geringerer Kraftaufwand erforderlich. Beim rostfreien

Stahl ist die Beziehung zwischen Zähigkeit und Temperatur ganz verschieden. Die Schaulinien in Abb. 61 enhalten die von rostfreien Stählen mit verschiedenem Kohlenstoffgehalt gewonnenen Ergebnisse. Bei diesen Werkstoffen ist die Kerbzähigkeit bei steigenden Temperaturen viel gleichmäßiger. Es gibt hier kein Gebiet der Blaubrüchigkeit, wie dieses bei den Kohlenstoffstählen oder den legierten Konstruktionsstählen nach Abb. 60 vorkommt.

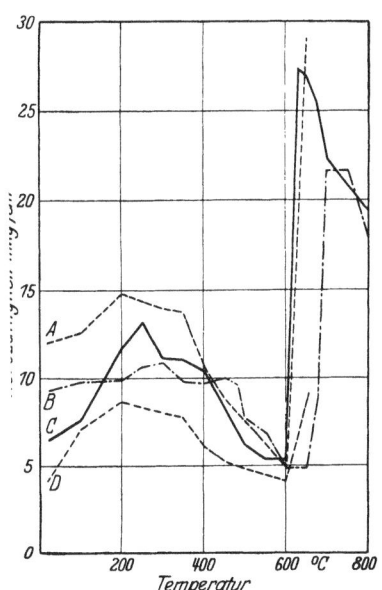

Abb. 60. Kerbzähigkeit verschiedener Konstruktionsstähle bei hohen Temperaturen. A = Nickelstahl (0,32 vH Kohlenstoff und 3,34 vH Nickel; vorher bei 830°C ölgehärtet, auf 650°C angelassen und abgeschreckt); $B = A$, doch vorher nur bei 830°C luftgehärtet); C = Nickelstahl (0,36 vH Kohlenstoff und 4,87 Nickel; vorher bei 830°C ölgehärtet, auf 625°C angelassen und abgeschreckt); D = Chromnickelstahl (0,31 vH Kohlenstoff, 3,5 vH Nickel und 1,58 vH Chrom; vorher bei 830°C luftgehärtet, auf 650°C angelassen und abgeschreckt).

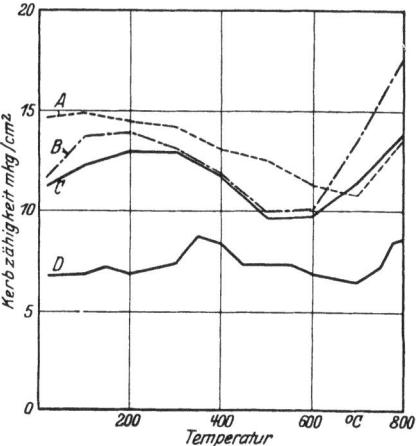

Abb. 61. Kerbzähigkeit verschiedener rostfreier Stähle bei hohen Temperaturen (A mit 0,1 vH Kohlenstoff und 13,6 vH Chrom; B mit 0,15 vH Kohlenstoff und 13,0 vH Chrom; C mit 0,21 vH Kohlenstoff und 13,5 vH Chrom; D mit 0,34 vH Kohlenstoff und 11,2 vH Chrom).

Die Bedeutung dieser Ergebnisse im Hinblick auf die Nutzanwendung von rostfreiem Stahl für bestimmte Bauzwecke ist offensichtlich. Es kommen viele Fälle vor, bei denen Teile von Maschinen oder Motoren bei Temperaturen von 300, 400 oder auch 500° C beansprucht werden. Die Abwesenheit sowohl irgendeines Brüchigkeitsgebietes beim rostfreien Werkstoff bei diesen Temperaturen als auch die Tatsache, daß der Kerbschlagversuch bei hohen Temperaturen empfindlicher ist als bei gewöhnlichen Temperaturen, gibt dem Ingenieur und

Konstrukteur ein bedeutendes Maß von Sicherheit in die Hand, daß dieser Werkstoff innerhalb bestimmter Temperaturgebiete bei Stoßbeanspruchungen voraussichtlich nicht brechen wird, und gleichzeitig werden sie erkennen, daß die Ergebnisse aus den Kerbschlagversuchen bei gewöhnlichen Temperaturen fast die gleichen Werte wie jene darstellen, die man erhalten würde, wenn die Versuche bei höheren Temperaturen ausgeführt werden.

10. Einfluß verschiedener Legierungszusätze auf die physikalischen Eigenschaften von rostfreiem Stahl.

Außer im Chrom- und Kohlenstoffgehalt liegen die häufigsten Abweichungen in der Zusammensetzung des rostfreien Stahls im Silizium- und Nickelgehalt. Der Mangangehalt kann sich auch etwas verändern, doch ist er im allgemeinen stets von gleicher Höhe. Zuweilen sind noch kleine Mengen von Aluminium vorhanden, während das Kupfer als brauchbarer Zusatz vorgeschlagen wurde. Auf den folgenden Seiten soll der Einfluß verschiedener Mengen der genannten Elemente kurz besprochen werden.

a) Silizium. Eine beträchtliche Menge von rostfreiem Werkstoff mit niedrigem Kohlenstoffgehalt und einem Gehalt bis zu 1 vH Silizium, in manchen Fällen sogar bis 2 vH Silizium, ist auf den Markt gebracht worden. Die Gegenwart von Silizium in diesem Werkstoff mit niedrigem Kohlenstoffgehalt ist im Hinblick auf die Schmelzbedingungen des rostfreien Stahls verständlich, die den Gebrauch von Ferrosilizium als Reduktionsmittel verlangen, obschon ein solcher niedrig gekohlter Werkstoff sehr leicht mit einem niedrigen Siliziumgehalt hergestellt werden kann. Für die Anwesenheit von Silizium in höher gekohltem Werkstoff besteht nicht derselbe Grund und sofern es hier überhaupt vorkommt, ist es absichtlich zugefügt worden. Das Vorhandensein von Silizium in nennenswerten Mengen macht sich insofern bemerkbar, als sowohl der Haltepunkt des Stahls sehr wesentlich gehoben als auch die Lufthärtungsfähigkeit des Stahls bis zu einem gewissen Grade vermindert wird. Der Einfluß auf die Temperatur, bei der der Ac_1-Punkt auftritt, wird etwa durch die folgenden Zahlen ausgedrückt:

| Siliziumgehalt | 0,17 vH | 1,85 vH | 3,50 vH |
| Temperatur des Ac_1-Punktes | 805° C | 885° C | 975 C |

Die Lage des Haltepunktes wird auch durch den Chromgehalt beeinflußt und natürlich durch die Menge des vorhandenen Kohlenstoffs. Um daher in hochsilizierten Stählen dieselbe Härtungswirkung und auch dieselbe Löslichkeit und Ausbreitung (Diffusion) des Karbids zu erzielen, wird im Hinblick auf eine sehr wichtige Tatsache vom Standpunkte der Korrosion eine viel höhere Temperatur für die Härtung verlangt, als bei Stählen mit niedrigem Siliziumgehalt. Dies ist daher immerhin ein wichtiger Punkt bei der praktischen Behandlung dieses Stahls.

Der Einfluß des Siliziums auf die mechanischen Eigenschaften des rostfreien Stahls macht sich in zwei Richtungen bemerkbar. Zunächst verlangsamt das Silizium das Anlassen des Stahls, so daß er, wenn er gehärtet und dann auf etwa 700° C angelassen wird, etwas härter ist als ein sonst gleicher rostfreier Stahl mit wenig Silizium. Sodann neigt unter den gleichen Bedingungen des Härtens und Anlassens das Silizium dazu, die Zähigkeit des Werkstoffes oft bedeutend zu vermindern. Diese Wirkungen des Siliziums sind durch die folgenden im Laboratorium des Woolwich Arsenals erhaltenen Versuchsergebnisse gut verbildlicht[1].

Bei diesen Untersuchungen wurden zwei Stahlarten mit niederem und hohem Kohlenstoffgehalt und den folgenden Silizium- und Chromgehalten erprobt:

Stahl	Kohlenstoff vH	Silizium vH	Chrom vH
A	0,15	0,11	13,5
B	0,17	1,35	13,9
C	0,31	0,31	14,2
D	0,35	1,43	14,7

Es wurden zwei Versuchsreihen aufgestellt. Bei der ersten Reihe (I) wurden die Stangen bei 950° C ölgehärtet und alsdann auf verschiedene Temperaturen angelassen. Da jedoch die hochsilizierten Stähle bei 950° C nicht genügend gehärtet waren, wurde eine weitere Reihe (II) von Proben bei 1000° C ölgehärtet und dann auf dieselben Temperaturen wie vorher angelassen. Die bei diesen Probereihen erhaltenen Ergebnisse sind in den

---

[1] Abram: Chemical and Metallurgical Engineering 1924 (30), S. 430.

Zahlentafeln 20 (Proben bei 950° C ölgehärtet) und 21 (Proben bei 1000° C ölgehärtet) niedergelegt.

Zahlentafel 20. Einfluß des Siliziums auf die mechanischen Eigenschaften von rostfreien Stählen.

Stahl	Kohlenstoff vH	Silizium vH	Anlaßtemperatur °C	Streckgrenze kg/mm²	Zugfestigkeit kg/mm²	Dehnung vH	Einschnürung vH	Brinellhärte	Kerbzähigkeit mkg/cm²
A	0,15	0,11	600	79,6	94,3	21,0	63,0	285	3,7
			650	62,2	77,8	24,0	66,0	233	5,4
			700	51,0	68,6	28,0	69,0	206	14,8
B	0,17	1,35	600	47,6	72,8	27,0	62,0	229	1,2
			650	47,3	70,1	27,0	64,0	222	1,8
			700	43,3	66,5	32,0	67,0	210	1,9
C	0,31	0,31	600	85,1	103,0	18,0	55,0	305	4,1
			650	67,7	87,5	23,0	60,0	262	5,3
			750	55,1	76,7	28,0	67,0	228	8,7
D	0,35	1,43	600	77,2	98,8	19,0	54,0	296	1,8
			650	70,1	92,6	22,0	55,0	234	2,4
			700	60,7	84,6	27,0	59,0	249	3,2

Die erste Versuchsreihe zeigt sehr deutlich den brüchigmachenden Einfluß des Siliziums, zeigt aber auch nicht so gut die Härtungswirkung, weil die rostfreien Stähle mit hohem Siliziumgehalt und besonders diejenigen mit niedrigerem Kohlenstoffgehalt nicht durch und durch gehärtet waren. Die Reihe II (Zahlentafel 21) zeigt jedoch diese Härtungswirkung sehr gut.

Zahlentafel 21. Einfluß des Siliziums auf die mechanischen Eigenschaften von rostfreien Stählen.

Stahl	Kohlenstoff vH	Silizium vH	Anlaßtemperatur °C	Streckgrenze kg/mm²	Zugfestigkeit kg/mm²	Dehnung vH	Einschnürung vH	Brinellhärte
A	0,15	0,11	600	74,0	89,8	22,0	63,0	317
			650	63,0	78,8	25,0	65,0	280
			700	51,2	69,0	29,0	67,0	244
B	0,17	1,35	600	70,1	90,7	22,0	57,0	276
			650	62,9	84,4	24,0	60,0	259
			700	55,8	78,5	27,0	61,0	238
C	0,31	0,31	600	85,1	106,6	19,0	50,0	317
			650	70,9	93,6	23,0	56,0	280
			700	58,3	82,2	26,0	62,0	244
D	0,35	1,43	600	86,6	109,8	19,0	50,0	326
			650	78,8	102,6	21,0	53,0	301
			700	67,0	91,7	24,0	57,0	270

Von diesen vier Stählen wurden auch die Werte für den Elastizitätsmodul ermittelt. Hiernach hat das Silizium keinen merkbaren Einfluß auf die „Elastizität" des Stahls. Die Mittelwerte des Elastizitätsmoduls von jedem Stahl nach dem Härten und Anlassen sind in Zahlentafel 22 enthalten.

Zahlentafel 22. Einfluß des Siliziums auf den Elastizitätsmodul von rostfreien Stählen.

Stahl	Kohlenstoff vH	Silizium vH	Chrom vH	Reihe I Bei 950 °C ölgehärtet und angelassen kg/cm²	Reihe II bei 1000 °C ölgehärtet und angelassen kg/cm²
A	0,15	0,11	13,5	2 205 000	2 163 000
B	0,17	1,35	13,9	2 065 000	2 072 000
C	0,31	0,31	14,2	2 254 000	2 240 000
D	0,35	1,43	14,7	2 268 000	2 212 000

Trotzdem durch die Anwesenheit von etwa 1 vH Silizium zweifellos eine große Neigung zur Erniedrigung der Zähigkeit des rostfreien Werkstoffes besteht, kann man beobachten, daß diese Zähigkeitsverminderung nicht immer eintritt, wenn der Kohlenstoffgehalt niedrig ist (z.B. um etwa 0,1 vH). Manche Gußstücke aus einem Werkstoff mit einer solchen Menge Silizium ergaben sehr hohe Kerbzähigkeiten, während andere Gußstücke von derselben Zusammensetzung niedrige Werte aufweisen. Die Ursache dieser Schwankungen ist noch nicht geklärt, obwohl diese Stähle sicherlich unter gleichen Bedingungen hergestellt worden waren. Diese Verschiedenheit kann durch folgende Versuche dargetan werden.

Zahlentafel 23. Festigkeitseigenschaften von siliziumhaltigen Gußstücken aus rostfreiem Eisen nach dem Härten und Anlassen.

Gußstück	Kohlenstoff vH	Silizium vH	Chrom vH	Streckgrenze kg/mm²	Zugfestigkeit kg/mm²	Dehnung vH	Einschnürung vH	Kerbzähigkeit mkg/cm²
R 1005	0,11	0,89	12,5	47,9	69,3	25,0	52,2	9,7
R 1008	0,09	0,77	12,0	55,4	67,1	30,0	67,8	14,4
R 1010	0,09	1,06	12,4	47,3	63,0	30,0	59,3	11,6
R 1012	0,12	1,08	12,1	48,8	67,5	30,5	60,4	9,3
R 1014	0,14	1,08	12,2	47,3	68,6	33,0	64,8	3,7

136   Mechanische und physikalische Eigenschaften rostfreier Stähle.

die an einer Reihe von Gußstücken vorgenommen wurden, die im Laufe einer Woche in einem elektrischen Ofen mit einem Fassungsvermögen von etwa 7000 kg erzeugt wurden. Die geprüften Stangen hatten einen Durchmesser von 25 mm, wurden in Öl bei 950 bis 975° C gehärtet und dann auf 700° C angelassen (Zahlentafel 23).

Die ersten vier Gußstücke waren verhältnismäßig zäh, obschon ihr genauer Zähigkeitswert schwankte. Das fünfte unter

Abb. 62. Rostfreies Eisen mit 1,06 vH Silizium nach Ölhärtung bei 1100°C. Gestreckter freier Ferrit.   × 100.

anscheinend denselben Bedingungen hergestellte Gußstück ergab eine viel geringere Kerbzähigkeit.

Im Hinblick auf das Kleingefüge hat das in merklicher Menge bei dem Werkstoff mit niedrigem Kohlenstoffgehalt vorhandene Silizium das Bestreben, die Lösung des freien Ferrits zu verlangsamen, während dieser sich, auch wenn eine genügend hohe Temperatur erreicht wird, um den Ferrit zu lösen, bei der Abkühlung doch wieder absondert. Eine solche Trennung geht vor sich, selbst wenn der Werkstoff in Form von kleinen Probestücken abgeschreckt wird. Dieser Einfluß kann durch Abb. 62 erklärt werden, die das

Gefüge eines Werkstoffes mit 0,09 vH Kohlenstoff, 1,06 vH Silizium, 0,29 vH Mangan, 12,4 vH Chrom und 0,4 vH Nickel zeigt. Dieser wurde in Form einer Stange von 25 mm Durchmesser von 1100° C in Öl abgeschreckt. Die Menge des freien Ferrits wurde auch nicht bei einem Verweilen der Stange während vier Stunden bei dieser Temperatur (vor der Abschreckung) verringert. Ein Erzeugnis mit niedrigem Siliziumgehalt, doch von der gleichen Zusammensetzung, würde nach einer solchen Behandlung ziemlich frei von Ferrit sein. Der freie Ferrit in einem solchen rostfreien Eisen mit hohem Siliziumgehalt bildet auch leicht sehr große Körner und erzeugt hierdurch einen sehr hohen Grad von Sprödigkeit.

Von verschiedenen Gesichtspunkten aus werden die Eigenschaften, die beim rostfreien Stahl mit niedrigem Kohlenstoffgehalt durch das Vorhandensein von etwa 1 vH Silizium auftreten, sehr wertvoll sein. Trotzdem das rostfreie Eisen lange nicht in dem Maße lufthärtet wie der Stahl mit höherem Kohlenstoffgehalt, so härtet es doch in einem gewissen Grade, und die Verminderung dieser begrenzten Fähigkeit zur Lufthärtung infolge der Anwesenheit des Siliziums kann für bestimmte Zwecke von Wert sein. Dagegen ist der Einfluß des Siliziums in bezug auf die Erhöhung der Temperatur, bei der die Ac_1-Umwandlung beginnt, wirtschaftlich von Nutzen, weil er den Anlaßbereich des Stahls erweitert, ein Umstand, der sicherlich dort von Bedeutung ist, wo die Herstellung von „weichem" Werkstoff die Hauptsache ist. Leider werden jedoch diese guten Eigenschaften durch die Geneigtheit, Sprödigkeit zu erzeugen, aufgehoben, so daß in den Fällen, in denen ein zäher, dehnbarer Gegenstand von Wichtigkeit ist, die Anwesenheit von Silizium gefährlich werden kann.

Die Gegenwart von Silizium im rostfreien Stahl scheint auch die besondere Wirkung zu haben, daß es den Ac_1-Punkt in den thermischen Schaulinien (Haltepunktslinien) undeutlicher macht, auch dann, wenn der Stahl einen hohen Betrag an Kohlenstoff aufweist. Dies ist in den Schaulinien in Abb. 63 zu erkennen, die sich auf einen Stahl mit etwa 1 vH Kohlenstoff beziehen. Wenn auch diese Bemerkung mehr theoretischen Wert besitzt, so ist sie doch insofern auch von praktischer Wichtigkeit, als die Bestimmung des Ac_1-Punktes bei rostfreien Stählen mit hohem

Siliziumgehalt durch die Aufnahme der üblichen thermischen Schaulinien schwieriger ist als bei Stählen mit niedrigem Siliziumgehalt.

Bei noch höheren Siliziumgehalten wird der Einfluß dieses Elementes auf die Kerbzähigkeit sehr ausgeprägt, und man braucht außerdem sehr hohe Temperaturen, um eine Härtungswirkung bei diesem Stahl zu erzielen, wenn noch besonders der Chromgehalt hoch ist. Die folgenden Werte wurden von einer Stange von 12,5 mm Durchmesser erhalten, die die oben beschriebenen Eigenschaften unterstreichen. Alle Proben hatten einen grobkristallinischen Bruch.

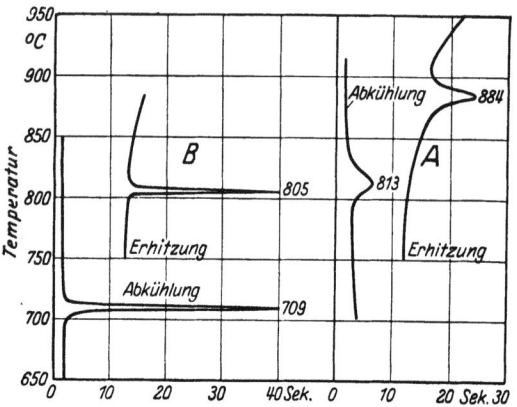

Abb. 63. Einfluß eines hohen Siliziumgehaltes auf den Verlauf der Haltepunktslinien (A = Stahl mit 0,96 vH Kohlenstoff, 1,86 vH Silizium und 13,7 vH Chrom; B = Stahl mit 0,96 vH Kohlenstoff, 0,17 vH Silizium und 13,1 vH Chrom).

Auch Oertel und Würth bestätigen, daß alle rostfreien

Zahlentafel 24. Härte und Zähigkeit von Chromstählen mit hohem Siliziumgehalt.

Kohlenstoff vH	Silizium vH	Chrom vH	Behandlung	Brinellhärte		Kerbzähigkeit mkg/cm²
				nach dem Härten	nach dem Anlassen	
0,15	3,5	8,7	wassergehärtet 950° C, angelassen 700° C	228	228	0,6
			„ 1050° C, „ 700° C	364	282	0,6
			luftgehärtet 1050° C, „ 650° C	241	235	0,5
0,22	3,3	14,9	wassergehärtet 950° C, „ 700° C	228	228	0,4
			„ 1050° C, „ 700° C	235	228	0,3

Chromstähle mit mehr als 3 vH Silizium sehr spröde sind und durch Wärmebehandlung leicht grobkörnig werden. Dagegen besitzen weiche Stähle mit etwa 1 vH Silizium eine gute Tief-

Einfluß verschiedener Legierungszusätze. 139

ziehfähigkeit, wodurch sie zur Herstellung von Gefäßen aller Art sehr geeignet sind. Ein Gehalt von mehr als 1 vH Silizium verschlechtert wieder die Formänderungsfähigkeit (vgl. S. 240)[1].

b) **Nickel.** Die meisten rostfreien Stähle enthalten kleine Mengen Nickel, im allgemeinen weniger als 1 vH. Gewöhnlich wird Nickel nicht absichtlich zugefügt, sondern er stammt aus den bei der Stahlerzeugung verwendeten Rohstoffen.

In mancher Beziehung ist die Wirkung des Nickels derjenigen des Siliziums entgegengesetzt. Während dieses die Temperatur der kritischen Punkte erhöht, erniedrigt sie das Nickel in ziemlich beträchtlichem Maße, wenn es in merklichen Mengen vorhanden ist. Gleichzeitig erhöht es aber auch wesentlich die Lufthärtungsfähigkeit des Stahls. Ähnlich wie das Silizium verzögert das Nickel auch das Anlassen des Stahls. Der Einfluß des Nickels auf das Härten und Anlassen von rostfreiem Stahl kann durch die Schaulinien in Abb. 64 belegt werden. Diese

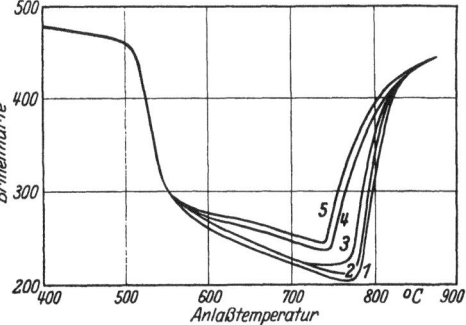

Abb. 64. Einfluß des Nickels auf das Härten und Anlassen von rostfreiem Stahl. Stahl 1 mit 0,34 vH Kohlenstoff, 11,3 vH Chrom und 0,26 vH Nickel; Stahl 2 mit 0,38 vH Kohlenstoff, 11,0 vH Chrom und 0,60 vH Nickel; Stahl 3 mit 0,33 vH Kohlenstoff, 11,0 vH Chrom und 0,98 vH Nickel; Stahl 4 mit 0,41 vH Kohlenstoff, 11,2 vH Chrom und 1,25 vH Nickel; Stahl 5 mit 0,38 vH Kohlenstoff, 11,1 vH Chrom und 1,60 vH Nickel.

geben die Brinellhärten von fünf rostfreien Stählen wieder, bei denen der Nickelgehalt zwischen 0,26 und 1,60 vH schwankt, während die übrige Zusammensetzung fast gleich ist. Die Proben wurden zuerst bei 900°C ölgehärtet und dann auf allmählich steigende Temperaturen angelassen. Sie wurden von jeder Anlaßhitze in Wasser abgeschreckt und jedesmal brinelliert. Die Ergebnisse zeigen, daß das Nickel keinen wesentlichen Einfluß auf die Härte des Stahls nach einer Härtung bei 900°C oder einem späteren Anlassen bis auf 500°C hat. Oberhalb

---

[1] Oertel und Würth: Über den Einfluß des Molybdäns und Siliziums auf die Eigenschaften eines nichtrostenden Stahls. Stahl und Eisen 1927, S. 742.

dieser Anlaßtemperatur jedoch bremst das Nickel das Anlassen erheblich und verursacht hierdurch, daß die rostfreien Stähle mit hohem Nickelgehalt nach dem Anlassen auf eine bestimmte Temperatur viel härter sind als jene mit niedrigerem Nickelgehalt. Außerdem ist infolge des Einflusses des Nickels hinsichtlich der Erniedrigung der Temperatur, bei der der Ac_1-Punkt erscheint, das Anlaßgebiet der rostfreien Stähle mit hohem Nickelgehalt erheblich beschränkt. Durch diese Behinderung in der Verwendung der höchsten Anlaßtemperaturen bei einem Stahl mit niedrigem Nickelgehalt vergrößert dieser auch den Unterschied zwischen der höchsten Weichheit, die beim Anlassen von rostfreien Stählen mit niedrigem und hohem Nickelgehalt erzielt werden kann. Diese Tatsache kann wohl aufs treffendste durch einen Vergleich der Ergebnisse der Stähle 2 und 5 in Abb. 64 bestätigt werden. Mit Ausnahme des Nickelgehaltes sind diese beiden Stähle in der Zusammensetzung fast völlig gleich. Der erstere mit 0,6 vH Nickel ergab nach dem Anlassen auf 750 bis 775° C eine Brinellhärte von 215, die in einer Zugfestigkeit von etwa 72 bis 74 kg/mm² entspricht. Andererseits erreichte der Stahl 5 mit 1,6 vH Nickel seine höchste Weichheit bei 720 bis 740° C mit einer Brinellhärte von 244, die gleich einer Zugfestigkeit von etwa 84 kg/mm² ist. Das Anlassen der beiden Stähle auf 700° C ergab Härtezahlen von 228 bzw. 255 gleich einer entsprechenden Zugfestigkeit von etwa 79 und 87 kg/mm².

Der Einfluß des Nickels auf die stärkere Ausprägung der Lufthärtungsfähigkeit des rostfreien Stahls kann vielleicht durch die Ergebnisse von Versuchen bewiesen werden, die zu dem Zwecke ausgeführt wurden, um die notwendigen Bedingungen für das Ausglühen der rostfreien Stähle mit hohem Nickelgehalt zu finden, mit anderen Worten, um die höchste Abkühlungsgeschwindigkeit festzustellen, die eine Härtung des Stahls verhütet. Proben der Stähle 1 und 5 nach Abb. 64 wurden auf 900° C erhitzt und nach halbstündigem Verweilen bei dieser Temperatur in Öfen mit 700, 650 oder 600° C übergeführt. (Die Proben wurden, ehe diese Überführung geschah, annähernd auf die Temperatur des zweiten Ofens luftabgekühlt.) Bei diesen Temperaturen verblieben sie verschieden lange und wurden alsdann in Wasser abgeschreckt und brinelliert. Dieses Behandlungsverfahren entspricht demjenigen, das auf S. 76 für das Ausglühen des Stahls vorgeschlagen

Einfluß verschiedener Legierungszusätze. 141

wurde. Ähnliche Versuchsreihen wurden auch bei Verwendung einer Anfangstemperatur von 1060° C durchgeführt. Die erhaltenen Ergebnisse sind in Zahlentafel 25 wiedergegeben.

Zahlentafel 25. Härte von rostfreien Stählen mit niedrigem Nickelgehalt nach verschiedener Behandlung.

Anfangs-temperatur °C	Stahl	Nickel vH	Dauer des Aufenthaltes der Proben im 2. Ofen Stunden	Temperatur des 2. Ofens		
				700° C	650° C	600° C
				Brinellhärte		
900	1	0,26	½	183	228	228
			1	179	228	228
			2	179	228	228
900	5	1,60	½	444	340	340
			1	387	255	269
			2	332	228	228
1060	1	0,26	1	196	217	217
			2	192	217	217
			4	192	212	217
			8	183	202	217
1060	5	1,60	1	578	321	269
			2	495	277	255
			4	460	241	217
			8	351	223	217

Diese Ergebnisse zeigen, daß, während der rostfreie Stahl mit niedrigem Nickelgehalt bei jedem Versuch leicht ausglüht, derjenige mit hohem Nickelgehalt ein längeres Verbleiben zur Ausglühung braucht. Auch zeigen ferner die Ergebnisse, daß der Ac_1-Punkt bei dem Werkstoff mit hohem Nickelgehalt wahrscheinlich bei einer etwas niedrigeren Temperatur als 700° C selbst bei sehr langsamer Abkühlung auftritt.

Mit wachsendem Gehalt an Nickel tritt die Umsetzung des Austenits in Perlit mit noch größerer Schwierigkeit ein und solche Stähle verlangen zur Ausglühung eine sehr geringe Abkühlungsgeschwindigkeit. So wurden Stähle mit 0,39 vH Kohlenstoff, 10,5 vH Chrom und 2,24 vH Nickel jeweils auf 900 und 1060 ° C erhitzt, in einen zweiten Ofen gebracht, hier bei 600 bis 650° C gehalten und nach verschieden langem Aufenthalt in Wasser abgeschreckt. Sie ergaben dann die folgenden Brinellhärten:

Verweilen bei 600/650° C	Anfangstemperatur	
	900° C	1060° C
	Brinellhärte	
1 Stunde und wasserabgeschreckt	477	555
2 Stunden „ „	402	477
4 „ „ „	290	340
8 „ „ „	—	290
24 „ „ „	248	269
72 „ „ „	241	241

Die 72 Stunden im Ofen verbliebenen Proben enthielten nach der Abschreckung noch eine kleine Menge Martensit. Außer der Härtungswirkung, die bei allen voll angelassenen Stählen beobachtet werden kann, scheint das Vorhandensein von Nickel bis zu etwa 2 vH keinen merkbaren Einfluß auf die mechanischen Eigenschaften des Stahls auszuüben, wenigstens nicht bei einem solchen Werkstoff mit dem unten angegebenen Kohlenstoffgehalt. So wurden die Versuche in Zahlentafel 26 an Stangen mit einem Durchmesser von 32 mm ausgeführt. Ein Vergleich der Ergebnisse der beiden Stähle zeigt, daß der Werkstoff mit hohem Nickelgehalt Eigenschaften besitzt, die denjenigen eines wenig Nickel enthaltenden rostfreien Stahls ähnlich sind, wenn beide Stähle so angelassen werden, daß sie dieselbe Zugfestigkeit ergeben.

Zahlentafel 26. Einfluß von Nickel auf die mechanischen Eigenschaften von rostfreiem Chromstahl.

Stahl	Kohlenstoff vH	Silizium vH	Mangan vH	Chrom vH	Nickel vH
A	0,39	0,08	0,10	10,0	0,42
B	0,39	0,12	0,32	10,5	2,24

Stahl	Behandlung			Streckgrenze kg/mm²	Zugfestigkeit kg/mm²	Dehnung vH	Einschnürung vH	Brinellhärte	Kerbzähigkeit mkg/cm²
A	ölgehärtet	900° C, angelassen	600° C	77,2	101,1	15,0	45,9	302	2,8
	„	900° C, „	650° C	62,3	87,9	18,5	54,6	262	3,6
	„	900° C, „	700° C	49,1	78,1	24,5	58,6	235	9,8
B	„	900° C, „	600° C	83,8	98,8	17,0	48,5	293	2,4
	„	900° C, „	650° C	73,1	93,0	20,0	52,2	277	3,9
	„	900° C, „	700° C	71,2	92,0	21,0	51,0	269	4,6

Einfluß verschiedener Legierungszusätze. 143

Der vorstehend genannte rostfreie Stahl mit hohem Nickelgehalt (sowie der gleichlautende Stahl mit niedrigem Nickelgehalt) ergab in Form einer dünnen Scheibe bei der Wasserabschreckung von 1200 °C eine Brinellhärte von 555 bis 600, d. h. er blieb vollständig martensitisch. Enthält der Stahl jedoch eine etwas größere Menge Nickel, so wird bei der Abschreckung von diesen hohen Temperaturen (1100 oder 1200° C) Austenit erzeugt, trotzdem noch Martensit bei der Abschreckung von niedrigeren Temperaturen als diesen gebildet wird. Solche Stähle verhalten sich daher in gleicher Weise wie die auf S. 52 beschriebenen austenitischen nickelfreien Chromstähle. Bei noch größeren Mengen an Nickel wird die zur Bildung von Austenit führende Temperatur erniedrigt, während sich die Härte bei der Abschreckung von der Temperaturstufe, bei der sich Martensit ergibt, vermindert. Schließlich wird der Stahl bei genügendem Nickelgehalt vollständig austenitisch. Die Menge des zur Erzeugung der verschiedenen Grade des Austenits verlangten Nickels schwankt mit der Menge des im Stahl vorhandenen Chroms. In

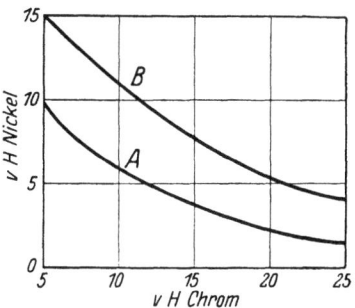

Abb. 65. Einfluß des Nickelgehaltes auf die Erzeugung von Austenit in Stählen mit hohem Chromgehalt. Nach Strauß und Maurer.

Abb. 65 wird diese verlangte Menge gezeigt, in der die Schaulinie A den Nickelgehalt angibt, der nötig ist, um Austenit bei der Abschreckung von hohen Temperaturen zu ergeben, während ein vollständig austenitischer Stahl erhalten wird, wenn der Nickelgehalt den Stand erreicht, den Schaulinie B andeutet[1]. Monypenny glaubt jedoch festgestellt zu haben, daß Austenit bei der Abschreckung von hohen Temperaturen in Stählen gebildet wird, die deutlich weniger Nickel enthalten, als es durch die Schaulinie A in Abb. 65 angegeben wird.

Die allmähliche Änderung der Eigenschaften des rostfreien Stahls mit dem Steigen des Nickelgehaltes wird durch die Brinellhärten gut dargestellt, die bei der Abschreckung kleiner Stahlstücke von aufeinanderfolgenden höheren Temperaturen erhalten werden.

---
[1] Strauß und Maurer: Die hochlegierten Chromnickelstähle als nichtrostende Stähle. Kruppsche Monatshefte 1920, S. 129.

144 Mechanische und physikalische Eigenschaften rostfreier Stähle.

Die auf diese Weise von Stählen mit folgender Zusammensetzung erzielten Ergebnisse sind in den Abb. 66 und 67 angegeben. Die ausgezogenen Schaulinien deuten die Ergebnisse an, die bei der Wiedererhitzung von Stählen gewonnen wurden, die vorher durch Abschreckung von 950° C gehärtet worden waren. Sie zeigen ferner, daß sich die Stähle in diesem Zustande in gleicher Weise verhalten wie jene mit niedrigerem Nickelgehalt. Nach dem Schaubild von Strauß und Maurer in Abb. 65 sollte der Stahl A nicht austenitisch werden, während der Stahl B hart an der Grenzzusammensetzung liegt. Es wurde jedoch Austenit bei der Abschreckung beider Stähle von hohen Temperaturen gebildet und die punktierten Linien der Abb. 66 und 67 zeigen auch, daß sich diese austenitischen Stähle beim Anlassen in derselben Weise härteten wie die vorher beschriebenen austenitischen Chromstähle. Aus den Schaubildern geht weiter hervor, daß der Austenit bei wachsendem Nickelgehalt beständiger (stabiler) und zu seiner Zertrümmerung eine höhere Temperatur verlangt wird. Dies wird auch durch die Schaulinie A in Abb. 68 festgelegt, auf der

	A vH	B vH
Kohlenstoff	0,45	0,28
Chrom........	13,10	14,20
Nickel........	2,54	4,96

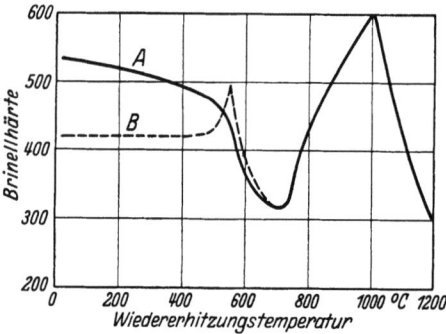

Abb. 66. Beziehung zwischen Brinellhärte und Wiedererhitzungstemperatur eines Stahls mit 0,45 vH Kohlenstoff, 13,1 vH Chrom und 2,54 vH Nickel. Stahl A vorher bei 950° C, Stahl B bei 1000° C wassergehärtet.

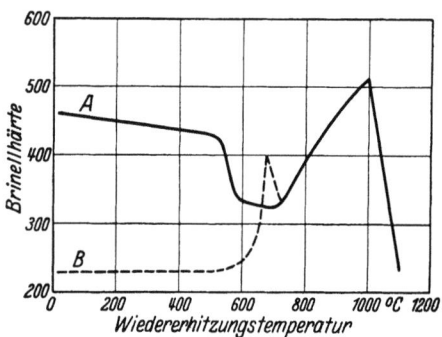

Abb. 67. Beziehung zwischen Brinellhärte und Wiedererhitzungstemperatur eines Stahls mit 0,28 vH Kohlenstoff, 14,2 vH Chrom und 4,96 vH Nickel. Stahl A vorher bei 950° C, Stahl B bei 1100° C wassergehärtet.

die Ergebnisse eines gleichen Versuchs mit Stählen mit 0,16 vH Kohlenstoff, 13,7 vH Chrom und 7,85 vH Nickel aufgetragen sind und die vorher durch Abschreckung von 1100 °C austenitisch gemacht worden waren. In diesem Falle wird der Austenit nicht zerstört, bis eine Temperatur von etwa 750° C erreicht wird, und es gibt keine „Anlaßstufe" des so erzeugten Martensits, wie bei den in den Abb. 66 und 67 gekennzeichneten Stählen. Außerdem erhöht sich etwas die Härte, die sich nach Wiedererhitzung des Stahls innerhalb des Gebietes von 850 bis 900° C und Abkühlung von diesem gebildet hat, mit der Zeit des Verbleibs in diesem

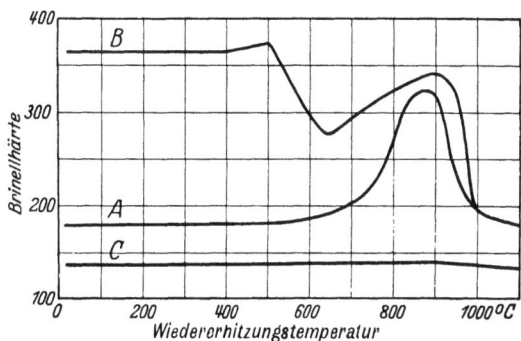

Abb. 68. Beziehung zwischen Brinellhärte und Wiedererhitzungstemperatur von Chromnickelstählen: Stahl A mit 0,16 vH Kohlenstoff, 13,7 vH Chrom und 7,85 vH Nickel, vorher von 1100°C wasserabgeschreckt; Stahl B mit 0,16 vH Kohlenstoff, 13,7 vH Chrom und 7,85 vH Nickel, vorher verblieben bei 850 bis 900°C; Stahl C mit 0,1 vH Kohlenstoff, 15,2 vH Chrom und 11,4 vH Nickel, vorher von 1000°C abgeschreckt.

Gebiet. Wird ein solcher gehärteter Werkstoff nachher angelassen, so erhält man Ergebnisse gleich denjenigen nach Schaulinie B in Abb. 68. In diesem Falle wurden die Stähle in dem Gebiet zwischen 850 und 900° C längere Zeit belassen und sie hatten nach der Abkühlung eine Brinellhärte von 344. Bei nachfolgender Wiedererhitzung zeigten sie eine Anlaßwirkung gleich derjenigen von martensitischen Stählen mit geringerem Nickelgehalt, wie es in Schaulinie B angedeutet ist. Es ist auch die Bemerkung wichtig, daß die höchste Anlaßwirkung in der Nähe von 650° C erhalten wurde und der angelassene Stahl bei einer niedrigeren Temperatur als derjenigen, die dem austenitischen Zustande entspricht, wieder zu härten begann und auch eine größere Härte erreichte.

Stähle mit einem noch höheren Nickelgehalt bleiben nach der Wiedererhitzung auf irgendeine Temperatur vollständig

146   Mechanische und physikalische Eigenschaften rostfreier Stähle.

austenitisch. So gibt die Schaulinie C in Abb. 68 die Brinellhärten an, die von einem Stahl mit 0,10 vH Kohlenstoff, 15,2 vH Chrom und 11,4 vH Nickel nach Abschreckung von den angegebenen Temperaturen erhalten wurden. Eine weitere Auskunft über diese austenitischen Stähle, die einige sehr wertvolle Eigenschaften besitzen, wird im Abschnitt VII gegeben.

c) **Mangan.** Die Menge dieses im rostfreien Stahl vorkommenden Elementes schwankt gewöhnlich nicht viel. Es wurden jedoch Versuche mit zwei verschiedenen Stählen von nachstehender Zusammensetzung ausgeführt.

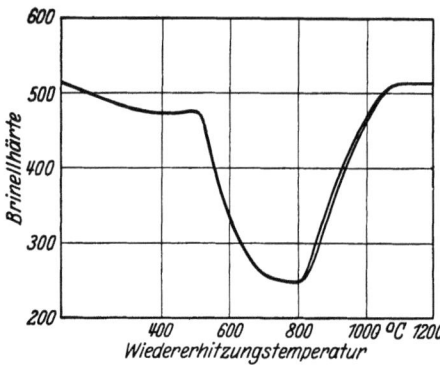

Abb. 69. Einfluß des Mangans auf das Härten und Anlassen von rostfreiem Stahl.

Es sollte festgestellt werden, welchen Einfluß das Mangan auf das Härten und Anlassen von rostfreiem Stahl hat. Leider enthielten die Stähle mehr Silizium als erwünscht war, doch wurde es hierdurch ermöglicht, auch dem Vorhandensein des Siliziums bei der Ermittlung dieses Einflusses Rechnung zu tragen.

Kleine Proben der beiden Stähle wurden gehärtet und dann auf allmählich steigende Temperaturen angelassen. Sie wurden von jeder Anlaßhitze in Wasser abgeschreckt und alsdann brinelliert. Die Ergebnisse sind in Abb. 69 zusammengestellt. Behält man den Einfluß von 1 vH Silizium im Hinblick auf die Erhöhung der Temperatur des Ac_1-Punktes um etwa 50° C im Auge, so könnte es scheinen, daß ein Mangangehalt bis zu 2 vH keinen großen Einfluß auf die Lage des Haltepunktes bei der Erhitzung hat, noch daß er in beträchtlichem Maße das Anlassen der gehärteten Stähle ändert. In dieser Hinsicht hat das Mangan einen ähnlichen oder auch keinen Einfluß wie jenen auf den gewöhnlichen Kohlenstoffstahl. Die Ergebnisse in Abb. 69 zeigen

	A vH	B vH
Kohlenstoff	0,26	0,26
Silizium	1,00	0,91
Mangan	1,33	2,08
Chrom	14,60	14,60
Nickel	0,33	0,33

Einfluß verschiedener Legierungszusätze. 147

weiter, daß das Vorhandensein von 1 bis 2 vH Mangan keine Änderung in der Wärmebehandlung des Stahls nötig macht. Mechanische Versuche mit Probestäben ergaben keinen wahrnehmbaren Einfluß des Mangans auf die Eigenschaften des Stahls.

Diese beiden Stähle ließen, auch als sie von 1200° C abgeschreckt wurden, nichts von der Bildung von Austenit erkennen. Bei einem höheren Mangangehalt wurde jedoch Austenit erhalten. So waren z. B. die Stähle folgender Zusammensetzung alle austenitisch, nachdem sie von hohen Temperaturen (1000 bis 1200° C) abgeschreckt worden waren. Nach der Wiedererhitzung auf 800 bis 1000° C und Abkühlung von diesen Temperaturen wurden sie zum Teil martensitisch. Sie waren auch fast unbearbeitbar.

	A vH	B vH	C vH	D vH
Kohlenstoff	0,70	1,08	0,43	0,53
Mangan	3,20	5,10	5,30	6,70
Chrom	14,10	14,90	14,80	12,80

d) **Kupfer.** Im allgemeinen ist dieses Element nicht in irgendwie bemerkenswerter Menge im rostfreien Stahl vorhanden. Da jedoch gewisse Behauptungen, die im nächsten Abschnitt geklärt werden sollen, hinsichtlich seines Einflusses auf die Widerstandsfähigkeit des rostfreien Stahls gegen Korrosion aufgestellt wurden, so ist es von Belang, den allgemeinen Einfluß des Kupfers sowohl auf das Härten und Anlassen als auch auf die mechanischen Eigenschaften des Stahls kennen zu lernen.

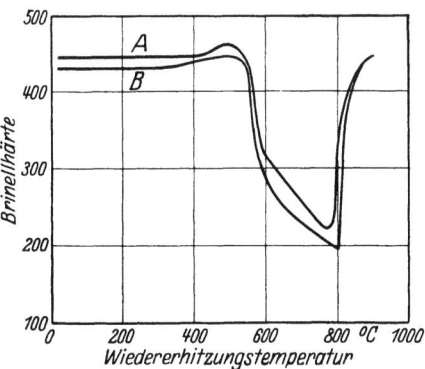

Abb. 70. Einfluß des Kupfers auf das Härten und Anlassen von rostfreiem Stahl. Stahl A mit 0,22 vH Kohlenstoff, 12,1 vH Chrom und 1,2 vH Kupfer; Stahl B mit 0,16 vH Kohlenstoff, 12,1 vH Chrom und 0,08 vH Kupfer.

Auf Schaulinie A in Abb. 70 sind die Brinellhärten vermerkt, die beim Anlassen auf allmählich steigende Temperaturen von Stählen mit 0,22 vH Kohlenstoff, 0,28 vH Silizium, 0,17 vH

10*

Mangan, 12,1 vH Chrom, 0,47 vH Nickel und 1,2 vH Kupfer erhalten wurden, nachdem sie vorher bei 950° C luftgehärtet worden waren.

Die Proben wurden von jeder Anlaßhitze in Wasser abgeschreckt. Die Schaulinie B in Abb. 70 gibt die Ergebnisse wieder, die auf gleiche Weise von einem fast kupferfreien Stahl gewonnen wurden, der aber sonst mit der obigen Zusammensetzung übereinstimmte, doch nur mit dem Unterschiede, daß sein Kohlenstoffgehalt etwas niedriger war, nämlich 0,16 vH anstatt 0,22 vH. Ein Vergleich der Schaulinien A und B ergibt, daß das Vorhandensein von 1,2 vH Kupfer den Ac_1-Punkt um etwa 25° C erniedrigt, ein Betrag, der durch die thermische Analyse bestätigt wird. Berücksichtigt man den Unterschied im Kohlenstoffgehalt der beiden Stähle, so scheint es auch, daß das Kupfer die Härte des Stahls nur unbedeutend steigert, wenn dieser auf 600° C oder darüber angelassen wird.

Hiernach dürfte sich das Kupfer in fast gleicher Weise, aber in viel geringerem Maße wie das Nickel verhalten. Der Einfluß von etwa 1 vH Kupfer ist tatsächlich so gering, daß sein Vorhandensein eine Änderung der gewöhnlichen Verfahren der Wärmebehandlung rostfreier Stähle nicht nötig macht.

Andererseits ist der Einfluß des Kupfers von dem des Nickels verschieden, indem die Gegenwart des ersteren Metalles in ziemlich großen Mengen keine Bildung von Austenit herbeiführt. So waren Probestücke der folgenden Legierungen A und B nicht austenitisch, wenn sie von irgendeiner Temperatur bis zu 1200° C abgeschreckt wurden.

	A vH	B vH
Kohlenstoff	0,17	0,16
Silizium	0,33	0,33
Mangan	0,11	0,11
Chrom	14,00	15,70
Kupfer	5,00	9,85

Die Brinellhärten kleiner Proben nach der Wasserabschreckung von verschiedenen Temperaturen sind in Abb. 71 aufgezeichnet. Es scheint auch aus diesen Schaulinien hervorzugehen, daß die Erniedrigung der Temperatur des Ac_1-Punktes, die bei 1,2 vH Kupfer bemerkbar war, bei größeren Mengen dieses Elementes nicht ausgeprägter wird.

Da man verschiedentlich der Ansicht war, daß kleine Kupfermengen einen nachteiligen Einfluß auf die allgemeinen Eigenschaften des gewöhnlichen Stahls ausüben, so ist vielleicht die Bemerkung von Wert, daß sich der obengenannte Stahl mit 1,2 vH Kupfer tadellos walzen und schmieden ließ und nach dem Härten und Anlassen sehr zähe war. So ergab eine Stange von etwa 28 mm Durchmesser nach der Lufthärtung bei 950° C und folgendem Anlassen auf 700° C eine Brinellhärte von 228 gleich einer Zugfestigkeit von etwa 79 kg/mm². Die Kerbzähigkeit war 8,2 kg/mm² (vgl. S. 185)[1].

e) **Aluminium.** Dieses Element ist außer in sehr geringen Mengen im rostfreien Stahl gewöhnlich nicht vorhanden. Dann und wann wird jedoch Aluminium in merkbarer Menge besonders in einem Werkstoff mit niedrigem Kohlenstoffgehalt gefunden, der mit einem nach dem Thermitverfahren gewonnenen Ferrochrom erschmolzen wurde.

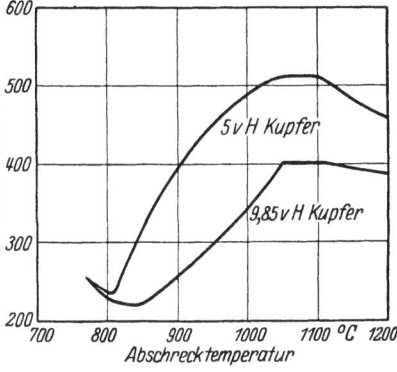

Abb. 71. Einfluß eines hohen Kupfergehaltes auf das Härten von rostfreiem Stahl (vgl. hiermit Linie G in Abb. 52).

Der Einfluß des Aluminiums scheint in mancher Hinsicht, nur in viel ausgeprägterem Maße dem des Siliziums zu gleichen. Wie Silizium erhöht das Aluminium sehr merklich die Temperatur des Ac_1-Punktes und wenn es in Mengen von etwa 1 vH oder mehr vorkommt, so kann es in ausgesprochenem Maße die Härtung von rostfreiem Werkstoff mit niedrigem Kohlenstoffgehalt verhindern, auch wenn dieser sogar in Form von kleinen Scheiben von irgendeiner Temperatur bis zu 1100° C wasserabgeschreckt wurde. Ein solches nichthärtendes Eisen würde in mancher Hinsicht Vorteile bieten. Leider hat jedoch ein rostfreier Werkstoff mit hohem Aluminiumgehalt eine sehr niedrige Kerbzähigkeit und bricht bei der Schlagprobe mit einem groben kristallinen Bruch.

---

[1] Über den Einfluß des Kupfers auf die Festigkeitseigenschaften, Kalt- und Warmbildsamkeit von Eisen und Stahl usw. siehe Oberhoffer: a. a. O.; Mars: a. a. O.; Oertel und Leveringhaus: Die Wirkung eines Kupferzusatzes zu Chromnickelbaustählen. Stahl und Eisen 1924, S. 700 und 1925, S. 52; Bohny: Baustahl mit Kupferzusatz. Bautechnik 1927, S. 477 und Pils: Wege zur Verbesserung des Schienenbaustoffes. Stahl und Eisen 1927, S. 1645.

Der Einfluß des Aluminiums auf die Härtung von rostfreiem Werkstoff wird in den Abb. 72 und 73 gezeigt. In Abb. 72 sind die Brinellhärten angegeben, die durch Abschreckung kleiner

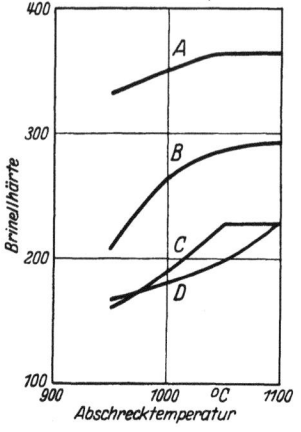
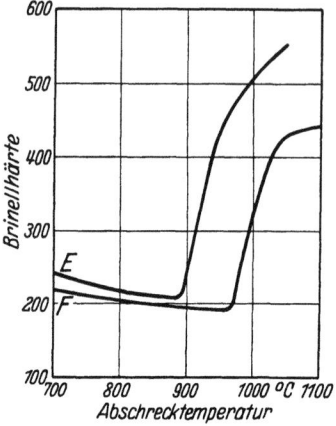

Abb. 72. Einfluß des Aluminiums auf das Härten von rostfreiem Eisen.

Abb. 73. Einfluß des Aluminiums auf das Härten von rostfreiem Stahl.

Scheiben von etwa 6 mm Stärke aus niedrig gekohlten Legierungen folgender Zusammensetzung erhalten wurden:

Schau-linie	Kohlenstoff vH	Silizium vH	Mangan vH	Chrom vH	Aluminium vH
A	0,09	0,77	0,24	12,0	0,15
B	0,11	0,64	0,20	13,3	0,49
C	0,11	0,56	0,23	10,9	1,08
D	0,11	0,58	0,20	12,0	1,46

Ein Blick auf diese Schaulinien läßt den Einfluß sehr deutlich erkennen, den das Aluminium in bezug auf die Höhe der Härtungstemperatur besitzt. Ferner verhindert auch das Aluminium, daß das Metall in besonderem Maße härtet. Abb. 73 belegt die von 2 Stählen folgender Zusammensetzung erhaltenen Ergebnisse:

Schau-linie	Kohlen-stoff vH	Silizium vH	Mangan vH	Chrom vH	Nickel vH	Alu-minium vH
E	0,26	0,68	0,20	12,4	0,45	0,62
F	0,26	0,67	0,19	12,2	0,45	1,13

Einfluß verschiedener Legierungszusätze. 151

Die Probestücke lagen in Form von Stangen von 16×16 mm² Querschnitt und 50 mm Länge vor und wurden in Wasser von den angegebenen Temperaturen abgeschreckt. Bei Berücksichtigung des Siliziums und Nickels im Stahl zeigen diese Schaulinien, daß das Vorhandensein von 1 vH Aluminium den Ac_1-Punkt um etwa 120° C erhöht. Hinsichtlich der Kerbzähigkeit usw. dieser Stähle ergaben die Probestücke E und F, die Rundstangen von etwa 28 mm Durchmesser entnommen waren, nach Zahlentafel 27 die folgenden Werte:

Zahlentafel 27. Einfluß des Aluminiums auf die mechanischen Eigenschaften von rostfreiem Stahl.

Stahl	Behandlung	Streckgrenze kg/mm²	Zugfestigkeit kg/mm²	Dehnung vH	Einschnürung vH	Brinellhärte nach dem Härten	Brinellhärte nach dem Anlassen	Kerbzähigkeit mkg/cm²
E	luftgehärtet 1000° C angelassen 700° C	72,5	88,2	16,0	47,2	337	248	2,8
F	luftgehärtet 1050° C angelassen 700° C	61,7	84,8	17,0	40,6	340	255	1,5

Alle Schlagbrüche waren grobkristallinisch. Die Werte für Dehnung und Einschnürung beim Zugversuch sind ebenfalls keine besonders guten.

Ähnliche Schlagergebnisse wurden bei Stählen mit niedrigem Kohlenstoffgehalt erzielt. Die Probe A (S. 150), bei 1000° C ölgehärtet und auf 700° C angelassen (aus einer Rundstange von 25 mm Durchmesser), ergab die folgenden Festigkeitswerte:

Zahlentafel 28. Einfluß des Aluminiums auf die mechanischen Eigenschaften von rostfreiem Eisen nach dem Härten und Anlassen.

Streckgrenze kg/mm²	Zugfestigkeit kg/mm²	Dehnung vH	Einschnürung vH	Brinellhärte nach dem Härten	Brinellhärte nach dem Anlassen	Kerbzähigkeit mkg/cm²
55,4	67,1	30,0	67,8	321	207	14,4

ein Ergebnis, das natürlich für einen so zähen, dehnbaren Werkstoff, wie es das rostfreie Eisen sein soll, bezeichnend ist. Die wassergehärteten und angelassenen Proben B bis D (aus Stangen von

13 × 13 mm² Querschnitt) ergaben andererseits die hier angegebenen Werte:

Zahlentafel 29. **Einfluß des Aluminiums auf Härte und Zähigkeit von rostfreiem Eisen nach dem Härten und Anlassen.**

Stahl	Behandlung		Brinellhärte		Kerbzähigkeit mkg/cm²
			nach dem Härten	nach dem Anlassen	
B	wassergehärtet	950° C angel. 700° C	212	166	1,8
B	„	1050° C „ 700° C	235	179	2,4
C	„	1050° C „ 700° C	207	174	1,4
D	„	1050° C „ 700° C	207	187	1,4

Alle Proben hatten grobkristallinischen Bruch, der besonders bei C und D hervorstach. Auch war es nicht möglich, das Bruchgefüge durch irgendeine Behandlung bis zu einer Temperatur von 1100° C zu verbessern.

11. Einfluß der Kaltbearbeitung auf die mechanischen Eigenschaften von rostfreiem Stahl.

Die rostfreien Stähle können in derselben Weise wie gewöhnliche Stähle kaltbearbeitet werden[1]. So können sie zu Draht gezogen, zu Blechen oder Bandeisen gewalzt, zu nahtlosen Röhren verarbeitet oder zu verschiedenen Formen gepreßt oder gesenkgeschmiedet werden (vgl. S. 324). Doch sind sie viel schwieriger zu bearbeiten als die gewöhnlichen Kohlenstoffstähle und sie werden auch öfters der Erweichung (Glühung) zwischen den aufeinanderfolgenden Stufen bei der Zieh-, Walz-, Gesenkschmiede- und Preßarbeit unterworfen. Auch ist es nötig, die gewöhnlichen Arbeiten bei der Herstellung der verschiedenen Arten der genannten Erzeugnisse bis zu einem gewissen Grade zu ändern. Die niedriger gekohlten rostfreien Stähle, besonders rostfreie Eisensorten, eignen sich wegen ihrer größeren Weichheit besser für Kaltbearbeitungszwecke als jene mit höherem Kohlenstoffgehalt.

Beim Drahtziehen braucht der rostfreie Werkstoff im allgemeinen eine Erweichung (oder „Glühung", wie es gewöhnlich in diesem Gewerbe heißt) nach jedem oder jedem zweiten Zug. Infolgedessen wird der kaltgezogene rostfreie Draht gewöhnlich nicht mit einer solchen hohen Zugfestigkeit erhalten, wie es beim Kohlenstoffstahldraht möglich ist, weil es zur Erlangung einer solchen hohen

---

[1] Vgl. Nadai: Der bildsame Zustand der Werkstoffe. Berlin: Julius Springer 1927.

Zugfestigkeit nötig ist, daß dem Draht eine Anzahl von aufeinanderfolgenden Querschnittsveringerungen ohne jede Zwischenglühung gegeben wird, ein Verfahren, das beim gewöhnlichen Kohlenstoffstahl keine große Schwierigkeit bietet.

Um den Werkstoff, ob er nun in Form von Drahteisen, heißgewalzten Blechen, heißgewalzten Röhren (oder dieselben Erzeugnisse mehr oder weniger kaltbearbeitet) vorliegt, zu erweichen, muß er auf 700 bis 750° C wiedererhitzt werden und kann dann, je nachdem wie es paßt, entweder langsam abgekühlt oder auch abgeschreckt werden. Der durch irgendeine vorhergegangene Warmbearbeitung entstandene Zunder kann durch Beizen, wie auf S. 84 beschrieben, entfernt werden. Während der Glühungen des kaltbearbeiteten Werkstoffes bei 700 bis 750° C zwischen den einzelnen Stufen der Kaltbearbeitung wird nur ein geringes „Anlaufen" auf der metallischen Oberfläche des kaltgereckten Gegenstandes hervorgerufen und es kann dann ein ferneres Beizen unnötig sein.

Es ist nicht möglich, den rostfreien Draht zu „patentieren", wie es gewöhnlich bei den Kohlenstoffstahldrähten geschieht. Der rostfreie Stahl hat bemerkenswerte lufthärtende Eigenschaften und die Abkühlung von der Temperatur, die bei dem „Patentieren" gebräuchlich ist, würde das Drahteisen hart und etwas spröde zurücklassen[1].

Vom Standpunkte des Widerstandes gegen Korrosion ist es unerwünscht, einen Gegenstand in Gebrauch zu nehmen, der kräftig kaltbearbeitet wurde. Er soll daher nach der Kaltbearbeitung gehärtet und angelassen werden. Dadurch mag die Verwendung des rostfreien Stahls für gewisse Zwecke begrenzt sein, doch muß man sich vergegenwärtigen, daß die Härtung nicht notwendigerweise eine Abschreckung in Öl oder Wasser einschließt. Die Luftabkühlung genügt im allgemeinen vollständig.

Für die meisten Zwecke, für die eine blankgezogene oder kaltgewalzte Oberfläche verlangt wird, besteht das beste Verfahren darin, den Gegenstand zu härten und anzulassen und dann zu beizen, ehe er zum letzten Male durch das Gesenk oder die Walze geht. Wird daß Maß der Querschnittsverringerung bei diesem letzten Durchgang richtig gewählt, so wird alsdann das fertige Erzeugnis eine blanke Oberfläche besitzen. Es ist dann nur in geringem

---

[1] Vgl. über „Patentieren" Pomp: Aus Theorie und Praxis der Stahldrahtherstellung. Stahl und Eisen 1925, S. 777 und Altpeter: Die Herstellung von Flußeisen- und Stahldrähten. Stahl und Eisen 1925, S. 568 und 614.

Maße kaltbearbeitet und wird auch eine hohe Beständigkeit gegen Korrosion besitzen.

Noch bessere Erfolge gegen Korrosion werden besonders mit Draht erzielt, der nach dem letzten Durchgange geschliffen und poliert wird.

Versuche beim Weichglühen von stark kaltgezogenem rostfreiem Drahteisen zeigten, daß eine ausgeprägte Erweichung bei einer Temperatur von 500° C und ferner eine Verminderung der Zugfestigkeit und Härte bei 600 und 700° C eintritt. So wurden die Ergebnisse in Zahlentafel 30 von einem gezogenen Draht mit 0,07 vH Kohlenstoff, 0,08 vH Silizium, 0,12 vH Mangan, 11,7 vH Chrom und 0,57 vH Nickel erhalten.

Zahlentafel 30.
Versuche mit hartgezogenem Draht aus rostfreiem Eisen.

Drahtdurchmesser mm	Gezogen		Angelassen auf 500° C		Angelassen auf 600° C		Angelassen auf 700° C	
	Zugfestigkeit kg/mm²	Hin- und Herbiegeprobe	Zugfestigkeit kg/mm²	Hin- und Herbiegeprobe	Zugfestigkeit kg/mm²	Hin- und Herbiegeprobe	Zugfestigkeit kg/mm²	Hin- und Herbiegeprobe
2,82	107,1	5	93,8	6	72,5	8	56,7	9
2,04	122,9	5	101,6	7½	78,8	16½	62,2	15
1,79	140,2	5	96,1	9	77,2	18	59,9	18
1,44	179,6	4	105,5	11½	79,6	20	63,8	27
1,18	162,2	13	96,1	22	72,5	30	61,4	41

Die Hin- und Herbiegeprobe wurde in der Weise ausgeführt, daß das Probestück in einen Schraubstock gespannt wurde, bei dem die Innenkanten der Backen zu einem Halbmesser von 5 mm abgerundet waren. Das vorragende Ende des Drahtes wurde dann im rechten Winkel zuerst nach der einen und dann nach der anderen Seite bis zum Bruch gebogen. Die Zahl der Biegungen um 180° wurde gezählt, die erste Biegung um 90° fiel aus.

Der für diesen Draht verwendete Werkstoff war der gleiche wie jener, der für die Versuchsreihen in Zahlentafel 1 und Abb. 47 gewählt wurde. Es ist nun lehrreich, die Ähnlichkeit in der Zugfestigkeit zwischen den kaltbearbeiteten Proben und denjenigen zu beobachten, die ölgehärtet waren, nachdem beide auf dieselben Temperaturen angelassen worden waren. Bei den in Zahlen-

Einfluß der Kaltbearbeitung. 155

tafel 30 niedergelegten Ergebnissen scheint es auch, daß die Zugfestigkeit des kaltgezogenen Drahtes beim Anlassen auf 500° C auf etwa 93 bis 105 kg/mm² vermindert wird, und es ist auch ganz gleichgültig, wie dessen Festigkeit vor dem Anlassen war, vorausgesetzt natürlich, daß die Festigkeit beim Ziehen das angegebene Gebiet überschritt.

Ein Draht, der nach der letzten Härtungs- und Anlaßarbeit nur einen Zug oder zwei Züge erhalten hat, wird eine Zugfestigkeit besitzen, die nur um wenige kg/mm² höher sein wird als jene, die bei dem Draht nur durch diese beiden Arbeiten erzeugt wird. Folglich hängt die Zugfestigkeit des fertigen Drahtes in großem Maße von dieser Wärmebehandlung ab. Wahrscheinlich wird die Zugfestigkeit eines solchen Drahtes im allgemeinen zwischen etwa 63 und 126 kg/mm² liegen.

Eine Arbeit über den Einfluß der Glühung bei niedriger Temperatur auf kaltgezogene rostfreie Eisensorten und Stahlstäbe veröffentlichte kürzlich Rees[1]. Die Werkstoffe lagen in Form von Stäben mit etwa 18 mm Durchmesser vor, die handelsüblich als „kaltgezogen, geschliffen und poliert" bezeichnet waren. Sie hatten die folgende Zusammensetzung:

	Rostfreies Eisen vH	Rostfreier Stahl vH
Kohlenstoff	0,12	0,40
Silizium	0,16	0,52
Mangan	0,13	0,24
Chrom	12,00	13,00
Nickel	0,25	0,06

Die Ergebnisse der Zug- und Druckversuche sind in Zahlentafel 31 vermerkt.

Hiernach besteht im Falle des rostfreien Eisens der Einfluß der Glühung bei 300 bis 375° C oder im Falle des rostfreien Stahls bei 375 bis 450° C darin, daß eine sehr merkliche Verbesserung der elastischen Eigenschaften der kaltgezogenen Stäbe eintritt. In dieser Hinsicht verhält sich der rostfreie Werkstoff ähnlich wie die Kohlenstoffstähle.

Bei der Herstellung von Preßteilen aus rostfreiem Eisenblech oder Bandeisen kann man eine beträchtliche Ersparnis der Kosten

---

[1] The Journal of the Iron and Steel Institute 1923 (2), S. 273.

Mechanische und physikalische Eigenschaften rostfreier Stähle.

beim Schleifen und Polieren erzielen, wenn man sich die Tatsache nutzbar macht, daß sich das dünne, während der Erweichung des Preßstückes (durch Erhitzung auf 700 bis 750° C) auftretende

Zahlentafel 31. **Eigenschaften von kaltgezogenem Draht aus rostfreien Werkstoffen nach dem Glühen bei verschiedenen Temperaturen.**

Behandlung	Zugversuch					Druckversuch	
	Elastizitätsgrenze kg/mm²	Streckgrenze kg/mm²	Zugfestigkeit kg/mm²	Dehnung vH	Einschnürung vH	Elastizitätsgrenze kg/mm²	Fließgrenze kg/mm²
rostfreies Eisen kaltgezogen	11,0	50,4	58,6	28,5	70,0	14,2	44,1
geglüht 1 Std. bei 100°C	12,6	50,4	58,6	28,0	70,0	14,2	44,1
„ 1 „ „ 200°C	22,1	51,2	59,2	27,0	70,0	18,9	42,5
„ 1 „ „ 300°C	34,7	52,0	59,9	24,0	69,0	28,4	47,3
„ 1 „ „ 375°C	34,7	41,0	53,6	32,0	73,0	31,5	41,0
„ 1 „ „ 450°C	29,9	41,0	53,6	32,0	72,0	29,9	41,0
„ 1 „ „ 650°C	28,4	31,5	51,7	37,0	74,0	25,2	33,1
rostfreier Stahl kaltgezogen	14,2	61,4	80,1	50,0	50,0	11,0	55,1
geglüht 1 Std. bei 100°C	15,8	61,4	80,1	52,0	52,0	15,8	53,6
„ 1 „ „ 200°C	26,8	63,0	80,6	50,0	50,0	26,8	56,7
„ 1 „ „ 300°C	37,8	67,7	80,1	52,0	52,0	34,7	58,3
„ 1 „ „ 375°C	45,7	63,0	79,4	52,0	52,0	41,0	55,9
„ 1 „ „ 450°C	44,1	61,4	79,4	53,0	53,0	39,4	55,1
„ 1 „ „ 550°C	41,0	55,1	77,5	55,0	55,0	41,0	52,8
„ 1 „ „ 650°C	37,8	50,4	76,2	57,0	57,0	36,2	51,2
„ 1 „ „ 780°C	37,8	48,8	74,9	57,0	57,0	39,4	49,6

Oxydhäutchen durch richtig angewendetes Beizen zwischen den aufeinanderfolgenden Preßgängen schnell entfernen läßt und so eine leicht polierte Oberfläche zurückbleibt. Vor dem Pressen soll das Blech geschliffen werden, da das Schleifen einer ebenen Oberfläche bedeutend billiger ist, als das Schleifen der verwickelteren Oberfläche eines Preßstückes. Wird dann das durch die zwischengeschalteten Glühungen erzeugte Oxydhäutchen mittels der auf S. 85 beschriebenen Sonderbeize (enthaltend Salpetersäure und Salzsäure) entfernt, so wird sich herausstellen, daß die so gewonnene silbergraue Oberfläche sehr leicht eine Politur annimmt, und namentlich aus dem Grunde, weil die letzte Preßarbeit an sich schon die Oberfläche stark glänzend macht. Dieses Verfahren kann auch angewendet werden, wenn es infolge einer sehr starken örtlichen Formveränderung für ratsam erachtet wird, vor der letzten Preßarbeit zu härten und anzulassen. Wird ein solches Härten und Anlassen vorsichtig ausgeführt, so läßt sich der auf der glatten Oberfläche des geschliffenen und teilweise gepreßten Bleches gebildete Zunder sehr leicht durch die oben angegebene Beize entfernen, so daß der Gegenstand nach dem letzten Preßgange nur ein kurzes Polieren zum Blankmachen der Oberfläche benötigt.

12. Einige physikalischen Eigenschaften von rostfreiem Stahl.

Die folgenden Angaben, die sich auf einige physikalische Eigenschaften von rostfreiem Werkstoff beziehen, verdienen Beachtung.

a) Spezifisches Gewicht (Dichte). Das Metall Chrom ist leichter als Eisen, und folglich wird durch die Gegenwart von Chrom die Dichte des Stahls erniedrigt. Natürlich wird der genaue Wert der Dichte wesentlich von der vorhandenen Menge des Chroms im Stahl abhängen. Die Dichte von rostfreiem Werkstoff wird auch wie bei den gewöhnlichen Kohlenstoffstählen durch den Kohlenstoffgehalt beeinflußt. Auch irgendeine Wärmebehandlung verändert die Dichte eines besonderen Stahls nur wenig. Wie beim gewöhnlichen Kohlenstoffstahl ist auch die Dichte des rostfreien Stahls im gehärteten Zustande etwas niedriger als in dem gehärteten und voll angelassenen oder ausgeglühten Zustande. Als Durchschnittswerte der Dichte von rostfreiem Stahl können die folgenden Angaben dienen:

α) Einfluß der Wärmebehandlung auf einen Stahl mit 0,3 vH Kohlenstoff und 12,6 vH Chrom:

luftgehärtet bei 950° C 7,731
luftgehärtet bei 950° C und angelassen auf 700° C 7,738

β) Einfluß eines verschiedenen Kohlenstoff- und Chromgehaltes; alle Proben waren gehärtet und vollständig angelassen:

Weicher Stahl 7,869
rostfreier Stahl mit
    0,3 vH Kohlenstoff und 10,6 vH Chrom 7,751
    0,3 ,,   ,,   ,, 12,6 ,,   ,,   7,738
rostfreies Eisen mit
    0,08 vH Kohlenstoff und 12,3 vH Chrom 7,779
    0,08 ,,   ,,   ,, 15,4 ,,   ,,   7,722
    0,10 ,,   ,,   ,, 20,4 ,,   ,,   7,683

b) **Ausdehnungskoeffizient.** Der rostfreie Stahl dehnt sich mit steigender Temperatur etwas langsamer aus als der gewöhnliche weiche Stahl und wesentlich langsamer als Kupfer und die gewöhnlichen Kupferlegierungen (Messing usw.). Die genauesten überhaupt veröffentlichten Werte über die Ausdehnung von rostfreiem Stahl sind wahrscheinlich diejenigen, die das „Bureau of Standards" (Vereinigte Staaten Amerikas) nach Zahlentafel 32 bei einem Stahl mit 0,3 vH Kohlenstoff, 0,11 vH Silizium, 0,18 vH Mangan und 13,1 vH Chrom ermittelte[1]:

Zahlentafel 32.

Temperaturgebiet ⁰ C	Mittlerer Ausdehnungskoeffizient	
	nach dem Härten	nach dem Anlassen
20 bis 100	$9,9 \times 10^{-6}$	$10,3 \times 10^{-6}$
20 „ 200	$9,8 \times 10^{-6}$	$10,7 \times 10^{-6}$
200 „ 400	$9,9 \times 10^{-6}$	$12,2 \times 10^{-6}$
400 „ 600	$13,8 \times 10^{-6}$	$13,3 \times 10^{-6}$
600 „ 800	$13,4 \times 10^{-6}$	$13,6 \times 10^{-6}$
20 „ 600	$11,2 \times 10^{-6}$	$12,1 \times 10^{-6}$

Diese Feststellungen beziehen sich auf den Stahl im gehärteten Zustande und auch nach dem „Anlassen" auf 760⁰ C. In dem genannten Bericht wird dies als „Glühung" bezeichnet. Da jedoch die Temperatur von 760⁰ C unter dem Ac_1-Gebiet des Stahls liegt, so ist eine solche „Glühung" eigentlich ein „Anlassen".

Mit Hilfe dieser Zahlen und den gewöhnlich angenommenen von weichem Stahl, von Kupfer, Aluminium, Monelmetall, Messing und Bronze ist die Gesamtausdehnung von Stäben (250 mm lang) bei verschiedenen Temperaturen in Abb. 74 dargestellt.

Die Wichtigkeit des Wertes des Ausdehnungskoeffizienten von Metallen, die für Dampfleitungen oder Teile, die mit Dampf in Berührung kommen und bei Temperaturen oberhalb der üblichen Raumtemperatur arbeiten müssen, ist offensichtlich. Infolge des verhältnismäßig niedrigen Wertes dieses Koeffizienten für rostfreien Stahl ist es unwahrscheinlich, daß Teile aus diesem Werkstoff, die innerhalb anderer aus Kupferlegierungen spielen, eng werden und sich festfressen, wenn beide Teile heiß werden.

c) **Wärmeleitvermögen.** Hatfield veröffentlichte Ergebnisse, die zeigen, daß der rostfreie Stahl ein niedrigeres Wärme-

---

[1] Bureau of Standards, Scientific Paper No. 426.

Einige physikalischen Eigenschaften von rostfreiem Stahl. 159

leitvermögen besitzt als der gewöhnliche Kohlenstoffstahl. Er gibt für rostfreien Stahl eine Reihe von cgs-Einheiten von 0,0363 bis 0,0466 an, während die veröffentlichten Werte für Eisen 0,1450 cgs- und für weichen Stahl 0,1436 cgs-Einheiten bei 18° C und 0,1420 cgs-Einheiten bei 100° C sind. Diese Werte deuten für den rostfreien Werkstoff eine wesentlich niedrigere Leitfähigkeit an als für den gewöhnlichen weichen Stahl. Eine Frage von besonderer Wichtigkeit für die Verbraucher von rostfreiem Stahl betrifft die Erhitzungsgeschwindigkeit, verglichen mit jener des gewöhnlichen Stahls, wenn beide unter gleichen Bedingungen in einem Ofen erwärmt werden. Die Geschwindigkeit bei der Erhitzung eines Metalles hängt von seiner Temperaturleitfähigkeit ab, und diese ändert sich unmittelbar mit dem Wärmeleitvermögen und umgekehrt mit der spezifischen Wärme des Metalles:

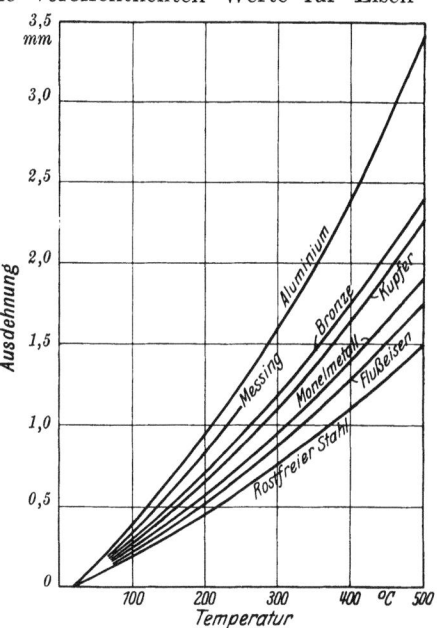

Abb. 74. Ausdehnung verschiedener Werkstoffe in mm bei Temperaturen bis zu 500° C (bezogen auf Stäbe von 250 mm Länge bei 20° C).

$$\text{Temperaturleitfähigkeit} = \frac{K}{S \times D},$$

worin K das Wärmeleitvermögen, S die spezifische Wärme und D die Dichte (spez. Gew.) bedeutet[1].

Aus dem verhältnismäßig niedrigen Wert für das Wärmeleitvermögen des rostfreien Stahls ist daher zu schließen, daß sich dieser viel langsamer als gewöhnlicher Kohlenstoffstahl erhitzen wird, wenn beide unter gleichen Bedingungen in einen Ofen gebracht werden und sich ihre spezifischen Wärmen nicht sehr stark voneinander unterscheiden. Tatsächlich ist jedoch kein so großer Unterschied in der Erhitzungsgeschwindigkeit zu beobachten. Es

---

[1] Vgl. Schulze: Die elektrische und thermische Leitfähigkeit und: Die thermische Ausdehnung in Guertler: Metallographie. Berlin 1923 bis 1927: Gebrüder Borntraeger.

wurden Versuche ausgeführt, bei denen Stangen aus rostfreiem Stahl mit 0,22 vH Kohlenstoff, 0,25 vH Silizium, 0,15 vH Mangan und 13,6 vH Chrom und Stangen aus gewöhnlichem Kohlenstoffstahl mit 0,41 vH Kohlenstoff, 0,20 vH Silizium und 0,73 vH Mangan in einem Salzbade und einem Gasofen angewärmt und dann die Erhitzungsgeschwindigkeiten der beiden Stangen festgestellt wurden. Zu diesem Zwecke wurde jede Stange von etwa 48 mm Durchmesser und 300 mm Länge an dem einen Ende in Richtung der Achse mit einem Loch von 8 mm Durchmesser und 150 mm Länge versehen. In diese beiden Bohrungen wurde je ein Thermoelement eingeführt. Die Steigerung der Temperatur, die diese Thermoelemente angaben, wurde nach einem besonderen Verfahren aufgezeichnet. Auf diese Weise konnte die Zeit, bei der irgendeine Temperatur von den Stangen aufgenommen wurde, etwa alle fünf Sekunden abgelesen werden.

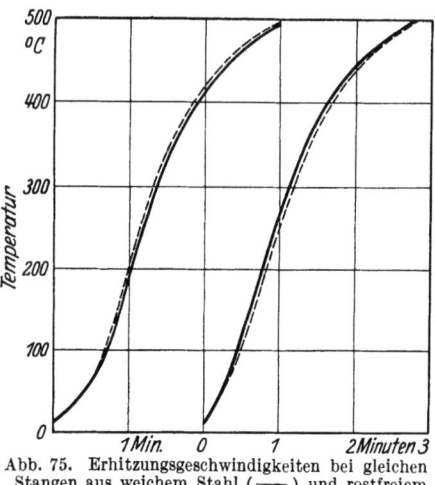

Abb. 75. Erhitzungsgeschwindigkeiten bei gleichen Stangen aus weichem Stahl (——) und rostfreiem Stahl (- - -).

Bei den Versuchen mit dem Salzbad mit einem Schmelzpunkt von 180° C wurden die Stangen bis zu einer Tiefe von 250 mm eingetaucht. Man brachte das Bad auf 580° C und ließ es vor jedem Versuch fest werden. Es wurden zwei Reihen von Versuchen ausgeführt, deren Ergebnisse Abb. 75 enthält. Man erkennt, daß sich die Erhitzungsgeschwindigkeiten der beiden Stähle (innerhalb der Grenzen der Versuchsfehler) vollständig decken.

Ähnlich genaue Ergebnisse wurden bei der Erhitzung der Stangen in einem auf 700° C gebrachten Gasofen erzielt. In diesem Falle war die Erhitzungsgeschwindigkeit natürlich viel geringer als bei dem Salzbad, aber die Temperatur der beiden Stähle stieg wieder mit fast genau derselben Geschwindigkeit an.

Werden diese Ergebnisse mit den Werten für das Wärmeleitvermögen auf S. 159 verglichen, so kann man sagen, daß die letzteren sich nur für ein begrenztes Wärmegebiet verstehen, das nur wenig über der atmosphärischen Temperatur liegt, und daß sich der Wert für das Wärmeleitvermögen mit der Erhöhung der Temperatur ändern kann und dies wahrscheinlich auch tut. Es dürfte kein Grund für die Annahme bestehen, daß sich die spezifische Wärme des rostfreien Stahls wesentlich von der des gewöhnlichen Stahls unterscheidet. Soweit bekannt geworden ist, sind keine Feststellungen über die spezifische Wärme solcher hochgradigen Chromstähle bei verschiedenen Temperaturen gemacht worden. Bei gewöhnlichen Temperaturen fand Brown bei einem Stahl mit 1,09 vH Kohlenstoff und 9,5 vH Chrom einen Wert von 0,1206[1], während Hatfield Werte von 0,115 bis 0,121 für rostfreien Stahl bei gewöhnlichen Temperaturen angibt. Diese Werte sind praktisch genommen dieselben wie jene für den gewöhnlichen Stahl.

d) **Elektrischer Widerstand.** Der elektrische Widerstand des rostfreien Stahls ändert sich mit seiner Zusammensetzung und der vorgenommenen Wärmebehandlung. Für irgendeinen bestimmten Stahl ist der elektrische Widerstand am niedrigsten, wenn er im ausgeglühten Zustande vorliegt und am höchsten, wenn er bei hohen Temperaturen gehärtet wurde. Das allmähliche Anwachsen des Widerstandes, das durch Abschreckung eines hochgradigen Chromstahls wie des rostfreien von allmählich steigenden Temperaturen oberhalb des Ac_1-Punktes erhalten wird, zeigten Edwards und Norbury[2]. Die Schaulinien, die diese Forscher aufstellten, geben an, daß diese Widerstandserhöhung oberhalb des Temperaturgebietes stattfindet, in dem sich das Karbid des Perlits allmählich löst (vgl. S. 35).

In dem ausgeglühten oder vollständig angelassenen Zustande hat der rostfreie Stahl einen elektrischen Widerstand von etwa 0,00005 bis 0,000055 Ohm/cm[3]. Dieser steigt auf etwa 0,00007 an, wenn der Stahl von Temperaturen abgeschreckt wird, die hoch genug sind, um das gesamte Karbid zu lösen. Beim Anlassen des gehärteten Stahls fällt der elektrische Widerstand in ähnlicher Weise wie die Brinellhärte.

Der Wert des elektrischen Widerstandes wird durch das Vor-

---

[1] Landolt-Börnstein: Physikalisch-chemische Tabellen. Berlin: Julius Springer.
[2] The Journal of the Iron and Steel Institute 1920 (1), S. 441 und Stahl und Eisen 1921, S. 89.

handensein von Silizium oder anderen Elementen, die mit dem Stahl eine feste Lösung eingehen, erhöht, auch steigt er mit wachsendem Chromgehalt. Dieser Einfluß des Siliziums ist aus einem Vergleich des Widerstandes von zwei Chromstählen mit niedrigem Kohlenstoffgehalt folgender Zusammensetzung ersichtlich:

	A vH	B vH
Kohlenstoff	0,07	0,13
Silizium	0,08	0,90
Mangan	0,12	0,27
Chrom	11,70	17,50
Nickel	0,57	0,78

Der erstere hat in vollständig angelassenem Zustande einen elektrischen Widerstand von 0,0000513 Ohm/cm^3, der letztere von 0,0000744 Ohm/cm^3.

e) **Magnetische Eigenschaften.** Der rostfreie Stahl besitzt magnetische Eigenschaften derselben Art wie ein hochgradiger Kohlenstoffstahl. Wird der rostfreie Stahl richtig gehärtet, so gibt er einen guten Dauermagneten ab. In dieser Hinsicht ist er viel besser als der hochgradige Kohlenstoffstahl, wenn er auch dem gewöhnlichen im allgemeinen für Magnete verwendeten Wolframstahl mit etwa 6 vH Wolfram nachsteht. Dort, wo seine korrosionswiderstehenden Eigenschaften von besonderer Wichtigkeit sind, dürfte der rostfreie Stahl wahrscheinlich eine wertvolle Verwendung als Magnetstahl finden.

V. Der Einfluß verschiedener Behandlung und Zusammensetzung rostfreier Stähle auf den Widerstand gegen Korrosion.

Die Vorgänge beim Rosten des Eisens und seiner Legierungen sind äußerst verwickelt. Zahlreiche Arbeiten sind über das Rosten und die Korrosion sowie deren Folgeerscheinungen und Bekämpfung ausgeführt und es sind verschiedene Theorien aufgestellt worden, um die vielen Untersuchungsergebnisse zu deuten, die, zuweilen von widersprechender Natur, namhafte Forscher erhalten haben. Im Hinblick auf das Rosten des Eisens und Stahls waren bis vor kurzem die beiden wichtigsten Theorien die „Säuretheorie" und die „elektrochemische Theorie". Die erstere hielt die Anwesenheit von Säure, wenn auch in ganz geringem Maße, für den Eintritt der Korrosion für notwendig, während nach der letzteren behauptet wurde, daß selbst die bei den reinsten Metallen vorhandenen geringen physikalischen und chemischen Schwankungen elektrochemische Wirkungen auslösen, die offensichtlich Korrosion auch in Abwesenheit irgendeiner freien Säure herbeiführen können. Keine dieser Theorien gibt jedoch eine zufriedenstellende Erklärung aller Korrosionserscheinungen beim Eisen und Stahl, und folglich wurden in den letzten Jahren Sondertheorien aufgestellt, die die Ergebnisse umfangreicher Untersuchungen aufhellen sollten. Einige dieser Theorien gründen sich auf die chemischen Eigenschaften des Eisens, die andere Metalle nicht besitzen. Da sie offenbar auf letztere nicht bezogen werden können, so erschweren sie die restlose Klärung der Rost- und Korrosionserscheinungen[1].

In jüngster Zeit hat Evans Untersuchungen ausgeführt, die sich auf eine Arbeit von Aston stützen[2]. Sie sind dazu angetan,

---

[1] Eine ausführliche Zusammenstellung der neueren Arbeiten auf dem Gebiete der Korrosionsforschung findet sich in dem Buche von Pollitt-Creutzfeldt: Die Ursachen und die Bekämpfung der Korrosion. Braunschweig: Friedrich Vieweg und Sohn 1926.

[2] Vgl. Evans-Honegger: Die Korrosion der Metalle. Zürich: Orell Füssli Verlag 1926.

einige der widersprechenden Ansichten miteinander zu versöhnen und in die Korrosionstheorien etwas Ordnung zu bringen. Nach Evans ist die Korrosion ihrem Wesen nach elektrochemisch, doch unterscheidet sich die Theorie Evans' von einer der älteren darin, daß er glaubt, daß die potentialen Unterschiede (Spannungsunterschiede), die in verschiedenen Teilen eines Probestückes auftreten und Korrosion verursachen, nicht nur auf Veränderungen im Metall selbst zurückzuführen, sondern auch in der angreifenden Flüssigkeit zu suchen sind, die das Metall umgibt. Der Einfluß von Änderungen in der Flüssigkeit kann durch die Wirkung der kleinen Mengen von gelöstem Sauerstoff, der immer im gewöhnlichen Wasser vorhanden ist, erklärt werden. Wird ein Stück eines gewöhnlichen Stahlblechs in ein großes Gefäß mit Wasser getaucht, so wird sich die Menge des gelösten Sauerstoffs, die das Wasser enthält, sehr wahrscheinlich bald von Ort zu Ort in dem Gefäß verändern, wenn auch das Wasser zuerst gut umgerührt war. Evans hat bündig gezeigt, daß in einem solchen Falle eine elektrochemische Wirkung als Folge dieser Veränderung in der Sauerstoffsättigung des Wassers einsetzt. Sobald dies geschehen ist, verhält sich der Teil des Stahlblechs, der mit dem Wasser, das die geringste Sauerstoffmenge in Lösung hat, in Berührung ist, als Anode und wird deshalb schneller angegriffen als der Teil, den das Wasser mit hohem Sauerstoffgehalt berührt und der mithin als Kathode wirkt. Dieses Ergebnis ist äußerst wichtig, da es die erste überzeugende Erklärung für die bekannte Tatsache abgibt, daß eine übermäßig starke Korrosion oft an Stellen auftritt, zu denen der Sauerstoff den geringsten Zugang hat, wie z. B. in Löchern oder Einschnitten (Eindrehungen, Rillen, Nuten) oder unter Schmutz (Schlackenstellen, Schutt oder Abfall), der sich auf Oberflächenteilen des Metalls abgelagert oder festgesetzt haben mag und von den Korrosionsbildungen umgeben wird. Hier ist vielleicht auch die Ursache für das Bestreben des rostfreien Stahls zu suchen, an der Stelle, wo er gestützt oder aufgehängt wurde, schwach zu korrodieren, wenn er irgendeiner Lösung ausgesetzt wird.

Es ist jedoch nicht beabsichtigt, an dieser Stelle in eine eingehende Erörterung über den gegenwärtigen Stand der Rost- und Korrosionstheorien einzutreten, da eine solche Absicht außerhalb des Gebietes dieses Buches liegen würde. Es genügt die Feststellung, daß trotz großer Fortschritte besonders im Hinblick auf die Arbeiten von Evans, Friend[1], Bengough, Vernon[2], Rudeloff[3], Diegel[4], Kröhnke[5], Heyn und Bauer u. a. noch sehr viel zur Beantwortung ungelöster Fragen zu tun bleibt. In diesem Zusammenhange muß daran erinnert werden, daß auch die deutsche Forschung seit einer Reihe von Jahren allgemein bestrebt ist, Klarheit in die verwickelten Vorgänge der Rost- und Korrosionserscheinungen zu bringen. Namentlich Heyn und Bauer haben hier schon früher grundlegende Arbeit geleistet[6], so daß diesen beiden Forschern ein unbestreitbarer Erfolg in der Hinsicht beschieden gewesen ist, daß ihre Erkenntnisse dazu beigetragen haben, daß in Deutschland im Rahmen des Arbeitsgebietes der „Chemisch-Technischen Reichsanstalt" in Berlin der „Reichsausschuß für Metallschutz" ins Leben gerufen wurde. Dieser Ausschuß hat bereits sehr ersprießlich gewirkt. Er will „alle Kräfte zu erfolgreicher Arbeit auf dem Gebiete des Metallschutzes zusammenfassen und stellt eine straffe Einrichtung dar, der die namhaftesten Korrosionsforscher Deutschlands und zum Teil des Auslandes und eine große Anzahl von gewerblichen Unternehmungen angehören und die das gesamte Großgebiet des Korrosions- und Werkstoffschutzes ohne Einseitigkeit an sich zu ziehen bestrebt ist. Das Ziel des Ausschusses ist die Zusammenführung und Anregung aller Einzelforschungsstellen, industrieller Untersuchungsanstalten usw., der Erfahrungsaustausch innerhalb Deutschlands und mit dem Ausland und schließlich engste Zusammenarbeit zwischen Forschung und Praxis. Die Förderung dieser Ziele geschieht durch Herbeiführung persönlicher Fühlungnahme zwischen den beteiligten Stellen, durch Versammlungen und insbesondere durch Heraus-

---

[1] The Corrosion of Iron and Steel. London 1911.
[2] Über Bengough und Vernon siehe Evans-Honegger, a. a. O.
[3] Mitteilungen aus den Technischen Versuchsanstalten (Materialprüfungsamt in Berlin-Dahlem) 1900, S. 107 und 1902, S. 83 und Verhandlungen des Vereins zur Beförderung des Gewerbfleißes 1910, S. 443.
[4] Marine-Rundschau 1898, S. 1485 und Stahl und Eisen 1904, S. 567 und 629.
[5] Gesundheitsingenieur 1910, Nr. 22 und zahlreiche andere Arbeiten.
[6] Mitteilungen aus dem Materialprüfungsamt 1900, S. 38; 1908, S. 1; 1909, S. 57; 1919, S. 1 und 62; 1915, S. 1; 1918, S. 114 und Stahl und Eisen 1908, S. 1564. — Siehe auch den zusammenfassenden Überblick von Bauer: Die chemischen und physikalischen Vorgänge bei Rostungen und Korrosion. Das Gas- und Wasserfach 1925 S. 638, 704 und 715.

gabe einer eigenen Monatszeitschrift ,,Korrosion- und Metallschutz". Der Form nach entspricht der Reichsausschuß etwa dem englischen Korrosionsausschuß ,,Corrosion Research Committee of the Institute of Metals". Gerade England verdient Anerkennung, da hier die industriellen Untersuchungsanstalten in großzügiger Art und Weise die Ergebnisse ihrer Arbeit der Allgemeinheit zugänglich machen. Auch den deutschen Reichsausschuß leitet für seine Arbeit die Erkenntnis, daß es ,,eine volkswirtschaftliche Notwendigkeit erster Ordnung ist, sich alle Kräfte dienstbar zu machen, um die metallischen Werkstoffe und allgemein alle Materialien vor den zerstörenden Einflüssen der verschiedensten Art zu bewahren, ihre Lebensdauer nach Möglichkeit zu erhöhen und auf diese Weise wirtschaftlichen Werten Schutz und Erhaltung angedeihen zu lassen" (Hausen)[1].

Bevor das besondere Gebiet des Widerstandes gegen Korrosion beim rostfreien Stahl betrachtet wird, dürfte es nützlich sein, in kurzen Zügen eine der beiden grundlegenden Ursachen, auf die das Rosten des Eisens zurückzuführen ist, zu besprechen.

Es kann zweifelhaft bleiben, ob ein Werkstück aus vollkommen reinem Eisen, das also in jedem Teil physikalisch gleichmäßig ist, nach dem Eintauchen in vollständig reines Wasser rostet. Es kann jedoch kein Zweifel darüber bestehen, daß das reinste wirtschaftlich herstellbare Eisen in gewöhnlichem destilliertem Wasser oder in gewöhnlichem Trinkwasser rostet. Auch besteht kein Zweifel darüber, daß das Eisen, wenn Rosten stattfindet, in dem Wasser in Lösung geht und sich später aus dieser Lösung als Hydroxyd entweder an oder in der Nähe derjenigen Stelle niederschlägt, wo es sich löst oder in gewisser Entfernung von dieser durch das Wasser zerstörten Stelle. Je weniger gleichmäßig (homogen) außerdem ein Eisenstück in physikalischer oder chemischer Beziehung oder in beiden zugleich ist, desto größer ist im allgemeinen seine Neigung zur Korrosion. So wird durch den Zusatz von Kohlenstoff zum reinen Eisen ein Karbid (Eisenkarbid) erzeugt, das als besonderer Körper vorhanden und mehr oder weniger ungleich in der Metallmasse verteilt ist. Dieses Eisenkarbid ist gegen Eisen elektronegativ und folglich ist es bestrebt, die Korrosionsgeschwindigkeit des

---

[1] Kraft und Stoff, November 1926.

letzteren zu beschleunigen. Die Untersuchung des Kleingefüges der gewöhnlichen Stähle lehrt, daß diese unter verschiedenen Bedingungen der Wärmebehandlung entweder homogen oder inhomogen (heterogen) in verändertem Maße sein können. Auch ihre Korrosionsgeschwindigkeit ändert sich unter diesen verschiedenen Verhältnissen[1].

Werden diese beiden grundlegenden Gedanken auf die Sonderfrage des rostfreien Stahls übertragen, so ist es zunächst klar, daß die Anwesenheit genügender Mengen Chrom als „feste Lösung" im Eisen die Löslichkeit dieses Metalls in Wasser praktisch auf Null herabsetzt. Es ist nicht bekannt, aus welchem Grunde durch die Hinzufügung ausreichender Mengen Chrom zum Eisen diese Wirkung hervorgebracht wird. Doch scheint es, daß dies zum Teil auf dem Umstande beruht, was als „Passivität" bekannt ist. Die Ansicht ist allgemein, daß Salpetersäure das Eisen oder den gewöhnlichen Stahl leicht angreift, solange die Stärke der Säure das spezifische Gewicht von etwa 1,25 nicht übersteigt. Bei einer etwas stärkeren Säure als dieser, z. B. bei einer Säure mit dem spezifischen Gewicht von 1,3 oder 1,35, werden diese Werkstoffe angegriffen, wenn sie in diese Säure getaucht werden. Aber nach einer gewissen Zeit fällt die Angriffsgeschwindigkeit bedeutend ab und kann vollständig aufhören. Bei noch stärkerer Säure, z. B. der konzentrierten Form der Salpetersäure, die gewöhnlich mit einem spezifischen Gewicht von 1,42 verkauft wird, tritt anscheinend überhaupt kein Angriff ein, und es wird dann allgemein gesagt, das Eisen wird in einer solchen Säure „passiv". Ein durch die Wirkung von starker Salpetersäure „passiv" gemachtes Eisen behält nach der Entfernung aus der Säure für eine längere oder kürzere Zeit gewisse Eigentümlichkeiten in seinem Verhalten zu anderen Angriffsmitteln bei. So wird es nicht sofort von Salpetersäure vom spezifischen Gewicht 1,20 angegriffen, noch wird es Kupfer aus Lösungen von Salzen dieses Metalls abscheiden, wie es beim nichtpassivierten Eisen gewöhnlich der Fall ist. Mit anderen Worten, das „passive"

---

[1] Vgl. Heyn und Bauer: Der Einfluß der Vorbehandlung des Stahls auf die Löslichkeit gegenüber Schwefelsäure; die Möglichkeit aus der Löslichkeit Schlüsse zu ziehen auf die Vorbehandlung des Materials. Mitteilungen aus dem Materialprüfungsamt 1909, S. 57 und Stahl und Eisen 1909, S. 733, 784 und 870.

168 Der Einfluß verschiedener Behandlung und Zusammensetzung.

Eisen besitzt einen größeren Widerstand gegen den Angriff gewisser Lösungsmittel als das gewöhnliche Metall. Ein solcher passiver Zustand kann beim Eisen durch verschiedene Mittel von im allgemeinen oxydierender Natur oder durch elektrochemische Mittel erzeugt werden. Die durch irgendein solches Angriffsmittel beim Eisen hervorgebrachte „Passivität" ist von mehr oder weniger vorübergehender Art[1].

Trotzdem das passive Metall auf kurze Zeit anderen Lösungsmitteln widersteht, die an sich bei dem Metall keine Passivität hervorrufen, so ist eine solche Widerstandsfähigkeit jedoch nur zeitlich, und das Metall wird am Ende einer längeren oder kürzeren Zeitdauer angegriffen. Das Metall Chrom zeigt Passivitätswirkungen in viel ausgeprägterer Weise als das Eisen und auch unter dem Einfluß von Mitteln, die beim Eisen keine Passivität bewirken. Folglich ist die Annahme verständlich, daß das Chrom, wenn es dem Eisen hinzugefügt wird, in großem Maße das Bestreben zur Passivität, das bei dem Metall bereits vorhanden ist, erhöht[2].

Die Ursache der „Passivität" ist noch nicht klar erkannt worden[3], doch dürfte es sehr wahrscheinlich sein, daß die Oberfläche des „passiven" Metalls mit einer Schicht eines Oxyds dieses Metalls bedeckt ist, und durch diese Schicht wird die weitere Einwirkung verhindert[3]. Natürlich liegt eine solche überaus dünne Schicht vollständig außerhalb der Bestimmungsmöglichkeit irgendeines empfindlichen chemischen Verfahrens, das zur Feststellung ihrer Anwesenheit herangezogen werden könnte. Ein Überblick über Passivitätseinwirkungen in Verbindung mit dem Angriff bestimmter Säuren auf rostfreien Stahl wird später gegeben werden.

Wird dem Stahl in kleinen Mengen Chrom zugefügt, so scheint es sich zunächst vollständig mit dem Kohlenstoff im Stahl zu verbinden. Sofern die Menge des Chroms im Stahl erhöht wird,

---

[1] Vgl. Strauß: Das elektrochemische Verhalten des nichtrostenden Stahls. Stahl und Eisen 1925, S. 1189 und 1927, S. 317.
[2] Vgl. Tammann: Die spontane Passivität der Chromstähle. Stahl und Eisen 1922, S. 577; Benedicks und Sundberg: Stahl und Eisen 1927, S. 278 und Strauß: Zeitschrift für Elektrochemie 1927, S. 317.
[3] Siehe Feldenhagen: Zeitschrift für physikalische Chemie 1908, der eine erschöpfende Zusammenstellung des älteren Schrifttums über „Passivität" bringt. Die neueren Arbeiten siehe in Pollitt-Creutzfeldt, a. a. O. — Vgl. auch Guertler: Zeitschrift für Metallkunde 1926, S. 365.

Der Einfluß verschiedener Behandlung und Zusammensetzung. 169

ist nur ein Teil desselben in fester Lösung mit dem Eisen. Die Menge irgendeines bestimmten Chromgehaltes in der festen Lösung hängt aber von der Menge des Kohlenstoffs im Stahl ab.

Die chemische Zusammensetzung des sich gewöhnlich im rostfreien Stahl befindlichen Karbids (Chromkarbids) ist noch nicht genau festgestellt worden. Es bestehen tatsächlich Zweifel darüber, ob dieses Karbid eine unveränderliche Zusammensetzung hat, da bekannt ist, daß das Verhältnis von Eisen, Chrom und Kohlenstoff in dem Karbid in gewissem Grade unter den verschiedenen Bedingungen der Wärmebehandlung schwanken kann. Als angenäherte Unterlage für seinen Durchschnittswert kann das Verhältnis von Chrom zum Kohlenstoff im Karbid mit 10 : 1 angenommen werden. Es ist deshalb klar, daß die vorhandene Kohlenstoffmenge im Stahl einen sehr entscheidenden Einfluß auf die Menge des Chroms hat, die zur Herbeiführung der Rostfestigkeit des Stahls verfügbar ist, und daß auch der physikalische Zustand des in irgendeinem Stahl vorhandenen Karbids den Grad des Widerstandes gegen die Korrosion jenes Stahls beeinflußt. In diesem Abschnitt soll zunächst gezeigt werden, wie der Grad des Widerstandes irgendeines rostfreien Stahls durch Veränderungen der Wärmebehandlung, der er unterworfen wird, beeinflußt wird, und weiter soll auch der allgemeine Einfluß der Veränderungen in der Zusammensetzung rostfreier Stähle auf ihren Widerstand gegen Rost und Korrosion dargelegt werden.

Von dem allgemeinen Grundsatze ausgehend, daß die Ungleichmäßigkeit (Heterogenität) des Stahls das Bestreben hat, die Geschwindigkeit des Angriffs verschiedener Mittel auf den Stahl zu verstärken, müßte man erwarten, daß der größte Widerstand irgendeines Stahls gegen Korrosion dann erhalten wird, wenn dieser Stahl in einer solchen Weise abgeschreckt wird, daß er ganz aus Martensit besteht, während die am wenigsten widerstandsfähige Form durch eine Ausglühung des Stahls zu erhalten ist, um eine vollständige Trennung des Karbids und Ferrits herbeizuführen. Im ersteren Falle ist sowohl alles Chrom als auch der Kohlenstoff im Eisen in Lösung, und daher wird der volle Zweck der ganzen Menge des vorhandenen Chroms erreicht. Im letzteren Falle dient die Trennung des Karbids nicht nur dazu, den Widerstand gegen Korrosion infolge galvanischer

170 Der Einfluß verschiedener Behandlung und Zusammensetzung.

Einflüsse zu vermindern, sondern sie setzt außerdem die Sättigung des in dem Eisen gelösten Karbids herab, weil das abgesonderte Karbid eine große Menge Chrom enthält. Folglich besitzt der größte Teil des Stahls einen geringeren Widerstand gegen Korrosion, als wenn sich in ihm das gesamte Chrom in Lösung befindet.

Bei jedem bestimmten rostfreien Stahl kann deshalb der Einfluß der veränderten Wärmebehandlung in folgender Weise untersucht werden:

1. Härten.

Der größte Widerstand gegen Korrosion ist durch Abschreckung des rostfreien Stahls von einer Temperatur zu erreichen, die genügend hoch ist, um alles vorhandene Karbid zu lösen. Wenigstens zeigt es sich in der Praxis, daß die Abschreckung eines rostfreien Stahls von üblicher Zusammensetzung bei einer Temperatur von 900 bis 950° C einen Werkstoff ergibt, der in Wasser und gewissen anderen Mitteln, wie Essig und Fruchtsäften, praktisch unlöslich ist, daß ferner die Erhöhung der Härtungstemperatur oberhalb dieses Wärmegebietes keine besondere Verbesserung herbeiführt, während andererseits die Gefahr des Reißens während der Härtung ernstlich vergrößert wird. Sofern Stähle später fast vollständig angelassen werden müssen, scheint hier jedoch im Hinblick auf den Widerstand gegen Korrosion kein Vorteil darin zu bestehen, daß die Abschrecktemperatur genügend erhöht wird, um die Karbidreste in Lösung zu bringen, die bei 900 bis 950° C ungelöst blieben, da auch das ganze gelöste Karbid bei der nachfolgenden Anlaßarbeit wieder aus der Lösung abgeschieden wird. In diesem Falle soll diejenige Abschrecktemperatur gewählt werden, die die besten mechanischen Eigenschaften des Werkstoffes nach dem Anlassen ergibt, wie im letzten Abschnitt beschrieben wurde.

Der Einfluß der Erhöhung der Abschrecktemperatur auf den Widerstand gehärteter Stähle gegen Korrosion kann dadurch festgestellt werden, daß man Stähle mit niedrigerem Chromgehalt als jenem in rostfreien Stählen verwendet, da sie für die Einflüsse der Wärmebehandlung empfänglicher sind als gewöhnliche rostfreie Stähle. So wurden z. B. Proben eines Stahls mit 0,53 vH Kohlenstoff, 0,73 vH Silizium, 0,21 vH Mangan und

8,60 vH Chrom, der mithin beträchtlich außerhalb des Gehaltsgebietes für rostfreien Werkstoff liegt, von folgenden Temperaturen abgeschreckt:

	I	II	III	IV	V
Temperatur ^{0} C ..	950	1000	1050	1120	1200

Nach der Abschreckung enthielt Probe I eine merkliche Menge von freiem Karbid, Probe II weniger Karbid und Probe III nur Spuren von Karbid, während die Proben IV und V vollständig aus Martensit bestanden. Die Proben wurden geschliffen und poliert und dann in der Weise geprüft, daß ein kleiner Tropfen Essig auf jede Probe getan wurde, um hier allmählich zu trocknen. Der getrocknete Rest der Tropfen wurde dann mit Wasser abgespült. Diese Tropfenprobe mit Essig wird regelmäßig bei der Untersuchung des Werkstoffes für Messerwaren vorgenommen. Sie ist eine schärfere Probe als jene, bei der das Stück auf zwölf bis vierzehn Stunden in Essig gelegt wird. Bei der Tropfenprobe wurde gefunden, daß Probe I durch den Essig stark gefleckt(gefärbt) war, Probe II weniger und Probe III nur in ganz geringem Maße, während die Proben IV und V nicht angegriffen worden waren. Hierdurch ist bewiesen, daß der Widerstand des Werkstoffes gegen „Flecken" sowohl mit der Abschrecktemperatur als auch mit der fortschreitenden Auflösung des Karbids steigt, die mit der Erhöhung dieser Temperatur Hand in Hand geht.

2. Anlassen.

Angesichts der Tatsache, daß kein merkbarer Verlust an Härte beim Anlassen gehärteter rostfreier Stähle bis zu etwa 500 ^{0} C eintritt und daher nach einem solchen Anlassen das Gefüge eines abgeschreckten Stahls noch martensitisch ist, kann man auch wohl nicht erwarten, daß dieses Anlassen irgendeinen großen Einfluß auf den Widerstand des gehärteten Werkstoffes gegen Korrosion hat. Ein solcher Einfluß ist auch nicht beobachtet worden. Diese Tatsache ist von großer wirtschaftlicher Bedeutung, weil ein solches Anlassen in sehr hohem Maße die während der Härtung entstehenden inneren Spannungen (Härtungsspannungen) beseitigt und auch sehr wesentlich die Dehnbarkeit und Zähigkeit des Werkstoffes verbessert, was auch bereits im letzten Abschnitt dargelegt wurde.

Der plötzliche und ausgeprägte Abfall in der Härte, der entsteht, wenn die Anlaßtemperatur von 500 auf 600° C steigt, wird von einem verminderten Widerstand des Werkstoffes gegen Korrosion begleitet. Ein solcher „erweichter" Werkstoff kann z. B., wenn er, wie vorher beschrieben, mit Essig geprüft wird, „flecken", doch wird er auch in diesem Zustande äußerst langsam angegriffen. Ob er tatsächlich bei der Essigprobe „flecken" wird oder nicht, hängt von der Menge des Kohlenstoffs und Chroms im Stahl ab. Da wahrscheinlich der größere Teil des Karbids, wenn nicht alles Karbid, durch Anlassen auf 600° C aus der festen Lösung ausfällt, und die Hauptwirkung des Anlassens auf höhere Temperaturen als diese in der Verschmelzung der bereits vorhandenen kleinen Karbidteilchen mit den größeren besteht, so kann nicht erwartet werden, daß es einen merklichen Unterschied im Widerstand gegen die Korrosion bei Stählen gibt, die auf 600° C und bei jenen, die auf höhere Temperaturen, z. B. 700 bis 750° C angelassen worden waren. Nach theoretischen Erwägungen bestehen wahrscheinlich zwei entgegengesetzte, durch das höhere Anlassen erzeugte Wirkungen:

a) Eine weitere geringe Ausfällung von Karbid ergibt sich aus einer Verminderung der Sättigung an gelöstem Chrom, womit das Bestreben zur Erzeugung eines verringerten Widerstandes gegen chemische Einflüsse verknüpft ist;

b) Die Vereinigung der Karbidteilchen verursacht eine stark ausgeprägte Verminderung ihrer Gesamtoberfläche. Die Annahme ist verständlich, daß durch diese Flächenverminderung irgendwelche galvanische Wirkung zwischen dem Karbid und Ferrit herabgesetzt und deshalb der Widerstand gegen chemische Einflüsse verstärkt wird.

Es ist sehr wohl möglich, daß diese entgegengesetzten Wirkungen auch entsprechende verschiedene Werte bei verschiedenen Angriffsmitteln ergeben und daß beim Gebrauch derselben Reihe von Probestücken die Versuche mit manchen Mitteln zeigen werden, daß das Anlassen auf eine höhere Temperatur als 600° C den Widerstand nur unbedeutend vermindert, während dieselben weicheren Proben gegen andere Mittel etwas weniger korrosionsfest sein werden als die härteren. Als Beispiel der verschiedenen Wirkungen mancher Angriffsmittel auf Stähle, die auf verschiedene Temperaturen angelassen wurden, können die folgenden Zahlen angegeben werden.

Polierte Stahlstücke mit 0,34 vH Kohlenstoff, 0,13 vH Silizium, 0,26 vH Mangan und 11,6 vH Chrom, die gehärtet und dann auf verschiedene Temperaturen angelassen worden waren, wurden 21 Tage lang in reinen Malzessig gelegt, der 5 vH Essigsäure enthielt. Nach dieser Zeit zeigten die auf Temperaturen bis zu 500° C angelassenen Stücke keine Anzeichen eines Angriffs. Die auf 550 bis 600° C angelassenen Stücke waren wenig, doch deutlich angegriffen und ihre polierte Oberfläche hatte ein geätztes Aussehen. Die Gewichtsverluste waren 0,26 und 0,19 mg/cm^2-Oberfläche. Das auf 700° C angelassene Stück war offenbar weniger angegriffen, es zeigte auch die Ätzwirkung weniger deutlich, und der Gewichtsverlust war nur ½ bis ⅓ der obigen Werte, nämlich 0,08/cm^2-Oberfläche.

Zum Vergleich kann angeführt werden, daß ein gehärtetes und angelassenes Stück eines Chromnickelstahls mit 3 vH Nickel und 1 vH Chrom, das gleichzeitig mit den rostfreien Stücken geprüft wurde, stark angegriffen war; der Gewichtsverlust betrug 3,6 mg/cm^2-Oberfläche.

Weiterhin wurden dieselben rostfreien Stahlstücke nach der Wiederpolitur vier Tage lang in eine 5%ige Lösung von reiner Essigsäure getaucht, die eine viel kräftigere Korrosionswirkung besitzt als Essig (vgl. S. 201). In diesem Falle war der Angriff auf die bei höheren Temperaturen angelassenen Stücke stärker. Die Gewichtsverluste waren:

  angelassen auf 550° C . . . . 3,10 mg/cm^2-Oberfläche
    ,, ,, 600° ,, ... 5,10 ,, ,,
    ,, ,, 700° ,, ... 7,25 ,, ,,

Die allgemeine Regel kann daher aufgestellt werden, daß die Unterschiede, die zwischen den Widerständen gegen Korrosion von den auf 600° C und jenen auf höhere Temperaturen angelassenen Stählen bestehen, sehr gering sind und vernachlässigt werden können. Folglich kann die zweckmäßige Anlaßtemperatur innerhalb des Bereichs von 600 bis 750° C für irgendeinen Gegenstand aus rostfreiem Werkstoff ausgewählt werden, um auch die besten mechanischen Eigenschaften zu erzielen.

3. Glühen.

Es wurde gezeigt, daß das Kleingefüge, das beim Glühen von rostfreiem Werkstoff bei einer Temperatur oberhalb des Haltepunktes erzielt wird, die aber doch nicht hoch genug ist, um alles Karbid zu lösen, körnig und sehr ähnlich demjenigen ist, das von demselben Stahl nach dem Härten und Anlassen auf 700 bis 750° C erhalten wird, nur daß die Karbidkörnchen weniger groß sind. In dem geglühten Zustande ist der Werkstoff viel weicher, als wenn er gehärtet und vollständig angelassen ist, doch ist er auch etwas weniger widerstandsfähig gegen Korrosion als in der letzteren Form.

Die „nichtkorrosiven" Eigenschaften des bei genügend hoher Temperatur geglühten Werkstoffes zur Erzeugung eines perlitischen Gefüges sind von geringerer Wichtigkeit. Da die ein solches Gefüge begleitenden mechanischen Eigenschaften verhältnismäßig schlecht sind, so ist es kaum wahrscheinlich, daß ein solcher Werkstoff wissentlich in Dienst genommen wird. Nach allgemeinen theoretischen Erwägungen muß man eben erwarten, daß ein bestimmter Stahl in einem solchen Zustande einen geringeren Widerstand gegen Korrosion haben wird, als nach irgendeiner anderen Wärmebehandlung. Versuche bestätigen diese Ansicht.

Als Beispiel der Verschiedenheit im Angriff zwischen geglühtem, gehärtetem und angelassenem Werkstoff sollen die folgenden, bei der Essigprobe erhaltenen Ergebnisse mitgeteilt werden. Stähle von der Zusammensetzung:

Werkstoff	Kohlenstoff vH	Chrom vH
A	0,31	11,1
B	0,32	12,2
C	0,33	13,3
D	0,31	14,4

wurden auf verschiedene Art wärmebehandelt und dann mit Essig in der Weise geprüft, wie es auf S. 171 beschrieben wurde. Nach dem Härten bei 900 bis 950° C waren alle vier Stähle völlig „fleckenlos". Nach vollständigem Anlassen auf 750° C hatte A „gefleckt", B hatte einen sehr geringen „Fleck" und war tatsächlich fast „fleckenlos", während C und D ganz „fleckenlos" waren. Nach dem Glühen bei 900° C wurden A, B und C durch Essig „gefleckt", während D praktisch „fleckenlos" blieb. Ähnliche Ergebnisse wurden auch durch Glühen bei 1050° C erhalten.

Die Ätzwirkungen von Pikrinsäure auf Probestücke für die mikroskopische Untersuchung (vgl. S. 44) sind in bezug auf diesen Punkt auch lehrreich. Im allgemeinen hat die gewöhnliche alkoholische Lösung dieser Säure, die zum Ätzen von Schliffen aus Kohlenstoffstählen gebräuchlich ist, keinen Einfluß auf einen gewöhnlichen rostfreien Stahl, wenn dieser sowohl gehärtet als auch gehärtet und angelassen ist. Derselbe Stahl im geglühten Zustande läßt sich jedoch, wenn auch etwas langsam, in der Regel mit dieser Lösung ätzen.

Hieraus kann daher gefolgert werden, daß der rostfreie Stahl nach dem Glühen weniger widerstandsfähig gegen Korrosion ist als nach anderen Arten der Wärmebehandlung. Aber auch in diesem Zustande korrodiert er äußerst wenig. Es ist daher wohl angebracht, sich stets zu vergegenwärtigen, daß die Unterschiede, die in dem Widerstand eines rostfreien Stahls gegen Korrosion bei veränderter Wärmebehandlung bestehen, von viel geringerer Bedeutung sind als der Unterschied zwischen dem Widerstand eines solchen Stahls und demjenigen eines gewöhnlichen Kohlenstoffstahls.

4. Kaltbearbeitung.

Wenn die Kaltbearbeitung auch nicht streng genommen in das Gebiet der Wärmebehandlung gehört, so ist es doch wichtig, an dieser Stelle die Einflüsse der Kaltbearbeitung auf den Widerstand von rostfreiem Werkstoff zu betrachten. Die meisten Metalle haben, wenn sie durch Kaltverformung verzerrt sind, ein größeres Bestreben zur Korrosion als im nichtbearbeiteten Zustande. Auch der rostfreie Stahl macht hiervon keine Ausnahme und er rostet verhältnismäßig leicht, wenn er stark verformt (gereckt) ist, z. B. wird eine Drahtrolle aus stark kaltgezogenem Draht zu einer festen Masse rosten, wenn sie einige Monate lang den Witterungseinflüssen ausgesetzt wird. Der Widerstand von verformtem und nichtverformtem Werkstoff kann z. B. gezeigt werden, wenn die Hälfte eines gebrochenen Zerreißstabes aus gehärtetem und angelassenem rostfreiem Stahl, der vor dem Bruche vollständig poliert worden war, in eine Lösung von gewöhnlichem Kochsalz gelegt wird. Die Korrosion wird alsdann an dem verzerrten Ende beginnen. Die Wirkung der Kaltbearbeitung auf die Beschleunigung der Korrosion wird auch in schlagender Weise in Abb. 76 gezeigt. Das hier wiedergegebene

Vgl. Kühnel und Marzahn: Glasers Annalen 1923, S. 134.

176 Der Einfluß verschiedener Behandlung und Zusammensetzung.

Probestück aus gehärtetem und angelassenem rostfreiem Stahl war auf einer Seite mit den Zahlen 6 und 1 gestempelt worden. Später wurden die Stempelzeichen gerade noch weggeschliffen, die Oberfläche wurde mit feinem Schmirgelpapier geglättet, und das Stück wurde dann ungefähr acht Stunden lang in 5%ige Schwefelsäure gelegt. Die verzerrten Flächen, die sich unmittelbar unter den ursprünglichen Stempelzeichen befanden, waren während der folgenden Schleif- und Glättarbeit nicht vollständig entfernt worden und sie wurden schneller als das unverzerrte Metall mit dem in Abb. 76 gezeigten Ergebnis angegriffen.

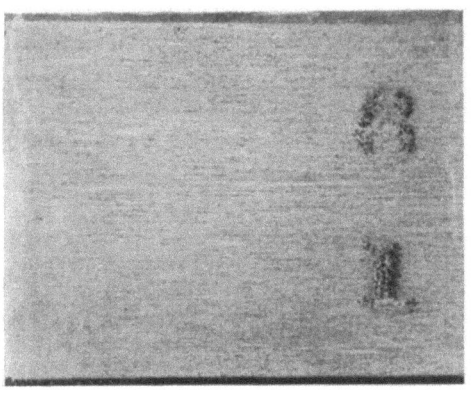

Abb. 76. Einfluß der Verzerrung auf die Angriffsgeschwindigkeit verdünnter Schwefelsäure bei rostfreiem Stahl.

Ob unter festgelegten Bedingungen bei einem in geringem Maße verformten Stahlstück Korrosion stattfinden wird oder nicht, hängt von der Zusammensetzung desselben ab und sie kann nur durch den üblichen Versuch festgestellt werden, jedoch wird der verringerte Widerstand immer vorhanden sein, wie er auch durch Anlassen eines gehärteten Stahls zutage tritt. Dies ist auch der Grund, daß eine polierte Fläche eines rostfreien Stahls widerstandsfähiger ist als eine grobbearbeitete. Diese Wirkung ist jedoch nicht durch das Vorhandensein einer Politur auf der Oberfläche bedingt, sondern durch das Fehlen der durch die grobe Bearbeitung entstandenen verzerrten Außenschicht. Mit einer polierten Fläche ist auch ein mittelbarer Vorteil verbunden. Eine solche Fläche bietet, da sie glatt und eben ist, weniger Gelegenheit für die Ansammlung von Staub als eine rauhe Fläche und deshalb auch weniger die Möglichkeit zur Bildung örtlicher Grübchen, die durch die galvanischen Einflüsse hervorgerufen werden, die zuweilen der Staub im Gefolge hat.

Kaltbearbeitung. 177

Um sich ein Bild von dem Umfange der durch grobe Bearbeitung erzeugten Verzerrung eines Werkstückes zu machen, sind die Abb. 77 und 78 von Wichtigkeit. Abb. 77 zeigt das Aussehen einer gehobelten Fläche eines Stahlstückes in zwölffacher Vergrößerung. Man kann sehr deutlich die kleinen Risse erkennen, die senkrecht zur Richtung des Werkzeuges verlaufen und beim Abbrechen der Späne gebildet wurden. Diese Oberfläche war keineswegs sehr

Abb. 77. Durch grobe Bearbeitung erhaltene rissige Oberfläche eines Stahlgegenstandes. × 12.

grob bearbeitet, denn der tatsächliche Vorschub des Werkzeuges war nur etwa 2 mm.

Die Hobel- oder Drehspäne von einer solchen Fläche sind natürlich sehr stark verzerrt, doch ist auch die zurückbleibende Fläche ebenfalls bis zu einer merklichen Tiefe verzerrt, wie dies Abb. 78 veranschaulicht. Hier verläuft der Schnitt senkrecht zur bearbeiteten Fläche. Man sieht, daß in diesem Falle die Oberfläche bis zu einer Tiefe von etwa 0,25 mm ebenfalls stark verzerrt ist. Eine solche Wirkung ist kennzeichnend für das, was bei jeder groben Bearbeitung, wenn auch in verschiedenem Grade, vorsichgeht. Damit eine

178 Der Einfluß verschiedener Behandlung und Zusammensetzung.

solche wie in Abb. 78 gezeigte Fläche befriedigend poliert werden kann, müßte sie fein bearbeitet und geschliffen werden. Durch

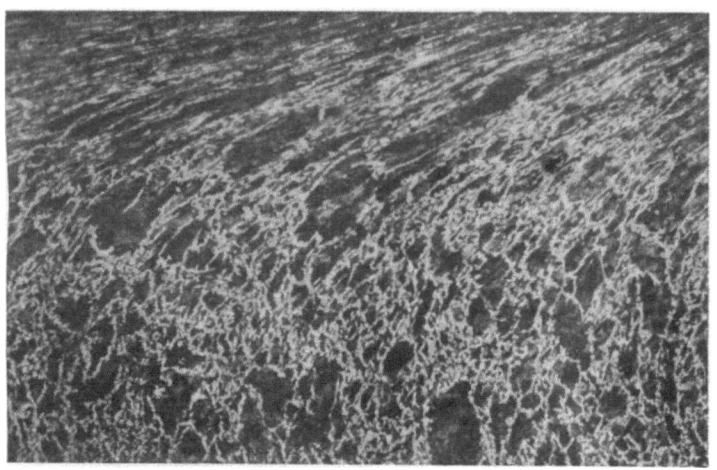

Abb. 78. An der Oberfläche verzerrtes Gefüge eines Stahlgegenstandes. × 100.

diese beiden Arbeiten werden Flächen erhalten, die viel weniger verzerrt sind als jene, die durch grobe Bearbeitung entstehen.

5. Die durch veränderte Zusammensetzung von rostfreiem Stahl erzeugten Wirkungen.

a) **Kohlenstoff und Chrom.** Diese sind in Rücksicht auf die Beständigkeit des rostfreien Stahls die wichtigsten Bestandteile. Aus den früheren Bemerkungen über den Einfluß des freien Karbids und des gelösten Chroms auf den Widerstand irgendeines bestimmten rostfreien Stahls gegen Korrosion erhellt, daß die Wirkungen, die sich aus einer Veränderung in der Zusammensetzung dieses Stahls sowohl im Hinblick auf den Kohlenstoff- als auch Chromgehalt ergeben, berücksichtigt werden müssen[1].

So wird es verständlich, daß bei irgendeinem gegebenen Chromgehalt unter bestimmten Bedingungen der Wärmebehandlung der Widerstand gegen Korrosion größer wird, je niedriger der

---

[1] Vgl. Duffek: Der Einfluß des Kohlenstoffgehaltes auf die Korrosion von Sonderstählen. Vortrag von dem Reichsausschuß für Metallschutz am 5. Mai 1927 und Stahl und Eisen 1927, S. 1376.

Kohlenstoffgehalt ist, während andererseits bei gleichbleibendem Kohlenstoffgehalt eine Erhöhung des Chroms auch einen vermehrten Widerstand gegen Korrosion im Gefolge hat. Vom wirtschaftlichen Standpunkte aus sind die von dem Stahl verlangten mechanischen Eigenschaften in vielen Fällen genau so wichtig wie der Grad seines Widerstandes gegen Korrosion, und dieser Umstand begrenzt häufig ganz wesentlich die zulässigen Änderungen in der Zusammensetzung des Stahls. Es wurde z. B. schon früher betont (S. 171), daß ein Stahl mit nur 8,6 vH Chrom bei geeigneter Behandlung bemerkenswerte „nichtfleckende" Eigenschaften besitzt. Die mechanischen Eigenschaften dieses Stahls nach dieser notwendigen Wärmebehandlung wären jedoch im Hinblick auf seine Verwendung für manche Zwecke ein starkes Hindernis. Durch eine Erhöhung des Chromgehaltes auf 20 oder 30 vH wächst in gleicher Weise der Widerstand gegen Korrosion und auch die Einflüsse der Ungleichmäßigkeit werden vermindert, die z. B. durch hohen Kohlenstoffgehalt verursacht wird (Seigerungen). Besitzen, wie auf S. 108 bis 112 angegeben wurde, solche Legierungen nicht einen sehr hohen Kohlenstoffgehalt, so können sie keinesfalls durch Abschreckung gehärtet werden. Auch ihre mechanischen Eigenschaften sind in vielen Fällen unbrauchbar. Aus diesem Grunde und vom rein wirtschaftlichen Standpunkte aus liegt, da die Kosten der höheren Chromlegierungen hoch sind, die Menge des gewöhnlich im rostfreien Stahl gefundenen Chroms zwischen 11 und 14 vH. Innerhalb dieses Bereichs sind Stähle mit weniger als etwa 0,4 vH Kohlenstoff nach richtiger Härtung gegenüber Essig „fleckenlos".

Gelegentlich werden Stähle zufällig oder für besondere Zwecke mit einem höheren als dem hier angegebenen Kohlenstoffgehalt hergestellt. Solche Stähle können bis zu einem gewissen Grade in Essig „flecken", wenn sie von 900 bis 950°C abgeschreckt werden. Nach der Abschreckung von höheren Temperaturen zeigen sie jedoch einen erhöhten Widerstand gegen Korrosion in genau der gleichen Weise wie der früher auf S. 171 beschriebene Chromstahl mit niedrigerem Chromgehalt. Es sind natürlich der Höhe des Kohlenstoffgehaltes Grenzen gezogen, die ein Stahl mit 11 bis 14 vH Chrom ertragen kann, um immer noch nach Abschreckung von hohen Temperaturen „fleckenlos" zu bleiben, weil, wie im Abschnitt II gezeigt wurde, die in solchen Stählen unter

180   Der Einfluß verschiedener Behandlung und Zusammensetzung.

den gewöhnlichen Wärmebedingungen gelöste Kohlenstoffmenge nicht groß ist. Sie ist tatsächlich viel geringer als in chromfreien Stählen. So enthielt ein Stahl mit 1,0 vH Kohlenstoff und 11,8 vH Chrom immer noch eine nachweisbare Menge von freiem Karbid, nachdem der Stahl von 1100° C abgeschreckt worden war. Bei der vorher beschriebenen Essigprobe wurde er „fleckig". Andererseits wurde ein Stahl mit 0,96 vH Kohlenstoff und 13,1 vH Chrom, der nach der Abschreckung von

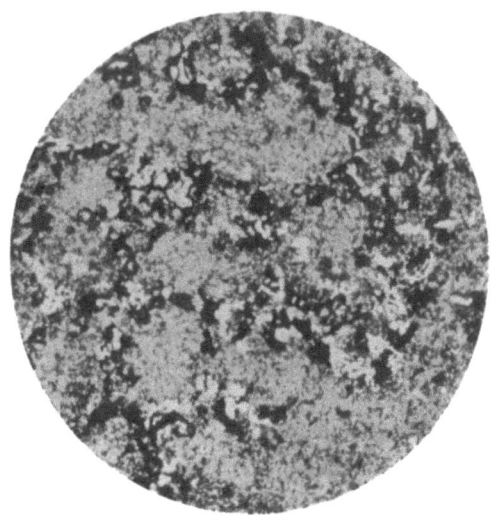

Abb. 79. Korrosion rund um die freien Karbidkörner in rostfreiem Stahl mit hohem Kohlenstoffgehalt.   × 500.

950° C bei der Essigprobe „fleckte", durch Essig nicht angegriffen, als er von 1050° C abgeschreckt wurde, trotzdem immer noch eine große Menge von freiem Karbid vorhanden war. Der Unterschied in dem Verhalten dieser beiden Stähle bei der Essigprobe ist aus dem Unterschiede ihres Chromgehaltes zu verstehen.

Ein lehrreiches Beispiel über den Einfluß des freien Chromkarbids in hochkohlenstoffhaltigem rostfreiem Stahl besteht in der Erzeugung von „elektrochemischer" Korrosion (Abb. 79). Diese Abbildung stellt einen Teil der angegriffenen Oberfläche einer Probe des oben erwähnten Stahls mit 11,8 vH Chrom dar, nachdem sie mit Essig geprüft worden war. Es ist leicht zu erkennen, daß die

Die durch veränderte Zusammensetzung erzeugten Wirkungen. 181

tiefdunkel angegriffenen Flächen in nächster Nähe der großen Einsprenglinge von freiem Karbid liegen, die auf dem Schliffbild an ihrer hellen Farbe deutlich erkennbar sind.

Infolge des sehr niedrigen Kohlenstoffgehaltes der weichen rostfreien Stähle oder des rostfreien Eisens ist der größere Teil des Chroms in solchen Werkstoffen sogar auch dann im Eisen in Lösung, wenn sie sich in dem voll angelassenen Zustande befinden. Die genaue Zusammensetzung des Karbids in solchen Stählen ist zurzeit noch nicht bekannt, aber, wie schon früher bemerkt wurde, ist das Verhältnis des Chroms zum Kohlenstoff in dem Karbid wahrscheinlich 10 : 1. Es würde dann 0,1 vH Kohlenstoff in der Karbidform nur etwa 1,0 vH Chrom binden. Als Folge hiervon sind solche weichen Stähle, wenn sie vollständig angelassen sind, gegen Essig „fleckenlos", und sogar auch dann, wenn sie etwas weniger Chrom enthalten, als es gewöhnlich im rostfreien Werkstoff der Fall ist, z. B. bei 10 bis 11 vH Chrom.

Rostfreie Eisensorten mit hohem Gehalt an Chrom, z. B. 14 vH oder mehr sind nach irgendeiner Art der Wärmebehandlung äußerst widerstandsfähig gegen Korrosion. Es ist klar, daß die Wirkungen des Anlassens oder Glühens auf rostfreie Werkstoffe mit niedrigem Kohlenstoffgehalt geringer sein werden als auf Stähle mit hohem Kohlenstoffgehalt, weil erstere viel weniger Karbid enthalten, und folglich haben Veränderungen in dem natürlichen Zustande dieses Werkstoffes wahrscheinlich weniger Einfluß auf den Widerstand desselben gegen Korrosion. Diese hochchromhaltigen Eisensorten können auch in beträchtlichem Maße kaltbearbeitet werden, ohne daß ihre Eigenschaften hinsichtlich ihres Widerstandes gegen Korrosion beeinträchtigt werden.

b) Silizium. Der Einfluß merklicher Mengen von Silizium sowohl auf die Erhöhung der Temperatur, bei der der Ac_1-Punkt bei rostfreien Stählen auftritt, als auch auf diejenige Temperatur, die nötig ist, um die vollständige Lösung des Karbids zu erhalten, ist schon auf S. 132 beschrieben worden. Hieraus folgt, daß entsprechende höhere Härtungstemperaturen bei rostfreien Stählen mit hohem Siliziumgehalt nötig sind, um gleiche Ergebnisse im Widerstande gegen Korrosion zu erzielen.

Im Hinblick auf die „allgemeine" Korrosion scheint etwa 1 vH Silizium wenig Einfluß zu haben. So wurden z. B. Vergleichsversuche an zwei Stählen von folgender Zusammensetzung angestellt:

	A vH	B vH
Kohlenstoff ..	0,39	0,38
Silizium	0,11	1,26
Mangan	0,22	0,28
Chrom.....	13,60	13,80
Nickel.....	0,64	0,66

Nach der Ölabschreckung von 900° C blieb die Probe A mit einer Brinellhärte von 495 bei der Essigprobe „fleckenlos", Probe B war nach derselben Wärmebehandlung viel weniger hart (Brinellhärte 286) und wurde durch Essig nur wenig „gefleckt". Eine Erhöhung der Abschrecktemperatur auf 950° C steigerte die Brinellhärte bei A auf 555 und bei B auf 430. In diesem Zustande wurden beide Proben von Essig nicht angegriffen. Nach dem Härten und Anlassen ätzten beide leicht an, B weniger als A. Ähnliche Ergebnisse wurden nach dem Glühen der beiden Proben erhalten.

Proben von diesen Stählen wurden gehärtet und dann auf 700° C angelassen und in diesem Zustande acht Monate lang dem Leitungswasser ausgesetzt. Beide waren dann vollständig frei von irgendwelchen Anzeichen einer Korrosion. Weitere bei 900° C geglühte Proben von beiden Stählen blieben nach gleicher Aussetzung ebenfalls unbeeinflußt.

Andere Proben dieser beiden Stähle wurden nach dem Härten und Anlassen der Einwirkung verschiedener Säuren unterworfen und ihre Gewichtsverluste bestimmt. Die erhaltenen Ergebnisse sind in Zahlentafel 33 angegeben, die Gewichtsverluste in der Stunde sind in mg/cm²-Oberfläche ausgedrückt.

Zahlentafel 33.

Säure	Stärke	A 0,11 vH Silizium	B 1,26 vH Silizium
Schwefelsäure ...	5%ig	0,71	0,28
,, ...	35%ig	11,20	3,03
,, ...	50%ig	0,60	0,87
Salpetersäure ...	normal	0,56	0,24
Salzsäure	normal (10%ig)	0,25	0,265
Essigsäure	5%ig	0,06	0,063
Oxalsäure	normal	0,03	0,03
Zitronensäure ...	6%ig	0,11	0,05

Diese Ergebnisse zeigen, daß etwa 1,0 vH Silizium die Angriffsgeschwindigkeit verdünnter Schwefel- und Salpetersäure auf den rostfreien Stahl verlangsamt, doch hat diese Menge praktisch keinen Einfluß auf die Angriffsgeschwindigkeit von schwachen organischen Säuren (mit Ausnahme der Zitronensäure) oder von verdünnter Salzsäure oder konzentrierter Schwefelsäure. Aus den vorher mitgeteilten Ergebnissen ist ersichtlich, daß der siliziumhaltige rostfreie Stahl etwas widerstandsfähiger gegenüber der Essigprobe ist, wenn beide Stähle gehärtet und angelassen wurden, daß aber eine höhere Abschrecktemperatur nötig ist, um „Fleckenlosigkeit" zu erzeugen, während das Silizium in bezug auf die „allgemeine" Korrosion anscheinend keine Wirkung auf den Widerstand der Stähle gegenüber dem üblichen Leitungswasser besitzt. Überhaupt kann man sagen, daß etwa 1,0 vH Silizium wenig Einfluß auf den Widerstand des rostfreien Stahls gegen Korrosion außer der Verminderung der Angriffsgeschwindigkeit einiger Mineralsäuren hat. Da die auf S. 134 angeführten Ergebnisse der mechanischen Prüfungen zeigen, daß eine solche Menge Silizium die Zugfestigkeit des Stahls beträchtlich vermindert, so muß dieser Siliziumgehalt besonders bei einem für Ingenieurbauten bestimmten Werkstoff vermieden werden.

Eine gleiche Ansicht entstand bei der Auswertung von Versuchen, die sowohl an Stählen mit hohem (etwa 1,4 vH) als auch niedrigem Gehalt an Silizium und Kohlenstoff (bis zu 0,43 vH) im Woolwich Arsenal ausgeführt wurden[1]. Das Ergebnis dieser Versuche kann folgendermaßen zusammengefaßt werden: „Bei Stählen mit einem höheren Chromgehalt als 12,5 vH war es schwierig, den gegenkorrosiven Einfluß des Siliziums abzuschätzen. In gewissen sauren Ätzmitteln waren z. B. die hochsiliziumhaltigen Stähle zweifellos die widerstandsfähigeren, aber in Wind und Wetter und im Seewasser trat ihre Überlegenheit gegenüber den Stählen mit niedrigem Siliziumgehalt nicht in die Erscheinung. Tatsächlich schien diese Überlegenheit nur bei den angelassenen Stählen mit höherem Kohlenstoffgehalt zu bestehen."

---

[1] Abram: Chemical and Metallurgical Engineering 1924 (30), S. 430. — Vgl. auch Oertel und Würth: Über die Eigenschaften des Molybdäns und Siliziums auf die Eigenschaften eines nichtrostenden Stahls. Stahl und Eisen 1927, S. 742.

c) **Nickel.** Die meisten rostfreien Werkstoffe enthalten geringe, doch wechselnde Nickelmengen. Folglich ist es zu wissen wichtig, welchen Einfluß, wenn ein solcher überhaupt vorhanden ist, die Anwesenheit des Nickels auf den Widerstand des Stahls gegen Korrosion hat, da besonders in gewissen Fällen, wie bereits in einem früheren Abschnitt bemerkt wurde (S. 89), der Einfluß von etwa 1,0 oder 1,5 vH Nickel hinsichtlich der mechanischen Eigenschaften günstig sein kann. Vergleichende Versuche wurden an Stählen mit nebenstehender Zusammensetzung angestellt.

	A vH	B vH
Kohlenstoff . . .	0,39	0,39
Silizium	0,08	0,12
Mangan	0,10	0,32
Chrom	10,00	10,50
Nickel	0,42	2,24

Der Nickelgehalt des Probestückes B ist bedeutend höher, als wie er gewöhnlich in rostfreiem Werkstoff gefunden wird. Mithin kann bei einem Vergleich dieser beiden Stähle die Höchstwirkung angedeutet werden, die wahrscheinlich durch solche Veränderungen im Nickelgehalt, wie er im allgemeinen in rostfreien Stählen vorkommt, hervorgerufen wird. Der Chromgehalt der beiden Probestücke ist etwas niedriger als üblich, doch ist dies andererseits eher ein Vorteil, weil dieser niedrigere Chromgehalt bestrebt sein wird, irgendwelchen Einfluß, den das Nickel haben könnte, nachdrücklichst zu betonen.

Polierte Probestücke dieser beiden Stähle sowohl im gehärteten als auch im gehärteten und gänzlich angelassenen Zustande wurden vier Monate lang der Einwirkung von Wasser ausgesetzt. In beiden Fällen verhielten sich die Stähle vollständig gleich. An dem Stützpunkt der Proben war jedesmal ein geringer örtlicher Angriff bemerkbar, die Stärke des Angriffs war bei den angelassenen Stücken höher als bei den gehärteten, doch war ein Unterschied im Angriff zwischen den beiden Stählen nicht zu erkennen. Abgesehen von diesem örtlichen Angriff behielten die Proben auch nach dieser Prüfung ihren Glanz.

Der hochnickelhaltige Stahl war etwas widerstandsfähiger gegen Essig als der andere, jedoch war der Unterschied nur sehr gering.

Proben beider Stähle wurden nach dem Härten und Anlassen dem Angriff verschiedener Säuren mit folgenden Ergebnissen unterworfen (Zahlentafel 34). Die Gewichtsverluste sind wieder in mg/cm^2-Oberfläche und Stunde ausgedrückt:

Die durch veränderte Zusammensetzung erzeugten Wirkungen. 185

Zahlentafel 34.

Säure	Stärke	Angriffs-dauer Stunden	Gewichtsabnahme A (0,42 vH Nickel)	B (2,24 vH Nickel)
Schwefelsäure .	5%ig	6	1,26	1,19
Salzsäure . . .	normal	6	0,39	0,94
Salpetersäure .	normal	6	9,34	8,66
Essigsäure . . .	5%ig	120	0,051	0,042
Zitronensäure .	6%ig	24	0,035	0,025

Man erkennt, daß etwa 2 vH Nickel die Angriffsgeschwindigkeit bei allen Säuren (außer der Salzsäure) unbedeutend vermindern. Bei dieser Säure ist dagegen eine ausgesprochene Erhöhung der Angriffsgeschwindigkeit zu verzeichnen.

Die Ergebnisse deuten auch an, daß etwa 2 vH Nickel vielleicht nur einen sehr geringen vorteilhaften Einfluß auf den Widerstand des Stahls gegen Essig und die meisten Säuren haben. Für gewöhnliche Zwecke kann der Einfluß dieser Nickelmenge auf die Korrosion unbeachtet bleiben und ihr Auftreten, wenn unvermeidlich, ausgleichen, um den sonstigen physikalischen Erfordernissen zu genügen.

Die durch die Hinzufügung viel größerer Nickelmengen erzeugten austenitischen Stähle besitzen nicht nur sehr wertvolle Eigenschaften in mechanischer Hinsicht, sondern auch in bezug auf ihren Widerstand gegen Korrosion. Diese Stähle sollen in Abschnitt VII eingehend betrachtet werden.

d) Kupfer. Dieses Metall ist gewöhnlich kein Bestandteil des rostfreien Werkstoffes. Jedoch behauptet besonders Saklatwalla, daß die Hinzufügung von etwa 0,5 bis 1,5 vH Kupfer zum rostfreien Stahl seinen Widerstand gegen Säuren, hauptsächlich Schwefel- und Salzsäure, bedeutend verbessert[1]. Zum Beweise dieser Behauptung wurden Versuche mit Stählen von nebenstehender Zusammensetzung ausgeführt.

	A vH	B vH
Kohlenstoff . . .	0,16	0,22
Silizium	0,28	0,28
Mangan	0,17	0,17
Chrom	12,10	12,10
Nickel	0,44	0,47
Kupfer	0,08	1,20

Die Stähle wurden bei 950 °C gehärtet und auf 700 °C angelassen, dann der Einwirkung verschiedener Säuren während einer genügend

---

[1] Iron Age 1924 (17), S. 1209; Foundry Trade Journal 1924 (30), S. 156 und Stahl und Eisen 1925, S. 268.

langen Zeit ausgesetzt und die Gewichtsverluste wie üblich bestimmt. Die Ergebnisse sind in Zahlentafel 35 angegeben:

Zahlentafel 35.

Säure	Stärke	Angriffs-dauer Stunden	Gewichtsabnahme	
			A (0,08 vH Kupfer)	B (1,2 vH Kupfer)
Schwefelsäure . .	5%ig	7	2,21	1,05
„ . .	35%ig	6	26,50	4,50
„ . .	50%ig	6	0,88	0,64
Salzsäure. . . .	norm. (10%ig)	7	0,58	0,18
Salpetersäure . .	normal	6	0,71	0,76
Essigsäure . . .	5%ig	24	0,032	0,016

Das Kupfer hat eine bemerkenswerte Wirkung gegen alle Säuren außer Salpetersäure. Wenn auch die Zufügung von Kupfer die Angriffsgeschwindigkeit der meisten Säuren offensichtlich vermindert, so kann der Stahl mit einem Kupfergehalt schwerlich als ein „säurefester" Werkstoff angesehen werden. Dies bestätigen auch die Untersuchungen von Bauer, der fand, daß bei gewöhnlichen Verhältnissen (Luft oder Wasser) ein Kupferzusatz ohne deutlich erkennbaren Einfluß auf die Rostgeschwindigkeit ist. Nur dort, wo ein Säureangriff (Kohlensäure, schweflige Säure in der Luft) zu erwarten ist, kann ein geringer Gehalt an Kupfer (nicht über 0,4 vH) vorteilhaft sein[1]. In Amerika scheint man aber doch dem „gekupferten" Eisen einige Bedeutung beizulegen. Hier wurden Versuche mit den Bekleidungsblechen für Personen- und Güterwagen gemacht, wobei sich ein Kupfergehalt von 0,25 vH als ein sehr wirksamer Schutz erwies. Neuerdings hat auch die Deutsche Reichsbahngesellschaft den kupferhaltigen Stählen ihre Aufmerksamkeit gewidmet und deutschen Walzwerken Aufträge in Eisenbahnschwellen mit Kupfergehalt erteilt (vgl. S. 147)[2].

---

[1] Bauer: Rostversuch mit kupferhaltigen Eisenblechen. Stahl und Eisen 1921, S. 37 und 76.

[2] Vgl. Buck: Stahl und Eisen 1913, S. 1244; auch 1914, S. 684 (Clevenger, Alto und Ray); 1921, S. 1857 und Breuil: Metallurgical and Chemical Engineering März 1918, S. 260. Ferner Albert: Gekupferter Draht. Verkehrstechnik 1927, S. 283 und „Eisenbahnschwellen aus nichtrostendem Stahl". Essener Anzeiger 1927, Nr. 66; Daeves: Die Korrosionsbeständigkeit gekupferter Thomas- und Siemens-Martinstähle. Stahl und Eisen 1926, S. 609; Daeves: Die Witterungsbeständigkeit gekupferten Stahls. Stahl und Eisen 1926, S. 1857 und Herwig: Kupferhaltiger Flußstahl und seine Weiterverarbeitung. Stahl und Eisen 1927, S. 491.

e) **Zunder.** Obgleich der Zunder, streng genommen, keine Veränderliche in der Zusammensetzung des Stahls ist, so liegt es doch nicht außerhalb des Rahmens dieser Arbeit, hier seine Einflüsse kurz zu betrachten. Rostfreier Werkstoff ist nach der Erhitzung auf hohe Temperaturen, ob er nachher noch gewalzt oder geschmiedet wird, mit einer Zunderschicht bedeckt, die aus Oxyden des Eisens und Chroms besteht. Dieser Zunder ist gegen das Metall elektronegativ, und falls er nicht entfernt wird, wird er in seiner nächsten Umgebung eine örtliche Korrosion hervorrufen. Er muß daher entweder durch entsprechende Bearbeitung oder durch Beizen beseitigt werden. Das Sandstrahlgebläse scheint zur Beseitigung des Zunders nicht wirksam genug zu sein. Obwohl der größere Teil des Zunders hierdurch verschwindet und alsdann eine sehr gefällige Oberfläche erhalten wird, können doch kleine Teilchen des Zunders durch den Sand in die Oberfläche getrieben werden und hier verbleiben, um dann als ,,potentiale Mittelpunkte'' der Korrosion zu wirken.

Es ist auch klar, daß die fertigbearbeiteten Oberflächen von rostfreiem Werkstoff frei von Nähten, Vertiefungen und Rissen (Grübchen) und sogar von Druckmerkmalen sein sollen, die gebildet werden, wenn z. B. ein Zahlenstempel in die Oberfläche des erhitzten Stahls gedrückt wird, weil solche Fehler und Stempelzeichen noch Zunder enthalten können. Dieser in den Stempelzeichen vorkommende Zunder läßt sich gewöhnlich durch sorgfältiges Beizen beseitigen. Es ist jedoch vorzuziehen, die Unterscheidungszeichen in die fertigen Flächen einzuätzen als sie einzuschlagen.

Es ist ferner klar, daß durch keine noch so gründliche Beizung oder Bearbeitung die Zunderteilchen verschwinden, die sich im ,,Wilderstahl'' oder im ungesunden Stahl befinden, da bei der Herstellung jeder neuen Oberfläche frische Teilchen bloßgelegt werden. Hieraus folgt aber, daß Gegenstände aus rostfreiem Stahl, der viel Schlacke enthält oder im Rohblock ungesund war, niemals so zufriedenstellend sein werden wie jene, die aus sorgfältig und richtig erzeugtem Stahl gewonnen wurden. So erhalten z. B. Messer aus einem solchen ungesunden Stahl während ihres Gebrauches ein fleckiges Aussehen, das durch das Vorhandensein geringer Vertiefungen entsteht, die von der Schlacke oder den Oxydeinschlüssen im Stahl gebildet werden.

VI. Der Widerstand rostfreier Stähle gegen verschiedene Angriffsmittel.

In diesem Abschnitt soll versucht werden, den Widerstand von rostfreiem Werkstoff gegen verschiedene Arten von Korrosion verursachenden Mitteln zu zeichnen. Es wird hierbei angenommen, daß die unter den beschriebenen Bedingungen gewonnenen Unterlagen über das Verhalten dieses Werkstoffes als Richtschnur dafür dienen können, in welcher Beziehung die rostfreien Stähle als korrosionsfeste Werkstoffe brauchbar sein dürften und in welcher sie keinen großen Wert besitzen. Die hier wiedergegebenen Ansichten gründen sich auf Untersuchungen, die während eines Zeitraumes von etwa zehn Jahren im Laboratorium ausgeführt wurden und auch auf Erscheinungen, die beim Gebrauch dieses Werkstoffes bei verschiedenen Ingenieurbauten zutage traten. Da es natürlich unmöglich ist, einen ausführlichen Bericht über die sehr große Zahl der durchgeführten Versuche zu geben, so dürfte es genügen, sich mit diesem Gegenstande in mehr oder weniger allgemeiner Form zu befassen. Doch sollen auch die Ergebnisse einer Anzahl von Versuchen anderer Forscher mitberücksichtigt werden, um die hier geäußerten Ansichten zu beleuchten.

Eine große Reihe von Laboratoriumsversuchen führte Monypenny zunächst aus dem Grunde aus, um Unterlagen über bestimmte und eigenartige Fragen über die Korrosion zu erhalten. Infolgedessen wurden die Versuche mit einigen Angriffsmitteln unter Bedingungen ausgeführt, die nicht streng mit jenen übereinstimmten, bei denen andere Mittel vorgesehen wurden. Die Bedingungen waren aber in jedem Falle solche, die am besten geeignet waren, um besondere Aufgaben zu lösen. Trotzdem sich hierdurch ein gewisser Mangel an Einheitlichkeit in den Versuchsbedingungen ergab, der bei wissenschaftlichen Untersuchungen nicht erwünscht sein kann, so sind doch keine ernstlichen Meinungsverschiedenheiten hinsichtlich der praktischen Verwertung der verschiedenen Untersuchungsergebnisse zu befürchten.

Der Widerstand rostfreier Stähle gegen verschiedene Angriffsmittel. 189

Bei der Aussprache über die Korrosion irgendeines Metalles oder einer Gruppe von Metallen ist es gewöhnlich schwierig, das vergleichende Verhalten der verschiedenen Proben richtig anzugeben. Verläuft der Angriff irgendeines Mittels praktisch einheitlich über die Gesamtfläche eines Metallstückes, so ist der Gewichtsverlust desselben (ausgedrückt durch das Verhältnis der Oberflächengröße zur Zeit) im Vergleich zum Angriffsgrad der verschiedenen Probestücke von einem gewissen Wert, vorausgesetzt, daß sie alle unter gleichen Verhältnissen geprüft wurden. Diese erhaltenen Werte sollen jedoch nur unter sich verglichen werden, da sie merklich schwanken können, wenn irgendeine der Prüfungsbedingungen geändert wird, z. B. die Dauer der Prüfung, die Flüssigkeitsmenge, die Bewegung der Flüssigkeit, Größe und Gestalt des Probestückes usw. Beim gewalzten oder geschmiedeten Werkstoff ist auch die Klarstellung über die Richtung, in der das Probestück gestreckt wurde, wichtig. Wo jedoch die Korrosion, wie es oft der Fall ist, nur örtlich auftritt, sind Angaben über den Gewichtsverlust an sich von geringem Wert und sie sind für den Forscher nur insofern von Bedeutung, als sie ihm bei der Untersuchung der korrodierten Stücke helfen, sich ein Bild über die Stärke des örtlichen Angriffs zu machen. Es wurde deshalb bei den hier niedergelegten Ergebnissen auch nicht versucht, ausführliche Zahlenwerte über den Gewichtsverlust bei einem örtlichen Angriff zu bringen. Wenn solche Werte angegeben sind, so muß beachtet werden, daß sie nur unter sich vergleichbar sind und auch nur die Stärke des Angriffs auf die verschiedenen Proben unter den Versuchsbedingungen anzeigen. Aus diesem Grunde wurden allgemein vergleichbare Proben aus weichem Stahl (Flußeisen) in die Untersuchungen miteinbezogen. Bei allen Fällen, bei denen die Zusammensetzung oder Behandlung des Stahls nicht angegeben ist, darf nicht vergessen werden, daß der rostfreie Werkstoff von üblicher Zusammensetzung war und gehärtet und dann innerhalb des Gebietes von 650 bis 700° C vollständig angelassen wurde, um einen zähen, dehnbaren Baustoff mit einer Zugfestigkeit von etwa 63 bis 95 kg/mm² je nach dem Kohlenstoffgehalt zu erzielen. Wo nicht anders angegeben, wurden alle Versuche bei atmosphärischer Temperatur (Raumtemperatur) ausgeführt. Dies bezieht sich auch auf die im vorigen Abschnitt besprochenen Versuche.

Bei der Aufzeichnung der Ergebnisse von Versuchen, bei denen der Angriff auf das Probestück von einheitlichem Gepräge war, wird der Gewichtsverlust allgemein in Milligramm/cm^2-Probenoberfläche und Stunde angegeben. Das Milligramm wurde als Einheitsgewicht gewählt und dem Gramm vorgezogen, um die lange Reihe von Nullen nach dem Dezimalpunkt zu vermeiden. Eine solche Messung des Gewichtsverlustes wird, wenn sie wahrscheinlich auch die vollständigste Auskunft gibt, vielleicht doch nicht eine solche leichte Deutung der wirklichen Verluste erlauben, die die verschiedenen Probestücke erlitten haben. Aus diesem Grunde wurden daher die Werte, die den Gewichtsverlust in Hundertteilen des ursprünglichen Gewichts angeben, vielfach mit vermerkt.

1. Atmosphärische Korrosion.

Der Einfluß der atmosphärischen Korrosion (Luftkorrosion) auf rostfreien Stahl hängt von der Örtlichkeit des Versuches ab. In Städten und besonders in der Nähe von großen gewerblichen Anlagen enthält die Atmosphäre deutliche Mengen von Säure und auch große Mengen von Staub, der oft eisenhaltig ist. Die auf lange Zeit diesen atmosphärischen Einflüssen ausgesetzten Stahlproben werden mit einer dunkelbraunen Schicht bedeckt, die oft sehr fest haftet, so daß sie nur mit Schwierigkeit beseitigt werden kann. Nach der Entfernung dieser Schicht stellt sich dann zuweilen heraus, daß die Oberfläche des darunterliegenden Metalles fast unbeschädigt ist. Zu anderen Zeiten ist sie mehr oder weniger mit feinen Ausnagungen bedeckt. Monypenny besitzt einige Stahlproben, die vier Jahre lang außerhalb des Fensters seines Laboratoriums in den Stahlwerken von Attercliffe in Sheffield hingen. Sie sind mit einer dicken braunen Schicht von Eisen enthaltendem Staub überzogen. Nach dem Abkratzen von Teilen dieser Schicht sieht man immer noch die ursprüngliche polierte Oberfläche der Proben, wenn sie auch durch winzige Löcher und Grübchen entstellt sind. Der wirkliche Umfang der Korrosion ist jedoch äußerst gering und anscheinend zum Stillstand gekommen. Auch scheint es, daß sich die Löcher in den Stahlproben während der letzten zwei Jahre nicht nennenswert vermehrt haben.

Wenn auch diese hier erwähnten Löcher und Narben den Wert des rostfreien Stahls sicherlich vermindern, wo eine ständige blanke

Oberfläche auch unter den schlechten Verhältnissen der Stadtluft wichtig ist, so muß doch bemerkt werden, daß die Bedingungen, denen diese Stücke unterworfen wurden, äußerst ungünstig waren. Sie waren z. B. dauernd Wind und Wetter ausgesetzt, auch wurden sie niemals abgewischt oder überhaupt gereinigt. Wären die Stücke von Zeit zu Zeit gesäubert worden, so wäre die Grübchenbildung viel weniger in die Erscheinung getreten.

Unter weniger ungünstigen Verhältnissen, wie z. B. in der reineren Landluft oder selbst in Innenräumen von Stadtbehausungen werden rostfreie Werkstoffe während langer Zeit unangegriffen bleiben. Monypenny hatte drei aus rostfreiem Stahl gefertigte Flugmotorventile sechs Jahre lang als Briefbeschwerer auf seinem Arbeitspult in den Stahlwerken ununterbrochen im Gebrauch. Sie zeigten praktisch überhaupt keine Anzeichen eines Angriffs.

Ein Gesichtspunkt ist bei der Verwendung von rostfreiem Werkstoff zur Herstellung von Gegenständen, die der Luft ausgesetzt sind, von besonderer Wichtigkeit. Trotzdem die oben erwähnte Löcherbildung das Aussehen einer polierten Fläche merklich verschlechtert, so ist unter solchen Umständen der wirkliche Verlust durch Rostfraß doch äußerst gering. Wo deshalb mehr die Eigenschaft des Werkstoffes hinsichtlich seines Widerstandes gegen Korrosion als die unbedingte Dauerhaftigkeit einer polierten Oberfläche verlangt wird, kann die Verwendung von rostfreiem Stahl große Vorteile bieten. Dies kann vielleicht sehr gut dadurch beleuchtet werden, daß auf seinen Gebrauch für Türangeln hingewiesen wird. Eine gewöhnliche der Luft ausgesetzte Eisen- oder Stahlangel wird ziemlich schnell rosten. Eine solche Stahlangel, die Monypenny außerhalb seines Laboratoriums anbrachte, war nach wenigen Monaten dermaßen verrostet, daß die beiden Hälften überhaupt nicht voneinander getrennt werden konnten, so daß ihr Wert als Angel vollständig verloren gegangen war. Eine Angel von gleicher Gestalt, aber aus rostfreiem Eisen, die neben der ersteren hing, konnte noch nach mehr als drei Jahren ihren Dienst glatt versehen. Sie war natürlich mit einer braunen Schicht bedeckt. Wurde ein wenig davon abgekratzt, so wurden winzige Löcher auf der Oberfläche freigelegt, aber weder die Schicht noch die Löcher beeinträchtigten die Bewegung der beiden zugehörigen

Teile im geringsten, und sie sind als Angel noch genau so verwendbar wie am Tage ihrer Fertigstellung.

2. Leitungswasser.

Dieses ist auf rostfreien Werkstoff, ob dieser im gehärteten oder im gehärteten und angelassenen Zustande vorliegt, ohne jeden Einfluß. Monypenny besitzt eine Anzahl kleiner, aus einer Stange von gehärtetem und vollständig angelassenem Stahl gedrehter Proben, auf die zwei Jahre lang Leitungswasser langsam tropfte. Sie zeigten nicht die geringsten Anzeichen eines Rostangriffs.

Andere Stahlstücke waren in langsam laufendem Wasser monatelang eingetaucht, ohne die geringsten Anzeichen eines Rostangriffs erkennen zu lassen. Bei diesen Versuchen mit laufendem Wasser ruhten die Stahlstücke in einer großen Glasschale. Ein sehr langsam laufender Strahl von Leitungswasser wurde durch ein Glasröhrchen auf den Boden der Schale geleitet und konnte von hier in den Ausguß abfließen. Auf diese Weise war die Schale dauernd mit Wasser gefüllt und irgendwelcher feine Staub, der sich vielleicht aus der Laboratoriumsluft abgesetzt hätte, wurde sogleich abgeführt.

3. Fluß- und Brunnenwasser.

Sie haben im allgemeinen keinen merkbaren Einfluß auf rostfreien Werkstoff. Dies bestätigt eine große Anzahl von Pumpenstangen und anderen Ausrüstungsstücken, die in vielen Gegenden Englands beim Pumpen dieser Wässer erfolgreich im Gebrauch sind.

4. Meerwasser und Salzwasser (Sole).

Auch diese sind im allgemeinen gegen rostfreien Werkstoff wirkungslos, wenn dieser entweder vollständig untertaucht oder abwechselnd naß und trocken wird. So wurden Proben aus rostfreiem Stahl und rostfreiem Eisen im gehärteten und angelassenen Zustande zu einem Teile in einen Holzklotz eingebettet, der dann an der Meeresküste an einer Stelle zwischen dem höchsten und niedrigsten Wasserstand (Ebbe und Flut) an einem Brückenpfeiler befestigt wurde. Hierdurch wurden die Proben abwechselnd naß und trocken. Nach sechs Monaten waren sie noch sehr blank und praktisch unangegriffen, nur ein paar ganz winzige Löcher hatten sich gebildet. So hatte ein Stahlstück im Gewicht von 150 g und mit einer Gesamtoberfläche von etwa 47 cm^2 nach diesen sechs Monaten nur 0,1 g verloren.

Durch eine längere Bespritzung mit See- oder Meerwasser kann der rostfreie Stahl angegriffen werden, da sich dann gewöhnlich Löcher bilden. Die Wirkung irgendeines Fehlers im rostfreien Stahl tritt dann stärker zutage, wenn der Stahl eher dem Meer- als dem Leitungswasser ausgesetzt wird. So wird durch das Vorhandensein von Oberflächenmängeln wie Zunder, Schlackeneinschlüssen oder auch durch örtliche Verzerrungen die Rostbildung viel schneller durch Meerwasser als durch gewöhnliches Leitungswasser hervorgerufen. Es werden gewöhnlich Löcher gebildet, die zuweilen eine beträchtliche Tiefe erreichen.

Wird eine Probe aus rostfreiem Stahl während langer Zeit nur zu einem Teile in Meerwasser in der Weise eingetaucht, daß die Lage des Wasserspiegels auf die Probe unverändert bleibt, so ist das Bestreben zur Korrosion an dieser Wasserlinie oder ganz wenig darüber viel größer, als wenn das Probestück vollständig eintaucht. Diese Bedingung des teilweisen Eintauchens bei ständig gleichem Wasserstande muß gegeben sein, damit sich an der Wasserlinie und etwas darüber Einfressungen bilden können.

5. Ammoniak, Alkalien und Alkalikarbonate.

Diese Mittel haben auch in allen Lösungsstärken anscheinend keinen Einfluß auf rostfreien Werkstoff. Auch monatelang in sehr feuchter, mit Ammoniakgas gesättigter Luft gelegene Stahlproben blieben vollständig angriffsfest.

6. Wäßrige Salzlösungen.

Es mag zweifelhaft sein, ob die Ergebnisse aus Laboratoriumsversuchen, bei denen Proben aus rostfreiem Stahl (oder aus irgendeinem anderen Metall) in Bechergläser mit verschiedenen Lösungen gelegt oder in ihnen aufgehängt wurden, einen großen praktischen Wert besitzen. Vielleicht sind sie nur in der Hinsicht von Bedeutung, als sie angeben, ob tatsächlich ein Angriff stattgefunden hat oder nicht, und falls das Probestück angegriffen wurde, ob der Angriff sofort oder allmählich eintrat. Die Ergebnisse gelten nur für die Bedingungen, unter denen die Versuche ausgeführt wurden. Doch ändern sie sich dann genau so, sowie sich diese Bedingungen ändern, z. B. hinsichtlich der Dauer des Versuches, der Tiefe der Probe unter der Flüssigkeitsoberfläche, der Art der Stützung der Probe oder der Temperatur des Bades usw. und zwar in der Weise, daß die entsprechenden Korrosionsgeschwindigkeiten einer Anzahl von Proben, die mehr oder weniger von einem bestimmten Mittel angegriffen werden, in hohem Maße schwanken.

Tritt unter solchen Versuchsbedingungen beim rostfreien Stahl Korrosion auf, so beginnt sie fast ausnahmslos an dem Stützpunkt (Aufhängepunkt) der Probe und ist oft nur auf diesen Punkt beschränkt. In solchen Fällen wird deshalb der Umfang der Korrosion oder sogar die Gegenwart oder Abwesenheit von Korrosion davon abhängen, wie ein Stahlstück gestützt oder aufgehängt ist und unter welchen Verhältnissen es gegen die Seiten und den Boden des Becherglases, in dem der Versuch ausgeführt wird, liegt. Auch kommt es darauf an, ob die Probe auf einer Lage von Paraffinwachs ruht oder ob sie an einem Glashaken hängt oder durch einen Wattebausch hochgehalten wird. Alle diese Umstände kommen jedoch wahrscheinlich bei der üblichen praktischen Verwendung von rostfreien Werkstoffen nicht vor. Es wird daher hier nicht beabsichtigt, Einzelheiten über die Art zu geben, wie sich besondere Proben aus rostfreiem Werkstoff verhalten, wenn sie in wäßrige Lösungen verschiedener Salze getaucht werden. Es kann jedoch ganz allgemein gesagt werden, daß viele dieser Lösungen wenig oder gar keinen Einfluß auf rostfreien Stahl haben, und sofern Korrosion stattfindet, geht sie sehr viel träger als bei gewöhnlichem Stahl vonstatten.

Lösungen der folgenden Salze haben u. a. anscheinend keinen unmittelbaren Einfluß auf rostfreien Stahl. Wie schon gesagt, hat die Korrosion das Bestreben, am Stütz- oder Aufhängepunkt der Probe, sofern sich diese ganz unter dem Flüssigkeitsspiegel befindet, bei den mit einem Stern (*) auf S. 195 gekennzeichneten Salzlösungen aufzutreten. Diese Lösungen verstärken wahrscheinlich in der gleichen Weise wie Meerwasser auch den Einfluß örtlicher Fehler im Stahl als Korrosionsmittelpunkte. In den meisten Fällen wurden die Salze in Form von 5%igen Lösungen erprobt, in die die Versuchsstücke vier bis fünf Wochen lang eintauchten.

Kaliumbikarbonat	Kupfernitrat	Mangansulfat
Kaliumkarbonat	Kupfersulfat	Kaliumbichromat
Kaliumnitrat	Ferrinitrat	Kaliumchlorat
Kalumsulfit	Ferrisulfat	*Kaliumchlorid
Ammoniumoxalat	Ferrosulfat	Kaliumzyanid
Ammoniumpersulfat	Bleiazetat	*Natriumchlorid
Ammoniumphosphat	*Magnesiumchlorid	
Kupferazetat	*Magesiumsulfat	

Andererseits greifen die folgenden Salze den rostfreien Stahl bis zu einem gewissen Grade an, und da ihre Wirkungen immerhin Beachtung verdienen, sollen sie kurz betrachtet werden.

7. Ammoniumchlorid.

Lösungen von Salmiak sind als Korrosionsbildner wohlbekannt. Sie haben eine färbende und fressende Wirkung auf rostfreien Werkstoff, deren Umfang jedoch von der Stärke der Lösung abhängt. Bei verdünnten Lösungen, z. B. mit einem Gehalt von 5 g dieses Salzes auf 1 Liter Wasser ist der Angriff sehr träge, auch wenn die Lösung heiß ist. Ein kleiner Zylinder aus rostfreiem Stahl wurde z. B. zehn Tage lang in eine solche Lösung bei einer Temperatur von 80 bis 90°C vollständig eingetaucht. Nach dieser Zeit war der Zylinder grünlich gefärbt und zeigte an zwei Stellen ganz geringfügige Anfressungen, während der Gesamtverlust unter 0,06 g betrug. Zum Vergleich war ein gleich behandeltes Stück aus weichem Stahl stark angefressen und hatte das Zehnfache an Gewicht eingebüßt.

Ein Zylinder aus rostfreiem Stahl wurde einen Monat lang bei Lufttemperatur in eine stärkere (25%ige) Lösung dieses Salzes gelegt. Es stellte sich nur eine schwache allgemeine Dunkelfärbung des polierten Stückes und ein örtlicher Angriff am Stützpunkt und im mittleren Teil der Probe ein. Sie wog 31 g und hatte eine Gesamtoberfläche von 17 cm². Der Gewichtsverlust nach dieser monatlichen Aussetzung war nur 2 mg.

8. Ammoniumsulfat.

Lösungen dieses Salzes wirken in verdünntem Zustande wenig oder gar nicht ein, aber in gesättigterem Zustande zeigen sie einen langsamen allgemeinen Angriff. So wurden Zylinder aus rostfreiem Stahl 14 Tage lang in 5- und 25%ige Lösungen dieses Salzes eingetaucht. Nach dieser Zeit war der Zylinder in der dünneren Lösung völlig unangegriffen geblieben, derjenige aber, der in der 25%igen Lösung gelegen hatte, war dunkel gefärbt und hatte ein leicht geätztes Aussehen. Die Gesamtgewichtsabnahme betrug nur 0,01 vH. Auf die Größe der Oberfläche und die Zeit bezogen entsprach diese Abnahme einem Tagesverlust von 0,013 mg/cm^2. Versuchsstücke aus gewöhnlichem weichem Stahl von derselben Größe und Gestalt verloren unter denselben Angriffsbedingungen in der 5%igen Lösung 0,12 vH und in der 25%igen Lösung 0,082 vH ihres Gewichts.

Was nun die heißen Lösungen anbetrifft, so wurden die oben erwähnten Versuchsstücke später 48 Stunden lang diesen Lösungen bei 80 bis 85^0 C ausgesetzt. Der rostfreie Stahl blieb in der 5%igen Lösung gänzlich unangegriffen, derjenige in der 25%igen Lösung erfuhr keinen weiteren wahrnehmbaren Angriff. Die gleichbehandelten Stücke aus weichem Stahl verloren während der 48stündigen Aussetzung 0,16 vH in der 5%igen und 0,18 vH ihres Gewichts in der 25%igen Lösung.

9. Alaun.

Verdünnte Lösungen von Kali- oder Ammoniakalaun (Ammoniumalaun) wirken auf rostfreien Stahl nicht ein. So wurden Probestücke aus rostfreiem Stahl 15 Tage lang in eine 0,2- und 1%ige Lösung eingetaucht, ohne daß die geringste Veränderung dieses Stahls eintrat. Bei stärkeren Lösungen jedoch zeigte sich eine langsame aber deutliche Einwirkung. So wurden Stahlproben während acht Tage in Lösungen von Kalialaun von folgenden Stärken (Zahlentafel 36) gelegt und die Gewichtsverluste ermittelt. Die unter gleichen Bedingungen gewonnenen Ergebnisse von gewöhnlichem weichem Stahl sind mit angegeben. Bei Verwendung von Ammoniakalaun wurden ähnliche Ergebnisse erzielt.

Zahlentafel 36.
Einfluß von Alaun auf rostfreien und gewöhnlichen Stahl.

Stärke der Lösung	Gewichtsabnahme in mg/cm^2 und Stunde		Gewichtsabnahme vH	
	rostfreier Stahl	weicher Stahl	rostfreier Stahl	weicher Stahl
5%ig	0,012	0,065	0,125	0,69
gesättigt, etwa 15%ig . . .	0,008	0,035	0,085	0,37

10. Eisenchlorid.

Auch in ziemlich verdünntem Zustande greifen Lösungen von Eisenchlorid den rostfreien Stahl an. Ein Stück dieses Stahls, das 24 Stunden lang in eine Lösung getaucht war, die 8 g Eisenchlorid im Liter enthielt, wurde mit einer Geschwindigkeit von 0,27 mg/cm^2-Oberfläche und Stunde angegriffen. Der Gesamtgewichtsverlust während dieser Zeit betrug 0,41 vH des Gewichts des Probestückes. Nach dem Angriff war das Aussehen des Stückes so, wie es durch tiefes Ätzen mit Säuren erzeugt wird.

Weiterhin wurden Proben aus rostfreiem Stahl 5%igen Lösungen von Ferrisulfat, Ferrinitrat und Ferrosulfat während einer Zeit von fünf Wochen ausgesetzt, ohne im geringsten angegriffen zu werden. Auch gesättigte Lösungen von Ferrisulfat und Ferrinitrat wirkten auf den Stahl nicht ein. Außerdem hat das Ferrisulfat, wenn es in genügender Menge vorhanden ist, die Eigenschaft, den Angriff der Schwefelsäure auf rostfreien Stahl zu verhindern, während das Ferrinitrat eine ähnliche Wirkung wie Salpetersäure besitzt. Diese Einflüsse sollen später im einzelnen betrachtet werden (S. 210 und 222). Sonderbarerweise scheint sich das Ferrosulfat nicht in derselben Weise wie das Ferrisulfat bei der Verhütung des Angriffs durch Schwefelsäure zu verhalten.

11. Kupferchlorid.

Kupferchloridlösungen greifen ebenfalls den rostfreien Stahl an. Bei starken Lösungen schlägt sich Kupfer auf dem Stahl nieder, doch wird letzterer sehr schnell aufgelöst. Andererseits zerfressen verdünnte Lösungen den Stahl, und es wird sehr wenig Kupfer abgeschieden. So wurden kleine rostfreie Stahlproben, die 24 Stunden lang den in Zahlentafel 37 angegebenen Lösungen ausgesetzt wurden, folgendermaßen angegriffen:

Zahlentafel 37. Einfluß von Kupferchlorid auf rostfreien Stahl.

Stärke der Lösung	Gewichtsabnahme in mg/cm^2–Stunde	Art des Angriffs
0,1%ig	0,02	Eine tiefe Narbe, sonst unangegriffen
1,0%ig	0,77	Narbenbildung und örtlicher Angriff
10,0%ig	28,00	Allgemeiner Angriff, Probe mit dickem Niederschlag von Kupfer bedeckt

Ferner haben Lösungen von Kupfersulfat, Kupfernitrat und Kupferazetat keine Wirkung auf rostfreien Stahl. So wurde eine Stahlprobe in eine 3%ige Lösung von Kupfersulfat getan und letztere bis zur Trockne gekocht, ein Vorgang, der 2½ Stunden dauerte. Es war nicht das geringste Anzeichen eines Angriffs vorhanden.

Außer der Tatsache, daß das Kupfersulfat selbst auf rostfreien Stahl nicht einwirkt, verlangsamt es auch unter gewissen Voraussetzungen und in manchen Fällen verhindert es sogar vollständig die Einwirkung von Schwefelsäure auf diesen Stahl. Auch Kupfernitrat wirkt in ähnlicher Weise wie verdünnte Salpetersäure ein. Diese Einwirkungen werden später noch in Verbindung mit dem Angriff dieser Säuren auf rostfreien Werkstoff besprochen werden (S. 204 und 222).

Das Kupferazetat hat eine ähnliche Wirkung wie die Essigsäure. So wurde ein rostfreies Stahlstück 24 Stunden lang in einer 10%igen wässerigen Lösung dieses Salzes belassen, die 3 vH Essigsäure enthielt. Das Stück blieb unangegriffen, obschon die Essigsäure in dieser Stärke träge auf den Stahl einwirkt.

12. Quecksilberchlorid.

Lösungen dieses Salzes greifen den rostfreien Stahl sehr schnell an. Eine Probe, die in eine 5%ige Lösung dieses Salzes gelegt wurde, verlor in 24 Stunden 1,64 vH ihres Gewichts. Nach Versuchen von Oertel und Würth (a. a. O.) ist eine Sublimatlösung ein guter Anzeiger zur Erkennung von Poren und Schlackeneinschlüssen im rostfreien Stahl.

13. Natriumsulfat.

Lösungen dieses Salzes haben in etwa 5%iger Verdünnung auf den rostfreien Stahl keinen Einfluß, wenn auch Korrosion sehr leicht an dem Stützpunkt der Probe, die in diese Lösungen getaucht ist, eintritt. Die gesättigten Lösungen wirken jedoch im allgemeinen träge auf den Stahl ein. So hatte eine Probe, die 28 Tage lang in einer gesättigten Lösung dieses Salzes verblieb, 0,16 vH ihres Gewichts verloren oder 0,0043 mg/cm^2-Oberfläche und Stunde. Es ist noch zu bemerken, daß eine solche gesättigte Lösung stark sauer auf Lackmuspapier einwirkt. Lösungen von Kaliumsulfat verhalten sich in gleicher Weise wie Lösungen von Natriumsulfat.

14. Essig und Fruchtsäfte.

Die Verwendung von rostfreiem Stahl für Messerschmiedezwecke war die Ursache, den allgemeinen Gebrauch des Essigs als eine Art Prüfungsmittel für rostfreien Werkstoff vorzusehen, was schon mehrmals in den vorhergehenden Abschnitten erwähnt wurde. Die im Handel erhältlichen Essige (Haushaltungsessige) schwanken in ihrer Angriffswirkung nur in geringem Maße. Die in diesem Buche angegebenen Versuche wurden mit reinem Malzessig in guter Handelsbeschaffenheit mit einem Gehalt von 4 bis 5 vH Essigsäure ausgeführt. Einige Handelsmarken enthalten jedoch gewisse Mengen von Schwefelsäure. Solche ,,Essige" haben eine bestimmt größere Einwirkung auf rostfreien Werkstoff als die reine Ware.

Die Essigprobe wird beim rostfreien Stahl gewöhnlich in der Weise vorgenommen, daß man einen Essigtropfen auf eine polierte Fläche des Stahls bringt und den Tropfen auf natürliche Weise trocknen läßt (S. 171). Gewöhnlich läßt man das Probestück über Nacht ungestört. Nach der Entfernung des getrockneten Restes des Essigs durch Abwaschen wird die Oberfläche des Stahls auf irgendwelche Anzeichen eines ,,Fleckes" untersucht. Ist ein solcher Fleck vorhanden, so hat er im allgemeinen ein graues Aussehen, da Essig bekanntlich eine ätzende Wirkung hat. Diese Tropfenprobe (Fleckenprobe) ist eine strengere Probe als die, die in dem Eintauchen der Probe in Essig über 12 oder 24 Stunden besteht. Auf den richtig gehärteten rostfreien Stahl für Messerschmiedezwecke mit einem Gehalt von etwa 9 vH Chrom und mehr und mit dem üblichen Kohlenstoffgehalt von etwa 0.3 bis 0,4 vH hat die Essigtropfprobe überhaupt keinen Einfluß.

Die Härtungstemperatur, die nötig ist, um ,,Fleckenlosigkeit" zu erzielen, liegt in der Nähe von 1000^0 C, solange der Chromgehalt etwa 9 vH beträgt, sie fällt aber mit steigendem Gehalt an Chrom. In gleicher Weise verringert eine Erniedrigung des Kohlenstoffgehaltes die Härtungstemperatur, die zur Erzielung der ,,Fleckenlosigkeit" benötigt wird. Beim Anlassen eines solchen gehärteten Werkstoffes wird bis zu einer Temperatur von etwa 500^0 C kein merklicher Einfluß auf den Widerstand gegen die Essigprobe erkennbar. Bei höheren Anlaßtemperaturen als 500° C kann jedoch je nach der Zusammensetzung des Stahls ein „Flecken" eintreten oder nicht. Bei genügendem Chromgehalt wird der Stahl nach dem Anlassen auf irgendeine Temperatur der Essigprobe gegenüber „fleckenlos" bleiben, aber bei geringerem Chromgehalt als diesem wird ein „Flecken" und zwar nach dem Anlassen auf eine Temperatur herbeigeführt, die um so niedriger liegt, je niedriger der Chromgehalt ist. Die Chrommenge, die benötigt wird, damit der Stahl dem Essig vollständig widersteht, ist höher,

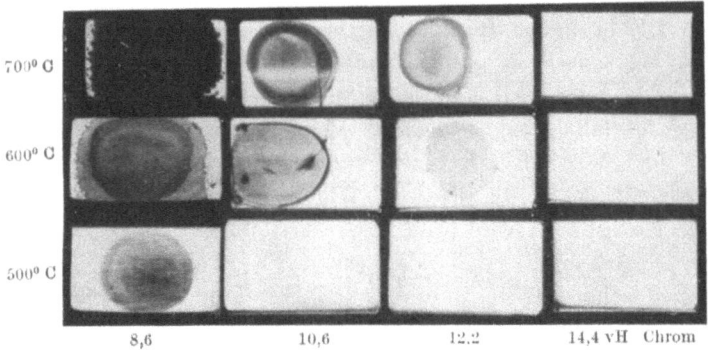

Abb. 80. Einfluß des Chroms auf den Widerstand gegen „Flecken" durch Essig bei rostfreien Messerschneidstählen nach dem Härten und Anlassen auf verschiedene Temperaturen.

je mehr Kohlenstoff der Stahl enthält, aber bei dem Messerschneidstahl mit dem oben angegebenen Kohlenstoffgehalt werden etwa 13 vH Chrom verlangt. Bei Eisensorten mit niedrigem Kohlenstoffgehalt bleibt der Werkstoff auch nach vollständigem Anlassen gegenüber Essig „fleckenlos", wenn der Chromgehalt wesentlich niedriger als 13 vH ist.

Der Einfluß eines verschiedenen Chromgehaltes auf den Widerstand gegen das „Flecken" der Stähle mit Messerschneidhärte wird in Abb. 80 beleuchtet, in der die Versuchsergebnisse von Proben eines solchen Werkstoffes nach richtiger Härtung mit nachfolgendem Anlassen auf die angegebenen Temperaturen angeführt werden.

Für einen Stahl im ausgeglühten Zustande braucht man bei irgendeinem gegebenen Kohlenstoffgehalt eine noch größere Chrommenge, um „Fleckenlosigkeit" herbeizuführen. Ein Beispiel hierfür wurde auf S. 174 gebracht.

Wenn auch vollständig angelassene Stähle mit einem Gehalt von weniger als etwa 13 vH Chrom „flecken" können, wenn sie der Essigtropfprobe unterworfen werden, so ist doch der Angriff des Essigs auf diesen weichen Werkstoff äußerst träge.

Die Verwendung von Essig als Prüfungsmittel für Messerschneidstähle und für die fertigen rostfreien Messer ist durch die Tatsache gerechtfertigt, daß der Essig wahrscheinlich einer der korrosivsten Stoffe ist, dem die Messer während ihres gewöhnlichen Gebrauches ausgesetzt sind. Für einen Werkstoff, der für andere Zwecke als den vorgenannten verwendet werden soll, hat diese Essigprobe jedoch nicht dieselbe Berechtigung, und wenn sie auch Vorteile in der Richtung erbringt, daß sie im allgemeinen die vereinigte Wirkung der verschiedenen Zusammensetzung und Wärmebehandlung des rostfreien Stahls anzeigt, so stellt sie doch nicht fest, ob ein bestimmter Stahl angriffsfest ist oder nicht, wenn er anderen Mitteln ausgesetzt wird, z. B. dem gewöhnlichen Leitungswasser. So wurde eine sehr stark geglühte Stahlprobe mit einem Gehalt von 0,32 vH Kohlenstoff und 12,2 vH Chrom, die bei der Essigprobe heftig „fleckte", zehn Stunden lang in Leitungswasser gelegt, ohne die geringsten Zeichen eines Angriffs erkennen zu lassen.

Fruchtsäfte haben im allgemeinen auf rostfreien Stahl eine Wirkung, die der des Essigs ähnlich ist, obgleich wahrscheinlich ihr Korrosionsvermögen in gewissem Grade schwankt.

Es ist hier die Bemerkung am Platze, daß die im Essig und in den Fruchtsäften gefundenen Säuren, wenn letztere in Form von reinen Lösungen verwendet werden, zuweilen einen deutlich größeren Einfluß auf rostfreien Stahl haben, als die entsprechenden natürlichen Säfte. Wie später gezeigt wird, hat eine Lösung von reiner Essigsäure in Wasser, die dieselbe Stärke wie Essig besitzt, eine viel größere Wirkung auf den Stahl als letzterer. In gleicher Weise zeigt eine Lösung von reiner Zitronensäure derselben Stärke, obgleich Zitronensaft den rostfreien Stahl nicht angreift, eine deutliche, wenn auch langsame Angriffswirkung.

Der Grund für den Unterschied in der Wirkung des Essigs oder der Natursäfte im Vergleich zu den in ihnen enthaltenen reinen Säuren liegt wahrscheinlich darin, daß die Naturerzeugnisse organische Verbindungen in kolloidaler Lösung aufweisen. Man hat gefunden, daß solche kolloidalen Lösungen unter ver-

202 Der Widerstand rostfreier Stähle gegen verschiedene Angriffsmittel.

schiedenen Bedingungen eine hemmende Wirkung beim Angriff auf einige Metalle zeigen. So greifen z. B. sehr verdünnte Lösungen von Stärke oder Eiweiß, in denen sich der organische Stoff in einem kolloidalen Zustande befindet, den gewöhnlichen Stahl viel langsamer an als Wasser, das frei von diesen Kolloiden ist. Diese hemmende Wirkung verstärkt sich mit der Menge des vorhandenen Kolloids, und wie Friend gezeigt hat, ist sie von sehr großer praktischer Wichtigkeit[1]. So werden bei den meisten Kocharbeiten Stoffe verwendet, die mehr oder weniger kolloidales Gepräge besitzen, und diese verlangsamen die Korrosion der Kochgeräte dadurch beträchtlich, daß sie in das beim Kochen verwendete Wasser gebracht werden. Bemerkenswert in bezug auf den rostfreien Werkstoff ist jedoch nicht so sehr die Tatsache, daß eine Verzögerung des Angriffs eintritt, sondern daß sie genügt, um die Einwirkung der natürlichen Säfte auf den rostfreien Werkstoff vollständig zu verhindern, wenn dieser richtig wärmebehandelt worden war.

15. Schwefelsäure.

Diese greift rostfreien Stahl oder rostfreies Eisen schnell an. Die Wirkung dieser Säure auf hochchromhaltige Stähle ist seit langer Zeit bekannt. Die folgenden Angaben sollen dazu dienen, einen Begriff davon zu geben, in welcher Weise die Angriffsgeschwindigkeit durch die verschiedene Zusammensetzung des Stahls und die Stärke dieser Säure beeinflußt wird.

Die Wirkung verschiedener Stärken dieser Säure wird durch die Schaulinien A und B in Abb. 81 gezeigt, die in Hundertteilen die Gewichtsverluste von Proben aus gehärtetem und angelassenem rostfreiem Stahl mit 0,25 vH Kohlenstoff und 12,1 vH Chrom

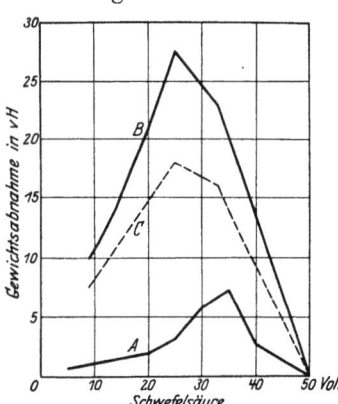

Abb. 81. Gewichtsverlust von rostfreiem und gewöhnlichem Stahl nach dem Angriff durch Schwefelsäure verschiedener Stärken. A = rostfreier Stahl, 4 Stunden bei Raumtemperatur angegriffen; B = rostfreier Stahl, 15 Minuten bei 90 bis 95° C angegriffen; C = gewöhnlicher Stahl, 15 Minuten bei 90 bis 95° C angegriffen.

---

[1] Carnegie Schol. Mem. (Iron and Steel Institute) 1922, S. 144.

nach dem Angriff durch Schwefelsäure verschiedener Stärken bei gewöhnlicher Temperatur bzw. bei 90 bis 95° C angeben. Die Angriffsdauer war im ersteren Falle 4 Stunden und im letzteren 15 Minuten. Die Stärke der Säure ist in Volumenprozent angegeben. Die Ergebnisse lassen erkennen, daß bei Lufttemperatur die höchste Angriffsgeschwindigkeit über kurze Zeiten bei einer Säure zu verzeichnen ist, die eine Stärke von etwa 35 Vol.-% besitzt, während bei höheren Temperaturen eine etwas verdünntere Säure die schnellste Wirkung ausübt. Zum Vergleich gibt Schaulinie C die Ergebnisse von einem Stahl mit 0,35 vH Kohlenstoff, 0,23 vH Silizium und 0,71 vH Mangan an, wenn er unter denselben Bedingungen wie der rostfreie Stahl nach Schaulinie B angegriffen wird. Die beiden Stähle verhalten sich anscheinend gleich, doch wird in Wirklichkeit der rostfreie Stahl etwas schneller als der weiche Stahl angegriffen. Bei beiden Stählen fällt die Angriffsgeschwindigkeit sehr schnell ab, wenn die Stärke der Säure etwa 35 bis 40 Vol.-% überschreitet.

Vergleichszahlen für den Angriff von 5-, 35- und 50%iger Säure auf rostfreien Stahl (gehärtet und angelassen) und weichen Stahl bei atmosphärischer Temperatur sind hier angegeben:

Zahlentafel 38.

Stärke der Säure	Dauer des Angriffs Stunden	Gewichtsabnahme in mg/cm²-Stunde	
		rostfreier Stahl	weicher Stahl
5%ig	6	1,98	3,16
35%ig	6	15,80	11,55
50%ig	6	0,50	0,23
50%ig	24	0,26	0,10

Bei der 50%igen Säure fällt die Angriffsgeschwindigkeit bei beiden Stählen nach den ersten drei oder vier Stunden ab. Dies wird durch die verminderte Angriffsgeschwindigkeit während der Zeit von 24 Stunden im Vergleich zu dem kürzeren Angriff von sechs Stunden angezeigt. Bei den mehr verdünnten Säuren ist kein solcher Abfall der Angriffsgeschwindigkeit bemerkbar.

Auf S. 197 wurde schon angedeutet, daß **Kupfersulfat** und **Ferrisulfat** unter gewissen Umständen den Angriff der Schwefelsäure auf rostfreien Werkstoff verhindern können. Außer der be-

204 Der Widerstand rostfreier Stähle gegen verschiedene Angriffsmittel.

sonderen Wichtigkeit vom wissenschaftlichen Standpunkte aus hat der Einfluß dieser Salze auf die Wirkung der Schwefelsäure große praktische Bedeutung. Viele Grubenwässer (vgl. S. 211), die in ihrer Wirkung auf die Pumpenanlage infolge des Vorhandenseins von freier Schwefelsäure berüchtigte Korrosionsbildner sind, enthalten auch merkliche Mengen des einen oder des anderen Salzes oder beide Salze zugleich, und folglich haben sie oft keinen Einfluß auf rostfreien Stahl, obschon sie den gewöhnlichen Stahl und andere Metalle sehr schnell angreifen[1]. Es ist hier deshalb am Platze, der Wirkung dieser Salze einige Aufmerksamkeit zu widmen.

Der Einfluß von Lösungen auf rostfreien Werkstoff, die Kupfersulfat und Schwefelsäure enthalten, hängt von der wirklichen und der verhältnismäßigen Menge dieser beiden Stoffe in der Lösung ab. Wie früher schon angegeben wurde, hat eine Lösung von Kupfersulfat an sich keinen Einfluß auf rostfreien Stahl. Bei allmählicher Hinzufügung von Schwefelsäure zur Kupfersulfatlösung tritt auch keine Wirkung ein, bis eine bestimmte Säuremenge vorhanden ist. Diese Menge hängt sowohl von dem Chromgehalt des Stahls als auch von dem tatsächlichen Gehalt der Lösung an Kupfersulfat ab. Nachdem diese kritische Menge überschritten ist, steigert sich die Wirkung der sauren Flüssigkeit mehr und mehr in dem Maße, wie die Stärke der Säure wächst. Dies wird durch die Schaulinie in Abb. 82 bestätigt, die die Ergebnisse

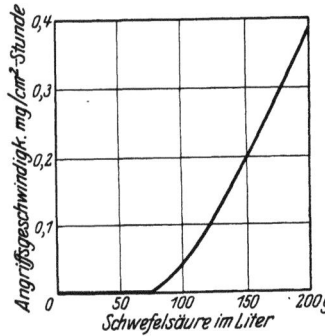

Abb. 82. Angriff von Kupfersulfatlösungen mit freier Schwefelsäure auf rostfreien Stahl.

---

[1] Vgl. Anderson und Enos: Korrosionsbeständige Legierungen für den Gebrauch in sauren Grubenwässern. Stahl und Eisen 1924, S. 1496; 1925, S. 56 und 355; Anderson, Enos und Adams: Angriffsbeschleunigung von Grubenwässern auf Metalle. Bulletin Nr. 6, Coal-Mining Investigation, Carnegie Institute of Technology 1923 und Hall und Teague: Der Einfluß des Säuregehaltes und der Oxydationsfähigkeit auf die Korrosion von Metallen und Legierungen in sauren Grubenwässern. Wie vorhin 1924, Heft 15 und Zeitschrift für Metallkunde 1924, S. 246 und 369.

Schwefelsäure.

der Einwirkung von Lösungen auf eine Anzahl von gehärteten und angelassenen Proben aus rostfreiem Stahl mit etwa 0,3 vH Kohlenstoff und 12,6 vH Chrom während 24 Stunden bei atmosphärischer Temperatur zeigt. Jede Lösung enthielt 100 g Kupfersulfat ($CuSO_4$, $5 H_2O$) im Liter, aber verschiedene Mengen von Schwefelsäure. Sobald die Stärke der freien Säure etwa 100 g im Liter erreichte, wurde ein meßbarer Angriff hervorgerufen.

Fügt man Kupfersulfat in kleinen, jedoch allmählich wachsenden Mengen der Schwefelsäure zu, so steigt die Einwirkung der letzteren auf rostfreien Stahl zuerst schnell an. In solchen Fällen wird das Kupfer als flockige Masse auf dem Stahl niedergeschlagen und erzeugt hier zweifellos eine elektrochemische Wirkung. Sowie jedoch der Gehalt an Kupfer steigt, fällt der Angriff plötzlich sehr schnell ab, um schließlich bei Vorhandensein einer genügenden Menge von Kupfersulfat ganz aufzuhören. Diese Wirkungen werden in den Schaulinien A und B der Abb. 83 gezeigt. Die erstere bezieht sich auf den Angriff einer Flüssigkeit mit einem Gehalt von 100 g Schwefelsäure im Liter und letztere auf Lösungen mit einem Gehalt von 50 g dieser Säure im Liter. Die Angriffsdauer war in allen Fällen 24 Stunden bei atmosphärischer Temperatur. Der rostfreie Stahl glich demjenigen, der für den vorhergehenden Versuch gebraucht wurde. Die Schaulinien geben an, daß sich die zur Verhinderung dieser Wirkung benötigte Kupfersulfatmenge mit der Stärke der Säure ändert und diese Wirkung verhältnismäßig gering ist, sowie die Stärke der Säure abnimmt.

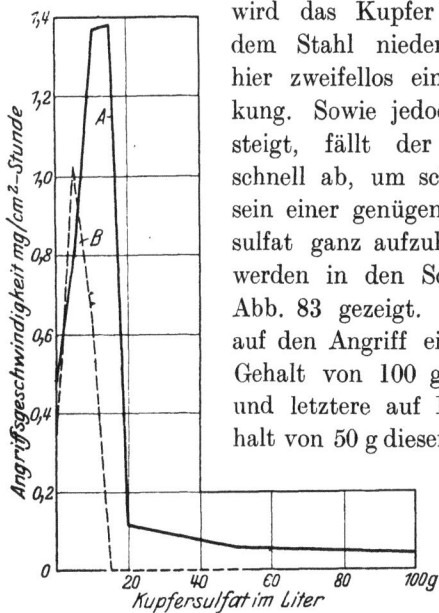

Abb. 83. Einfluß von Kupfersulfat auf den Angriff verdünnter Schwefelsäure auf rostfreien Stahl (bei A 100 g und bei B 50 g freie Schwefelsäure im Liter).

Der Widerstand des rostfreien Stahls gegen den Angriff der Schwefelsäure bei genügender Menge von Kupfersulfat wird durch eine Art von „Passivität" verursacht, die derjenigen ähnelt, die beim gewöhnlichen Stahl durch starke Salpetersäure und andere Angriffsmittel erzeugt wird (vgl. S. 167). Diese „Passivitäten" ähneln sich aber auch in anderer Hinsicht. So besteht die Passivität, wie sie durch die Wirkung von Kupfersulfat beim rostfreien Stahl hervorgebracht wird, noch einige Zeit, nachdem der Stahl aus der die Passivität erzeugenden Lösung entfernt worden ist. Dies ist besonders der Fall, wenn die Stähle in Lösungen gebracht werden, in denen die Anreicherung an Kupfersulfat allmählich verringert wird. So wurde ein Probestück aus rostfreiem Stahl in eine Lösung getan, die 50 g Schwefelsäure und 50 g Kupfersulfat im Liter enthielt. Eine solche Lösung hat nach Abb. 83 auf den Stahl keinerlei Wirkung. Nach Abständen von einem oder zwei Tagen wurde das Probestück in Lösungen mit derselben Menge an freier Säure übergeführt, in denen aber der Gehalt an Kupfersulfat allmählich abfiel. Der Gehalt des letzteren wurde auf 2,5 g im Liter ermäßigt, ohne daß irgendwelche Wirkung eintrat, obgleich der Stahl unter den üblichen Bedingungen von einer ähnlichen säurehaltigen Flüssigkeit mit 10 g oder weniger Kupfersulfat im Liter angegriffen wurde. Bei einer Verminderung der Stärke auf 2 g im Liter wurde der Stahl sehr langsam angegriffen. Der Angriff bestand in einer allmählichen Verdunkelung der Oberfläche des Probestückes. Dieses blieb dann sieben Wochen in dieser sauren Flüssigkeit. Nach dieser Zeit zeigte es eine glänzende schwarze Oberfläche mit grünlichem Farbton, ähnlich demjenigen, der am Ende des Anlassens von gewöhnlichem Stahl erscheint. Der Gesamtgewichtsverlust der Probe nach der siebenwöchigen Aussetzung war nur 0,014 vH seines ursprünglichen Gewichts und entsprach einer Angriffsgeschwindigkeit von 0,00024 mg/cm^2 und Stunde.

In derselben Weise wurde der Gehalt an Kupfersulfat in einer sauren Flüssigkeit mit 100 g Schwefelsäure im Liter, in die eine gleiche Probe von rostfreiem Stahl getan wurde, allmählich von 250 g auf 7,5 g im Liter vermindert, ohne daß irgendeine Wirkung eintrat. Als jedoch die Verminderung auf 5 g im Liter fiel, trat eine gleiche langsame Wirkung wie die oben beschriebene ein. Das Probestück nahm allmählich eine glänzende, schwarze Oberfläche an und hatte nach einem siebenwöchigen Angriff 0,019 vH seines ursprünglichen Gewichts, entsprechend einer Angriffsgeschwindigkeit von 0,0003 mg/cm^2 und Stunde eingebüßt.

Die Größe der Passivität, wie sie in diesen beiden Fällen erzeugt wurde, wird man sich leichter vorstellen können, wenn man daran denkt, daß die Probestücke unter gewöhnlichen Verhältnissen weit über 50 vH ihres Gewichts während eines siebenwöchigen Aufenthaltes in diesen sauren Flüssigkeiten verloren haben würden.

Die durch saure Kupfersulfatlösungen von genügender Stärke erzeugte Passivität bleibt auch über eine ziemlich beträchtliche Zeit bestehen, wenn die Probestücke aus der die Passivität bewirkenden Lösung herausgenommen und getrocknet werden und dann in diesem Zustand verbleiben. So wurde z. B. eine Stahlprobe in eine Flüssigkeit mit 50 g Schwefelsäure und 25 g Kupfersulfat im Liter (Schaulinie B in Abb. 83) gelegt, hierin 24 Stunden belassen, ohne angegriffen zu werden, aus dem Bade genommen, gereinigt und getrocknet und auf zwei Monate in eine Kiste verpackt. Sie wurde dann in eine Flüssigkeit mit 100 g Säure und 10 g Kupfersulfat gelegt, d. h. eine Flüssigkeit, die, wie Schaulinie A in Abb. 83 erkennen läßt, den gewöhnlichen Werkstoff schnell angreift. Drei bis vier Tage lang war keine Wirkung bemerkbar, aber danach fing das Probestück an, im Farbton allmählich dunkler zu werden. Nach 34 Tagen wurde es aus dem Bade genommen und hatte eine glänzende, grünlichschwarze Oberfläche ähnlich derjenigen der beiden oben beschriebenen Proben. Der Gesamtgewichtsverlust nach dem 34tägigen Angriff war 0,009 vH des ursprünglichen Gewichts, entsprechend 0,00019 mg/cm^2 und Stunde.

Der Einfluß der Passivität kann noch schlagender an einem gleichen, vorher nicht passiv gemachten Stahlstück gezeigt werden, das innerhalb 24 Stunden nach dem Eintauchen in ein saures Bad von der gleichen Stärke praktisch 1,9 vH seines Gewichts verlor. Es hätte daher bedeutend mehr als die Hälfte seines Gewichts nach 34 Tagen eingebüßt.

Die Wirkung des Kupfersulfats wurde zuerst im Laufe einer Untersuchung über die Eigenschaften einer Reihe von Stählen mit niedrigem Kohlenstoffgehalt und allmählich steigendem Chromgehalt beobachtet. Da die damals erhaltenen Ergebnisse den Einfluß eines verschiedenen Chromgehaltes auf die Passivität durch Kupfersulfatlösungen deutlich zeigen, so sollen sie hier wiedergegeben werden. Die Stähle hatten folgende Zusammensetzung:

Material	Kohlenstoff vH	Silizium vH	Mangan vH	Chrom vH
A	0,16	0,12	0,73	—
B	0,14	0,14	0,12	4,7
C	0,12	0,24	0,28	6,2
D	0,09	0,17	0,11	7,5
E	0,18	0,15	0,14	8,8
F	0,16	0,17	0,12	10,0
G	0,15	0,86	0,29	10,9
H	0,09	0,77	0,24	12,0
I	0,14	0,64	0,21	13,1
K	0,09	0,30	0,17	14,0
L	0,10	1,10	0,17	15,5
M	0,13	0,90	0,27	17,3

Von jedem Stahl wurden Proben in Form von Scheiben mit einem Durchmesser von 25 mm und einer Dicke von 1 mm 20 Stunden lang in eine Lösung mit 5 vH Kupfersulfat gelegt. Die Proben A, B und C wurden stark angegriffen, der Rest blieb unangegriffen. Die Proben D bis M wurden dann einer 5%igen Kupfersulfatlösung ausgesetzt, die außerdem noch 1 vH freie Schwefelsäure aufwies. Probe D wurde sofort angegriffen, Probe E langsamer. Nach diesen fünf Stunden hatten diese beiden Proben jeweils 0,6267 und 0,1040 g verloren. Dieselbe Lösung griff Probe F sehr langsam an, die innerhalb 27 Stunden nur 0,0683 g einbüßte. Die anderen Proben G bis M blieben unangegriffen. Sie wurden dann in Lösungen übergeführt, in denen die Säuremenge allmählich erhöht wurde. Bei 5 vH freier Säure widerstand G dem Angriff sechs bis acht Stunden lang, die Probe wurde aber dann stark angegriffen. Die anderen Proben blieben dagegen vollständig unberührt, nachdem sie in dieser und in einer 10%igen Säure drei Tage lang verweilten. Dann wurden sie auf zwei Tage in Lösungen mit 15 vH Säure und nochmals auf fünf Tage in Lösungen mit 20 vH Säure gelegt. Probe H zeigte dann eine sehr geringe Ätzwirkung, hatte auch praktisch keinen Gewichtsverlust. Die anderen Proben blieben völlig unangegriffen. Dann wurden alle Proben drei Tage lang in eine Flüssigkeit mit 25 vH Säure gebracht. Die Oberfläche von Probe H wurde dann dunkel gefärbt, es ergab sich aber kein meßbarer Verlust. Den anderen Proben geschah nichts.

Bis jetzt war in allen Lösungen der Gehalt an Kupfersulfat auf 5 vH unverändert geblieben, während die Menge der Säure allmählich stieg. Bei den folgenden Versuchen wurde der

Säuregehalt auch unverändert auf 25 vH gehalten und die Höhe des Kupfersulfats allmählich vermindert. Die erhaltenen Ergebnisse sollen hier mitgeteilt werden:

Stärke der Flüssigkeit		Dauer des Angriffs	Probe				
Schwefelsäure %ig	Kupfersulfat %ig	Tage	H	J	K	L	M
25	4	4	schwach dunkel gefärbt	unangegriffen	unangegriffen	unangegriffen	unangegriffen
25	3	2	nicht merklich verändert	,,	,,	,,	,,
25	2	1	angegriff.	,,	,,	,,	,,
25	1	1	—	,,	,,	,,	,,
25	0,5	4	—	angegriff.	,,	,,	,,
25	0,25	35	—	—	angegriff.	,,	,,
25	0,125	8	—	—	—	,,	,,
25	0,062	16	—	—	—	,,	,,
25	0,04	12	—	—	—	,,	,,
25	0,02	8	—	—	—	,,	,,
25	0,01	2	—	—	—	,,	,,
25	—	3	—	—	—	,,	,,

Die Proben L und M wurden hernach in eine Lösung von Schwefelsäure, die frei von Kupfer war, übergeführt, in der die Säuremenge allmählich auf 20, 15, 10, 8, 7, 6, 5, 4 und 2 vH ermäßigt wurde, während die gesamte Aufenthaltszeit in diesen Lösungen 14 Wochen betrug. Nach dieser Zeit waren diese beiden Proben noch vollständig glänzend und unangegriffen.

Dieser Versuch zeigt, kurz gesagt, nicht nur den Einfluß der Erhöhung des Chromgehaltes auf die durch Kupfersulfatlösungen erzeugte Passivität, sondern auch den bemerkenswerten Umfang der Passivität, der erhalten werden kann, wenn der Chromgehalt 15 vH oder mehr erreicht, besonders dann, wenn man bedenkt, daß solche hochchromhaltigen Eisensorten gewöhnlich durch Schwefelsäure sehr stark angegriffen werden. Es muß auch betont werden, daß die Proben H, I und K sechs bis acht Stunden lang den Lösungen, die sie doch endlich angriffen, widerstanden. In jedem Fall jedoch war der Angriff nach weniger als 24 Stunden sehr hervorstechend.

Der Einfluß des Ferrisulfats im Hinblick auf die Verlangsamung oder Verhütung des Angriffs von Schwefelsäure auf rostfreien Stahl beschrieb zuerst Hatfield[1]. Dessen Untersuchungsergebnisse deuten an, daß die benötigte Ferrisulfatmenge, um eine Wirkung zu verhüten, mit dem Zustand des Stahls, sei dieser nun gehärtet oder gehärtet und angelassen, schwankt und auch bei irgendeinem Werkstoff in gleichem Verhältnis zur Menge der vorhandenen freien Schwefelsäure steht. Bei dem gehärteten und angelassenen Werkstoff wurde kein Angriff beobachtet, wenn die Menge des Ferrisulfats das Doppelte der freien Schwefelsäure betrug, während bei dem gehärteten Werkstoff dieselbe Wirkung ausgelöst wurde, wenn die Menge des vorhandenen Ferrisulfats gleich einem Fünftel der freien Schwefelsäure war.

Versuche von Monypenny an gehärtetem und angelassenem Werkstoff mit 0,3 vH Kohlenstoff und 12,6 vH Chrom sind in Zahlentafel 39 zusammengefaßt. Sie zeigen, daß bei einem solchen Werkstoff „Passivität" mit einer geringeren Menge von Ferrisulfat erreicht wird, als die Versuche von Hatfield dargetan haben. Die Stärke der Lösungen ist in Gramm je Liter angegeben:

Zahlentafel 39. Einfluß von Ferrisulfat auf den Angriff von Schwefelsäure auf rostfreien Stahl.

Stärke der Lösung g/l		Dauer des Versuchs	Gewichtsabnahme	Gewichtsabnahme in
Schwefelsäure	Ferrisulfat	Tage	vH	mg/cm²-Std.
100	—	1	0,76	0,56
100	5	1	0,86	0,62
100	10	1	0,94	0,66
100	15	1	1,00	0,73
100	20	36	nicht angegriffen	
100	40	36	,,	—
100	60	36	,,	

Der wirksame Gehalt des die Passivität erzeugenden Ferrisulfats wird wahrscheinlich in gewissem Grade durch Temperaturschwankungen oder andere Umstände beeinflußt. So blieb eine Gegenprobe, die sich in einer Lösung mit 15 g Ferrisulfat im Liter befand und einige Tage später dem einen in Zahlentafel 39

---

[1] Hatfield: Die Entwicklung des rostfreien Stahls. Stahlwerke Thomas Firth and Sons, Ltd. Sheffield.

beschriebenen Versuch unterworfen wurde, vollständig unangegriffen, nachdem sie einen Monat lang der Lösung ausgesetzt worden war.

Man erkennt, daß eine geringe Zunahme der Angriffsgeschwindigkeit besteht, wenn nur kleine Mengen von Ferrisulfat zugegen sind, obschon die Zunahme nicht so groß ist wie bei Kupfersulfat, was auch an sich verständlich ist. Wie es auch bei dem letzteren Salz der Fall ist, dauert die durch Ferrisulfat hervorgebrachte Passivität noch einige Zeit nach der Entfernung aus der diese Eigenschaft erzeugenden Lösung an, doch anscheinend in geringerem Maße als bei dem Kupfersalz. So wurde eine Probe desselben Werkstoffes wie für die obigen Versuche auf die Dauer von 24 Stunden in eine Flüssigkeit gelegt, die 100 g Ferrisulfat und 100 g Schwefelsäure enthielt. Natürlich erfolgte kein Angriff. Alsdann wurde die Probe in Lösungen mit derselben Säuremenge übergeführt, bei denen aber das Ferrisulfat nacheinander auf 50, 25, 15, 10, 5 und 2,5 g im Liter ermäßigt wurde. In jedem Fall erfolgte ebenfalls kein Angriff. Die Probe blieb 24 Stunden lang in jeder Lösung liegen, dann wurde sie in eine gleiche Lösung getan, die aber nur 2 g Ferrisulfat im Liter besaß. Hier wurde das Stück in wenigen Minuten kräftig angegriffen, auch war die Angriffsgeschwindigkeit ähnlich derjenigen einer solchen Flüssigkeit auf den gewöhnlichen Stahl.

Es wurde schon bemerkt, daß Ferrosulfat nicht dieselbe Wirkung wie Ferrisulfat hat. So wurde ein rostfreier Stahl, der 24 Stunden in einer Lösung mit 100 g Schwefelsäure und zugleich 200 g Ferrosulfat im Liter verblieb, mit praktisch genommen derselben Geschwindigkeit angegriffen wie ein gleicher Stahl, der in eine Säure derselben Stärke, aber ohne Ferrosulfat getaucht worden war. Der Gewichtsverlust war 0,39 bezw. 0,46 mg/cm^2 und Stunde.

Die praktische Bedeutung dieser lehrreichen Passivitäteinwirkungen liegt, wie schon früher dargetan wurde, in ihrer Übertragung auf Pumpen beim Gebrauch für Grubenwässer und andere Wässer, die freie Schwefelsäure enthalten. Unter der Voraussetzung, daß weder eine genügende Menge Ferrisulfat noch Kupfersulfat oder beide in dem Grubenwasser neben der freien Säure zugegen ist (und sehr oft enthalten die Grubenwässer diese Salze in verhältnismäßig großer Menge), wird ein solches Wasser keinen Einfluß auf rostfreien Stahl haben, wenngleich es auch den gewöhnlichen Stahl sehr rasch angreifen wird. Zwei Fälle von solchen Grubenwässern, die Monypenny unlängst untersuchte, mögen hier angeführt werden. Diese Wässer hatten die folgende auf 100000 Teile bezogene Zusammensetzung:

	A vH	B vH
Kupfer	16	14,7
Ferrieisen	188	71,2
Ferroeisen	160	nicht bestimmt
freie Schwefelsäure	30	14,0

Diese beiden Wässer waren ohne jeden Einfluß auf rostfreien Stahl, wenn sie auch den gewöhnlichen weichen Stahl sehr schnell angriffen (vgl. S. 204).

Außerdem sind auch die Beispiele auf S. 206 und 211 über die Beharrlichkeit der Passivität, sobald die Menge des Kupfer- oder Ferrisulfats beträchtlich unter die übliche Sicherheitsgrenze verringert wird, von großer Wichtigkeit, da sie zeigen, daß, wenn bei der Handhabung solcher sauren Wässer das Verhältnis des die Passivität erzeugenden Salzes zu der Säure zeitweilig auf einen unter gewöhnlichen Verhältnissen unsicheren Wert erniedrigt wird, eine solche Erniedrigung nicht notwendigerweise zu einem Angriff auf den Stahl zu führen braucht.

16. Schweflige Säure.

Sie greift den rostfreien Stahl ebenfalls an, möglicherweise zum Teil durch die Schwefelsäure, die praktisch immer in der Handelsware zugegen ist.

17. Salzsäure.

Diese wirkt auf den rostfreien Stahl kräftig ein. Die Angriffsgeschwindigkeit hängt von der Stärke der Säure ab. Die folgenden Ergebnisse in Zahlentafel 40 wurden bei einer Angriffsdauer von 24 Stunden erhalten:

Zahlentafel 40.
Einfluß von Salzsäure auf rostfreien und gewöhnlichen Stahl.

Stärke der Säure	Gewichtsabnahme in mg/cm^2-Stunde	
	rostfreier Stahl	gewöhnlicher Stahl
Salzsäure 10%ig (normal)	0,82	1,84
Salzsäure 50%ig (5 N)	5,00	6,80

Nach dem Angriff durch Salz- oder Schwefelsäure zeigt die Oberfläche einer Probe aus rostfreiem Stahl die Reste des ursprünglichen dendritischen (tannenbaumartigen) Gefüges des Rohblocks. In Stücken, die aus einer gewalzten Stange gleich jenen geschnitten sind, die für die oben genannten Versuche verwendet wurden, ist nach dem Säureangriff die „Faser" des Stahls parallel zur Walzrichtung sehr deutlich ausgeprägt (vergl. S. 63).

18. Salpetersäure.

Die Wirkung der Salpetersäure auf rostfreien Stahl zeigt einige sehr lehrreiche Eigentümlichkeiten. Den gewöhnlichen rostfreien Stahl greift diese Säure nur in sehr verdünntem Zustande an, alsdann geht der Angriff auch nur sehr langsam vonstatten. Wird eine passende Zusammensetzung des Stahls gewählt, so kann sogar dieser beschränkte Angriffsgrad verhindert werden. Hieraus ist ersichtlich, daß die Verwendung des rostfreien Stahls wahrscheinlich von großem Wert im Hinblick auf die Herstellung und Beförderung von Salpetersäure sein wird. Aus diesem Grunde muß der Einfluß veränderter Verhältnisse auf die Angriffsgeschwindigkeit dieser Säure auf rostfreien Werkstoff etwas ausführlicher betrachtet werden.

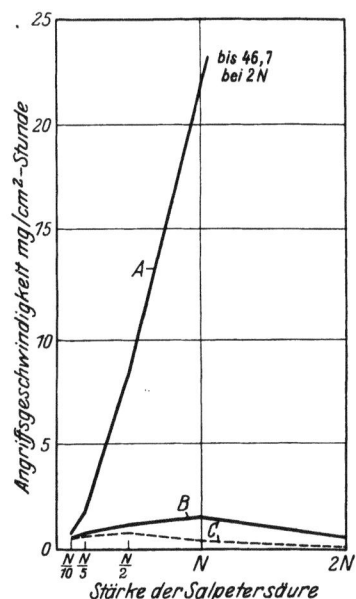

Abb. 84. Angriff verdünnter Salpetersäure verschiedener Stärken auf weichen Stahl (*A*) und rostfreien Stahl (*B*, fünfstündiger, *C*, 24 stündiger Angriff).

Werden Proben aus rostfreiem Stahl von üblicher Zusammensetzung einige Stunden lang in Salpetersäure verschiedener Stärken getaucht, so stellt sich heraus, daß der höchste Angriff bei einer Säure von etwa „normaler" Stärke auftritt. Eine solche Säure ist verhältnismäßig schwach. Sie enthält nämlich 67 g reine Säure auf den Liter und kann durch Zufügung von 1 Teil konzentrierter Säure (spez. Gew. 1,42) auf 15 Teile Wasser

214 Der Widerstand rostfreier Stähle gegen verschiedene Angriffsmittel.

hergestellt werden. Die genauen Angriffsgeschwindigkeiten, wie sie durch Säuren verschiedener Stärken erhalten wurden, sind in Zahlentafel 41 und in der Schaulinie B in Abb. 84 zusammengestellt. Diese Ergebnisse wurden an gehärteten und angelassenen Proben aus rostfreiem Stahl mit 0,32 vH Kohlenstoff und 12,2 vH Chrom erzielt, wobei sich die Stärke der Säuren von $^1/_{10}$ „normal" ($N/_{10}$) bis 5 „Normalstärken" (5 N) veränderte. Die erstere Säure enthielt 1 Teil der starken Säure auf etwa 160 Teile Wasser, und die letztere besaß annähernd 1 Teil der starken Säure auf 3 Teile Wasser. Zum Vergleich sind die unter denselben Bedingungen mit Proben von gewöhnlichem weichem Stahl mit 0,35 vH Kohlenstoff erhaltenen Ergebnisse in Abb. 84 miteinbegriffen (Schaulinie A). Die Dauer des Angriffs war in allen Fällen 5 Stunden mit Ausnahme jener der 5 N-Säure auf den gewöhnlichen Stahl. Infolge der Heftigkeit des Angriffs wurde in diesem Falle die Stahlprobe nur 50 Minuten in der Säure gelassen. Die Versuche wurden bei atmosphärischer Temperatur ausgeführt. Um eine ungebührliche Temperatursteigerung bei der weichen Stahlprobe in der 5 N-Säure zu verhüten, wurde das diese Probe bei atmosphärischer Temperatur enthaltende Becherglas in ein größeres Gefäß mit Wasser zur Abkühlung der Säure eingetaucht.

Zahlentafel 41. Einfluß verschiedener Salpetersäuren auf rostfreien und gewöhnlichen Stahl.

Stärke der Säure	Gewichtsabnahme in mg/cm^2-Stunde	
	Rostfreier Stahl	Weicher Stahl
N/10	0,40	0,68
N/5	0,65	1,74
N/2	1,11	8,50
N	1,53	22,10
2 N	0,61	46,70
5 N	0,01	etwa 600,00

Auf die Erzeugung von Passivität beim gewöhnlichen Stahl durch die Einwirkung von Salpetersäure, die stärker ist als die mit einem spezifischen Gewicht von etwa 1,25, war schon im vorhergehenden Abschnitt (S. 167) aufmerksam gemacht worden. Hier wurde gesagt, daß ein solcher Stahl, wenn er in eine Säure getaucht wird, die etwas stärker ist als diese, im Anfang angegriffen wird, daß aber dann die Angriffsgeschwindigkeit schnell abfällt und ein Einfluß zuweilen gänzlich aufhört. Die Passivitätswirkungen werden in gleicher Weise beim rostfreien Stahl erzielt, doch in einem viel weiteren Umfange im Hinblick auf die Stärke der Säure. Bei diesem Stahl wird durch eine Säure von 5 N (spez. Gew. etwa 1,2) praktisch kein Angriff hervorgerufen, und falls Säuren wesentlich schwächer als diese sind, fällt die anfängliche Angriffsgeschwindigkeit sehr schnell auf Null herab. Dies kann durch die Angaben in Zahlentafel 42 bestätigt werden. Für die Versuche, auf die sich diese Angaben beziehen, wurden die nach Zahlentafel 41 verwendeten Stahlproben wieder poliert, während 24 Stunden in frische Säure gelegt und nochmals geprüft. Ein Vergleich der so erhaltenen Werte mit denjenigen, die durch den vorhergegangenen Angriff bei fünfstündiger Aussetzung erhalten wurden, ist sehr lehrreich. Wie Zahlentafel 42, die

Zahlentafel 42. Einfluß von Salpetersäure auf rostfreien Stahl.

Stärke der Säure	Gewichtsabnahme nach fünfstündigem Angriff		Gewichtsabnahme nach 24stündigem Angriff	
	vH	mg/cm²-Stunde	vH	mg/cm²-Stunde
N/10	0,102	0,40	0,430	0,355
N/5	0,167	0,65	0,607	0,500
N/2	0,287	1,11	0,778	0,720
N	0,395	1,53	0,481	0,395
2 N	0,154	0,61	0,140	0,115
5 N	0,003	0,01	0,003	0,002

die Ergebnisse beider Versuchsreihen übersichtlich bringt, andeutet, hatte die Wirkung der Säuren von 2 N und 5 N vor dem Ablauf von fünf Stunden aufgehört, während die Angriffsgeschwindigkeit der Säuren von „normaler" und „halbnormaler" Stärke innerhalb von 24 Stunden stark abfiel. Hier bestand auch eine geringere Verminderung bei der N/5-Säure. Infolge dieser Einwirkungen tritt die durchschnittliche höchste Angriffsgeschwindigkeit bei der 24-Stundenprobe bei etwa halbnormaler anstatt normaler Stärke ein (vgl. auch Schaulinie C in Abb. 84). Es ist sehr wahrscheinlich, daß bei noch längeren Zeiten die Erzielung von Passivität durch die schwachen Lösungen noch merkbarer wird, so daß die höchste durchschnittliche Angriffsgeschwindigkeit bei solchen Zeiten schätzungsweise eher derjenigen der N/5-

oder sogar der N/10-Säure als derjenigen der N/2-Säure gleichen wird.

Die Erzeugung von Passivität bei ausgedehnterem Angriff einer Säure von normaler Stärke wird noch klarer durch die Ergebnisse des folgenden Versuchs (Zahlentafel 43) gezeigt. Vier gleiche Proben aus gehärtetem und angelassenem rostfreiem Stahl wurden in normale Salpetersäure während 3, 6, 24 und 72 Stunden gelegt. Die Gewichtsverluste sind hier wiedergegeben:

Zahlentafel 43. Einfluß von Salpetersäure auf rostfreien Stahl.

Dauer des Angriffs	Gewichtsabnahme vH	Durchschnittliche Abnahme mg/cm²-Stunde
3 Stunden	0,330	2,14
6 ,,	0,575	1,89
24 ,,	0,700	0,57
72 ,,	0,726	0,197

In der Annahme, daß die Verluste der drei ersten Proben während der entsprechenden Zeiten des Versuchs wirklich dieselben waren wie jene der vierten Probe, müßten die Verluste dieser Probe während der verschiedenen Zeiten nach Zahlentafel 44 die folgenden sein:

Zahlentafel 44. Einfluß von Salpetersäure auf rostfreien Stahl.

Stunden	Gewichtsabnahme vH	Durchschnittliche Gewichtsabnahme mg/cm²-Stunde
Die ersten 3 Stunden	0,330	2,14
3 bis 6 ,,	0,245	1,64
6 ,, 24 ,,	0,125	0,13
24 ,, 72 ,,	0,026	0,007

Diese Ergebnisse sind in Abb. 85 nochmals aufgeführt worden, die auf schlagende Weise dartun, wie schnell die Angriffsgeschwindigkeit dieser Säure fällt, wenn die Dauer des Versuchs steigt, und zwar in einem solchen Maße, daß die Wirkung, nachdem das Probestück ungefähr einen Tag in der Säure gelegen hatte, fast aufhörte. Läßt man die Proben in der Säure liegen, bis die Wirkung praktisch zu Ende ist, und werden sie dann herausgenommen, abgewaschen, gut abgerieben und getrocknet, so behalten sie immer noch ihre Passivität bei, auch wenn sie während einer verhältnismäßig langen Zeit trocken blieben. So wurde gefunden, daß sich derartig behandelte Stahlproben noch gegen die „normale" Salpetersäure vollständig passiv verhielten, nachdem sie sieben Wochen lang beiseite gelegen hatten.

Passivität entsteht auch, wenn rostfreie Stahlproben nach ein paar Stunden des Eintauchens aus der Säure genommen und während der Angriff immer noch weitergeht, gewaschen, abgerieben und getrocknet werden. Werden sie dann sofort wieder in die Säure zurückgetan, so findet keine weitere Wirkung statt. Bleiben jedoch solche Proben trocken, so verlieren sie ihre Passivität innerhalb weniger Stunden.

Die durch die Wirkung der Salpetersäure beim rostfreien Stahl erzeugte Passivität verzögert auch den nachfolgenden Angriff verdünnter Schwefelsäure oder Salzsäure auf diesen Werkstoff. Diese Verzögerung ist jedoch nur vorübergehend. So wurden durch die ausgedehnte Einwirkung von „normaler" Salpetersäure passiv gemachte Probestücke später in 5%ige Schwefelsäure gelegt, von der sie anfangs nur sehr langsam angegriffen wurden. Die Angriffsgeschwindigkeit wuchs jedoch allmählich an und nachdem die Proben drei bis vier Stunden lang in der Schwefelsäure gelegen hatten, wurden sie mit üblicher Geschwindigkeit angegriffen. Bei einer 10%igen Salzsäure verschwand in gleicher Weise die Passivität nach etwa zwei Stunden.

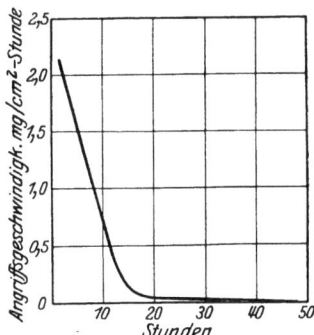

Abb. 85. Abfall der Angriffsgeschwindigkeit „normaler" Salpetersäure auf rostfreien Stahl bei wachsender Versuchsdauer.

Aus den auf den letzten Seiten wiedergegebenen Ergebnissen ist ersichtlich, daß Salpetersäure von 5 N (spez. Gew. etwa 1,2) den rostfreien Stahl praktisch nicht angreift. Dies trifft auch bei allen höheren Stärken dieser Säure zu. Da Säure mit einem spez. Gew. von 1,2 auf den gewöhnlichen Stahl sehr schnell einwirkt, so ist dieses Angriffsmittel insofern nützlich, als es eine gewisse Handhabe zur Feststellung der beiden Stahlarten gewährt, falls zufällig rostfreier Stahl mit gewöhnlichem Stahl vermengt ist. Es kann auch noch bemerkt werden, daß es ganz unwesentlich ist, ob sich rostfreier Stahl im gehärteten, gehärteten und angelassenen oder geglühten Zustande befindet, oder ob er kaltbearbeitet wurde oder nicht.

Werden rostfreie Stähle auf lange Zeit, d. h. einen Monat oder sechs Wochen, Salpetersäure von 5 N oder höherer Stärke ausgesetzt, so wird die Oberfläche des Stahls einen purpurähnlichen Farbton annehmen, doch tritt keine merkbare Änderung im Gewicht der Probe ein. Der so erhaltene Farbton hat eine gewisse Ähnlichkeit mit der „Anlauffarbe" und ist wahrscheinlich von gleicher Natur wie diese. Wichtig ist auch noch die Bemerkung, daß auf einem polierten für die Untersuchung des Kleingefüges bestimmten Stahlschnitt (Schliff), der in dieser Weise behandelt wird, die Karbidteilchen glänzend weiß bleiben, wohingegen sich die ferritische Grundmasse, wie oben beschrieben wurde, färbt. Diese so erzielte Wirkung ist oft auffallend schön, und das Ätzverfahren wäre zweifellos für die mikroskopische Untersuchung dieser Stähle wertvoll, wenn die zur Erzielung dieser Wirkung benötigte Zeit nicht so lang wäre.

Bis jetzt wurde der Einfluß der Salpetersäure verschiedener Stärken im Hinblick auf den üblichen rostfreien Stahl mit 0,32 vH Kohlenstoff und 12,2 vH Chrom besprochen. Es muß jedoch noch überlegt werden, wie die Wirkung dieser Säure durch Änderungen des Chrom- und Kohlenstoffgehaltes des Stahls beeinflußt wird, weil Versuche gezeigt haben, daß die Zusammensetzung des Stahls einen wesentlichen Einfluß auf seinen Widerstand gegen den Angriff verdünnter Salpetersäure besitzt.

Aus den Untersuchungen von Monnartz geht hervor, daß der Zusatz von Chrom zum Eisen den Widerstand dieses Metalles gegen Salpetersäure sehr erhöht[1]. Die Ergebnisse hinsichtlich der Legierungen mit einem Gehalt bis zu 20 vH Chrom können folgendermaßen zusammengefaßt werden:

a) Bei Legierungen mit einem Gehalt bis zu 4 vH Chrom vermindert sich der Widerstand gegen verdünnte Salpetersäure mit der Erhöhung des Chromgehaltes. Auch wird der Widerstand gegen den Angriff konzentrierter Salpetersäure größer.

b) Bei Legierungen mit 4 bis 14 vH Chrom erhöht sich der Widerstand gegen verdünnte Salpetersäure mit wachsendem Chromgehalt sehr schnell.

---

[1] Metallurgie 1912, S. 161.

c) Steigt der Chromgehalt von 14 auf 20 vH, so nimmt die Beständigkeit gegen verdünnte Salpetersäure dauernd zu, ungefähr gleichmäßig mit dem Chromgehalt der Legierung. Oberhoffer (a. a. O.) sagt: „Eine Vorstellung des Widerstandes der 20%igen Legierung gegen verdünnte Salpetersäure erhält man durch die Tatsache, daß einige tausend Jahre erforderlich wären, um bei ununterbrochenem Kochen in dieser Säure ein Millimeter der Oberfläche eines Würfels abzulösen."

Monypenny hat das Gebiet bis zu 4 vH Chrom nicht untersucht, jedoch die Wirkung verdünnter Salpetersäure „normaler" Stärke sowie einer stärkeren Säure vom spez. Gew. 1,2, etwa 5 N, auf eine Reihe von Stählen mit niedrigem Kohlenstoffgehalt und einem Gehalt an Chrom, der zwischen 4,72 und 17,5 vH schwankte (Zahlentafel 45), festgestellt. Eine Probe aus weichem Stahl ohne Chrom wurde zum Vergleich miteingeschlossen. Bei der verdünnten Säure betrug die Angriffsdauer 5 Stunden, bei der stärkeren Säure 24 Stunden, außer bei dem weichen chromfreien Stahl. Diese Probe wurde natürlich sehr kräftig angegriffen und sie wurde daher nur 20 Minuten in der Säure gelassen.

Zahlentafel 45. Einfluß des Chromgehaltes auf den Angriff von Salpetersäure auf Chromstähle.

Stahl		Normalsäure		Säure vom spez. Gew. 1,2	
Kohlenstoff vH	Chrom vH	Gewichtsabnahme nach 5 Stunden vH	Gewichtsabnahme mg/cm²-Stunde	Gewichtsabnahme nach 24 Stunden vH	Gewichtsabnahme mg/cm²-Stunde
0,16	—	5,57	16,20	39,9 (20 Min.)	etwa 1,250
0,14	4,72	4,95	15,65	2,0	1,640
0,12	6,20	4,60	13,50	0,082	0,064
0,09	7,50	2,07	6,15	0,006	0,005
0,16	10,00	0,785	2,10	Spur	Spur
0,15	10,90	0,295	0,88	—	—
0,09	12,00	0,122	0,35	—	—
0,14	13,10	0,026	0,08	—	—
0,09	14,00	0,0097	0,03	—	—
0,10	15,50	—	—	—	—
0,13	17,30	—	—	—	—

Die Ergebnisse zeigen sehr deutlich die Wirkung einer verhältnismäßig kleinen Chrommenge (4,72 vH) in der Hemmung des Angriffs der stärkeren Säure. Bei der verdünnten Säure fällt die Angriffsgeschwindigkeit schnell ab, wenn der Chromgehalt über 6 vH steigt.

220 Der Widerstand rostfreier Stähle gegen verschiedene Angriffsmittel.

Die Ergebnisse mit Säuren „normaler" Stärke auf die Stähle mit Chrom innerhalb des rostfreien Gebietes sind in Abb. 86, Schaulinie B, angegeben. Schaulinie A in Abb. 86 gibt die auf gleiche Weise erhaltenen Ergebnisse von Stählen mit 0,31 bis 0,33 vH Kohlenstoff und verschiedenen Chrommengen an. Die beiden Schaulinien kennzeichnen die Unterschiede, die sich aus einer Erhöhung des Kohlenstoffgehaltes um etwa 0,2 vH ergeben. Bei der Deutung der beiden Schaulinien ist zu beachten, daß ähnliche Angriffsgeschwindigkeiten bei den beiden Stahlreihen erhalten werden, wenn der Chromgehalt der Stähle mit geringerem Kohlenstoffgehalt etwa 2 vH niedriger ist als der der höheren Kohlenstoffreihen. Wird weiter angenommen, wie es auch berechtigt erscheint, daß der Widerstand des Stahls gegen den Angriff der Salpetersäure durch das in fester Lösung im Eisen befindliche Chrom verursacht wird und nicht durch den Chromgehalt, der als freies Karbid besteht, so ist die Bemerkung wichtig, daß dieses Ergebnis im Einklang mit der früher gemachten Annahme steht, daß nämlich das Verhältnis des Chroms zum Kohlenstoff im Karbid etwa 10 : 1 ist (vgl. S. 181). Es muß auch noch betont werden, daß sich die Stähle bei allen oben beschriebenen Versuchen in vollständig angelassenem Zustande befanden.

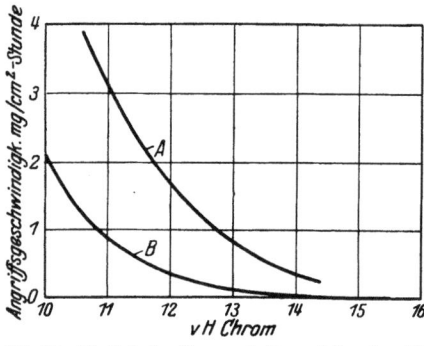

Abb. 86. Einfluß des Chromgehaltes auf den Angriff „normaler" Salpetersäure auf rostfreien Stahl. $A =$ Stähle mit 0,31 bis 0,33 vH Kohlenstoff, $B =$ Stähle mit 0,09 bis 0,16 vH Kohlenstoff.

Die Zahlentafel 45 zeigt auch, daß Salpetersäure „normaler" Stärke oder mit dem spez. Gew. von 1,2 das rostfreie Eisen mit 0,1 vH Kohlenstoff und 15,5 vH Chrom nicht angreift. Auch hat eine noch stärkere Säure keine Einwirkung auf diesen Werkstoff. Weitere Versuche mit diesem Stahl bei Anwendung von Salpetersäure in Stärken von $N/_{10}$ bis 5 N zeigten, daß er von Salpetersäure irgendeiner Stärke innerhalb dieses Gebiets weder bei atmosphärischer Temperatur noch bei 80 bis 85° C angegriffen wurde.

Salpetersäure.

Alle bis jetzt beschriebenen Versuche mit Salpetersäure mit Ausnahme desjenigen Versuchs, der im letzten Absatz beschrieben wurde, wurden bei atmosphärischer Temperatur ausgeführt. Weitere Versuche, bei denen der Stahl dem Angriff der Säure bei 80 bis 85°C ausgesetzt wurde, ließen erkennen, daß die Angriffsgeschwindigkeit der „normalen" Salpetersäure bei dieser Temperatur nicht sehr verschieden von derjenigen bei gewöhnlichen Temperaturen ist, solange der Chromgehalt des Stahls über 12 oder 13 vH hinausgeht. Bei Stählen mit einem geringeren Chromgehalt als diesem wird die Angriffsgeschwindigkeit der Säure von „normaler" Stärke durch den Temperaturanstieg sehr beschleunigt. Bei einer 5 N-Säure entsteht nur ein sehr geringer Angriff und sogar bei 80 bis 85°C. So wurden z. B. Proben von Stahlreihen mit etwa 0,3 vH Kohlenstoff, die auch für die Versuche auf S. 219 verwendet wurden und den Säuren sechs Stunden lang bei 80 bis 85°C ausgesetzt waren, angegriffen (Zahlentafel 46). Diese Ergebnisse können mit denjenigen der Schaulinie A in Abb. 86 verglichen werden.

Zahlentafel 46. Einfluß des Chromgehaltes auf den Angriff von Salpetersäure bei 80 bis 85°C.

Stahl	Chrom vH	Gewichtsabnahme mg/cm²-Stunde	
		Normalsäure	5 N-Säure
A	10,6	115,00	0,030
B	11,1	16,50	—
C	12,2	1,09	0,025
D	13,3	0,41	0,010
E	14,4	0,27	0,0055

Der Einfluß der Veränderung der Säurestärke auf die Angriffsgeschwindigkeit der Salpetersäure bei 80 bis 85°C wird durch die Ergebnisse in Zahlentafel 47 erhärtet, die vom Stahl C (Zahlentafel 46) mit 0,32 vH Kohlenstoff und 12,2 vH Chrom während einer sechsstündigen Angriffsdauer erhalten wurden.

Ein Vergleich dieser Ergebnisse mit denen in Zahlentafel 41 von Proben desselben Stahls zeigt, daß der Angriff sehr verdünnter Salpetersäure bis zu etwa halbnormaler Stärke durch Steigerung der Temperatur von der atmosphärischen bis auf 80 bis 85°C stark erhöht wird, daß aber bei Säuren von normaler und höherer Stärke die Angriffsgeschwindigkeit durch den Temperaturanstieg nicht sehr beeinflußt wird. Es ist jedoch aus den obigen Ergebnissen ersichtlich, daß die Grenzstärke der Säure von dem Kohlenstoff und Chromgehalt des Stahls abhängt.

Zahlentafel 47. Einfluß von Salpetersäure bei 80 bis 85° C auf rostfreien Stahl mit 12,2 vH Chrom.

Stärke der Säure	Gewichtsabnahme vH	Gewichtsabnahme in mg/cm²-Stunde
N/10	1,50	4,90
N/5	2,69	8,82
N/2	4,56	15,13
N	0,35	1,09
2 N	0,056	0,20
5 N	0,008	0,025

Werden nun alle die hier besprochenen Ergebnisse zusammengefaßt, so kann man sagen, daß der übliche rostfreie Stahl mit 0,3 vH Kohlenstoff und 12 bis 13 vH Chrom bei gewöhnlicher Temperatur gegen den Angriff der Salpetersäure von etwa 5 N (spez. Gew. etwa 1,2) und darüber praktisch „immun" ist und nur in geringem Maße von verdünnteren Lösungen dieser Säure angegriffen wird. Bei höheren Temperaturen steigt die Angriffsgeschwindigkeit bei sehr verdünnter Säure erheblich an.

Durch Erhöhung des Chromgehaltes oder durch Verminderung des Kohlenstoffgehaltes wächst auch allmählich der Widerstand gegen den Angriff verdünnter Salpetersäure, so daß rostfreies Eisen mit etwa 15 vH Chrom dem Angriff einer Säure von allen Stärken sowohl bei gewöhnlichen Temperaturen als auch bei 80 bis 85°C vollständig widersteht. Es ist klar, daß ein solcher Werkstoff von großem Wert für die Salpetersäureindustrie sein wird. Ein gleicher völliger Widerstand gegen den Angriff der Salpetersäure wird bei gewissen rostfreien Stählen mit großen Mengen Nickel erhalten. Diese Stähle sollen im nächsten Abschnitt eingehend besprochen werden.

Es wurde schon früher bemerkt, daß sowohl Kupfer- als auch Ferrinitrate den Angriff verdünnter Salpetersäure auf rostfreien Stahl verzögern und ihn bei genügender Menge dieser Salze vollständig aufheben können. Diese Wirkung ist also ähnlich derjenigen der entsprechenden Sulfate beim Angriff von Schwefelsäure. Der Umfang dieser Wirkung und die Menge jedes als Nitrat vorhandenen Metalls, die zur Erzielung dieser Wirkung nötig ist, ist in Abb. 87 wiedergegeben. Hier sind die gewonnenen Ergebnisse bei einer Säure von „normaler" Stärke auf gehärtete und angelassene Stähle mit 0,3 vH Kohlenstoff und 12,6 vH Chrom eingezeichnet. Die Versuche wurden bei atmosphärischer Temperatur ausgeführt und dauerten sechs Stunden. Man erkennt, daß das Vorhandensein von 8 g Kupfer- oder 5 g Eisennitrat im Liter genügt, um die Wirkung der Säure auf rostfreien Stahl vollständig zu verhindern.

Die Ergebnisse mit Ferrinitrat sind im Zusammenhang mit der Verwendung eines Bades mit etwa 5 vH Salpetersäure zum Putzen (Aufhellen) der Oberfläche von Gegenständen wichtig, die vorher in dem gewöhnlichen Schwefelsäurebade gebeizt wurden (S. 85). Es ist klar, daß die allmähliche Anhäufung von Ferrinitrat in dem Salpetersäurebade die Wirkung hemmen und schließlich verhindern wird.

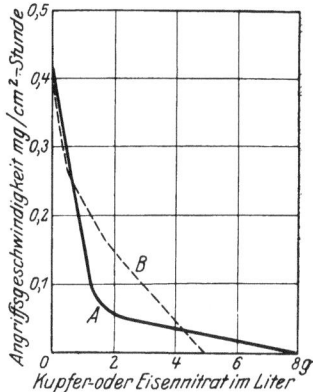

Abb. 87. Einfluß von Kupfer- und Eisennitrat auf die Angriffsgeschwindigkeit „normaler" Salpetersäure auf rostfreien Stahl. A = Kupfernitrat, B = Eisennitrat.

Sobald nun die Menge des gelösten Ferrinitrats groß genug ist, um eine merkliche „Verzögerung" des Bades zu verursachen, so soll letzteres nicht durch die Hinzufügung von frischer Säure „wiederbelebt" oder „aufgefrischt" werden, sondern es soll ganz beiseite getan und ein neues Bad bereitet werden.

19. Phosphorsäure.

Diese wirkt auf rostfreien Stahl träge ein. Sowohl Stähle mit 0,3 vH Kohlenstoff und 12,6 vH Chrom als auch weicher Stahl (Flußeisen) wurden nach einer Aussetzung von 24 Stunden durch Lösungen dieser Säure von verschiedener Stärke angegriffen, wie in Zahlentafel 48 gezeigt wird:

Zahlentafel 48. Einfluß von Phosphorsäure auf rostfreien und gewöhnlichen Stahl.

Stärke der Säure	Gewichtsabnahme vH		Gewichtsabnahme mg/cm²-Stunde	
	rostfreier Stahl	weicher Stahl	rostfreier Stahl	weicher Stahl
5%ig	0,067	1,51	0,05	1,11
25%ig	0,27	3,56	0,20	2,60
66,3%ig . . . . (spez. Gew. 1,5)	0,66	6,19	0,47	4,62

20. Borsäure.

Proben aus rostfreiem Stahl, die 7 Tage lang in eine Normallösung dieser Säure getaucht waren, die 20,7 g im Liter enthielt, blieben vollständig unangegriffen.

21. Organische Säuren.

Auf S. 201 wurde angegeben, daß reine Lösungen der im Obst und anderen Säften vorhandenen Säuren auf rostfreien Stahl eine viel größere Wirkung als die Natursäfte haben. Die folgende Zahlentafel 49 gibt Einzelheiten über die Wirkung verschiedener organischer Säuren auf rostfreien Stahl. Die unter denselben Bedingungen erhaltenen Werte für weichen Stahl sind zum Vergleich mit einbegriffen und deuten an, daß in den meisten Fällen, in denen der rostfreie Stahl angegriffen wird, die Angriffsgeschwindigkeit hier bedeutend geringer ist als beim weichen Stahl.

Bei der Tanninsäure scheint die aus dem weichen Stahl gelöste Eisenmenge sehr gering zu sein. Tatsächlich genügte sie jedoch vollständig, die Säurelösung in eine schwarze tintenartige Flüssigkeit zu verwandeln[1]. Beim rostfreien Stahl blieb die Säurelösung anscheinend ganz ohne Einfluß.

Zahlentafel 49. Einfluß organischer Säuren auf rostfreien und gewöhnlichen Stahl bei Raumtemperatur (20° C).

Säure	Stärke	Angriffsdauer Tage	Rostfreier Stahl		Weicher Stahl	
			Gewichtsabnahme vH	Gewichtsabnahme mg/cm²–Stunde	Gewichtsabnahme vH	Gew.-Abnahme mg/cm²–Stunde
Essigsäure .	5%ig	14	0,275	0,014	1,26	0,067
„ .	15%ig	14	0,23	0,012	1,92	0,105
„ .	33%ig	14	0,23	0,012	2,19	0,115
„ .	konz.	14	kein Angriff	kein Angriff	2,46	0,124
Karbolsäure	5%ig	14	kein Angriff	kein Angriff	0,09	0,005
Zitronensäure	6%ig	7	0,107	0,011	2,48	0,260
Ameisensäure	10%ig	12	2,92	0,26	4,25	0,330
Ölsäure . .	rein	14	kein Angriff	kein Angriff	nicht geprüft	
Oxalsäure	normal	10	0,27	0,021	0,42	0,036
Tanninsäure	10%ig	14	kein Angriff	kein Angriff	0,078	0,0042
Weinsäure .	normal	14	0,16	0,0085	1,17	0,062
„ .	25%ig	14	0,437	0,022	2,63	0,140

[1] Vgl. Bauer: Über den Einfluß von Tinten auf metallisches Eisen. Mitteilungen aus dem Materialprüfungsamt 1911, S. 63.

Die bei den Versuchen mit Karbolsäure verwendeten Stahlproben wurden, nachdem sie getrocknet, gewogen und untersucht worden waren, in die Säure zurückgetan. Diese wurde auf 80 bis 85° C erhitzt und 48 Stunden lang bei dieser Temperatur gehalten. Der rostfreie Stahl war dann immer noch ganz unangegriffen, während der weiche Stahl an Gewicht 0,21 mg je cm² und Stunde eingebüßt hatte, was einem Verlust von 0,55 vH in 48 Stunden entspricht.

Was die Ölsäure anbetrifft, so wurde rostfreier Stahl 14 Tage lang der Wirkung dieser Säure bei 60° C ausgesetzt und er war dann immer noch vollständig unangegriffen.

22. Elektrochemische Korrosion bei Berührung von rostfreiem Stahl mit Kupferlegierungen und Graphit.

Sowohl Kupferlegierungen als auch Graphit sind gegen den rostfreien Stahl elektronegativ und es kann deshalb bei diesem Werkstoff Korrosion hervorgerufen werden, wenn er mit jenen bei Gegenwart eines Elektrolyten in Berührung ist[1]. Solche Korrosionswirkungen treten weniger leicht bei Verwendung von gewöhnlichem Wasser als bei solchen Elektrolyten wie wässerigen Lösungen von Salzen auf. Tatsächlich zeigten sich bei in Wasser gelegten Proben aus rostfreiem Stahl nach wochenlanger Berührung mit Messing, Bronze und Geschützbronze keine irgendwie bemerkenswerten Wirkungen auf den Stahl. Jedoch können solche Korrosionswirkungen erzeugt und es kann auch die Möglichkeit ihres Auftretens durch richtige Änderung der Zusammensetzung des Stahls sehr erheblich herabgesetzt werden. Gerade eine Erhöhung des Chromgehaltes des Stahls verringert die Möglichkeit des Auftretens solcher Wirkungen, so daß es, wenn es auf die Dienstverhältnisse ankommt, die vielleicht solche Wirkungen hervorrufen, ratsam ist, einen Stahl mit einem so hohen Chromgehalt auszusuchen, daß letzterer sich mit den von diesem Stahl gewünschten mechanischen Eigenschaften verträgt.

Die Wichtigkeit dieser Einschränkung im Hinblick auf die mechanischen Eigenschaften von Werkstoffen mit 14 bis 20 vH Chrom kann aus den Angaben in Abschnitt IV abgeleitet werden.

---

[1] Vgl. Bauer und Vogel: Das Rosten von Eisen in Berührung mit anderen Metallen und Legierungen. Mitteilungen aus dem Materialprüfungsamt 1918, S. 114 und 208.

Die Festlegung des passenden Kohlenstoffgehaltes kann jedoch in einem Stahl mit etwa 15 vH Chrom ein Gebiet von mechanischen Eigenschaften ergeben, das sich für viele Konstruktionszwecke eignet. Ein solcher Werkstoff ist gegenüber der elektrochemischen Wirkung von Kupferlegierungen sehr beständig, und es ist auch wenig wahrscheinlich, daß er durch Graphit eher angegriffen wird als ein Stahl mit niedrigerem Chromgehalt. Die im nächsten Abschnitt beschriebenen besonderen Nickelchromstähle, die ebenfalls als nichtrostende Werkstoffe in weitestem Gebrauch stehen, werden unter diesen Verhältnissen anscheinend auch nicht im geringsten beeinflußt.

23. Überhitzter Dampf.

Die Ergebnisse aus Versuchen mit Stählen, die für Dampfventile und auch bei Kessel- und Dampfrohrausrüstungen (z. B. Sicherheitsventile, Abdampfventile, Dampfhähne usw.) verwendet wurden, zeigten, daß der rostfreie Stahl dem Einfluß des Dampfes sehr gut widersteht. Hier bleibt er auch in Berührung mit den gewöhnlichen Kupfer- oder Nickellegierungen unbeeinflußt, die für solche Dampfarmaturen vorgesehen werden. Beispiele von Ergebnissen, die bei der Verwendung von rostfreiem Stahl für Teile verschiedener Ausrüstungen für Dampfanlagen erhalten wurden, werden im letzten Abschnitt, der einige technische Anwendungsmöglichkeiten des rostfreien Stahls behandelt, aufgeführt. Es wird jedoch nützlich sein, einen Versuch zu beschreiben, der vorgenommen wurde, um den vergleichenden Widerstand von rostfreiem Stahl, gewöhnlichem Stahl und Phosphorbronze gegen die zerfressende Wirkung eines Dampfstrahls festzustellen.

Kleine flache Probestücke der drei in einem Holzrahmen gehaltenen Metalle wurden jeweils in einer Entfernung von 3,2 mm von der Rohrmündung einem Dampfstrahl von 1,2 mm Durchmesser ausgesetzt. Der Dampf wurde mit einem Druck von etwa 8,4 at 200 Stunden lang auf jede der drei Proben geblasen.

Das Aussehen der drei Proben am Schluß des Versuches wird in Abb. 88 gezeigt. Das gehärtete rostfreie Stahlstück war praktisch unangegriffen geblieben, die einzige Wirkung war eine geringe Verfärbung, die zur bildlichen Wiedergabe fast zu schwach war. Andererseits waren die Proben aus gewöhnlichem Stahl und Phosphorbronze dort natürlich sehr stark angegriffen oder angenagt, wo der Dampfstrahl mit seiner hohen Geschwindigkeit auf die Probe stieß.

Um den Einfluß von Kupfer- und anderen Legierungen auf rostfreien Stahl festzustellen, wenn erstere jeweils in Berührung mit rostfreiem Stahl der Wirkung des Dampfes unterworfen werden, wurden kleine Proben von rostfreiem Stahl sehr fest in Scheiben der nachstehenden Legierungen eingebettet:

	Kupfer vH	Zinn vH	Zink vH	Blei vH	Nickel vH	Antimon vH
Geschützbronze . . .	88	10	2	—	—	—
Kupfernickellegierung.	53	8,5	9	14	14	1,5
Metallpackung	—	20	—	65	—	15,0

Der Versuch selbst wurde in folgender Weise vorbereitet: Ein Loch wurde in eine Scheibe der Legierung gebohrt und in dieses wurde

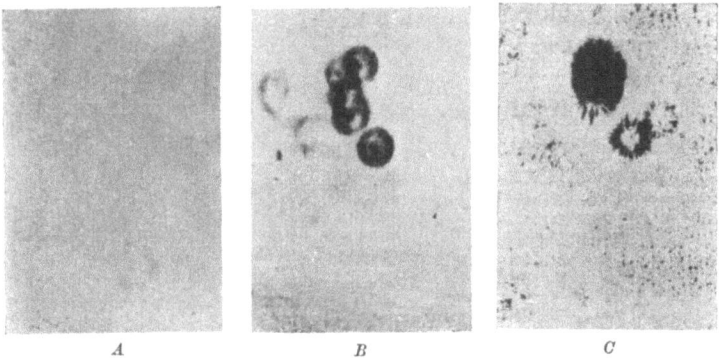

Abb. 88. Anfressungsproben nach Einwirkung eines Dampfstrahls. A = gehärteter rostfreier Stahl; B = Phosphorbronze; C = gewöhnlicher Stahl.

ein ihm angepaßtes Stück aus rostfreiem Stahl durch einen Schlag hineingetrieben. Auf diese Weise wurde eine innige metallische Berührung zwischen der Legierung und dem rostfreien Stahl erzielt.

Diese Proben wurden in einem Dampfrohr dem Einfluß des Dampfes von 182° C während einer Zeitdauer von drei Wochen ausgesetzt. In jeder Woche arbeiteten die Kessel vier Tage lang und wurden über das „Wochenende" stillgelegt. So waren die Proben zwölf Tage lang der Wirkung des heißen Dampfes und während der „Wochenenden" neun Tage lang der feuchten Luft in der dann verhältnismäßig kalten Röhre unterworfen. Nach dieser Zeit war der rostfreie Stahl nur auf dunkle Strohfarbe ähnlich einer Anlauffarbe „gefleckt". Die Geschützbronze und auch die Nickellegierung waren mehr als der rostfreie Stahl „gefleckt", während die Metallpackung deutlich angegriffen war, wodurch eine „geätzte" Oberfläche entstand.

24. Schmieröle, Schmierfette, Paraffin, Benzol u. Petroleum.

Sie haben anscheinend nicht den geringsten Einfluß auf rostfreien Stahl.

25. Oxydation bei hohen Temperaturen.

Wird eine polierte Oberfläche einer Probe aus rostfreiem Stahl allmählich erhitzt, so nimmt sie eine Reihe von „Anlauffarben" (Anlaßfarben) an, wie sie auf gleiche Weise beim gewöhnlichen Stahl entstehen[1], doch treten die „Anlauffarben" beim rostfreien Stahl bei wesentlich höheren Temperaturen auf als beim gewöhnlichen Stahl. So wurden die unten angegebenen Farbtöne auf polierten Proben aus gehärtetem rostfreiem Stahl erhalten, die auf die betreffenden Temperaturen erhitzt worden waren:

300° C strohgelb	550° C purpurblau
350° „ strohbraun	600° „ hellblau
400° „ purpurbraun	650° „ veilchenblau
450° „ purpurbläulich	700° „ grauviolett
500° „ purpurrot	750° „ grau

Diese Farbtöne werden bekanntlich durch ein sehr feines Oxydhäutchen verursacht. Nach der Erhitzung im Gebiet von 725 bis etwa 825° C wird eine polierte Oberfläche eines rostfreien Stahls jedoch mit einer dünnen grauen Schicht bedeckt, ohne daß sie ihr poliertes Aussehen verliert. Das Stahlstück nimmt an Gewicht nicht zu und verliert auch nicht merklich an Gewicht. Erst über 825° C fängt der rostfreie Stahl oder das rostfreie Eisen an, wesentlich zu zundern.

Das vergleichsweise Verhalten von rostfreiem Stahl und anderen Stahlarten nach langer Erhitzung bei hohen Temperaturen ist

---

[1] Vgl. die „Anlauffarben" beim gewöhnlichen Stahl in Brearley-Schäfer: Die Werkzeugstähle und ihre Wärmebehandlung. a. a. O.

Oxydation bei hohen Temperaturen. 229

in Abb. 89 dargestellt. Bei diesem Versuch wurden Proben von verschiedenen Stählen in Form von Zylindern von etwa 16 mm Durchmesser und 60 g Gewicht zusammen in einem Gasofen erhitzt. Die Temperatur des Ofens wurde, wie in dem Schaubild gezeigt ist, nach bestimmten Zeiträumen erhöht. Nach jeder 24-Stundenzeit wurden die Proben aus dem Ofen genommen und nach der Entfernung des lose anhaftenden Zunders gewogen. Der Gewichtsverlust ist in Hundertteilen des ursprünglichen Gewichts angegeben. Man erkennt, daß sich die Probe aus rostfreiem Stahl (A) nach einem etwa siebentägigen Verweilen innerhalb des Bereichs von 700 bis 825° C kaum im Gewicht verändert hat, da der wirkliche Verlust nur 0,25 vH beträgt. Andererseits hatten der weiche Kohlenstoffstahl (G) und die gewöhnlichen Arten der Konstruktionslegierungsstähle (C bis F) Beträge verloren, die nach der gleichen Behandlung zwischen 17 und 22 vH ihres Gewichtes schwankten. Der Schnelldrehstahl (B) verlor 7,1 vH, während der Nickelstahl mit 25 vH Nickel (E), der sich am ehesten dem rostfreien Stahl nähert, 2,6 vH an Gewicht einbüßte.

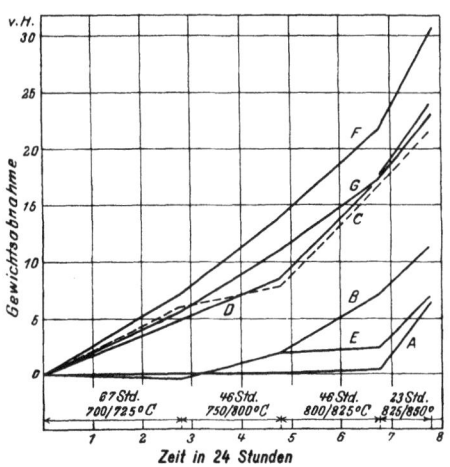

Abb. 89. Verzunderungsversuche an rostfreiem Stahl und anderen Stählen. A = rostfreier Stahl; B = Schnelldrehstahl; C und D = Chromnickelstähle; E = 25 % iger Nickelstahl; F = 5 % iger Nickelstahl; G = gewöhnlicher Stahl mit 0,3 vH Kohlenstoff. Nach French.

Aus der Abb. 89 ist weiter zu ersehen, daß sich bei einer Temperatur oberhalb 825° C die Geschwindigkeit der Zunderbildung beim rostfreien Stahl etwas schnell vergrößert. Das Einsetzen dieser verhältnismäßig schnellen Verzunderung kann jedoch bis zu höheren Temperaturen durch Zufügung anderer Elemente verzögert bzw. aufgehalten werden. Die wirksamsten dieser Elemente sind Silizium und Aluminium, aber auch durch die Erhöhung des Chromgehaltes kann der

230 Der Widerstand rostfreier Stähle gegen verschiedene Angriffsmittel.

gleiche Zweck erreicht werden. Die Eigenschaften der Chromsiliziumstähle sollen im folgenden Abschnitt näher untersucht werden.

Um die Wirkung des Aluminiums zu zeigen, sind die folgenden Ergebnisse von Wert. Zylinder von etwa 25 mm Länge und 32 mm Durchmesser aus zwei rostfreien Stählen von folgender Zusammensetzung:

Werkstoff	Kohlenstoff vH	Silizium vH	Chrom vH	Aluminium vH
A	0,10	0,22	11,9	—
B	0,11	0,58	12,0	1,54

wurden viereinhalb Stunden lang in einem Gasofen im Gebiet von 910 bis 950° C erhitzt. Sie wurden dann aus dem Ofen herausgenommen und abgekühlt. Probe A hatte merklich gezundert und nach Entfernung der lose anhaftenden Oxydschicht ergab sich, daß sie 3 vH ihres ursprünglichen Gewichts eingebüßt hatte. Probe B war nur wenig angelaufen und im Gewicht praktisch unverändert geblieben. Die Proben wurden darauf wieder in die Muffel geschoben und diese wurde 18 Stunden lang innerhalb des Gebietes von 925 bis 1025° C gehalten. Nach der Herausnahme aus dem Ofen und Abkühlung der beiden Proben zeigte es sich, daß sie ziemlich gezundert hatten, daß aber, während der Verlust bei Probe A 9,9 vH ihres Gewichts betrug, derjenige bei Probe B nur 4,0 vH war. Hieraus geht hervor, daß das Vorhandensein von etwa 1,5 vH Aluminium genügt, um die Temperatur, bei der die Verzunderung wahrnehmbar wird, auf etwa 950° C zu erhöhen.

Eine Vermehrung des Chromgehaltes bis zu 20 vH oder mehr hat auch eine sehr stark ausgeprägte Erhöhung der Festigkeit gegen Oxydation bei hohen Temperaturen im Gefolge. Als Beispiel hierfür sind die Ergebnisse aus einer Versuchsreihe solcher hochchromhaltigen Stähle, die in einem Gasofen bei 950 bis 1025° C zehn Tage lang erhitzt wurden, von Bedeutung. Die Proben von 32 mm Länge und 22 mm Durchmesser hatten, nachdem sie, wie oben beschrieben, erhitzt wurden, an Gewicht nach der folgenden Zahlentafel 50 zugenommen:

Zahlentafel 50.

Stahl	Zusammensetzung		Gewichts-zunahme vH	Art des Zunders
	Kohlenstoff vH	Chrom vH		
A	0,23	19,9	0,32	dünn, festhaftend und schwarz
B	0,23	24,8	0,03	sehr dünn, grünlich schwarz
C	0,24	28,1	0,01	sehr dünn, festhaftend und
D	0,19	33,4	0,02	grünlich

Auch Oberhoffer und Daeves fanden, daß Legierungen mit 0,3 bis 0,5 vH Kohlenstoff und 15 bis 20 vH Chrom gegen Säureangriff und Oxydation hervorragend beständig sind, denn polierte Proben blieben bei 18stündiger Glühung bei 800° C in oxydierender Atmosphäre vollkommen blank[1].

Die Legierungen mit gegen 30 vH Chrom sind äußerst beständig sogar bei wesentlich höheren Temperaturen. So wurde eine weitere Legierung dieser Art (D) in einem Gasofen 20 Tage lang bei 1000° C ($\pm$ 25) erhitzt und dann noch vier Tage lang bei 1100° C. Hiernach war die Probe mit einer schwach grünlichen Haut bedeckt und hatte nur 0,53 vH ihres Gewichts verloren. Um einen Begriff von dem Grade des Widerstandes zu erhalten, der aus dieser Zahl gefolgert werden kann, soll bemerkt werden, daß ein Stück aus gewöhnlichem weichem Stahl von gleicher Größe, das neben der hochchromhaltigen Legierung während der ersten drei Tage bei 1000° C ($\pm$ 25) gelegen hatte, nach dieser Zeit 45 vH seines Gewichts eingebüßt hatte.

Auf den Widerstand dieser hochgradigen Chromlegierungen gegen Oxydation bei hohen Temperaturen wies Becket hin, der auch hinsichtlich ihrer Verwendung für solche Zwecke ein Patent erwarb (Amerikanisches Patent Nr. 1245552, November 1917). Eine gute Beschreibung einiger Eigenschaften dieser hochchromhaltigen Legierungen gibt Mac Quigg in einer Arbeit: „Einige Handelslegierungen von Eisen, Chrom und Kohlenstoff in den höheren Chromstufen", auf welche diejenigen aufmerksam gemacht werden sollen, die aus solchen Legierungen glauben Nutzen ziehen zu können[2].

---

[1] Stahl und Eisen 1920, S. 1515.
[2] Transactions of the American Institute of Mining and Metallurgical Engineering. August 1923.

VII. Besondere rostfreie Stähle.

Der größere Teil des erzeugten und verbrauchten rostfreien Werkstoffes wird gegenwärtig in England in Übereinstimmung mit den Angaben gewonnen, die Brearley im Jahre 1915 niedergelegt hat. Seit dieser Zeit sind in der Entwicklung des rostfreien Stahls zweifellos Fortschritte gemacht worden, die sich aber hauptsächlich auf die Herstellung verschiedener Standardmarken dieses Stahls beziehen. Hiernach wird die Zusammensetzung einer jeden Marke innerhalb bestimmter mehr oder weniger engen Grenzen geregelt, damit die physikalischen und auch „nichtkorrosiven" Eigenschaften einer jeden Marke für besondere Zwecke als die geeignetsten angesehen werden können. Diese Markeneinteilung ist am besten im Hinblick auf den Kohlenstoffgehalt dieses Stahls zu verstehen. Wie schon früher bemerkt worden ist, wurde es für diejenigen, die mit Aufmerksamkeit die Entwicklung dieses Werkstoffes verfolgten, sehr bald klar, daß der „rostfreie Stahl" als eine Gruppe von Stählen anzusehen ist, bei der der Kohlenstoffgehalt eines jeden Gliedes dieser Gruppe so bemessen ist, daß dieser besondere Stahl für diejenigen Zwecke am besten paßt, für die er verwendet werden soll und zwar in genau der gleichen Weise, wie sich der Kohlenstoffgehalt des gewöhnlichen Stahls verändert, wenn aus ihm z. B. eine Achse oder ein Radreifen, eine Schaufel oder eine Feder, eine Welle oder ein Drehwerkzeug gefertigt werden soll. Dieser Gesichtspunkt wurde besonders bedeutungsvoll, als sich die Möglichkeit zur Entwicklung des rostfreien Stahls für die verschiedenen Konstruktionserfordernisse aus der Notwendigkeit ergab, den Kohlenstoffgehalt genau festzulegen, um diese Erfordernisse auch voll und ganz zu erfüllen. Auf diesen Umstand wurde schon in den vorhergehenden Abschnitten verschiedentlich hingewiesen.

Ferner lehrt auch die praktische Erfahrung bei der Verwendung des rostfreien Stahls, daß es wünschenswert ist, in gewissen Sonderfällen den Chromgehalt dieses Stahls zu ändern. Fälle, in denen solche Änderungen erwünscht sind, können sich sowohl aus Rücksichten in geschäftlicher oder wirtschaftlicher Hinsicht als auch aus der Notwendigkeit ergeben, einen Vergleich zu schließen zwischen den Anforderungen in bezug auf die physikalischen Eigenschaften des Werkstoffes und seiner Fähigkeit, in erhöhtem Maße bestimmten Arten von Korrosion zu widerstehen[1].

Es wurde auf den vorhergehenden Seiten gezeigt, daß der Widerstand des rostfreien Stahls gegen „allgemeine" Korrosion mit seinem Chromgehalt wächst, so daß in gewissen Fällen, in denen eine hohe Beständigkeit gegen ernste korrosive Zustände erwünscht ist, die Erhöhung des Chromgehaltes auf 16 oder sogar 20 vH offensichtlich von Vorteil ist. Auch wurde bemerkt, daß die physikalischen Eigenschaften solcher hochchromhaltigen Legierungen nicht immer die erstrebenswertesten sind, und es mußte besonders auf die Tatsache hingewiesen werden, daß diese Legierungen, sofern sie nicht einen hohen Kohlenstoffgehalt haben, gar keine oder nur eine geringe Fähigkeit zur Härtung besitzen. Hieraus erhellt, daß die Wahl der geeignetsten Zusammensetzung des rostfreien Stahls für besondere Zwecke oft mit einem Vergleich endet und daß der Chromgehalt, der sich womöglich in verschiedenen Fällen ändern muß, die beste Vereinigung physikalischer und „nichtkorrosiver" Erfordernisse verbürgt. Dies kann an zwei besonderen Fällen beleuchtet werden.

Bei der Verwendung von rostfreiem Stahl für Messerwaren ist es unbedingt notwendig, daß dieser Werkstoff in genügendem Grade zur Härtung fähig ist, um aus ihm brauchbare Messer zu fertigen. Wie widerstandsfähig auch ein Messer gegen Korrosion sein mag, so bleibt sein Gebrauch doch begrenzt, wenn seine Schneidkraft nicht größer als jene eines Buttermessers oder eines silbernen Obstmessers ist. Um weiter seinen Zweck zu erfüllen, muß das Messer, wenn es sich in dem geeigneten gehärteten Zustande befindet, auch eine genügende „Oberflächenfestigkeit" besitzen, um dem Angriff solcher Mittel erfolgreich zu widerstehen, mit denen es vielleicht im Laufe seines täglichen Gebrauches in Berührung kommen kann. Andererseits ist es nicht nötig, daß es einen besonders hohen Widerstand gegen Korrosion besitzt, den man

---

[1] Siehe über „rostfreie und säurebeständige Stähle" auch die kurzen Angaben (S. 17, 111 und 120) in Rapatz: Die Edelstähle. Berlin: Julius Springer. 1925.

verlangen könnte, wenn das Messer in vollständig angelassenem Zustande gewissen Einflüssen widerstehen soll, z. B. dem elektrochemischen Angriff, der möglicherweise erfolgt, wenn sich das Messer in Berührung mit Kupferlegierungen oder Graphit befindet, während es in einen Elektrolyten, wie Salzwasser, eingetaucht ist. Für solche Messer erzielt ein Chromgehalt von etwa 12 vH genügenden Widerstand gegen Korrosion und es wird auch dem Messerschmied ermöglicht, ein Messer mit einer ausreichenden Härte zu fertigen, um überhaupt den Namen „Messer" zu verdienen.

Mit der Erhöhung des Chromgehaltes auf 14 bis 15 vH ergibt sich zweifellos ein größerer Widerstand gegen „allgemeine" Korrosion, doch zu welchem Zweck? Wenn ein Werkstoff mit etwa 12 vH Chrom, wie es auch der Fall ist, einen genügenden Widerstand gegen alle Messerschmiedeerfordernisse besitzt, warum soll ihm mehr Chrom zugegeben werden, da doch hierdurch besonders die Fähigkeit des Stahls zur Härtung geringer wird und außerdem auch ganz bedeutend höhere Abschrecktemperaturen mit ihren begleitenden Unannehmlichkeiten (vermehrte Zunderbildung, größere Wahrscheinlichkeit zum Reißen, gröberes Gefüge des gehärteten Messers) benötigt werden, um die Höchsthärte zu erhalten, die der Werkstoff überhaupt hergeben kann?

Tatsächlich können Messerschmiedewaren, die einen ausreichenden Widerstand gegen Korrosion besitzen, um als wirklich „rostfrei" zu gelten, aus einem Werkstoff mit beträchtlich weniger als 12 vH Chrom gefertigt werden, während gleichzeitig die aus einem solchen Werkstoff hergestellten Messer eine Härte und eine „Federung" aufweisen, die denen der Messer mit etwa 12 vH Chrom überlegen sind und praktisch jenen gleichen, die man mit Klingen aus erstklassigem Schweißstahl verbindet. Monypenny hatte während zehn Monate ein Tafelmesser in täglichem Gebrauch, das aus einem Werkstoff mit 8,6 vH Chrom gefertigt worden war. Es brauchte in dieser Zeit niemals gereinigt oder geschärft zu werden und es befindet sich immer noch in vorzüglichem Zustande, während es eine „Federung" besitzt, die sogar für diejenigen eine Offenbarung ist, die an den sehr hochchromhaltigen Gegenstand gewöhnt sind. Der genannte Werkstoff mit niedrigerem Chromgehalt verlangt wahrscheinlich eine größere Vorsicht seitens des Messerschmiedes bei der Fertigung eines rostfreien Messers. Um es wirklich „fleckenlos" zu machen, muß das Messer bei einer höheren Temperatur als jener gehärtet werden, die bei einem Stahl mit etwa 12 vH Chrom nötig ist, und es wird auch wohl eher durch nachlässiges Schleifen leiden. Deshalb wird der Messerschmied wahrscheinlich den höhergradigen Werkstoff mit etwa 12 vH Chrom vorziehen. Sicherlich ist dieser von diesem Gesichtspunkte aus wesentlich besser als der andere. Eine solche Überlegung bei der Herstellung des Stahls und auch des Messers ist vielleicht der Grundgedanke bei der angedeuteten Verwendung des sehr hochgradigen Chromwerkstoffes mit einem Gehalt von 14 oder 15 vH Chrom für Messerschmiedezwecke gewesen.

Als Gegenstück hierzu kann ein Werkstoff betrachtet werden, aus dem Schmucksachen usw. oder solche Gegenstände gewonnen werden, die zwar keine große mechanische Festigkeit verlangen, aber einen möglichst hohen Widerstand gegen „allgemeine" Korrosion besitzen sollen. Da solche Gegenstände im Laufe ihrer Herstellung häufig maschinell bearbeitet, gepreßt oder sonstwie kaltbearbeitet werden müssen, so ist es erwünscht, daß dieser sehr hohe Widerstand gegen Korrosion bei dem Werkstoff dann vorhanden ist, wenn er sich in seinem weichsten Zustande befindet. Für solche Zwecke ist ein Erzeugnis mit einem so hohen Chromgehalt anzuraten, wie es die wirtschaftlichen Verhältnisse erlauben.

Eine solche Entwicklung, wie sie hier beschrieben wurde, muß jedoch als eine Spaltung des ursprünglichen Gehaltsgebietes des Chroms im rostfreien Werkstoff angesehen werden, das Brearley mit einer Reihe von Unterstufen für Sonderzwecke mit der oben besprochenen Ausnahme festlegte. Diese Entwicklung hat zu einer Verwendung von Stählen mit einem Chromgehalt geführt, der höher als jener ist, den der „Erfinder" im Sinne hatte, nämlich 16 vH. Die technische Wissenschaft steht jedoch niemals still, wenn auch das Zeitmaß ihres Fortschritts sich oft erheblich ändert. Die weitere Entwicklung in den letzten vier bis fünf Jahren weist darauf hin, daß der vorhin angegebene Stand keineswegs das Ende in der Herstellung von rostfreiem Werkstoff bedeutet. Die Erfahrung hat gelehrt, daß sogar bei der oben beschriebenen Entwicklung und Gehaltsänderung sowohl das Gebiet der physikalischen als auch der rostwiderstehenden Eigenschaften, die von diesen Stählen zu erhalten sind, nicht genügt, um allen Anforderungen des Ingenieurs und Konstrukteurs zu entsprechen. Seit längerer Zeit sind Versuche im Gange, um nachzuprüfen, ob es durch Zufügung anderer Legierungselemente zum rostfreien Stahl möglich ist, bestimmte Eigenschaften mit diesem neuen Erzeugnis in erhöhtem Maße zu entwickeln oder andere zu erhalten, die mehr in der Richtung des Widerstandes gegen den Angriff besonderer korrosiver Mittel liegt, Eigenschaften, die der Werkstoff vorher nicht in genügend hohem Maße aufwies. Die vorzüglichen Eigenschaften der „Legierungsstähle", die für ihren Gebrauch im Vergleich zu den gewöhnlichen Kohlenstoffstählen nutzbar gemacht worden sind, ermöglichen es, den „rostfreien Stahl" als eine Art „Grundlage" anzusehen, um auf ihr eine Reihe von „legierten" rostfreien Stählen aufzubauen, die besonders ausgeprägte Eigenschaften besitzen, gerade so, wie die gewöhnlichen Konstruktionslegierungsstähle (Baustähle) aus dem weichen Kohlenstoffstahl als „Grundlage" entwickelt wurden. Eine solche Arbeit steckt bis jetzt noch in den Kinderschuhen, es wurden aber schon beträchtliche Erfolge in der Herstellung von Legierungen erzielt, die einen erhöhten Widerstand gegen besondere Korrosion verursachende Mittel besitzen. Wie es jedoch auch bei anderen Legierungen häufig vorkommt, ist die Entwicklung dieser Sondereigenschaften oft von Nachteilen im Hinblick auf andere Eigenschaften begleitet.

Verschiedene Elemente wurden zur Verbesserung der Eigenschaften des rostfreien Stahls als Zusatz vorgeschlagen. In dieser Hinsicht wurde die meiste Arbeit mit den Elementen Silizium und Nickel geleistet. Kupfer wurde auch als Zusatz empfohlen, das eine merkliche Erhöhung des Widerstandes gegen Säuren erzeugt, was für viele Zwecke von großer Bedeutung ist. Für die wirtschaftliche Entwicklung dieser Kupferchromstähle wurde jedoch sehr wenig getan, weil wahrscheinlich ein noch höherer Grad von Säurewiderstand durch andere Elemente erreicht werden kann, z. B. durch Molybdän oder verhältnismäßig große Mengen Nickel. Von anderen Metallen wurden Kobalt und Wolfram als Zusätze vorgeschlagen, mit denen wertvolle Legierungen hergestellt werden können, aber es ist sehr wenig über diese Legierungen mit der Ausnahme vielleicht bekannt geworden, daß die Kobaltchromstähle als besser als die einfachen Chromstähle zur Herstellung von Ventilen für

Verbrennungsmaschinen empfohlen wurden. In diesem Falle scheint jedoch einiger Zweifel zu bestehen, obwohl die über diese Sonderlegierung aufgestellten sonstigen Behauptungen vollständig berechtigt sind.

Der Einfluß des Kupfers wurde in den vorhergehenden Abschnitten genügend hervorgekehrt und es soll daher in diesem Abschnitt nur auf die Chromsilizium-, Chromnickel- und Chrommolybdänstähle näher eingegangen werden. Die anderen Legierungen sind jedoch bis jetzt nicht genügend gefördert worden, um eine weitere Berücksichtigung als die hier angegebenen kurzen Bemerkungen zu verdienen.

1. Chromsiliziumstähle.

Der Einfluß des Siliziums auf die Eigenschaften des rostfreien Stahls wurde ausführlich in den Abschnitten IV und V besprochen. Der größte wirtschaftliche Wert der Chromsiliziumlegierungen im Vergleich zu den einfachen Chromstählen scheint in ihrem höheren Widerstande gegen Oxydation bei hohen Temperaturen zu liegen und aus diesem Grunde finden sie für solche Zwecke Verwendung, z. B. für die Auspuffventile von Verbrennungsmaschinen, bei denen wahrscheinlich Temperaturen von 800 °C und mehr erreicht werden[1]. In diesem besonderen Falle haben diese Stähle auch den weiteren Vorteil, daß durch die Gegenwart von Silizium ihr Haltepunkt bei einer höheren Temperatur als bei den einfachen Chromstählen auftritt, und folglich ist es weniger wahrscheinlich, daß sie während ihrer Dienstleistung eine Temperatur erreichen, bei der sie bei der Abkühlung mehr oder weniger schnell härten. Es ist klar, daß sich ein Ventil, wenn es während seines Gebrauches eine solche Temperatur erreicht, wahrscheinlich bei der Abkühlung, wenn der Motor abgestellt ist, härtet. Wird der Motor nach der Erkaltung wieder angeworfen, so besteht die Möglichkeit, daß dieses so gehärtete Ventil bricht[2]. Beispiele von Ventilversagern, die durch diese Ursache, wenn auch wahrscheinlich nur sehr selten, entstehen können, hat Aitchison in der hier genannten Arbeit angegeben.

---

[1] Aitchison: Valve Steels for Internal Combustion Engines. Proc. Inst. Auto. Eng. 1919 (14), S. 31.
[2] Vgl. auch Johnson und Christianson: Eigenschaften von Werkstoffen für Auspuffventile. Stahl und Eisen 1924, S. 1757, und „Ventilkegelstähle" in Müller-Hauff und Stein: Autostähle des Welthandels. Düsseldorf 1927.

Für solche Zwecke wie in diesem Falle ist es nicht nötig, einen so hohen Chromgehalt wie denjenigen im gewöhnlichen rostfreien Stahl vorzusehen. Es genügen 6 bis 8 vH Chrom, und diese Menge in Verbindung mit etwa 1 vH Silizium und 0,5 vH Kohlen-

Zahlentafel 51.
Mechanische Eigenschaften von Chromsiliziumstählen.

Guß	Wärme-behandlung °C	Streckgrenze kg/mm²	Zugfestigkeit kg/mm²	Dehnung vH	Einschnürung vH	Brinellhärte	Kerbzähigkeit mkg/cm²
A	900/750	64,3	82,8	28,0	61,5	251	6,5
B	900/750	64,3	81,9	28,0	66,8	255	8,0
C	900/700	70,6	91,7	22,0	49,7	286	3,8
C	900/750	72,5	86,0	23,0	53,4	262	6,2
D	900/700	81,9	91,1	25,0	55,8	269	4,5
D	900/750	63,6	84,8	25,0	57,0	255	8,9

stoff ergibt einen Werkstoff, der bis etwa 850° C gebraucht werden kann, während er gleichzeitig sehr gute physikalische Eigenschaften besitzt. Der letztere Punkt wird durch die vorstehenden Versuchsergebnisse unterstrichen. Die Versuche wurden an Proben aus Stangen mit etwa 28 mm Durchmesser angestellt, welch letztere aus verschiedenen Stahlgüssen mit der in Zahlentafel 51 genannten Zusammensetzung gewonnen wurden. Die Proben wurden bei 900° C wassergehärtet, auf 750 bzw. 700° C angelassen und abgeschreckt.

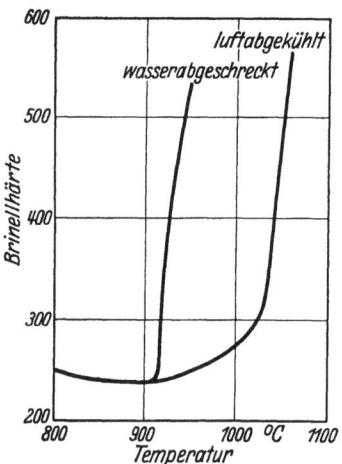

Abb. 90. Härte eines Stahls mit 0,43 vH Kohlenstoff, 3,29 vH Silizium, 0,24 vH Mangan und 7,4 vH Chrom nach Wasserabschreckung bzw. Luftabkühlung von verschiedenen Temperaturen.

Wird eine Beständigkeit gegen Oxydation bei noch höheren Temperaturen verlangt, so kann der Siliziumgehalt des Stahls auf 2 bis 3 vH erhöht werden, während der Chromgehalt bei etwa 8 vH verbleibt. Ein Werkstoff mit einer solchen Zusammensetzung ist gegen Oxydation bei jeder Temperatur bis zu etwa 1000° C sehr widerstandsfähig. Doch ist es nicht möglich, diesen Werkstoff durch schnelle Abkühlung von einer Temperatur zu härten, die nahe bei dieser liegt. Dies wird durch die Schaulinien in Abb. 90 dargestellt, die die Brinellhärten kleiner Proben eines solchen Stahls sowohl nach der Wasserabschreckung als auch Luftabkühlung von allmählich steigenden Temperaturen zeigt. Diese Schaulinien geben ferner sehr schlagend die Wirkung des beigefügten Siliziums in der Ermäßigung der Lufthärtungsfähigkeit des Stahls an. Bei einem so hohen Siliziumgehalt wird jedoch der Einfluß dieses Elementes auf die mechanischen Eigenschaften des Stahls sehr bemerkbar. Solche Stähle sind im gehärteten und vollständig angelassenen Zustande wesentlich härter als siliziumfreie Stähle, wenn sie auch in der sonstigen Zusammensetzung gleich sind. Auch zeigen sie niedrige Kerbzähigkeiten. So ergab nach Zahlentafel 52 ein Stahl mit 0,51 vH Kohlenstoff, 3,17 vH Silizium, 0,34 vH Mangan und 8 vH Chrom nach der Ölhärtung bei 1000° C und nachfolgendem Anlassen auf 800° C diese Werte:

Zahlentafel 52.
Mechanische Eigenschaften eines Chromsiliziumstahls.

Streckgrenze kg/mm²	Zugfestigkeit kg/mm²	Dehnung vH	Einschnürung vH	Brinellhärte	Kerbzähigkeit mkg/cm²
79,4	99,0	22,0	40,6	293	1,1

Diese Werte können mit jenen verglichen werden, die sowohl mit der vorher angeführten niedrigeren Siliziumlegierung als auch mit dem rostfreien Stahl mit gleichem Kohlenstoffgehalt erhalten wurden (S. 105).

Die Ergebnisse der mechanischen Versuche mit diesen hochsilizierten Chromstählen sind der Vollständigkeit halber hier wiedergegeben worden. Hieraus darf jedoch nicht gefolgert werden, daß von der Verwendung des Werkstoffes mit 2 oder 3 vH Silizium für die Herstellung von Ventilen abzuraten ist, weil er bei gewöhnlichen Temperaturen eine niedrige Kerbzähigkeit besitzt. Eine große Anzahl von Ventilen aus diesem Stahl und auch aus anderen Stahlarten, die genau so niedrige Kerbzähigkeiten aufwiesen, sind während der letzten zehn Jahre in Gebrauch genommen worden, und es ist auch ein gebrochenes Ventil ein äußerst seltenes Vorkommnis.

Die hier beschriebenen Chromsiliziumstähle widerstehen der Oxydation bei Temperaturen, die so hoch sind, wie sie die Nickelchromlegierungen der „Nichrom"-Art ertragen, nicht. Sie sind jedoch viel billiger als die letzteren, sind auch leicht zu bearbeiten und werden offensichtlich dort von Wert sein, wo ihre Hitzebeständigkeit für den verlangten Zweck genügt.

Auch Oertel und Würth (a. a. O.) untersuchten neuerdings Chromsiliziumstähle mit 0,08 bis 0,38 vH Kohlenstoff, 0,86 bis 4,70 vH Silizium und 14 bis 15 vH Chrom, deren Ergebnisse ihrer Wichtigkeit wegen hier noch mitgeteilt werden sollen (vgl. S. 138). Je nach der Höhe des Kohlenstoffgehaltes muß die Versuchsreihe in zwei Gruppen geteilt werden. Bei niedrigem Kohlenstoffgehalt und steigendem Siliziumgehalt wird keine nennenswerte Härtung erzielt. Bei einem Gehalt von über 3 vH Silizium ist die Härte im geglühten wie im gehärteten Zustande des Stahls gleich. Das Bruchaussehen ist durchweg kristallinisch bis grobkristallinisch. Das Kleingefüge zeigt große Ferritkörner mit Karbideinschlüssen. Bei höherem Kohlenstoffgehalt (etwa 0,4 vH) überdeckt der Kohlenstoff die Wirkung eines geringen Siliziumgehaltes. Gute Härte ist bei fast muscheligem Bruch vorhanden. Bei einem Siliziumanteil von mehr als 2 vH dagegen wird auch bei einem Stahl mit 0,36 vH Kohlenstoff eine nur ganz geringe Härtesteigerung erzielt. Das Bruchaussehen des Stahls ist kristallinisch. Für härtbare Legierungen scheiden demnach Siliziumgehalte über 1 vH aus. In den weichen Stählen konnte bereits bei einem Gehalt von etwa 1 vH Silizium die obere Umwandlung (A_3) nicht mehr beobachtet werden. Bei härtbaren Legierungen prägt sich der Einfluß des Siliziums durch Erhöhung des A_3-Punktes und Vergrößerung der Hysteresis (Temperaturunterschied zwischen dem Auftreten der Haltepunkte bei der Erhitzung und Abkühlung) aus[1].

Sowohl bei niedrigem als auch bei hohem Kohlenstoffgehalt ergeben sich geringe Festigkeitswerte, sobald der Siliziumgehalt 1 vH übersteigt. Bis etwa 3 vH Silizium zeigt die weiche Siliziumlegierung in allen Zuständen gute Dehnung und Einschnürung. Darüber hinaus aber sind die siliziumhaltigen Werkstoffe sehr spröde. Die Kerbzähigkeit liegt bei mehr als 1 vH Silizium sehr niedrig. Die Tiefziehfähigkeit ist bis 1 vH Silizium sehr gut, bei höheren Siliziumgehalten verschlechtert sie sich. Die Prüfung auf Rost- und Säurebeständigkeit dieser Stähle ergab folgendes Bild:

---

[1] Vgl. die Patente von Walter: D. R. P. 340067, 341793 (1919), 400138 (1919) und 435170.

Salzsäure: der Werkstoff ist verbessert, aber noch unbeständig; Salpetersäure: er ist verbessert und sehr beständig; Essigsäure: er ist verbessert und mit steigendem Siliziumgehalt beständig (Abb. 91); Meerwasser: er zeigt eine kleine Verbes-

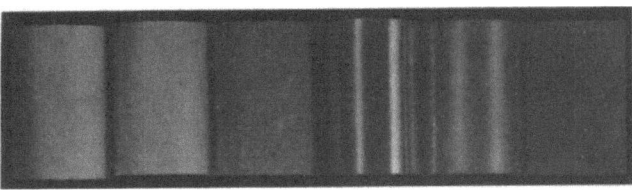

0,10 vH	0,28 vH	0,54 vH	0,15 vH	0,47 vH	Flußstahl
Kohlenstoff	Kohlenstoff	Kohlenstoff	Kohlenstoff	Kohlenstoff	
			4,70 vH	1,00 vH	
			Silizium	Molybdän	

Abb. 91. Verrostungsversuche mit rostfreien Chromstählen, Chromsiliziumstählen, Chrommolybdänstählen (alle mit 14—15 vH Chrom) und Flußstahl. 25%ige Essigsäure (spez. Gew. 1,035); Versuchsdauer 13 Tage. Nach Oertel und Würth.

serung und ist ziemlich beständig; Sublimatlösung: er ist verbessert und beständig (für blankpolierte Flächen).

Bei den Verzunderungsversuchen wurden die Probebleche von etwa 180 cm^2 Oberfläche in einem gasbeheizten Muffelofen 48 Stunden einer gleichbleibenden Temperatur von 900° C ausgesetzt. Bis zu 1 vH Silizium trat sowohl bei niedrigem als auch bei hohem Kohlenstoffgehalt sehr starke Verzunderung ein, wohingegen alle Probebleche mit über 1 vH Silizium, unabhängig vom Kohlenstoffgehalt, eine grauglatte Oberfläche und keinerlei Spur von Verzunderung aufwiesen. Dem siliziumhaltigen nichtrostenden Chromstahl eröffnet sich hier ein neues, weites Verwendungsgebiet.

2. Chromnickelstähle (Nickelchromstähle).

Im Abschnitt IV wurde schon gezeigt, daß ein austenitischer Stahl erhalten werden kann, wenn den hochgradigen Chromstählen genügend Nickel zulegiert wird. Solche austenitischen Stähle besitzen einige sehr wertvolle Eigenschaften, und wenn sie auch den Nachteil haben, daß sie nicht durch die übliche Härtung, sondern nur durch Kaltbearbeitung hart gemacht werden können, so werden sie sich doch wahrscheinlich als äußerst nützlich für verschiedene Zwecke erweisen. Diese Legierungen können einen Chromgehalt besitzen, der etwa gleich dem oberen Gehalt ist, der für gewöhnlichen rostfreien Stahl angegeben wird, d. h. 15 oder 16 vH. Ein noch höherer Chromgehalt, etwa 20 vH, kann für bestimmte Zwecke vorgesehen werden. Der Nickelgehalt wird im ersteren Falle bei etwa 10 vH und im letzteren Falle bei etwa 7 vH liegen. Solche Legierungen werden unter verschiedenen Schutzmarken verkauft, von denen „Anka" (Brown, Bayley's Steel Works, Ltd. Sheffield), „Staybrite" (Thomas Firth and Sons, Ltd. Sheffield) und „V2A" (Krupp, Essen) als englische und deutsche Erzeugnisse genannt werden sollen[1]. Die Poldihütte, Tschechoslowakei, nennt ihre diesbezüglichen Stähle Anticorrostähle, zu denen die Marken AK 1, AK 2, AK 3 und andere gehören. Aber auch die amerikanische Stahlindustrie ist auf diesem Gebiete nicht untätig geblieben. Von ihrer Arbeit gibt die folgende Zu-

Name	Hersteller	Zusammensetzung					
		Chrom vH	Eisen vH	Kohlenstoff vH	Silizium vH	Mangan vH	Kupfer vH
Ascoley	Allegheny Steel Co.	14,0	Rest	—	—	—	—
Chrome Iron, Duraloy Cimet .	Cutler Steel Co. and Driver Harris Co.	20,0 bis 30,0	,,	—	—	—	—
Carpenter Stainless	Carpenter Steel Co.	14,0	,,	0,30	—	—	—
Corrosion Resistant Steel ..		9,5	,,	0,45		—	—
S-less Stainless Steel ...	Firth Sterling Steel Co.	13,0	,,	0,30	—	—	—
S-less Stainless Iron		,,	,,	0,15	—	—	—
Stainless Steel .	Vanadium Alloys Steel Co.	14,0	,,	0,33	—	—	—
Delhi Tough Iron	Ludlum Steel Co.	17,0	,,	0,07	1,25	—	—
Delhi Hard ..		17,0	,,	1,20	1,50	—	—
Stainless Steel Low C	The Midvale Co.	15,0	,,	0,35	0,35	0,50	—
Stainless Steel Med C		18,0	,,	0,80	0,35	0,50	—
Stainless Steel High C ...		23,0	,,	1,00	0,35	0,50	—
Carpenter Rustless	Carpenter Steel Co.	20,0	,,	0,30	—	—	1,00

[1] Die Stahlwerke Röchling-Buderus A.-G. und Edelstahlwerk Röchling A.-G. haben ihrem rostsicheren Stahl den Namen „Ferro-Platin" beigelegt.

Chromnickelstähle (Nickelchromstähle).

Name	Hersteller	Zusammensetzung					
		Chrom vH	Eisen vH	Nickel vH	Kohlenstoff vH	Silizium vH	Mangan vH
Chromel D ..	Hoskins Manufacturing Co.	8,0	66,0	26,0	—	—	—
Chromel Alloy Nr. 502 ...		20,0	55,0	25,0	—	—	—
Nr. 193 Alloy .	Driver Harris Co.	2,0	Rest	30,0	—	—	—
Elalco Comet .	Electrical Alloy Co.	5,0	,,	30,0	—	—	—
Calite A ...	TheColorizingCo.	15,0	,,	35,0	0,80	—	—
Calite B ...		18,0	,,	6,0	1,50	—	—
Nr. 2600 Metal x	Crucible Steel Co.	—	—	—	—	—	—
Resistal Nr. 4f y		5,5 bis	65,0 bis	22,0 bis	0,15 bis	1,25 bis	—
Resistal Nr. 7 gz							
Resistal Nr. 8haa		27,5	45,0	36,0	0,70	3,25	—
Nr. 17 Metal ..	Cyclops Steel Co.	7,5	Rest	20,0	0,45	1,00	0,75
Misco Metal ..	Michigan Steel Casting Co.	15,0	57,5	25,0	0,50	1,50	0,50
Chromel C ..	Electrical Alloy Co.	11,0	25,0	Rest	—	—	—

sammenstellung, die sowohl die Gruppe der rostfreien Chromstähle als auch der rostfreien Chromnickelstähle umfaßt, Zeugnis[1].

Die rostwiderstehenden Eigenschaften der hochgradigen Chromnickellegierungen wurden anscheinend zuerst in der Versuchsanstalt von Krupp untersucht. Doch ist vielleicht die Bemerkung wichtig, daß die Arbeiten von Strauss und Maurer über die Eigenschaften dieser Legierungen den Gedanken nahelegen, daß diese Forscher bei ihren Untersuchungen eher von der Hinzufügung von Chrom zu Nickellegierungen als umgekehrt ausgegangen sind[2]. Im Jahre 1913 wurden Clement Pasel sowohl in England als auch in anderen Ländern Patente erteilt, die die Herstellung von zwei Gruppen von Chromnickellegierungen schützen und die in Deutschland Krupp verwertet. Die beiden englischen Patente (Nr. 13414 und 13415) vom Jahre 1913 beziehen sich sowohl auf Legierungen, die gegen „allgemeine" Korrosion (nicht Säuren) widerstandsfähig sind, als

---

[1] Vgl. Grotewold, Amerikanische Erfahrungen mit säure- und alkalifesten Legierungen. Zeitschrift für Metallkunde 1926, S. 399. — Diese Arbeit bringt in Tafelform eine ausführliche Übersicht über die Beständigkeit der obengenannten Legierungsstähle usw. gegenüber den verschiedensten Angriffsstoffen, die daher als besonders wertvoll angesehen werden kann.

[2] Kruppsche Monatshefte 1920, S. 129.

auch auf Legierungen, die dem Angriff von Säuren widerstehen, wobei die Salpetersäure besonders angeführt wird. Im Hinblick auf den Widerstand gegen „allgemeine" Korrosion schützt das Patent in der ersten Gruppe die Verwendung von Legierungen mit 0,5 bis 20 vH Nickel und 7 bis 25 vH Chrom, und es wird sowohl die Herstellung von martensitischen als auch austenitischen Stählen besonders erwähnt. Die zweite Gruppe ist in bezug auf ihre Säurefestigkeit vollständig austenitisch und umschließt Legierungen, die in dem Gebiet von 4 bis 20 vH Nickel und 15 bis 40 vH Chrom liegen. In beiden Gruppen ist der Kohlenstoffgehalt auf 1 vH begrenzt. Auch sind in beiden Patenten die Behandlungsverfahren festgelegt, die angewendet werden müssen, um einen bearbeitbaren Werkstoff zu gewährleisten. Nebenbei sei noch erwähnt, daß die englischen Rechte zur Herstellung dieser Legierungen jetzt von dem „First-Brearley Stainless Steel Syndicate" erworben wurden, mit dessen Genehmigung die beiden auf S. 242 angeführten Sheffielder Firmen ihre betreffenden Erzeugnisse herstellen.

Die Bemerkung ist wichtig, daß rostfreie Stähle mit 0,5 vH oder mehr Nickel in das Gebiet derjenigen Stähle fallen, das durch das erste oben genannte Patent geschützt ist. Krupp hat anscheinend das Vorhandensein des Nickels als Grundbedingung angesehen und er war sich wohl nicht bewußt, daß der reine Chromstahl „nichtkorrosive" Eigenschaften besitzt. Krupp hat tatsächlich vor einigen Jahren einen Stahl herausgebracht, den er „VIM" nennt und der ähnlich einem rostfreien Stahl mit Messerschneidhärte ist, aber als wesentlichen Bestandteil 1,5 oder 2 vH Nickel aufweist. Wie schon früher gezeigt wurde, hat das Vorhandensein dieser Nickelmenge wenig Einfluß auf den Widerstand gegen Korrosion, jedoch wird die Wärmebehandlung dieses Stahls in merklichem Grade beeinflußt und zwar in einer Art, die nicht immer vorteilhaft ist. Strauss und Maurer scheinen aber auch eine irrige Ansicht über die Härtungsfähigkeit eines solchen Stahls wie diesen gehabt zu haben. In der oben angeführten Arbeit behaupten diese Forscher, daß ein Stahl mit 0,21 vH Kohlenstoff, 10 vH Chrom und 1,74 vH Nickel als „Selbsthärter" bezeichnet werden kann zum Unterschiede von einem „Lufthärter", dessen Haltepunkt bei der Abkühlung immer bei 280°C auftritt, ganz gleich, wie auch die Geschwindigkeit bei der Abkühlung ist. Ein solcher „selbsthärtender" Stahl kann nicht ausgeglüht werden, weil er immer martensitisch bleibt, gleichgültig, wie langsam er auch abkühlt. Die auf S. 140 und 141 beschriebenen Versuche zeigen jedoch, daß bei genügend langsamer Abkühlung der Haltepunkt dieses Stahls in dem Bereich von 600 bis 700° C auftritt und der Stahl ausgeglüht wird. Nach den Aufzeichnungen, die Strauss und Maurer über ihre Versuche hinsichtlich der Möglichkeit der Ausglühung dieser Stahlarten geben, scheint es, daß ihr Unvermögen, diesen ausgeglühten Zustand zu erlangen, darauf zurückzuführen ist, daß diese Forscher den Stahl nicht genügend langsam abkühlen ließen.

Als Ergebnis seiner langjährigen Untersuchungen über diese austenitischen Nickelchromstähle, Untersuchungen, die in großem Ausmaße unabhängig von den Arbeiten Krupps ausgeführt wurden, glaubt Monypenny, daß eine Legierung mit 15 oder 16 vH Chrom und 10 oder 11 vH Nickel die beste allgemein umfassende Vereinigung von Eigenschaften darstellt und aus diesem Grunde ist auch diese Legierung, die unter dem Namen „Anka" von der Firma, bei der Monypenny beschäftigt ist, hergestellt worden. Es besteht tatsächlich ein geringer Unterschied zwischen den korrosionswiderstehenden Eigenschaften dieses Stahls und dem Kruppschen V2A-Stahl mit etwa 20 vH Chrom und 7 vH Nickel (bei etwa 0,2 vH Kohlenstoff), nur daß die niedrigere Chromlegierung deutlich widerstandsfähiger gegen den Angriff von Schwefelsäure und Salzsäure bei atmosphärischer Temperatur ist. Die „Staybrite"-Legierung von Thomas Firth and Sons, Ltd. liegt nach ihrer Zusammensetzung zwischen dem Stahl „Anka" und dem Stahl „V2A".

a) Mechanische Eigenschaften. Aus dem Schaubild von Strauß und Maurer in Abb. 65 ist zu ersehen, daß zur Herstellung eines vollständig austenitischen Stahls etwa 8 vH Nickel bei 15 vH Chrom und etwa 6 vH Nickel bei 20 vH Chrom benötigt werden. Nach Ansicht von Monypenny sind aber diese Nickelmengen für den gedachten Zweck etwas niedrig. Legierungen mit den hier angegebenen Gehalten dürften wohl sicherlich nach einer Wiedererhitzung auf Temperaturen in dem Gebiet von 800 bis 950° C merklich härten (Schaulinie A in Abb. 68), obschon sie nach einer Wiedererhitzung auf 1000° C oder mehr vollständig austenitisch werden würden.

Der gänzlich austenitische Werkstoff ist äußerst zäh und dehnbar. Seine Zugfestigkeit hängt von seiner Zusammensetzung und der stattgefundenen mechanischen und thermischen Behandlung ab. Er kann natürlich durch Wärmebehandlung nicht gehärtet werden. Eine Härtung ist nur durch irgendeine Art mechanischer Bearbeitung möglich, jedoch kann er, nachdem er so „gehärtet" wurde (Kalthärtung), durch geeignete Behandlung auch wieder weich gemacht werden. Alle diese Stähle befinden sich in ihrem weichsten und dehnbarsten Zustand nach der Wiedererhitzung auf 1000 bis 1100° C mit nachfolgender Wasserabschreckung oder Luftabkühlung. Das Gebiet der Eigenschaften, das bei einem solchen Zustande durch eine geeignete Änderung der Zusammensetzung zu erreichen ist, wird durch die folgenden Versuchsergebnisse von zwei Stählen dieser Art nach Zahlentafel 53 verdeutlicht.

Zahlentafel 53. Mechanische Eigenschaften von rostfreien Chromnickelstählen.

Stahl	Streckgrenze kg/mm²	Zugfestigkeit kg/mm²	Dehnung vH	Einschnürung vH	Brinellhärte	Kerbzähigkeit mkg/cm²
A	30,1	61,3	70,0	72,6	137	14,7
B	25,8	93,3	57,0	51,0	163	16,3

Diese beiden Versuche wurden an Stangen von etwa 28 mm Durchmesser vorgenommen, die aus Rohblöcken von etwa 300×300 mm² Querschnitt gewalzt waren. Die Proben wurden vor den Versuchen von 1000° C in Wasser abgeschreckt. Die Stähle hatten folgende Zusammensetzung:

Stahl	Kohlenstoff vH	Silizium vH	Mangan vH	Chrom vH	Nickel vH
A	0,10	0,25	0,24	15,2	11,4
B	0,10	1,34	0,22	15,0	9,0

Die höhere Zugfestigkeit des Stahles B ist, wenigstens zum Teil, vermutlich auf das Vorhandensein von Silizium zurückzuführen. Dieser Siliziumgehalt hatte keine schlechte Wirkung auf die Kerbzähigkeit des Stahls. Der Kohlenstoffgehalt dieser austenitischen Legierungen hat nicht einen so ausgeprägten Einfluß auf ihre mechanischen Eigenschaften, wie es bei dem gewöhnlichen rostfreien Stahl der Fall ist, doch soll der Kohlenstoffgehalt besonders niedrig gehalten werden, wenn ein weicher dehnbarer Werkstoff verlangt wird. Die Härte dieser austenitischen Legierungen wächst mit steigendem Chromgehalt. Dies wird durch die folgenden an vollständig erweichten Stangen vorgenommenen Versuche (Zahlentafel 54) bestätigt.

Zahlentafel 54. Mechanische Eigenschaften von rostfreien Chromnickelstählen.

Stahl	Kohlenstoff vH	Silizium vH	Mangan vH	Chrom vH	Nickel vH	Streckgrenze kg/mm²	Zugfestigkeit kg/mm²	Dehnung vH	Einschnürung vH	Brinellhärte	Kerbzähigkeit mkg/cm²
C	0,21	0,36	0,18	15,4	10,3	29,6	72,0	64,0	67,8	163	16,0
D	0,24	0,26	0,29	20,2	8,4	42,5	83,5	59,0	51,4	185	16,5

Alle diese Versuche und auch jene mit anderen austenitischen Stählen zeigen einen niedrigen Wert für die Streckgrenze und einen sehr hohen für die Dehnung, wobei der größte Teil der letzteren durch die gleichmäßig verteilte Dehnung des Probestabes erzeugt wird, und nur ein kleiner Betrag durch die örtliche Dehnung an der „Einschnürung" des Stabes. Die Stähle sind auch unter der Kerbschlagprobe äußerst zäh, eine Eigentümlichkeit, die nicht immer bei austenitischen Stählen zu finden ist.

b) Schmieden und Walzen. Stähle dieser Art können wie gewöhnlicher rostfreier Stahl gewalzt und geschmiedet werden. Sie sind aber etwas schwerer zu bearbeiten als die Messerschmiedehärte der letzteren Qualität, weil sie, wie später gezeigt wird, ihre Festigkeit bei hohen Temperaturen besser behalten. Das Schmieden oder Walzen kann bis auf etwa 900° C fortgesetzt werden, ohne daß der Stahl durch mechanische Bearbeitung unnötigerweise „gehärtet" wird. 1100° C ist eine geeignete Wiedererhitzungstemperatur. Werden aber diese Arbeiten unter 900° C weitergeführt, so ist der Stahl nicht nur schwer zu behandeln, sondern er hat auch seine Zugfestigkeit nach der Erkaltung beträchtlich erhöht. Als Anhalt für die erreichbaren Eigenschaften eines in der oben angegebenen Weise gewalzten Werkstoffes können die folgenden Versuchsergebnisse (Zahlentafel 55) von gewalzten Stangen der vorher beschriebenen Stähle A, B, C und D, die hernach in keiner Weise behandelt wurden, dienen:

Zahlentafel 55. Mechanische Eigenschaften von gewalzten rostfreien Chromnickelstählen.

Stahl	Durchmesser d. Stange mm	Streckgrenze kg/mm²	Zugfestigkeit kg/mm²	Dehnung vH	Einschnürung vH	Brinellhärte	Kerbzähigkeit mkg/cm²
A	28	44,1	68,6	51,0	67,8	202	15,6
B	28	42,3	107,1	43,0	49,7	212	16,6
B	19	52,6	111,4	45,0	59,7	241	16,6
C	25	57,5	86,2	43,0	55,8	—	14,9
D	25	68,9	94,3	37,3	53,0	248	9,4

Diese Ergebnisse zeigen, daß der Werkstoff im geschmiedeten oder gewalzten Zustande eine Zugfestigkeit besitzt, die einige 8 oder 16 kg/mm² höher ist als bei den vollständig erweichten Stangen. Auch ist die Streckgrenze des bearbeiteten Werkstoffes wesentlich gestiegen, während die Werte für die Dehnbarkeit und Zähigkeit noch sehr gut sind.

Es kann noch erwähnt werden, daß keine Schwierigkeit bei der maschinellen Herstellung der Versuchsstäbe aus irgendeinem dieser Werkstoffe auftrat (vgl. S. 320).

Die oben angegebenen Versuche wurden an Stangen von geringer Größe durchgeführt. Ganz ähnliche Eigenschaften sind jedoch an Stangen oder Schmiedestücken von wesentlich größerer Gestalt zu erhalten, nur daß natürlich die Härtungswirkung durch mechanische Bearbeitung bei den größeren Stücken verhältnismäßig gering ist. So wurden z. B. die folgenden Werte von einer gewalzten Stange (1,5 m Länge und 133 mm Durchmesser) erzielt, die die gleiche Zusammensetzung wie der oben genannte Stahl C hatte.

Zahlentafel 56. Festigkeitseigenschaften eines gewalzten rostfreien Chromnickelstahls.

Streckgrenze kg/mm²	Zugfestigkeit kg/mm²	Dehnung vH	Einschnürung vH	Kerbzähigkeit mkg/cm²
34,7	63,0	52,0	63,7	11,5

Um weiterhin den Einfluß einer fortdauernden Schmiede- oder Walzarbeit auf niedrigere Temperaturen als die oben angeratenen zu beleuchten, wurde eine Stange aus gleichem Werkstoff von etwa 20 mm Durchmesser bei derselben anfänglichen Wiedererhitzungstemperatur, nämlich 1100° C gewalzt, doch wurde das Walzen weitergeführt, bis die Temperatur auf etwa 600° C gefallen war.

Eine solche Behandlung ist eine Art Kaltbearbeitung. Während der letzten wenigen Durchgänge durch die Walze war die Stange sehr hart und „federnd" (elastisch) geworden. In diesem Zustande ergab sie nach Zahlentafel 57 die folgenden Werte:

Zahlentafel 57. **Mechanische Eigenschaften eines stark gewalzten rostfreien Chromnickelstahls.**

Streckgrenze kg/mm²	Zugfestigkeit kg/mm²	Dehnung vH	Einschnürung vH	Brinellhärte	Kerbzähigkeit mkg/cm²
77,5	134,4	37,5	38,3	321	10,9

Diese Ergebnisse sind sehr bemerkenswert. Die Kerbzähigkeit ist besonders hoch und zeigt, daß der Werkstoff zäh ist, auch wenn er durch schwere Bearbeitung „gehärtet" wurde. Die Bearbeitung des Stahls bei einer so niedrigen Rothitze ist jedoch nicht zu empfehlen, da er leicht reißt, wenn er auf diese Weise gewaltsam verzerrt wird.

Bei allen Versuchen mit diesen austenitischen Stählen ist zu beachten, daß sich das Verhältnis der Zugfestigkeit zur Brinellhärte merklich von demjenigen für gewöhnlichen rostfreien Stahl oder gewöhnliche Kohlenstoffstähle oder Legierungsstähle unterscheidet. Bei diesen Stählen schwankt dieses Verhältnis zwischen 0,34 und 0,36. Beim austenitischen Stahl wie auch bei anderen Arten dieser Stähle ist es viel höher und erreicht zuweilen einen Wert von 0,55. Außerdem ändert sich hier sein Wert mehr als bei gewöhnlichen Stählen. Folglich sollen die Brinellhärten bei der Abschätzung der Zugfestigkeit dieser Stähle vorsichtig ausgelegt werden. Bei Anwendung der üblichen Verhältniszahlen, die auf die meisten Stähle bezogen werden können, wird der abgeschätzte Wert der aus der Brinellhärte ermittelten Zugfestigkeit tatsächlich niedriger als jener sein, der aus dem Zerreißversuch erhalten wird. Diese geschätzte Zugfestigkeit schwankt aber mit der Beschaffenheit des Stahls[1]. Im allgemeinen ist der Unterschied zwischen diesen gefundenen Festigkeiten größer, wenn sich der Werkstoff in seinem weichsten Zustande befindet und geringer, wenn er durch Bearbeitung mehr oder weniger „gehärtet" wurde. Wahrscheinlich wird auch dieser Unterschied bei

---

[1] Vgl. über die Beziehung zwischen Brinellhärte und Zugfestigkeit Wawrziniok: Handbuch des Materialprüfungswesens. a. a. O.

einem Stahl größer sein, der kaum genügend Nickel enthält, um austenitisch zu sein, d. h. bei einem Stahl, der härtet, wenn er aus dem Temperaturbereich von 800 bis 950° C abgeschreckt wird, denn ein gänzlich austenitischer Stahl härtet nicht merklich, wenn er von irgendeiner Temperatur abgeschreckt wird, weil, wie später gezeigt wird, der erstere Stahl durch Bearbeitung wesentlich stärker „gehärtet" wird als der letztere.

c) Kaltbearbeitung. Die Wirkungen der Kaltbearbeitung auf diese austenitischen Stähle haben einige sehr beachtenswerte Eigentümlichkeiten im Gefolge. Die Tatsache, daß sie bei den Zerreißversuchen sehr hohe Werte für die Dehnung ergeben und auch eine verhältnismäßig niedrige Streckgrenze haben, wird als Beweis für die große Fähigkeit dieser Stähle angeführt, sich bei der Kaltbearbeitung zu verformen. Dies trifft auch zu, und eine der Eigenschaften dieser Stähle besteht in ihrer Fähigkeit, sich in Gestalt von Blech in mannigfaltige Formen pressen zu lassen. Auch aus der Art der erhaltenen Zerreißergebnisse kann geschlossen werden, daß sich dieser Werkstoff durch Kaltbearbeitung bedeutend „härtet", da auch die Beanspruchung des Probestabes beim Zerreißversuch eine Art Kaltbearbeitung ist.[1] Da dieser Punkt immerhin wichtig ist, so dürfte es am Platze sein, hierbei etwas länger zu verweilen, weil dann Enttäuschungen hinsichtlich der Verwendung des Werkstoffes für Kaltbearbeitungszwecke vermieden werden können. Es sind nämlich Fälle vorgekommen, bei denen sich der Werkstoff in einem solchen Maße „härtete", daß der verlangte Grad der Kaltbearbeitung ohne Zwischenglühung nicht bewirkt werden konnte. Hier

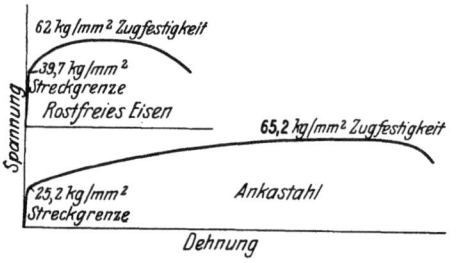

Abb. 92. Spannungs-Dehnungsschaubild von rostfreiem Eisen und Ankastahl.

wäre aber die Zwischenglühung sehr hinderlich gewesen. Die „Härtung" durch Kaltbearbeitung und ihr Beweis aus dem Zerreißversuch kann durch einen Vergleich des Schaubildes, in dem die Spannung

---

[1] Vgl. Körber und Müller: Die Verfestigung metallischer Werkstoffe beim Zug- und Druckversuch. Mitteilungen aus dem Kaiser-Wilhelm-Institut für Eisenforschung 1926, S. 181.

zur Dehnung beim austenitischen Stahl eingezeichnet ist, mit dem ähnlichen Schaubild eines gehärteten und angelassenen rostfreien Eisens mit annähernd derselben Zugfestigkeit wie bei dem anderen Stahl belegt werden. Zwei solcher Schaubilder sind in Abb. 92 dargestellt. Das obere Schaubild bezieht sich auf ein rostfreies Eisen, das nach Zahlentafel 58 die folgenden Ergebnisse erbrachte:

Zahlentafel 58. Mechanische Eigenschaften eines rostfreien Eisens.

Streckgrenze kg/mm^2	Zugfestigkeit kg/mm^2	Dehnung vH	Einschnürung vH
39,7	62,0	25,0	71,7

Die Schaulinie ist bezeichnend für die gewöhnlich von einem gehärteten und angelassenen Legierungsstahl erhaltenen Zerreißwerte. Die bei 39,7 kg/mm^2 aufgetretene Streckgrenze ist gut ausgeprägt, die Linie steigt dann bis zu einer Höchstspannung von 62 kg/mm^2 an. Während dieses Teiles des Versuchs streckt (dehnt) sich der Probestab, folglich wird seine Querschnittfläche immer geringer. Da jedoch die Belastung auf den verminderten Querschnitt dauernd wächst, so muß der Werkstoff von einer bestimmten Härte sein, um diese Belastung auszuhalten. Tatsächlich hatte sich die Querschnittsfläche des Probestabes um etwa 15 vH während der Zeit verringert, bei der die Belastung ihren Höchstwert erreichte. Bei einem Vergleich dieser Schaulinie mit der unteren in Abb. 92, die von einem Probestab aus „Anka"-Stahl mit folgenden Festigkeitswerten nach Zahlentafel 59 erhalten wurde, sind die Unterschiede zwischen den beiden

Zahlentafel 59. Mechanische Eigenschaften eines rostfreien Chromnickelstahls (Anka).

Streckgrenze kg/mm^2	Zugfestigkeit kg/mm^2	Dehnung vH	Einschnürung vH
25,2	65,2	60,5	71,7

Stählen in die Augen springend. Die Streckgrenze wird in diesem Falle bei dem verhältnismäßig niedrigen Wert von 25,2 kg/mm^2 erreicht, dann streckt sich der Stab weiter, während die Last dauernd steigt. Die Höchstspannung von 65,2 kg/mm^2 wird nicht eher erreicht, als bis sich der Probestab auf etwa 45 bis 50 vH seiner ursprünglichen Länge gedehnt hat. Bei diesem Punkte war kein Anzeichen von „Einschnürung" in dem Probestabe vorhanden. Dieser war im Gegenteil überall ziemlich gleichmäßig im Querschnitt vermindert.

Nachdem in beiden Fällen die Höchstspannung erreicht war, fing der Probestab an, sich einzuschnüren, und die Belastung fiel dauernd bis zum Bruch des Stabes ab. Während des Einschnürungsvorganges setzte sich das „Härten" des Stahls an der Einschnürung natürlich fort, doch während dieser Zeit war der Grad der Querschnittsverminderung größer als der Grad des Härtezuwachses des Stahls. Folglich verringerte sich die wirkliche Belastung auf den Probestab, wenn auch die Spannung (in kg/mm²) auf die verringerte Fläche andauernd stieg, bis endlich der Probestab brach.

Der Unterschied im Verhalten dieser beiden Werkstoffe wird am schlagendsten gezeigt, wenn die Spannung bei der Höchstbelastung und beim Zerreißen des Probestabes bei diesen Punkten ermittelt wird. So deuten die unten angegebenen Werte an, daß, während die beiden Werkstoffe annähernd dieselbe Zugfestigkeit (bezogen auf den ursprünglichen Querschnitt) hatten, die wahre Spannung beim „Anka"-Stahl viel größer war als beim rostfreien Eisen:

	rostfreies Eisen	Anka
Höchstbelastung in kg	10007,6	10864,0
Spannung in kg/mm² des ursprünglichen Querschnitts (159 mm²)	62,0	65,2
Querschnitt bei der Höchstbelastung in mm² . .	134,6	96,5
Spannung in kg/mm² bei diesem Querschnitt . .	73,3	104,0
Belastung in kg beim Bruch des Stabes	6299,2	7823,2
Querschnitt beim Bruch des Stabes	46,4	46,4
Spannung in kg/mm² bei diesem Querschnitt . .	133,9	165,4

Bei der Betrachtung dieser Werte könnte der Gedanke aufkommen, daß diese austenitischen Nickelchromstähle, wie z. B. der „Anka"-, „V2A"- oder „Staybrite"-Stahl, bei der Kaltbearbeitung zuerst sehr leicht „fließen" werden, viel leichter als z. B. rostfreies Eisen mit seiner höheren Streckgrenze. Aber sowie der Grad der Kaltbearbeitung steigt, werden sich diese Stähle viel schneller „versteifen" (verfestigen) als das rostfreie Eisen, so daß von Werkstücken, die ohne Zwischenglühung stark kaltbearbeitet werden, erwartet werden kann, daß sie einen viel stärkeren Druck oder schwerere Schläge verlangen, um diese Arbeit zu verrichten, als z. B. die gleichen Stücke aus rostfreiem Eisen.

Tatsächlich ergab sich, daß dies der Fall ist und um diese Härtungswirkung sinnfällig zu zeigen, kann man das Verhalten kleiner Zylinder aus Ankastahl und rostfreiem Eisen, wenn sie kalt zusammengedrückt werden, miteinander vergleichen. Abb. 93 gibt die Beziehung zwischen der Drucklast und der Verringerung der Höhe von kleinen Zylindern (etwa 24 mm hoch und 13 mm Durchmesser) an, wenn sie unter stetig steigender Belastung zusammengedrückt werden. Während der Ankazylinder (A) unter geringen Belastungen wesentlich mehr als der Zylinder aus rostfreiem Eisen (B) an Höhe verlor, z. B. verminderte sich der erstere unter einer Belastung von etwa 10000 kg um 14,5 vH und der letztere um 7,45 vH, änderten sich die bezüglichen Werte mit der Erhöhung der Belastung sehr, sodaß „Anka" bei einer Belastung von etwa 30000 kg nur um 41,4 vH verringert wurde, während der entsprechende Wert für das rostfreie Eisen 58,4 vH war.

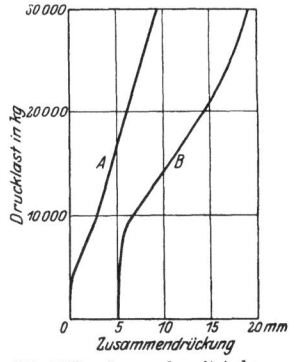

Abb. 93 Druckversuche mit Ankastahl (A) und rostfreiem Eisen (B).

Ein weiterer Beweis für die größere „Härtung" des austenitischen Stahls im Vergleich zum rostfreien Eisen wird in Abb. 94 gegeben. Die Schaulinien stellen die Beziehung zwischen der Brinellhärte und dem Grad der Kaltbearbeitung der Stähle A und B dar. Die Kaltbearbeitung wurde wie vorher durch Zusammendrückung gleicher kleiner Zylinder bei verschiedenen Belastungen hervorgerufen. Der Grad der Kaltbearbeitung wurde aus der anteiligen Verminderung der Zylinderhöhe während der Zusammendrückung ermittelt.

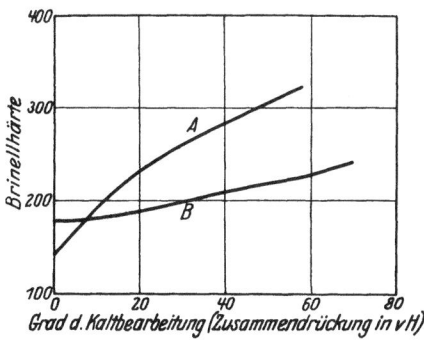

Abb. 94. Erhöhung der „Härte" durch Kaltbearbeitung beim Ankastahl (A) und rostfreiem Eisen (B).

Diese Zahlen geben eine Erklärung für gewisse in der Praxis

vorkommende Fälle ab. So lehrt die Erfahrung, daß die Kaltnietung viel leichter mit rostfreiem Eisen als mit austenitischen Stählen ausgeführt werden kann. Sollen die Nieten geschlossen werden, so werden diejenigen aus dem letzteren Werkstoff zuerst leicht „fließen", sich aber während dieser Arbeit „versteifen" (verfestigen), so daß die schließliche Bildung des Nietkopfes schwieriger ist, als wenn Nieten aus rostfreiem Eisen verwendet werden.

Es soll noch bemerkt werden, daß die Fähigkeit der austenitischen Stähle, bei der Kaltbearbeitung zu „härten", eine Erklärung für das Verhältnis zwischen der Zugfestigkeit und der Brinellhärte dieser Stähle, das größer ist als bei anderen Stählen, abgibt. Das Maß der Kaltbearbeitung ist bei der Brinellprobe verhältnismäßig geringer als bei der Zerreißprobe und folglich erhöht die bei dieser Probe erzeugte Härtungswirkung dieses Verhältnis der Zugfestigkeit zur Brinellhärte der austenitischen Stähle und oft in einem beträchtlichen Maße, worauf auch schon früher (S. 249) hingewiesen wurde. Auch soll noch erwähnt werden, daß der Wert dieses Verhältnisses eine ungefähre Vorstellung von der Fähigkeit des Stahles gibt, sich durch Bearbeitung zu „härten". Je größer dieses Verhältnis ist, desto schneller wird der Werkstoff durch Kaltbearbeitung härter (Kalthärtung). Sind daher alle anderen Bedingungen gleich, so sollte für die Kaltbearbeitung ein Stahl mit einem so niedrigen Wert wie möglich hinsichtlich dieses Verhältnisses ausgewählt werden. Wird dieser niedrige Wert auch mit einem niedrigen Wert der Zugfestigkeit des Werkstoffes verbunden, so ist dies um so besser.

Die in diesen austenitischen Stählen durch Kaltreckung hervorgebrachte Härtungswirkung verhindert natürlich ihre Verwendung für Kaltbearbeitungsverfahren nicht, weil die so erzeugte Härte leicht durch Wiedererhitzung auf geeignete Temperaturen behoben werden kann. Durch irgendeine Bearbeitung „gehärtete" Werkstücke aus diesen Stählen verhalten sich nach der Wiedererhitzung auf allmählich steigende Temperaturen in gleicher Weise wie andere durch Bearbeitung gehärtete Metalle, d. h. ihre Härte ist praktisch durch Wiedererhitzung auf irgendeine Temperatur unter einer bestimmten Höhe, die für das Metall bezeichnend ist, unbeeinflußbar, wenn sie auch nicht von dem Grade der Kaltbearbeitung unabhängig ist, die das letztere Metall durchgemacht hat. Doch führt die Wiedererhitzung auf noch höhere Temperaturen einen schnellen Abfall der Härte herbei. Bei den austenitischen Chromnickelstählen tritt diese entscheidende Temperatur in der Nähe von 600° C auf. Ihre Lage hängt jedoch wahrscheinlich von der Zusammensetzung des Stahls und bestimmt von dem Grade der erhaltenen Bearbeitungshärtung ab. Bei einigen sehr kräftig kaltgereckten Werkstoffen wird eine Erweichung bei niedrigeren Temperaturen als 600° C erzielt.

Um ein Beispiel für die Art, in der die Erweichung (oder „Glühung") herbeigeführt wird, zu geben, können die folgenden Versuche genannt werden. Kleine Zylinder aus den Stählen A und B (S. 246) wurden kalt zusammengedrückt. Mit jedem Stahl wurden zwei Reihen von Versuchen ausgeführt, wobei der Grad der Zusammenpressung (Verdichtung) so gewählt wurde, daß die Zylinder der einen Reihe auf eine Brinellhärte von etwa 350 und die der anderen auf 280 kaltgehärtet wurden. Die Zylinder von etwa 12 mm Durchmesser und 18 mm Höhe wurden, wie in Zahlentafel 60 gezeigt wird, belastet. Die Brinellhärten dieser Stähle vor und nach der Zusammendrückung sind ebenfalls angegeben:

Zahlentafel 60. Härte von rostfreiem Chromnickelstahl vor und nach der Zusammendrückung.

Stahl	kg	Brinellhärte	
		vor der Zusammendrückung	nach der Zusammendrückung
A	25400	137	286
A	45720	137	351
B	18288	163	286
B	31496	163	387

Diese kaltgedrückten Zylinder wurden auf verschiedene Temperaturen wiedererhitzt, wobei jeder Zylinder eine halbe Stunde bei der verlangten Temperatur gehalten wurde. Nach der Abkühlung wurden ihre Brinellhärten bestimmt. Die Zahlen, die die Beziehung zwischen Härte und Wiedererhitzungstemperatur angeben, sind in Abb. 95 eingetragen. Aus diesen Schaulinien geht hervor, daß ein beträchtlicher Grad von Erweichung durch Wiedererhitzung des kaltbearbeiteten Werkstoffes auf etwa 800 bis 850° C erreicht werden kann, daß aber die vollständige Erweichung nur bei 1000° C oder mehr erzielt wird.

Besondere rostfreie Stähle.

Diese Ergebnisse sind von großer Bedeutung im Hinblick auf den wirtschaftlichen Gebrauch dieser Legierungen. Wird der Vorteil der unzweifelhaften Geeignetheit dieser Legierungen zur Kaltbearbeitung ausgenutzt, so wird es infolge der Tatsache, daß sie während einer solchen Behandlung stark härten, notwendig sein, sie zwischen den verschiedenen Bearbeitungsstufen zu erweichen (glühen). Folglich werden bei der Herstellung von kaltgepreßten, kaltgezogenen, kaltgewalzten oder sonstwie kalt gereckten Gegenständen wahrscheinlich Zwischenglühungen eingeschaltet werden müssen. Eine Wiedererhitzung auf 800 bis 850° C erzeugt nur eine leichte Verfärbung der Oberfläche eines vorher aus diesen Legierungen hergestellten hellglänzenden Gegenstandes. Würde der durch eine solche Behandlung erzeugte Erweichungsgrad für die meisten Zwecke, wie es wahrscheinlich der Fall ist, ausreichen, so bestände bei diesen Zwischenglühungen keine Notwendigkeit für die Verwendung des Verfahrens der „Kistenglühung", und wahrscheinlich wäre das Beizen unnötig, außer kurz vor der letzten Stufe der Kaltbearbeitung. Die Verwendung einer Temperatur von 1000° C oder mehr zur Erzielung eines vollständig erweichten Werkstoffes würde eine beträchtlich größere Wahrscheinlichkeit der Verzunderung der Gegenstände zur Folge haben.

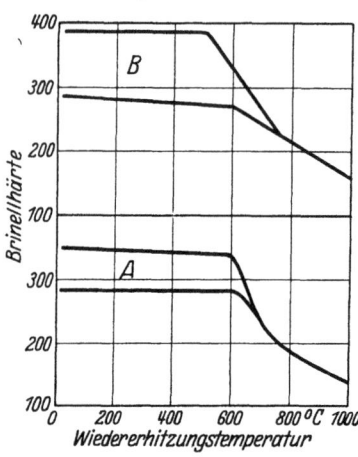

Abb. 95. Einfluß der Wiedererhitzung auf die Härte von kaltbearbeiteten Ankastählen.

Für diese Kaltbearbeitungsverfahren muß ein vollständig austenitischer Stahl vorgesehen werden. Im Abschnitt IV (S. 142 bis 145) wurde gezeigt, daß ein bestimmter Niedrigstgehalt an Nickel bei einem Stahl mit einem gegebenen Chromgehalt nötig ist, damit diese Legierung nach der Wiedererhitzung auf irgendeine Temperatur auch austenitisch wird, oder mit anderen Worten, damit sie nicht durch Abschreckung von irgendeiner Temperatur härtet. Liegt eine etwas geringere als diese verlangte Nickelmenge vor, so ist diese Legierung nach der Abschreckung von hohen

Temperaturen (etwa 1000° C oder mehr) sehr weich, härtet sich aber beträchtlich nach der Wiedererhitzung und Abkühlung von Temperaturen in dem Gebiet von 750 bis 950° C. Ein Beispiel einer solchen Legierung mit 13,7 vH Chrom und 7,85 vH Nickel wurde auf S. 145 angegeben und es ist auch seine Härtungsfähigkeit nach der Erhitzung in dem vermerkten Temperaturbereich in Abb. 68 besprochen worden. Da das Nickel ein teurer Bestandteil des Stahls ist, so wäre es nur zu begrüßen, wenn zum Nutzen der Wirtschaftlichkeit Versuche gemacht würden, den Nickelgehalt dieser Legierungen auf einen so niedrigen Betrag wie möglich herabzusetzen. Ist der Werkstoff für Gegenstände vorgesehen, die heißgeschmiedet oder heißgewalzt werden sollen und später nur noch eine maschinelle Bearbeitung verlangen, auch während ihres Gebrauches wahrscheinlich nicht in dem Gebiete von 750 bis 950° C erhitzt werden, so kann eine wie oben angegebene Legierung vollständig genügen, weil eine einzige Wiedererhitzung auf eine Temperatur von etwa 1050° C nach der Schmiede- und Walzarbeit den Werkstoff in einen zufriedenstellenden Zustand bringen wird. Soll der Werkstoff kaltbearbeitet werden, so werden seine Grenzen erkennbar. Bei einer solchen Behandlung „härtet" er natürlich in derselben Weise, wie sich die höheren Nickellegierungen „härten", aber in einem schnelleren Maße, so daß hier verhältnismäßig weniger Arbeit aufgewendet werden kann als bei den höheren Nickellegierungen, bevor sie eine Erweichung erfordern. Bei der Wiedererhitzung verhält sich der so „gehärtete" Werkstoff in gleicher Weise wie die gehärtete Form derselben Legierung, die durch Wiedererhitzung in dem Gebiet von 750 bis 950° C erhalten wird, d. h. er erweicht nach der Wiedererhitzung in der Gegend von 600° C ganz unbedeutend, härtet aber wieder bei der Wiedererhitzung auf höhere Temperaturen, und zwar in der Weise, wie in Schaulinie B in Abb. 68 gezeigt ist. Um diesem Verhalten einen zahlenmäßigen Ausdruck zu geben, soll hier erwähnt werden, daß Zylinder von 12 mm Durchmesser und 18 mm Höhe aus dem oben beschriebenen Stahl mit 13,7 vH Chrom und 7,85 vH Nickel nach der Kaltdrückung eine Verminderung ihrer Höhe um 24 vH erfuhren. Vor der Zusammendrückung waren sie in Wasser von 1050° C abgeschreckt worden und hatten eine Brinellhärte von 196. Nach der Zusammendrückung hatte sich diese auf 364 erhöht, also auf einen ähnlichen Betrag wie jenen, der bei den völlig austenitischen Stählen allein durch die viel stärkere Kaltbearbeitung erhalten wurde, die bei der Verminderung von gleichgestalteten Zylindern um einige 60 oder 70 vH ihrer Höhe nach Abb. 94 in Frage kommt. Nach der Wiedererhitzung dieser „gehärteten" Proben auf allmählich steigende Temperaturen wurden die in Abb. 96 eingezeichneten Ergebnisse erzielt. Ein Vergleich dieser Schaulinie mit der Schaulinie B in Abb. 68 zeigt die auffallende Ähnlichkeit zwischen den beiden Stählen. Vom Standpunkte des Herstellers von kaltbearbeiteten Gegenständen ist jedoch die Verschiedenheit im Verhalten zwischen diesem Werkstoff und der völlig austenitischen Legierung, die durch einen Vergleich der Abb. 95 und 96 klargelegt wird, äußerst wichtig. In dem einen Falle wird die Erweichung bei Temperaturen, die über etwa 600°C hinausgehen, erzeugt, in dem anderen ist eine Mindesttemperatur von 1000° C erforderlich. Die Nutzanwendung aus diesen Ergebnissen ist offensichtlich. Ein wie für die Versuche in Abb. 96 verwendeter Werkstoff „härtet" bei der Kaltbearbeitung sehr schnell und kann nur durch Wiedererhitzung auf 1000°C oder mehr erweicht werden. Es ist deshalb ein entschiedener Vorteil für den Verbraucher dieser austenitischen Legierungen, der sie kaltwalzen, kaltpressen, kaltziehen oder sonstwie kaltbearbeiten will, sich auch zu vergewissern, daß er einen vollständig austenitischen Werkstoff erhält, d. h., der nicht härtet, wenn er auf Temperaturen im Gebiet von 750 bis 950° C wiedererhitzt und von Temperaturen in diesem Gebiet abgekühlt wird.

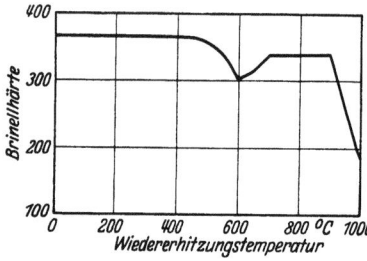

Abb. 96. Einfluß der Wiedererhitzung auf die Härte von nicht vollständig austenitischem kaltbearbeitetem Chromnickelstahl.

Die Bemerkung ist noch von Bedeutung, daß die in jenem Zustand unmagnetischen austenitischen Legierungen nach der Kaltbearbeitung ausgesprochen magnetisch werden. Der magnetische Zustand ist bei den Legierungen des „Grenzgebietes" besonders auffallend, die, wie in Abb. 96 gezeigt wurde, nicht völlig austenitisch sind (Übergangsstähle). Theoretisch ist das Vorhandensein von Magnetismus in dem kaltbearbeiteten Werkstoff lehrreich, da eine Phasenänderung durch die Kaltbearbeitung angezeigt wird, d. h. das nichtmagnetische γ-Eisen verändert sich wenigstens zum Teil in die magnetische α-Form. Ein solcher magnetischer Zustand ist auch bei anderen austenitischen Legierungen beobachtet worden. Eine endgültige Bestätigung dieser Phasenänderung durch Kaltbearbeitung hat erst vor kurzem Hatfield erbracht[1]. Proben von „Staybrite"-Stahl wurden vor und nach der Kaltbearbeitung mittels X-Strahlen (Röntgenstrahlen) untersucht. Die Röntgenbilder ergaben zweifellos, daß das ursprüngliche Kristallgitter des γ-Eisens (Austenit) teilweise durch Kaltbearbeitung in das für das α-Eisen bezeichnende Gitter verändert wurde[2].

d) Kleingefüge. Im Vergleich zum rostfreien Stahl oder rostfreien Eisen ist das Kleingefüge dieser austenitischen Chromnickellegierungen verhältnismäßig einfach. Nach Abschreckung oder Luftabkühlung von 1000 bis 1100° C bestehen sie aus Körnern von Austenit. Etwas freies Karbid bis zu einer Menge, die von dem Kohlenstoffgehalt der Legierung abhängt, kann auch noch vorhanden sein. Das bezeichnende Gefüge eines solchen Austenits ist in Abb. 97 wiedergegeben. Dieses von einer Legierung mit nur 0,1 vH Kohlenstoff erhaltene Gefüge zeigt kein freies Karbid. In heißbearbeiteten Stücken sind die Austenitkörner mehr oder weniger bis zu einem Grade verzerrt, der von der Temperatur der Schmiede- oder Walzstücke abhängt. Die Körner werden auch häufig von einer Reihe feiner paralleler Linien durchschnitten (Abb. 98).

Unter dem Einfluß der Kaltbearbeitung wird die Kornverzerrung deutlicher. Außerdem werden die Reihen von feinen Linien viel zahlreicher und zeigen in einem Teil der Körner bei starker Verzerrung ein sehr dunkles Aussehen, wie aus Abb. 99 zu ersehen ist. Bei der Wiedererhitzung auf 1000° C wird sowohl die Kornverzerrung als auch das „Linienbild" während der dann stattfindenden „Rekristallisation" beseitigt[3]. Das in einer Legierung mit einem höheren Kohlenstoffgehalt zugleich mit dem Austenit vorkommende freie Karbid ist in Abb. 100 erkennbar.

---

[1] Engineer (Metallurgical Supplement) vom 30. Oktober 1925.

[2] Vgl. Glocker: Materialprüfung mit Röntgenstrahlen. Berlin: Julius Springer 1927; Schiebold: Die Verfestigungsfrage vom Standpunkt der uöntgenforschung. Zeitschrift für Metallkunde 1924, S. 417 und 1926, S. 31 Rnd Polanyi: Struktur der Materie im Lichte der Röntgenstrahlen. VDI-Zeitschrift 1927, S. 565.

[3] Über „Rekristallisation" s. Oberhoffer: Das technische Eisen. a.a.O.

260   Besondere rostfreie Stähle.

e) **Einfluß hoher Temperaturen.** Es wurde schon bemerkt, daß diese Legierungen etwas schwieriger zu walzen oder zu schmie-

Abb. 97. Ankastahl mit 0,10 vH Kohlenstoff, 15,2 vH Chrom und 11,4 vH Nickel, vollständig weich gemacht. × 300.

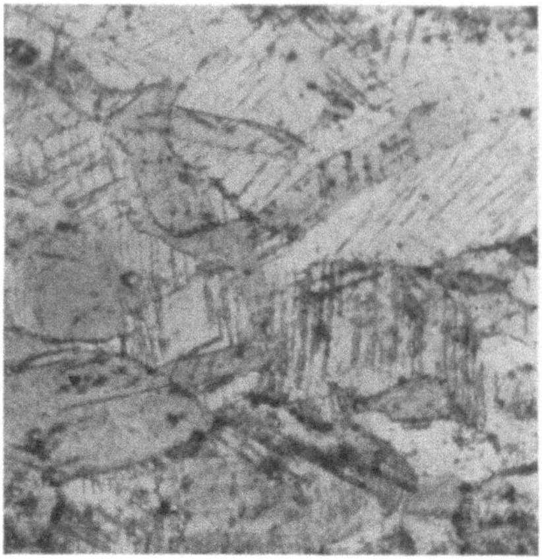

Abb. 98. Ankastahl wie nach Abb. 97, aber gewalzt. × 750.

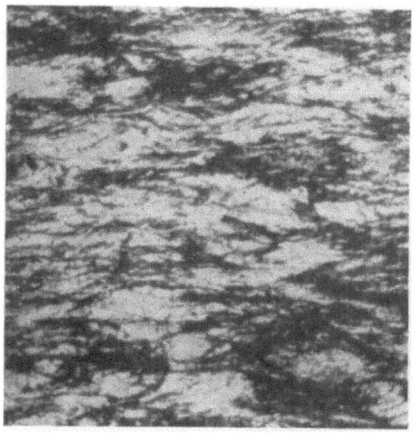

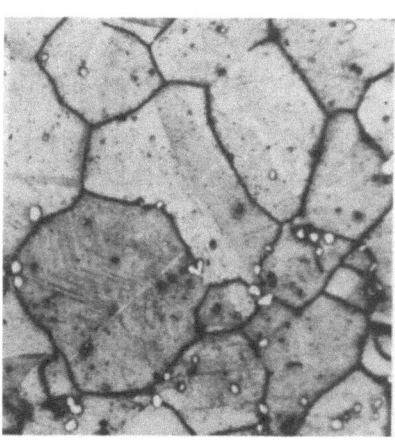

Abb. 99. Ankastahl wie nach Abb. 97, kaltbearbeitet bis auf eine Brinellhärte von 350. × 750.

Abb. 100. Stahl mit 0,44 vH Kohlenstoff, 20 vH Chrom und 6,47 vH Nickel, vollständig weich gemacht. Karbidkügelchen im Austenit. × 300.

den sind, als der gewöhnliche rostfreie Stahl. Dieses Verhalten wird in den Ergebnissen widergespiegelt, die von Zerreißproben verschiedener Stähle bei hohen Temperaturen erhalten wurden. Unter gleichen Versuchsbedingungen hatten Proben der „Anka"-Legierung bei 700 ⁰ C eine um 6 bis 8 kg/mm² höhere Zugfestigkeit als diejenigen eines rostfreien Stahls mit 0,35 vH Kohlenstoff und 11,2 vH Chrom. Bei 800 ⁰ C war der Unterschied auf etwas weniger als 5 kg/mm² gefallen.

f) **Verzunderung.** Der vergleichsweise Widerstand von weichem Kohlenstoffstahl, rostfreiem Stahl und der austenitischen Legierung gegen Oxydation bei hohen Temperaturen wird durch die folgenden Versuche belegt. Zylinder dieser Stähle von 32 mm Durchmesser und 25 mm Höhe wurden zusammen in einem Gasofen bei nachstehenden Zeiten erhitzt:

A : 4½ Stunden bei 900 bis 950⁰ C
B : 18 „ „ 975 ,, 1025⁰ „
C : 5 „ „ 1050 „ 1150⁰ „

Am Ende dieser Stunden wurden die Proben aus dem Ofen genommen, die Zunderschicht wurde so vollständig wie möglich entfernt und der Gewichtsverlust ermittelt. Die Ergebnisse sind in der folgenden Zahlentafel 61 wiedergegeben, die sowohl die Verluste in g/cm²-Stunde als auch in Hundertteilen des ursprünglichen Gewichts enthält.

Zahlentafel 61. Verzunderungsversuche mit weichem Stahl und rostfreien Werkstoffen.

Werkstoff	Zeitdauer bei A 4½ Stunden bei 900/950⁰ C		Zeitdauer bei B 18 Stunden bei 975/1025⁰ C		Zeitdauer bei C 5 Stunden bei 1050/1150⁰ C	
	Gewichtsverlust g/cm²–Stunde	Gewichtsverlust vH	Gewichtsverlust g/cm²–Stunde	Gewichtsverlust vH	Gewichtsverlust g/cm²–Stunde	Gewichtsverlust vH
Weicher Stahl . .	0,027	3,51	0,033	16,1	0,115	14,0
Rostfreier Stahl .	0,0088	1,21	0,012	6,4	0,064	9,3
„Anka"-Stahl . .	0,00125	0,15	0,0057	2,8	0,032	4,4

Der Gesamtgewichtsverlust der drei Stähle nach den 3 Zeitabständen war 33,6 bzw. 16,9 bzw. 7,3 vH ihres ursprünglichen Gewichts.

Bei einem weiteren Versuch wurden drei etwas größere Proben (25 mm Durchmesser und 38 mm Höhe) in einem Gasofen drei

Tage lang bei 1000⁰ C ($\pm$ 25⁰ C) erhitzt. Die Gewichtsverluste nach der Entfernung der Zunderschicht waren in diesem Falle nach Zahlentafel 62 die folgenden:

Zahlentafel 62. Verzunderungsversuche mit weichem Stahl und rostfreien Werkstoffen.

Werkstoff	Verlust des ursprünglichen Gewichts vH
Weicher Stahl	45,1
Rostfreier Stahl	17,9
„Anka"-Stahl	5,1

Diese Ergebnisse zeigen, daß die Nickelchromlegierung „Anka" der Verzunderung bis zu etwa 950⁰ C sehr gut widersteht, zundert aber bei höheren Temperaturen stärker, doch zundert sie bei der höchsten Versuchstemperatur wesentlich geringer als der weiche Stahl und auch der gewöhnliche rostfreie Stahl.

g) Widerstand gegen Korrosion. Im Vergleich zu dem gewöhnlichen rostfreien Stahl mit 12 bis 14 vH Chrom besitzen die austenitischen Nickelchromlegierungen einen bedeutend größeren Widerstand gegen gewisse Arten von Korrosion, der zum Teil durch ihren höheren Chromgehalt und zum Teil auch durch die höhere Nickelmenge bedingt ist. Auch die Tatsache, daß sie von austenitischem Gepräge sind, ist von bestimmendem Einfluß auf ihre korrosionswiderstehenden Eigenschaften. Einige dieser günstigen Eigenschaften können folgendermaßen umrissen werden:

1. Der Widerstand des austenitischen Stahls gegen den Angriff einiger Mineralsäuren, besonders gegen Schwefelsäure und Salzsäure, ist wesentlich größer als der des gewöhnlichen rostfreien Stahls. Die austenitische Legierung kann in manchen Fällen sicherlich nicht als ein „säurefester" Stahl angesehen werden, doch ist unter gleichen Verhältnissen der Grad des Angriffs nur ein Bruchteil von dem des gewöhnlichen rostfreien Stahls. Der erhöhte Widerstand gegen Schwefelsäure und Salzsäure ist wahrscheinlich im großen und ganzen auf den hohen Nickelgehalt der Legierung zurückzuführen.

2. Gleichfalls wie die Stähle mit demselben Chromgehalt, die aber sonst frei von Nickel sind, ist die Nickelchromlegierung durch Salpetersäure irgendeines Stärkegrades unangreifbar sowohl bei gewöhnlicher Temperatur als auch bei 80—85⁰ C.

3. Gewisse organische Säuren, wie Zitronensäure, Oxalsäure, Ameisensäure und Weinsäure, die einen deutlichen Einfluß auf rostfreien Stahl haben, wirken auf die austenitischen Legierungen überhaupt nicht oder nur sehr wenig ein.

4. Unter bestimmten Bedingungen ist es wahrscheinlich, daß der gewöhnliche rostfreie Stahl einem elektrochemischen Angriff ausgesetzt wird, wenn er in Berührung mit Kupfer oder einigen seiner Legierungen oder Graphit kommt und beide in bestimmte Elektrolyten getaucht sind. Bei den Nickelchromlegierungen scheint ein solcher Angriff nicht aufzutreten.

5. Der Widerstand des austenitischen Werkstoffes gegen „allgemeine" Korrosion ist zumindest so groß wie jener des rostfreien Stahls mit dem niedrigsten Kohlenstoffgehalt, der die obere Grenze des Chromgehaltes aufweist und sich in der widerstandsfähigsten durch Wärmebehandlung erzeugten Form befindet.

6. Der Widerstand der austenitischen Legierung gegen „allgemeine" Korrosion scheint weniger durch Kaltbearbeitung beeinflußt zu werden wie der gewöhnliche rostfreie Stahl.

7. Die austenitische Legierung ist gegen einige wäßrige, den gewöhnlichen rostfreien Stahl angreifende Salzlösungen widerstandsfähig, z. B. haben Lösungen aller Stärkegrade von Ammoniumsulfat, Alaun, Kaliumsulfat und Natriumsulfat keinen Einfluß auf ihn.

Der erhöhte Widerstand gegen Säuren ist durch die Ergebnisse in Zahlentafel 66 bewiesen. Bei den Versuchen, auf die sich diese Ergebnisse beziehen, wurden polierte Proben folgender Werkstoffe verwendet:

1. Die austenitische Legierung „Anka"brand mit 15,2 vH Chrom und 11,4 vH Nickel;

2. eine ähnliche Legierung, aber von der „V 2 A"- Art mit 20,4 vH Chrom und 8,6 vH Nickel;

3. ein ausgesprochen rostfreier Stahl mit 0,3 vH Kohlenstoff und 12,2 vH Chrom, der vorher bei 900^0 C gehärtet und dann auf 700^0 C angelassen worden war;

4. ein gewöhnlicher weicher Stahl mit 0,35 vH Kohlenstoff, 0,23 vH Silizium und 0,71 vH Mangan.

Diese vier verschiedenen Proben wurden verschiedenen Säuren bei den angegebenen Zeiten ausgesetzt. Die Gewichtsverluste sind in mg/cm²–Stunde wiedergegeben. Die Ergebnisse mit Salzsäure und Schwefelsäure zeigen, daß die austenitischen Legierungen ziemlich widerstandsfähig gegen diese verdünnten Säurelösungen bei atmosphärischer Temperatur sind. Werden

Zahlentafel 66. **Angriffsgeschwindigkeit von Säuren bei gewöhnlichem Stahl und verschiedenen rostfreien Stählen.**

Säure	Stärke	Temperatur °C	Dauer des Angriffs Stunden	Gewichtsabnahme in mg/cm²-Stunde			
				Anka	V2A	rostfreier Stahl	weicher Stahl
Salzsäure . .	10%ig (N)	18/20	48	0,038	0,07	1,15	2,34
,, . .	50 ,, (5 N)	,,	48	0,250	0,36	3,25	5,90
Schwefelsäure	5 ,,	,,	48	0,065	0,087	2,70	4,20
,,	35 ,,	,,	24	0,155	0,304	8,90?	6,70?
,,	50 ,,	,,	48	0,350	0,390	0,16	0,08
,,	10 ,,	60/65	6	4,6	4,2	—	93,50
,,	20 ,,	,,	6	10,3	11,9	—	122,00
,,	30 ,,	,,	6	17,6	17,7	—	—
Salpetersäure	normal	18/20	6	keine	—	1,460	22,10
,,	,,	80/85	6	,,	—	1,090	85,00
,,	5 N	,,	6	,,	—	0,025	—
Phosphorsäure	5%ig.	18/20	24	,,	—	0,05	1,10
,,	5 ,,	,,	192	,,	—	—	—
,,	25 ,,	,,	24	,,	—	0,20	2,60
,,	25 ,,	,,	192	,,	—	—	—
,,	66 ,, (S. G. 1,5)	,,	48	0,052	0,113	0,47	4,62
Essigsäure . .	5 ,,	18/20	336	keine	—	0,014	0,067
,,	5 ,,	80/85	30	,,	—	—	—
,,	15 ,,	18/20	336	,,	—	0,012	0,105
,,	15 ,,	80/85	30	,,	—	—	—
,,	33 ,,	18/20	336	,,	—	0,012	0,115
,,	33 ,,	80/85	30	,,	—	—	—
,,	konz.	18/20	336	,,	—	keine	0,124
,,	,,	80/85	27	,,	—	0,015	0,890
Zitronensäure	6%ig	18/20	336	,,	—	0,011	0,260
Ameisensäure	10 ,,	,,	288	0,011	0,014	0,260	0,330
Oxalsäure . .	6,3%ig (N)	,,	168	0,013	—	0,021	0,036
Weinsäure . .	7,5 ,, (N)	,,	336	keine	—	0,0085	0,062
,, . .	25 ,, (N)	,,	336	,,	—	0,045	0,270

jedoch die Säuren erhitzt, so steigt die Angriffsgeschwindigkeit ziemlich schnell.

Weitere Angaben über die Festigkeit dieser Legierungen gegen verschiedene Angriffsmittel macht Hatfield in seiner Arbeit: „Die Anwendungsmöglichkeiten rostfreier und ähnlicher korrosionssicherer Stähle in chemischen und verwandten Industrien"[1].

---
[1] The Industrial Chemical, März 1925, S. 64.

Die hier wiedergegebenen Versuchsergebnisse von der „Staybrite"-Legierung mit 18 vH Chrom und 8 vH Nickel passen genau so gut auf „V 2 A" und „Anka". Auch die oben erwähnte Arbeit von Strauss und Maurer enthält Angaben über die korrosionswiderstehenden Eigenschaften dieser Legierungen (vgl. S. 276 bis 286).

h) **Physikalische Eigenschaften**[1]. α) Elastizitätsmodul. Die folgenden von der Ankalegierung erhaltenen Ergebnisse deuten an, daß der austenitische Werkstoff etwas geringere Werte des Elastizitätsmoduls ergibt als der gewöhnliche rostfreie Stahl (vgl. S. 119 und 120). Auch der Schubmodul (Gleitmodul) ist angegeben.

Elastizitätsmodul 2002000 kg/cm²
Schubmodul 833000 „

β) Dichte (spezifisches Gewicht). Diese ändert sich bis zu einem gewissen Grade mit der Zusammensetzung der Legierung, weil das Chrom eine niedrigere und das Nickel eine höhere Dichte als das Eisen hat. Die Ankalegierung mit dem höheren Nickel- und niedrigeren Chromgehalt ist etwas schwerer als „V2A", während „Staybrite" zwischen beiden liegt. Das Vorhandensein merklicher Mengen von Silizium in einer Legierung erniedrigt ihre Dichte, als es sonstwie möglich wäre. Die Dichte irgendeines Stahls wird auch in geringem Maße durch die erhaltene Behandlung beeinflußt. Kaltbearbeitung bewirkt ebenfalls eine Erniedrigung der Dichte. Einige besondere Werte sind in der nächsten Zahlentafel 63 zusammengestellt:

Zahlentafel 63. Spezifisches Gewicht verschieden behandelter Chromnickelstähle.

Marke	Chrom vH	Nickel vH	Silizium vH	Behandlung	Spez. Gewicht
Anka . . .	15,2	11,4	0,25	völlig erweicht	7,971
Anka . . .	15,2	11,4	0,25	kalt bearbeitet bis Brinellhärte 300/350	7,942
Anka . . .	15,0	9,0	1,34	völlig erweicht	7,879
V2A . . .	20,5	6,6	0,31	.,	7,870
V2A . . .	20,2	8,4	0,26	..	7,883
Staybrite .	18,0	8,0	—	—	7,86—7,925

γ) Elektrischer Widerstand. Dieser wird, wie zu erwarten ist, ebenfalls in gewissem Grade durch die Zusammensetzung des

---

[1] Nach Hadfield: Rostfreie Chromnickelstähle. Engineer Metallurgical Supplement, 30. Oktober 1925.

Stahls beeinflußt. Einige Werte über den spezifischen elektrischen Widerstand rostfreier Legierungen sollen hier angeführt werden:

Zahlentafel 64.
Spezifischer Widerstand von Anka- und Staybrite-Stählen.

Marke	Chrom vH	Nickel vH	Silizium vH	Spezifischer Widerstand
Anka	15,2	11,4	0,25	0,0000740 Ohm/cm³
Anka	15,0	9,0	1,34	0,0000828 Ohm/cm³
Staybrite	18,0	8,0	—	0,0000690 Ohm/cm³

δ) **Ausdehnungskoeffizient.** Die austenitischen Legierungen haben einen wesentlich höheren Wärmeausdehnungskoeffizienten als der gewöhnliche rostfreie Stahl, eine Tatsache, an die hinsichtlich der Verwendung dieses Werkstoffes für konstruktive Zwecke erinnert werden muß. Die in Zahlentafel 65 wiedergegebenen Werte sind bezeichnend und können mit denjenigen verglichen werden, die auf S. 158 für den gewöhnlichen rostfreien Stahl angegeben sind:

Zahlentafel 65.
Ausdehnungskoeffizient von Anka- und Staybrite-Stählen.

Marke	Chrom vH	Nickel vH	Temperaturgebiet ⁰ C	Mittlerer Ausdehnungskoeffizient
Anka	15,4	10,3	20 bis 200	0,0000180
,, ...	15,4	10,3	200 ,, 400	0,0000187
,, ...	15,4	10,3	400 ,, 600	0,0000195
,, ...	15,4	10,3	600 ,, 800	0,0000203
,, ...	15,4	10,3	20 ,, 400	0,0000184
,, ...	15,4	10,3	20 ,, 600	0,0000186
,, ...	15,4	10,3	20 ,, 800	0,0000191
Staybrite	18,0	8,0	20 ,, 100	0,0000170
,, ...	18,0	8,0	20 ,, 200	0,0000177
,, ...	18,0	8,0	20 ,, 300	0,0000181
,, ...	18,0	8,0	20 ,, 400	0,0000186
,, ...	18,0	8,0	20 ,, 500	0,0000192
,, ...	18,0	8,0	20 ,, 600	0,0000201

i) **Löten und Schweißen.** Die austenitischen Legierungen können ohne Schwierigkeit gelötet werden. Auch lassen sie sich im elektrischen Lichtbogen oder mit dem Azetylensauerstoffbrenner (Azetylengebläse) leichter als der gewöhnliche rostfreie Werkstoff schweißen. Da sie bei schneller Abkühlung von hohen Temperaturen nicht härten, so leiden sie in dieser Hinsicht nicht an den Mängeln des gewöhnlichen rostfreien Stahls. Sie können auch nach den oben angeführten Verfahren mit gewöhnlichem rostfreien Stahl verschweißt werden und ergeben sehr befriedigende Schweißverbindungen (vgl. S. 93). — —

In diesen Ausführungen hat Monypenny nur mit einigen Daten den Kruppschen V2A-Stahl in den Kreis seiner Betrachtungen gezogen und den V1M-Stahl nur nebenbei erwähnt, wenn er selbstverständlich auch diese Kruppstähle in ihren Grundlagen, ohne besondere Hervorkehrung dieser Namen, genügend gewürdigt hat. Da aber Krupp in den letzten Jahren eine weitere Reihe nichtrostender Stähle auf den Markt gebracht hat, die ihm auch geschützt sind, so sollen hier die sämtlichen diesbezüglichen Stähle Krupps zusammenfassend besprochen werden, weil hiervon bereits jährlich mehrere Tausend Tonnen für die verschiedensten Zwecke abgesetzt werden und der Bedarf erklärlicherweise ständig steigt.

Krupp scheidet seine Erzeugnisse in zwei Gruppen, die VM-Gruppe und die VA-Gruppe, die wesentlich verschiedene physikalische und chemische Eigenschaften sowie verschiedene Gefüge besitzen[1]. Die Stähle der VM-Gruppe, die mit ähnlichen Festigkeitseigenschaften ausgestattet sind wie die in der Konstruktionstechnik verwendeten Chromnickelstähle, enthalten etwa 13 bis 15 vH Chrom und geringe Nickelmengen, diejenigen der VA-Gruppe etwa 18 bis 25 vH Chrom und mittleren Nickelgehalt. Nach den früheren Ausführungen ist der Kohlenstoff in den rostfreien Chromstählen mit 13 bis 15 vH Chrom und auch in den Stählen der VM-Gruppe in Form von Karbiden vorhanden, sodaß das Kleingefüge dieser Stähle zumeist aus einer Grundmasse von Ferrit (Chromferrit) mit mehr oder weniger feinverteilten Karbideinlagerungen besteht, das durch einen geringen Nickelzusatz troostitisches Gepräge annimmt. Im Gegensatz hierzu bietet sich das Kleingefüge z. B. des V2A-Stahls, wie bereits mehrfach erwähnt wurde, als Austenit (Mischkristall, polyederförmig) dar, in dem Kohlenstoff, Chrom und Nickel vollständig gelöst sind. Die Kleingefüge verschiedener Kruppstähle sind in den Abbildungen 101 bis 104 übersichtlich zusammengestellt.

Nach den früheren Betrachtungen beeinflußt eine sehr geringe Menge von Kohlenstoff z. B. 0,08 vH (bei 13,1 vH Chrom) das Kleingefüge in der Art, daß nur wenig freier Ferrit verbleibt

---

[1] M bedeutet Martensitstähle, A bedeutet Austenitstähle.

268   Besondere rostfreie Stähle.

(Abb. 101). Das eutektoide Gefüge, das bei den gewöhnlichen Kohlenstoffstählen bei einem Gehalt von etwa 1 vH Kohlenstoff (genauer 0,9 vH) auftritt, erscheint bei den rostfreien Chromstählen bei wesentlich geringerem Gehalt an Kohlenstoff, nämlich bei etwa 0,3 bis 0,4 vH (S. 28). Die „Passivität" des Eisens wird

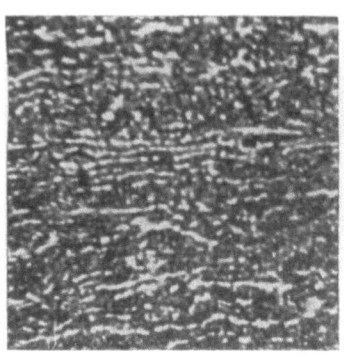

Abb. 101. Chromstahl mit 0,08 vH Kohlenstoff und 13,1 vH Chrom. Perlit (dunkel) und Ferrit (hell). × 500

Abb. 102. Chromstahl mit 0,22 vH Kohlenstoff und 13,8 vH Chrom. Perlit. × 200.

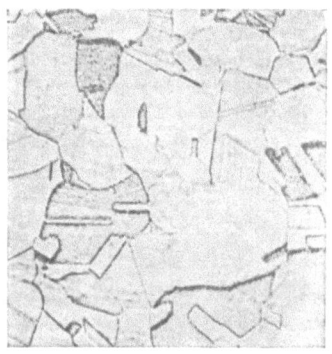

Abb. 103. V2A-Stahl. Austenit. × 200.

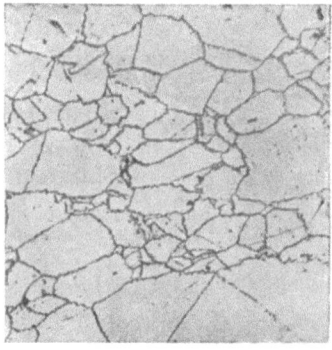

Abb. 104. Chromnickelstahl mit 0,4 vH Kohlenstoff, 6,92 vH Nickel und 22,9 vH Chrom. Rohgeschmiedet. × 300.

durch die Hinzufügung von 13 bis 15 vH Chrom außerordentlich verstärkt, so daß dieser Werkstoff in vielen Fällen den Anforderungen genügt, wenn besonders kein freies Karbid auftritt und eine polierte Oberfläche vorhanden ist. Indessen stellt aber namentlich die chemische Industrie an die Beständigkeit ihrer Geräte hohe

Ansprüche, die der „passive" Chromstahl, der oben ausführlich besprochen wurde, nicht immer erfüllt.

Die edlen Eigenschaften, die Hittorf[1] an reinem Chrom festgestellt hat, daß nämlich reines Wasser hiergegen wirkungslos ist und daß Chrom auch an der Luft bei niedriger Temperatur glänzend bleibt und nicht anläuft, sind im wesentlichen auf den Kruppschen Chromnickelstahl V2A mit etwa 0,2 vH Kohlenstoff, 20 vH Chrom und 7 vH Nickel übertragen worden. Im Gegensatz zu dem spröden reinen Chrom ist der V2A-Stahl, wie vorher genügend dargelegt wurde, ein mit austenitischem Gefüge ausgestatteter Werkstoff von höchster Bildsamkeit, guten Festigkeitseigenschaften und großer Widerstandsfähigkeit gegen jede Art von Korrosion usw. Auch die Verschleißfestigkeit dieses Stahls ist sehr hoch. Die Stähle der VM-Gruppe sind magnetisierbar, während diejenigen der VA-Gruppe unmagnetisch, sehr zähe und wie schon oben gesagt, nicht in der üblichen Weise durch Abschreckung härtbar sind.

Über die verschiedenen Eigenschaften der VM-Stähle, zu denen die Marken V1M, V3M und V5M gehören, läßt sich sagen, daß für mechanisch hoch beanspruchte Maschinenteile die hinsichtlich ihrer Korrosion gleichwertigen Marken V1M und V5M vorzusehen sind. Die vergüteten Stähle dieser Gruppe sind in derselben Weise mechanisch bearbeitbar wie die gewöhnlichen Chromnickelstähle mit gleich hoher Festigkeit. Diese beiden Marken V1M und V5M können weiter Verwendung finden für Dampfturbinenschaufeln, Gewehrläufe, Wellen, Kolbenstangen, Ventilspindeln und Ventile. Dagegen ist für Gegenstände, die vollkommen gehärtet werden müssen, die Marke V3M zu wählen, die sich für Messerwaren aller Art, Sägen, Sägeblätter, Bandmaße, Schneiden für Waagen, für Kugel- und Rollenlager eignet. Aber auch als Federstahl in der Wärme bis zu etwa 500 °C erfüllt der V3M-Stahl vollkommen seinen Zweck. Alle Teile aus V1M und V5M sollen eine feingeschliffene, solche aus V5M eine polierte Oberfläche erhalten.

Die Festigkeitseigenschaften der VM-Stähle sind in den folgenden Zahlentafeln 66 bis 70 übersichtlich zusammengestellt. Hier bedeutet $5 \times d$ die Dehnung bei 5facher Meßlänge, $10 \times d$ die Dehnung bei 10facher Meßlänge[2]. Außerdem sind noch in

---

[1] Zeitschrift für physikalische Chemie 1898, S. 729.
[2] Siehe die Buchwerke in der Fußnote S. 99.

Abb. 105 die Festigkeitseigenschaften des V5M-Stahls bei hohen Temperaturen wiedergegeben.

Zahlentafel 66. Festigkeitseigenschaften der VM-Stähle bei 20°C.

	V1M vergütet	V5M vergütet	V3M vergütet
Streckgrenze kg/mm²	65	55	55
Zugfestigkeit kg/mm²	80	75	80
Dehnung (auf $10 \times d$) vH ..	14	15	10

Zahlentafel 67. Mechanische Eigenschaften von vergütetem V5M-Stahl bei verschiedenen Anlaßtemperaturen.

Anlaß-temperatur °C	Streck-grenze kg/mm²	Zug-festigkeit kg/mm²	Dehnung		Brinell-härte
			$5 \times d$ vH	$10 \times d$ vH	
550	70	99,1	18,3	11,3	300
600	65	89,0	18,5	11,7	260
650	57	78,5	21,0	13,6	230
700	52	75,8	24,8	16,7	210

Zahlentafel 68. Festigkeitseigenschaften der VM-Stähle bei hohen Temperaturen. V1M-Stahl, vergütet.

Temperatur	20°C	200°C	300°C	400°C	500°C
Streckgrenze kg/mm²	65,0	59,0	58,0	50,0	28,0
Zugfestigkeit kg/mm²	81,5	76,8	75,1	66,5	49,2
Dehnung (auf $10 \times d$) vH ..	14,3	14,2	12,5	12,5	16,8
Einschnürung vH	60,0	60,0	58,0	56,0	73,0

Zahlentafel 69. V5M-Stahl, vergütet.

Temperatur	20°C	200°C	300°C	400°C	500°C
Streckgrenze kg/mm²	57	49,0	48,0	45,0	34,0
Zugfestigkeit kg/mm²	74,7	64,0	61,5	57,0	43,9
Dehnung (auf $10 \times d$) vH ..	16,0	13,0	12,5	12,5	17,0
Einschnürung vH	71,0	71,0	71,0	69,0	78,0

Zahlentafel 70. V3M-Stahl, geglüht und angelassen auf 370°C.

Temperatur	20°C	300°C	400°C	500°C
Streckgrenze kg/mm²	125,0	108,0	122,0	110,0
Zugfestigkeit kg/mm²	156,0	164,0	153,0	134,0
Dehnung (auf $5 \times d$) vH ..	8,0	6,0	8,0	8,0
Einschnürung vH	29,0	7,0	9,0	13,0

Über die Wärmebehandlung der VM-Stähle gibt Krupp folgende Anleitung:

Schmieden: Der Stahl wird langsam auf 800° C vorgewärmt und dann rasch auf die Schmiedeanfangstemperatur von 1100 bis 1150° C gebracht. Ist das Schmieden bei 900° C noch nicht beendet, so muß neu erhitzt werden. Nach dem Schmieden läßt man den Stahl unter heißer Asche langsam erkalten.

Glühen: Zum Zwecke des Weichglühens wird der Stahl langsam und gleichmäßig auf etwa 750 bis 780° C erhitzt, er kann darauf in der Luft oder im Ofen erkalten.

Härten: Alle drei Marken sind Ölhärter. V5M erlangt bei der Abschreckung in Öl nur eine Härte von etwa 350 Brinelleinheiten, V3M hingegen ist härtbar. Bei der Abschreckung von etwa 970° C in Öl wird eine Härte von etwa 540 Brinelleinheiten erzielt.

Federn aus V3M werden beispielsweise bei 950 bis 1000° C in Öl gehärtet und dann auf 200 bis 400° C zwei Stunden angelassen, hierauf abgebeizt und möglichst auf Hochglanz poliert.

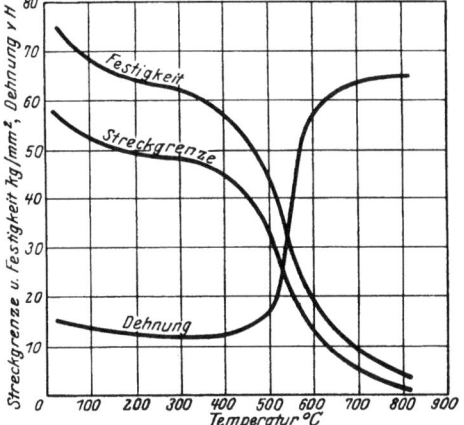

Abb. 105. Festigkeitseigenschaften des V5M-Stahls bei hohen Temperaturen.

Vergüten: Die Marken V1M und V5M werden vergütet geliefert. Die übliche Vergütung von V1M erfolgt bei 920° C in Öl. Angelassen wird auf 620 bis 670° C.

V5M wird bei 900 bis 950° C in Öl vergütet. Darauf wird je nach der gewünschten Streckgrenze und Zugfestigkeit auf Temperaturen von 600 bis 700° C angelassen. Nach dem Anlassen können die Teile in Öl, Wasser oder Luft abgekühlt werden.

Sollen Maschinenteile und Geräte chemischen Einwirkungen gegenüber sehr widerstandsfähig sein, so kommen nur die Stähle der VA-Gruppe in Betracht, die, ohne poliert zu werden, in feuchter Luft als durchaus rostsicher angesehen werden können. Am meisten findet die Marke V2A in der chemischen Industrie als auch für gewerbliche Zwecke aller Art die vielseitigste Verwendung.

Der V2A-Stahl kommt in zwei Härtegraden auf den Markt. Während die weiche Qualität V2A-W sich chemischen Einwirkungen gegenüber vorzüglich bewährt, wird die härtere Qualität V2A für solche Zwecke vorgesehen, bei denen eine höhere Streckgrenze und eine besonders hohe Verschleißfestigkeit gewünscht wird.

Die Festigkeitseigenschaften der V2A-W- und V2A-Stähle bei Raumtemperatur sowie bei höheren Wärmegraden sind in den Zahlentafeln 71 und 72 und den Abbildungen 106 und 107 wiedergegeben.

Zahlentafel 71. Festigkeitseigenschaften des V2A-W-Stahls bei hohen Temperaturen.

Temperatur	20° C	200° C	300° C	400° C	500° C
Streckgrenze kg/mm²	20	11	10	10	10
Zugfestigkeit kg/mm²	65	48	47	46	44
Dehnung (auf $10 \times d$) vH ..	57	57	54	50	45
Einschnürung vH......	70	77	75	73	72

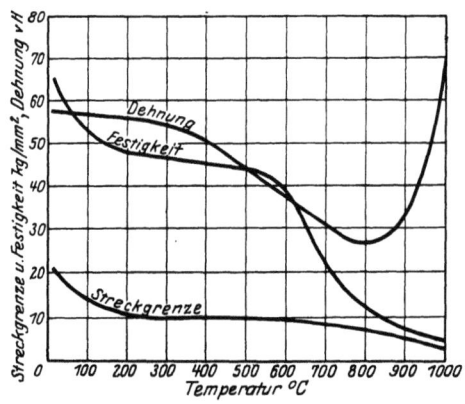

Abb. 106. Festigkeitseigenschaften des V2A-W-Stahls bei hohen Temperaturen.

Zahlentafel 72. Festigkeitseigenschaft des V2A-Stahls bei hohen Temperaturen.

Temperatur	20° C	200° C	300° C	400° C	500° C
Streckgrenze kg/mm²	35	32	28	25	20
Zugfestigkeit kg/mm² ...	75	72	70	65	59
Dehnung (auf $10 \times d$) vH ..	52	49	45	40	33
Einschnürung vH	54	55	52	50	50

Chromnickelstähle (Nickelchromstähle).

Der V2A-W-Stahl besitzt ausgezeichnete Tiefzieheigenschaften. Die Schaulinien in Abb. 108 zeigen die Tiefung nach Erichsen in Abhängigkeit von der Blechstärke[1].

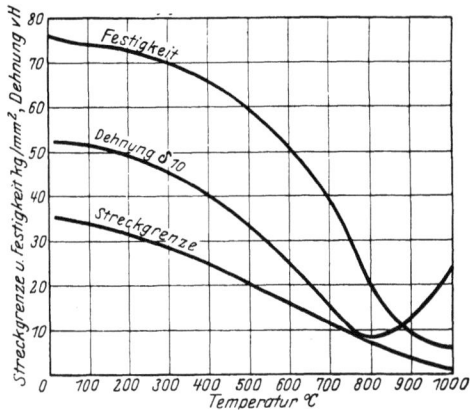

Abb. 107. Festigkeitseigenschaften des V2A-Stahls bei hohen Temperaturen.

Infolge der besonderen Gefügeart der V2A-Stähle (Austenit) erfordern sie ein von der bei gewöhnlichen Stählen üblichen Wärmeverarbeitung und Wärmebehandlung abweichendes Verfahren. Ein gewöhnlicher Stahl, der sich bei der mechanischen Bearbeitung als zu hart oder überhaupt als schwierig bearbeitbar erweist, wird bei Temperaturen zwischen 700 und 900° C geglüht. Diese Behandlung ist infolge der besonderen Gefügeeigenart dieser nichtrostenden Stähle nicht anwendbar und man würde, wie oben ausführlich besprochen wurde, keine Verbesserung der Bearbeitbarkeit, vielmehr eine Verschlechterung der Festigkeitseigenschaf-

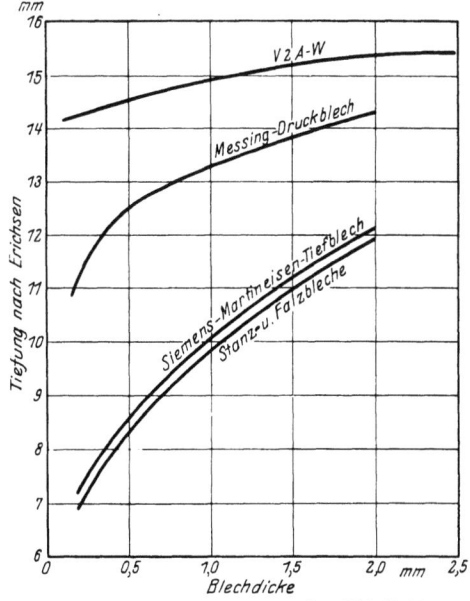

Abb. 108. Tiefzieheigenschaften des V2A-Stahls.

---

[1] Vgl. die „Prüfung von Feinblechen nach Erichsen" in Schulze-Vollhardt: Werkstoffprüfung für Maschinen- und Eisenbau. Berlin: Julius Springer 1923.

Monypenny-Schäfer, Rostfreie Stähle.

274   Besondere rostfreie Stähle.

ten und auch der chemischen Widerstandsfähigkeit erreichen, da durch die Glüharbeit in dem angegebenen Temperaturgebiet der in Lösung befindliche Kohlenstoff sich zum Teil in den Korngrenzen des Austenitgefüges als Karbid ausscheidet und die Gleichförmigkeit des Kleingefüges aufhebt. Der V2A-Stahl wird daher im Gegensatz zum gewöhnlichen Stahl von hoher Temperatur, etwa 1170° C schnell abgekühlt und er erlangt dann bei dieser Behandlung seine größte Weichheit, Zähigkeit und chemische Beständigkeit.

Zum Zwecke des Schmiedens werden die VA-Stähle langsam auf 800° C vorgewärmt und dann rasch auf die Schmiedetemperatur von 1100 bis 1150° C gebracht. Ist das Schmieden bei 900° C noch nicht beendet, so muß neu erhitzt werden. Der Stahl kann nach dem Schmieden langsam oder rasch erkalten.

Sollen die VA-Stähle vergütet werden, so werden sie auf hohe Temperatur bis 1250° C je nach der Stahlmarke erhitzt und möglichst rasch abgekühlt. Hierzu wird die Marke V2A-W mindestens auf 1000° C gebracht, die Marke V2A auf 1150 bis 1170° C, Marke V4A (S. 275) auf 1200° C, um dann in Wasser oder in der Luft je nach den zu behandelnden Gegenständen rasch abgekühlt werden. Auch hier soll nochmals deutlich unterstrichen werden, daß die Stähle der VA-Gruppe durch die übliche Wärmebehandlung, die beim Härten der gewöhnlichen Stähle am Platze ist, nicht gehärtet werden können.

Der nichtrostende Stahl V2A-W eignet sich gut zum Schweißen. Die Bleche werden unter Zusatz von V2A-W-Werkstoff in Form von Streifen von Blechabschnitten stumpf aneinander geschweißt. Das Schweißen erfolgt mit dem Azetylensauerstoffbrenner, wobei die Brennereinstellung so zu wählen ist, daß ein Azetylenüberschuß nicht eintritt, da sonst eine schädliche Aufkohlung der Schweißnaht erfolgen kann, wodurch diese spröde wird und an chemischer Widerstandsfähigkeit einbüßt[1].

Die spezifischen Gewichte und Schmelzpunkte einiger Kruppschen nichtrostenden Stähle sind nach Zahlentafel 73 die folgenden:

---

[1] Bemerkenswerte Angaben über die mechanische Bearbeitung der VA-Stähle macht Schwitzky in seiner Arbeit: „VA, das neue Schiffbaumaterial." Die Yacht 1927, Nr. 29, S. 13.

Zahlentafel 73. Spezifische Gewichte und Schmelzpunkte von Kruppschen nichtrostenden Stählen.

Stahl	Spezifisches Gewicht	Schmelzpunkt ^{0} C
V1M	7,73	1490
V3M	7,76	1470
V5M	7,77	1500
V2A	7,86	1400

Die spezifische Wärme des V2A-Stahls beträgt 0,118, die Wärmeleitfähigkeit ist 0,04, also etwa ein Drittel derjenigen des reinen Eisens. Der mittlere Ausdehnungskoeffizient für V2A ist:

im Temperaturgebiet 0—100^0 C . . 16×10^{-6}
,,   ,,   0—600^0 C . . 18×10^{-6}
,,   ,,   0—1000^0 C . . 20×10^{-6}

Für besondere Anwendungsgebiete, bei denen es auf die Beständigkeit gegen bestimmte chemische Mittel ankommt, werden durch Zusätze von Molybdän und Kupfer zum V2A-Stahl besonderer Marken gewonnen, die bei ähnlichen Festigkeitseigenschaften wie V2A wesentlich höhere chemische Widerstandsfähigkeit zeigen. Diese besonderen Legierungen wurden mit V4A und V6A bezeichnet.

So dient die Marke V4A insbesondere in den Fällen, in denen Unangreifbarkeit durch heiße schweflige Säure unter Druck gefordert wird, wie z. B. gegen die Sulfitlauge bei der Zelluloseherstellung. Auch gegen heiße Essigsäure ist V4A sehr beständig, während die Marke V6A besonders heißer Lauge von Ammoniumchlorid[1] sowie sehr verdünnten Lösungen von Salzsäure widersteht.

Dagegen ist V2A in verdünnter Schwefelsäure nicht brauchbar. Auch heiße Schwefelsäure greift diesen Stahl an, doch hört dieser Angriff sofort auf, wenn der Schwefelsäure geringe Mengen von Salpetersäure zugesetzt werden, worauf bereits früher gebührend hingewiesen wurde. Auch gegenüber Wasserstoffsuperoxyd verhält sich V2A passiv.

Aus den folgenden Vergleichswerten in Zahlentafel 74 ist die hohe Widerstandsfähigkeit der V1M- und V2A-Stähle gegen

---
[1] Vgl. Berl, Staudinger und Plagge: Untersuchungen über die Einwirkung von Laugen und verschiedenen Salzen auf Eisen. Festgabe Carl von Bach. VDI-Verlag. Berlin 1927.

Rosten und Korrosion zu entnehmen, die, wie gesagt, gegen den Angriff von Salzsäure und heißer Schwefelsäure nicht genügend beständig sind[1].

Zahlentafel 74. Widerstandsfähigkeit einiger Werkstoffe gegen Rosten und Korrosion.

1. Rostung an der Luft	Gewichtsabnahme
Flußeisen	100
9%iger Nickelstahl	70
25%iger Nickelstahl	11
V1M	0,4
V2A	0

2. Korrosion im Seewasser	Gewichtsabnahme
Flußeisen	100
9%iger Nickelstahl	79
25%iger Nickelstahl	55
V1M	5,2
V2A	0,6

3. Salpetersäure 10%ig, kalt	Gewichtsabnahme
Flußeisen	100
5%iger Nickelstahl	97
25%iger Nickelstahl	69
V2A	0

4. Salpetersäure 50%ig, kochend	Gewichtsabnahme
Flußeisen	100
5%iger Nickelstahl	98
25%iger Nickelstahl	103
V2A	0

Da also der V2A-Stahl nicht gegen alle Säuren und sonstigen chemischen Mittel widerstandsfähig ist, muß von Fall zu Fall geprüft werden, ob die besonderen Betriebsverhältnisse die Verwendung von V2A zulassen. Einen ungefähren Überblick über die chemische Widerstandsfähigkeit gibt Zahlentafel 75, in der die Gewichtsabnahmen mitgeteilt sind, die bei Laboratoriumsversuchen mit kleinen Proben von V2A-Blech erhalten wurden. Die Höhe der Versuchstemperatur, die sehr wichtig ist, geht aus der Zahlentafel ebenfalls hervor. Die Ergebnisse sind aus Versuchsreihen, die den betreffenden Mitteln verschieden lange aus-

---

[1] Vgl. Schulz und Jenge: Chemisch beständige Legierungen und ihre Eigenschaften. Zeitschrift für Metallkunde 1926, S. 377 und Rohn: Säurefeste Legierungen mit Nickel als Basis. Zeitschrift für Metallkunde 1926, S. 387.

Zahlentafel 75. Übersicht über die Widerstandsfähigkeit von V 2 A und V 4 A gegen verschiedene Mittel.

Mittel	Versuchstemp. °C	Gewichtsabnahme in Gramm je Stunde und m² V2A	V4A	Mittel	Versuchstemp. °C	Gewichtsabnahme in Gramm je Stunde und m² V2A	V4A
Salpetersäure 1:10	20	0,00		Leinöl + 3% H_2SO_4	200	0,05	
„ konz.	20	0,00		Karbolsäurelösg. roh	90	0,05	0,014
„ 1:1		0,04		Zitronensäure 5% ig	sied.	0,00	
„ konz.	„	0,02		„ bei 100° C gesättigte Lösung	„	2,19	
„ + 5% H_2SO_4	„	0,59					
Schwefelsäure 10% ig	20	0,07	0,014	Natrumchlorid			
„ 30 „	20	0,16	0,001	„ gesättigt	„	0,10	
„ 66 „	20	0,001	0,001	„ 25% ig	„	0,03	
„ 98 „	20	0,012	0,002	„ 10 „	„	0,00	
„ 20 „	sied.	36,0	9,5	Natriumsulfitlösung	90	0,02	
„ 98 „	100	4,68	6,35	Kaliumchlorat ges.			
	20	0,00		Lösung	sied.	0,00	
58% H_2SO_4 + 40%	60	0,05		Kaliumhypochlorit	20	0,01	0,000
HNO_3 + 2% H_2O	100	0,7		„	105	0,53	
	110	7,6		Kaliumbitartrat ges.			
10% H_2SO_4 + Kupfervitriolzusatz bis zur Sättigung	20	0,00		Lösung	sied.	0,09	0,39
				Ammoniumnitrat	107	0,02	
				Kupfernitrat 1:1	sied.	0,00	
Salzsäure 1/2% ig	sied.	1,79	(V6A 0,05g m²-/st)	Kupfersulfat 1:1	„	0,00	0,04
				Kupferchlorid 1:1	„	464	651
Essigsäure 1:1	„	0,03	0,01	Eisenchlorid 1:1	50	101	134
„ konz.	„	0,60	0,00	Zinkchlorid 78° Bé	35	0,04	
Ameisensäure 1:10	„	2,48	0,16	Zinnchlorid wäßr. Lösung	20	2,28	
„ 1:1	„	9,3	1,9	Zinnchlorür	50	0,27	
Phosphorsäure 10% ig	„	0,01		Pinksalz	20	0,52	
„ 45 „	„	0,04		Sublimatlösung			
„ 80 „	110	31,3	2,17	„ 0,7% ig	20	0,88	
„ 80 „	115	134,3	0,9	„ 0,7 „	sied.	3,66	
Schweflige Säure + 1% H_2SO_4	10	0,05		Ammoniak wäßr. Lösung	„	0,00	
Schweflige Säure (bei 20 at Druck)	180	110	0,5	Chlorkalziumlauge	100	0,00	
Borsäure gesättigt	100	0,00		Salmiakbetriebslauge	sied.	0,00	
Oxalsäure gesättigt	20	0,00		Natronlauge 20% ig	110	0,02	
„ „	40	0,01		„ 34 „	100	0,00	
„ „	sied.	16,5	3,29	Natriumhydroxyd	318	0,22	
Milchsäure	20	0,00		Kalilauge 27% ig	sied.	0,00	
Buttersäure	20	0,00		„ 50 „	„	0,40	
„ gesättigt	130	0,00		Kaliumhydroxyd	360	3,5	
Fettsäure	150	0,03		„ „	600	37,9	
Weinsäure gesättigt	sied.	7,8	0,12	Chlor, Jod, Brom	nicht beständig		
Gallussäure gesättigt	„	0,00					

gesetzt waren, erhalten worden, doch wurden sie sämtlich auf eine Stunde und 1 m² Oberfläche der eingetauchten Bleche berechnet und in Gramm angegeben.

Daß Krupp seine nichtrostenden Stähle auch noch mit anderen chemischen Mitteln als mit denjenigen, die in Zahlentafel 74 und 75 aufgeführt sind, geprüft hat, geht aus der nachstehenden Zusammenstellung (S. 179 bis 286) über die Beständigkeit der V2A-, V4A- und V6A-Stähle hervor, die in ihrer Ausführlichkeit von besonders großem Werte ist. Auch hier wurde die Beständigkeit gegen den Angriff dieser Stoffe durch Feststellung der Gewichtsabnahme in der Stunde, bezogen auf 1 m² Oberfläche, ermittelt. Als Maßstab für die Korrosionswirkungen wurden folgende Beständigkeitsgrade festgelegt. Es bedeutet:

Gewichtsabnahme/Stunde von weniger als 0,1 g/m² = vollk. beständig
,, ,, ,, 0,1 bis 1,0 g/m² = genüg. beständig
,, ,, ,, 1,0 ,, 3,0 g/m² = zieml. beständig
,, ,, ,, 3,0 ,, 10,0 g/m² = wenig beständig
,, ,, ,, über 10,0 g/mm² = unbeständig.

Die Versuche wurden mit sorgfältig behandelten, geschliffenen und gebeizten Stahlproben ausgeführt.

Auch gegen die Einwirkung hocherhitzter Gase und Dämpfe hat sich der austenitische V2A-Stahl als sehr widerstandsfähig erwiesen. Betrug der Verlust bei der Erhitzung einer Probe aus Flußeisen in einem Ofen unter Luftzutritt bei 1000° C 416 g, so war der Verlust bei der V2A-Probe nur 6 g, bei 1200° C war die Gewichtsabnahme bei Flußeisen 250 g, beim V2A-Stahl 10 g. Bis zu 1000° C können die V2A-Stähle als hitzebeständige Stähle Verwendung finden.

3. Chromnickelsiliziumstähle.

Durch Erhöhung des Nickelgehaltes des Stahls auf etwa 25 vH bei Beibehaltung des Chromgehaltes in dem Gebiet von 15 bis 20 vH und außerdem durch Hinzufügung von 2 bis 3 vH Silizium wird sowohl gegen den Angriff von Säuren bei gewöhnlicher Temperatur als auch gegen Verzunderung bei hohen Temperaturen ein noch größerer Widerstand erreicht. In dieser Beziehung verhalten sich diese Legierungen sehr günstig im Vergleich zu den Legierungen der Nichrom-Gruppe mit etwa 60 vH Nickel. Gleichfalls sind sie viel billiger als letztere.

Chromnickelstähle (Nickelchromstähle).

A. Anorganische Säuren.

Chemische Angriffsmittel	Versuchs-temp.	Prüfungsergebnis für V 2 A	V 4 A	V 6 A
Salzsäure:				
verdünnt 1:85, spez. Gewicht 1,002, $^1/_2\,^0/_0$ig	20° C	genüg. beständig	genüg. beständig	vollk. beständig
desgl.	kochend	unbeständig	unbeständig	unbeständig
verdünnt 1:10, spez. Gewicht 1,017, 3,6 $^0/_0$ig	20° C	genüg. beständig	genüg. beständig	genüg. beständig
desgl.	kochend	unbeständig	unbeständig	unbeständig
konzentr. (1:0), spez. Gewicht 1,19, 37,23 $^0/_0$ig	20° C	,,	,,	,,
desgl.	kochend	,,	,,	,,
Salpetersäure:				
verdünnt 1:10, spez. Gewicht 1,045	20° C	vollk. beständig	vollk. beständig	vollk. beständig
desgl.	kochend	,,	,,	genüg. beständig
desgl. 1:1, spez. Gewicht 1,234	20° C	,,	,,	vollk. beständig
desgl.	kochend	,,	genüg. beständig	genüg. beständig
konzentr. (1:0), spez. Gewicht 1,400	20° C	,,	—	—
desgl.	kochend	genüg. beständig	genüg. beständig	zieml. beständig
Schwefelsäure:				
verdünnt 1:20, spez. Gewicht 1,030	20° C	vollk. beständig	vollk. beständig	vollk. beständig
desgl.	kochend	unbeständig	unbeständig	unbeständig
desgl. 1:10, spez. Gewicht 1,102	20° C	vollk. beständig	vollk. beständig	vollk. beständig
desgl.	kochend	unbeständig	unbeständig	unbeständig
desgl. 1:1, spez. Gewicht 1,518	20° C	vollk. beständig	vollk. beständig	—
desgl.	kochend	unbeständig	unbeständig	—
konzentr. (1:0), spez. Gewicht 1,840	20° C	vollk. beständig	vollk. beständig	vollk. beständig
desgl.	100° C	wenig beständig	wenig beständig	wenig beständig
desgl.	150° C	unbeständig	unbeständig	unbeständig
rauchende (11 $^0/_0$ freies SO_3), spez. Gewicht 1,912	100° C	genüg. beständig	genüg. beständig	genüg. beständig
desgl. (60 $^0/_0$ freies SO_3), spez. Gewicht 2,006	20° C	vollk. beständig	vollk. beständig	vollk. beständig
desgl.	70° C	,,	,,	,,
Mischsäuren:				
30 $^0/_0$ Schwefelsäure konzentr. + 5 $^0/_0$ Salpetersäure + 65 $^0/_0$ Wasser	95° C	genüg. beständig	genüg. beständig	genüg. beständig
20 $^0/_0$ Schwefelsäure konzentr. + 10 $^0/_0$ Salpetersäure + 60 $^0/_0$ Wasser	kochend	,,	,,	,,
20 $^0/_0$ Schwefelsäure konzentr. + 15 $^0/_0$ Salpetersäure + 65 $^0/_0$ Wasser	50° C	vollk. beständig	vollk. beständig	—
desgl.	80° C	,,	genüg. beständig	—
58 $^0/_0$ Schwefelsäure konzentr. + 40 $^0/_0$ Salpetersäure + 2 $^0/_0$	20° C	,,	—	—
desgl.	60° C	,,	—	—
desgl.	100° C	genüg. beständig	—	—
desgl.	110° C	wenig beständig	—	—
Salpetersäure konzentr. + 1 $^0/_0$ Schwefelsäure konzentr.	kochend	genüg. beständig	—	—
Salpetersäure konzentr. + $2^1/_2\,^0/_0$ Schwefelsäure konzentr.	,,	,,	—	—
Salpetersäure konzentr. + 5 $^0/_0$ Schwefelsäure konzentr.	,,	,,	—	—
Salpetersäure konzentr. + 10 $^0/_0$ Schwefelsäure konzentr.	,,	,,	—	—

280 Besondere rostfreie Stähle.

(Fortsetzung.)

Chemische Angriffe	Versuchstemp.	Prüfungsergebnisse für V2A	V4A	V6A
Säure-Salz-Mischungen: 15 g Salpetersäure konzentr. + 180 g Natriumnitrat (Natronsalpeter) auf 1 Liter Wasser	60° C	vollk. beständig	vollk. beständig	vollk. beständig
Schwefelsäure (10%ig, spez. Gewicht 1,070) + Kupfersulfat bis zur Sättigung	20° C	,,	,,	,,
desgl. bei 5 atm. Druck	20° C	,,	,,	,,
1 g Schwefelsäure konzentr. + 0,7 g Kupfersulfat + 1 g Eisensulfat auf 1 Liter Wasser	80° C	,,	,,	,,
desgl. bei 5 at Druck	20° C	,,	,,	,,
1% Schwefelsäure konzentr. + 2% Ammoniumsulfitlösung (gesättigt) + 97% Wasser	20° C	,,	—	—
desgl.	kochend	wenig beständig	—	—
Schweflige Säure (kalt gesättigt): bei 4 at Druck	20° C	vollk. beständig	vollk. beständig	vollk. beständig
bei 5 bis 8 at Druck	135° C	—	,,	—
bei 10 at Druck	160° C	zieml. beständig	,,	—
bei 15 at Druck	180° C	,,	,,	—
bei 20 at Druck	200° C	,,	genüg. beständig	—
	200° C	,,	,,	
Phosphorsäure: Gehalt an H_3PO_4 bei 15° C: 1%, spez. Gewicht 1,0054	20° C	vollk. beständig	vollk. beständig	vollk. beständig
1%	kochend	,,	,,	,,
1% bei 3 at Druck	140° C	,,	,,	,,
10%, spez. Gewicht 1,0567	kochend	,,	,,	,,
45%, spez. Gewicht 1,3059		,,	,,	,,
80%, spez. Gewicht 1,645	110° C	unbeständig	zieml. beständig	unbeständig
80%, spez. Gewicht 1,456	115° C	,,	,,	,,
Borsäure (kalt gesättigt)	kochend	vollk. beständig	vollk. beständig	vollk. beständig
Chromsäure: technisch, SO_3-haltig 50% CrO_3 spez. Gewicht 1,512	kochend	unbeständig	unbeständig	unbeständig
rein, SO_3-frei, 10% CrO_3, spez. Gewicht 1,076	20° C	vollk. beständig	vollk. beständig	vollk. beständig
desgl.	kochend	genüg. beständig	genüg. beständig	genüg. beständig
rein, SO_3-frei, 50% CrO_3, spez. Gewicht 1,512	20° C	vollk. beständig	vollk. beständig	vollk. beständig
desgl.	kochend	zieml. beständig	wenig beständig	wenig beständig
Chromelektrolyt nach Grube	20° C	vollk. beständig	—	—
Fluorwasserstoffsäure (Flußsäure): 40% HF, spez. Gewicht 1,130	20° C	unbeständig	unbeständig	zieml. beständig

B. Organische Säuren.

Ameisensäure Gehalt an CH_2O_2 bei 20° C: 10%, spez. Gewicht 1,0247	20° C	vollk. beständig	—	—
desgl.	70° C	wenig beständig	—	—
desgl.	kochend	unbeständig	—	—
50%, spez. Gewicht 1,1208	20° C	vollk. beständig	vollk. beständig	vollk. beständig
desgl.	70° C	zieml. beständig	zieml. beständig	zieml. beständig
desgl.	kochend	unbeständig	wenig beständig	unbeständig
100%, spez. Gewicht 1,2213	20° C	vollk. beständig	vollk. beständig	vollk. beständig
desgl.	kochend	zieml. beständig	zieml. beständig	zieml. beständig

Chromnickelstähle (Nickelchromstähle).

(Fortsetzung.)

Chemische Angriffsmittel	Versuchstemp.	Prüfungsergebnis für V2A	V4A	V6A
Buttersäure spez. Gewicht 0,964	20° C	vollk. beständig	vollk. beständig	vollk. beständig
desgl.	kochend	,,	,,	,,
Essigsäure Gehalt an $C_2H_4O_2$ bei 15° C: 50%, spez. Gewicht 1,0615	20° C	vollk. beständig	vollk. beständig	vollk. beständig
desgl.	kochend	genüg. beständig	,,	,,
80%, spez. Gewicht 1,0748	20° C	vollk. beständig	,,	,,
desgl.	kochend	wenig beständig	—	—
100%, spez. Gewicht 1,0553	20° C	vollk. beständig	vollk. beständig	vollk. beständig
desgl.	kochend	zieml. beständig	,,	,,
Fettsäure (Oleinsäure) technische	150° C	vollk. beständig	vollk. beständig	vollk. beständig
bei 2 bis 3 at Druck	200° C	,,	,,	,,
Gallussäure (bei 100° C gesättigte Lösung)	kochend	vollk. beständig	vollk. beständig	vollk. beständig
Milchsäure (Lösung bis zu 1,44% freie Säure)	20° C	vollk. beständig	vollk. beständig	
desgl.	kochend	zieml. beständig	zieml. beständig	zieml. beständig
Naphthalinsulfosäure	20° C	vollk. beständig	—	—
Oxalsäure kalt gesättigte Lösung	20° C	vollk. beständig	vollk. beständig	vollk. beständig
desgl.	kochend	wenig beständig	wenig beständig	wenig beständig
bei 15° C gesättigte Lösung	20° C	vollk. beständig	vollk. beständig	vollk. beständig
bei 40° C gesättigte Lösung	40° C	,,	,,	,,
bei 100° C gesättigte Lösung	kochend	unbeständig	wenig beständig	wenig beständig
Phenol (Karbolsäure) roh	100° C	vollk. beständig	vollk. beständig	vollk. beständig
roh	kochend	,,	,,	,,
Weinsäure kalt gesättigte Lösung, 57,9%, $C_4H_6O_6$, spez. Gewicht 1,322	20° C	vollk. beständig	vollk. beständig	—
bei 100° gesättigte Lösung	kochend	wenig beständig	genüg. beständig	wenig beständig
Zitronensäure Gehalt an $C_6H_8O_7 + H_2O : 5\%$ spez. Gewicht 1,018	20° C	vollk. beständig	vollk. beständig	vollk. beständig
desgl.	kochend	,,	genüg. beständig	,,
desgl. bei 3 at Druck	140° C	,,	,,	genüg. beständig
bei 100° C gesättigte Lösung	kochend	zieml. beständig	—	—

C. Alkalisch wirkende Stoffe (Basen und Laugen).

Ammoniak wässerige Lösung (Salmiakgeist), spez. Gewicht 0,91	kochend	vollk. beständig	vollk. beständig	vollk. beständig
desgl. kalt mit Kochsalz gesättigt	20° C	,,	—	,,
desgl. bei 100° C mit Kochsalz gesättigt	100° C	,,	—	,,

282 Besondere rostfreie Stähle.

(Fortsetzung.)

Chemische Angriffsmittel	Versuchstemp.	Prüfungsergebnis für V2A	Prüfungsergebnis für V4A	Prüfungsergebnis für V6A
Kaliumhydroxyd (Ätzkali) wässerige Lösung Kalilauge) Gehalt an KOH: 27%, spez. Gewicht 1,252 . . . . . . desgl. 50%, spez. Gewicht 1,546 Schmelzfluß	kochend „ 360° C	vollk. beständig genüg. beständig unbeständig	wenig beständig genüg. beständig unbeständig	vollk. beständig genüg. beständig unbeständig
Natriumhydroxyd (Ätznatron) wässerige Lösung (Natronlauge) Gehalt an NaOH: 20%, spez. Gewicht 1,231 . . . . . . desgl. 34%, spez. Gewicht 1,370 desgl. . . . . Schmelzfluß	kochend 100° C kochend 318° C	vollk. beständig „ genüg. beständig „	vollk. beständig „ genüg. beständig —	vollk. beständig „ genüg. beständig —
Natriumkarbonat (Soda) wässerige Lösung (Sodalauge) Gehalt an Na_2CO_3: 5% . . . desgl. 10% . . . . Schmelzfluß	kochend „ 900° C	vollk. beständig „ unbeständig	— — unbeständig	— — unbeständig

D. Salzlösungen.

Chemische Angriffsmittel	Versuchstemp.	V2A	V4A	V6A
Aluminiumsulfat $Al_2(SO_4)_3$. wässerige Lösung, 10%ig, neutral desgl. . . . . wässerige Lösung, kalt gesättigt neutral . . . . desgl.	20° C kochend 20° C kochend	vollk. beständig „ „ „	vollk. beständig „ „ „	vollk. beständig „ „ „
Ammoniumalaun $AlNH_4(SO_4)_2 + 12\,H_2O$ wässerige Lösung bei 100° C gesättigt	kochend	unbeständig	—	—
Ammoniumchlorid (Salmiak) NH_4Cl wässerige Lösung, 28%ig . . wässerige Lösung, kalt gesättigt und durch Chloride des Kupfers und Zinks verunreinigt.	kochend „	genüg. beständig zieml. beständig	vollk. beständig zieml. beständig	— —
Ammoniumnitrat NH_4NO_3 wässerige Lösung bei 100° C gesättigt . . . . gelöst in konzentr. Schwefelsäure . . . . desgl.	kochend 60° C 120° C	vollk. beständig „ „	vollk. beständig — —	vollk. beständig — —
Ammoniumsulfit $(NH_4)_2SO_3$ wässerige Lösung, konzentriert desgl.	20° C kochend	vollk. beständig „	vollk. beständig „	— —
Ammoniumsulfat $(NH_4)_2SO_4$ wässerige Lösung, 1 : 10 . . . desgl. kalt gesättigt . . . . . desgl. 380 g/Lit. + 1% H_2SO_4	kochend „ „	vollk. beständig „ genüg. beständig	vollk. beständig „ „	vollk. beständig „ —
Calciumchlorid $CaCl_2$ wässerige Lösung, kalt gesättigt	100° C	vollk. beständig	vollk. beständig	vollk. beständig

Chromnickelstähle (Nickelchromstähle).

(Fortsetzung.)

Chemische Angriffsmittel	Versuchstemp.	Prüfungsergebnis für V2A	V4A	V6A
Calciumhypochlorit $Ca(OCl)_2$ wässerige Lösung von 5° Bé	40° C	ziseml. beständig	genüg. beständig	—
Chlorkalk $Ca(OCl)_2 + CaCl_2$ in trockenem Zustande ... in feuchtem Zustande	20° C 20° C	vollk. beständig ,,	vollk. beständig ,,	— —
Calciumbisulfit $Ca(HSO_3)_2$. wässerige Lösung v. spez. Gewicht 1,044 . . . . . . desgl. bei 20 at Druck	kochend 200° C	— unbeständig	vollk. beständig ,,	— —
Cyankupfer $Cu(CN)_2$ bei 100° C gesättigte wässerige Lösung	kochend	vollk. beständig	—	—
Cyanzink $Zn(CN)_2$ mit Wasser angefeuchtet . .	20° C	vollk. beständig	vollk. beständig	vollk. beständig
Eisenchlorid $FeCl_3$ wässerige Lösung 1 : 1	50° C	unbeständig	unbeständig	unbeständig
Kaliumchlorid KCl bei 100° C gesättigte wässerige Lösung	kochend	vollk. beständig	vollk. beständig	vollk. beständig
Kaliumnitrat KNO_3 (Kalisalpeter) wässerige Lösung, 50%ig . . desgl.	20°C kochend	vollk. beständig ,,	vollk. beständig ,,	vollk. beständig ,,
Kaliumchlorat $KClO_3$ bei 100° C gesättigte wässerige Lösung	kochend	vollk. beständig	vollk. beständig	vollk. beständig
Kaliumhypochlorit KClO wässerige, konzentr. Lösung . desgl.	20° C 105° C	vollk. beständig genüg. beständig	vollk. beständig —	genüg. beständig —
Kaliumchromsulfat $CrK(SO_4)_2 + 12 H_2O$ (Chromalaun) wässerige Lösung, spez. Gewicht 1,6 . . . . desgl. + Ferrosulfat	kochend 100° C	unbeständig genüg. beständig	— —	— —
Kaliumferricyanid $[Fe(CN)_6]K_3$ rotes Blutlaugensalz bei 100° C gesättigte wässerige Lösung	kochend	wenig beständig	—	—
Kaliumbitartrat $C_4H_5KO_6$ (Weinstein) bei 100° C gesättigte wässerige Lösung	kochend	genüg. beständig	wenig beständig	wenig beständig
Kupferacetat $Cu(C_2H_3O_2)_2 + H_2O$ . . . . in festem Zustande mit Wasser angefeuchtet	20° C	vollk. beständig	—	—

Besondere rostfreie Stähle.

(Fortsetzung.)

Chemische Angriffsmittel	Versuchs-temp.	Prüfungsergebnis für V2A	Prüfungsergebnis für V4A	Prüfungsergebnis für V6A
Kupferchlorid $CuCl_2 + 2H_2O$ bei 100° C gesättigte, wässerige Lösung	kochend	unbeständig	unbeständig	unbeständig
Kupfernitrat $Cu(NO_3)_2 + 3H_2O$ wässerige Lösung 1 : 1	kochend	vollk. beständig	vollk. beständig	genüg. beständig
Kupfersulfat $CuSO_4 + 5H_2O$ (Kupfervitriol) bei 100° C gesättigte, wässerige Lösung	kochend	vollk. beständig	vollk. beständig	vollk. beständig
Natriumchlorid NaCl (Kochsalz) kalt gesättigte, wässerige Lösung	20° C	vollk. beständig	vollk. beständig	vollk. beständig
bei 100° C gesättigte, wässerige Lösung	kochend	genüg. beständig	genüg. beständig	genüg. beständig
kalt gesättigte, wässerige Lösung, schwach alkalisch. .	„	„	—	—
Natriumhypochlorit NaClO . . . . wässerige Lösung, spez. Gewicht 1,21	20° C	genüg. beständig	vollk. beständig	genüg. beständig
desgl.	kochend	„	„	zieml. beständig
Natriumsulfid $Na_2S + 9H_2O$ wässerige Lösung, 50%ig . .	kochend	vollk. beständig	vollk. beständig	vollk. beständig
kalt gesättigte, wässerige Lösung	„	„	„	„
Natriumsulfat $Na_2SO_4 + 10H_2O$ (Glaubersalz) kalt gesättigte, wässerige Lösung	60° C	vollk. beständig	—	—
Natriumbisulfat $NaHSO_4$ Lösung von 2 g $NaHSO_4$ + 1 g H_2SO_4 pro Liter	kochend	—	genüg. beständig	—
Quecksilberchlorid $HgCl_2$ (Sublimat) wässerige Lösung 0,1% . . .	20° C	vollk. beständig	vollk. beständig	vollk. beständig
desgl.	kochend	„	„	„
desgl. 0,7%	20° C	genüg. beständig	genüg. beständig	genüg. beständig
desgl.	kochend	wenig beständig	wenig beständig	wenig beständig
Zinkchlorid $ZnCl_2$ wässerige Lösung, spez. Gewicht 2,05	40° C	vollk. beständig	vollk. beständig	vollk. beständig
Zinnchlorid $SnCl_4$ kalt gesättigte, wässerige Lösung	20° C	wenig beständig	zieml. beständig	wenig beständig
Zinnchlorür $SnCl_2 + 2H_2O$ kalt gesättigte, wässerige Lösung	50° C	genüg. beständig	—	—
desgl.	kochend	unbeständig	—	—

Chromnickelstähle (Nickelchromstähle).

(Fortsetzung.)

Chemische Angriffsmittel	Versuchs-temp.	Prüfungsergebnis für V2A	Prüfungsergebnis für V4A	Prüfungsergebnis für V6A
Zinnammoniumchlorid $SnCl_4 + 2\,NH_4Cl$ (Pinksalz) kalt gesättigte, wässerige Lösung	20° C	genüg. beständig	—	—
desgl.	60° C	unbeständig	—	—
Geschmolzene Salze Kaliumnitrat KNO_3 (Kalisalpeter) im Schmelzfluß	550° C	vollk. beständig	—	—

E. Sonstige Angriffstoffe.
(Nichtmetalle, Metalle, organische Stoffe, Gase bzw. Dämpfe, verschiedene Stoffe.)

Nichtmetalle				
Brom	20° C	unbeständig	unbeständig	unbeständig
Chlor Gas in trockenem Zustande	20° C	zieml. beständig	genüg. beständig	wenig beständig
desgl. in feuchtem Zustande	20° C	wenig beständig	zieml. beständig	,,
desgl.	100° C	unbeständig	unbeständig	unbeständig
kalt mit Chlor gesättigtes Wasser = Chlorwasser	20° C	genüg. beständig	genüg. beständig	genüg. beständig
Jod	20° C	unbeständig	unbeständig	unbeständig
Schwefel, siedend	445° C	zieml. beständig	zieml. beständig	zieml. beständig
Metalle				
Aluminium im geschmolzenen Zustande	750° C	unbeständig	—	—
Blei im geschmolzenen Zustande	600° C	genüg. beständig	—	—
desgl.	900° C	zieml. beständig	—	—
Quecksilber	20° C	vollk. beständig	vollk. beständig	vollk. beständig
desgl.	50° C	,,	,,	,,
Zink im geschmolzenen Zustande	500° C	unbeständig	—	—
Zinn im geschmolzenen Zustnade	600° C	unbeständig	—	—
Organische Stoffe Äthylalkohol C_2H_5OH (Weingeist) 10%, spez. Gewicht bei 20°C: 0,9819	20° C	vollk. beständig	vollk. beständig	—
50%, spez. Gewicht bei 20°C: 0,9140	20° C	,,	,,	—
95%, spez. Gewicht bei 20°C: 0,8043	20° C	,,	,,	—
100% absol. bei 20°C: 0,7894	20° C	,,	,,	—
Benzol C_6H_6	20° C	vollk. beständig	vollk. beständig	—
desgl.	kochend	,,	,,	—

(Fortsetzung.)

Chemische Angriffsmittel	Versuchs-temp.	Prüfungsergebnis für V2A	Prüfungsergebnis für V4A	Prüfungsergebnis für V6A
Methylaldehyd CH_2O (Formaldehyd, Formalin) 40%ige wässerige Lösung	20° C	vollk. beständig	vollk. beständig	vollk. beständig
desgl.	kochend	,,	,,	,,
Mischung von Essigsäure (100%) u. Wasserstoffsuperoxyd (30%) Mischungsverhältnis $H_2O_2 : CH_3COOH$ desgl. 1 : 10 und 1 : 1	20° C	vollk. beständig	vollk. beständig	—
desgl.	50° C	,,	,,	—
desgl.	90° C	,,	,,	—
Mischung von Leinöl und 3% Schwefelsäure	200° C	vollk. beständig	—	—
Tetrachlorkohlenstoff CCl_4	kochend	vollk. beständig	—	—
Gase und Dämpfe Chlorwasserstoff-Dämpfe	20° C	genüg. beständig	genüg. beständig	—
desgl.	100° C	,,	,,	—
desgl.	500° C	wenig beständig	wenig beständig	—
Fluorwasserstoffdämpfe	100° C	genüg. beständig	genüg. beständig	genüg. beständig
Kieselfluorwasserstoffdämpfe	100° C	genüg. beständig	genüg. beständig	genüg. beständig
Verschiedene Stoffe, insbesondere technische Flüssigkeiten Agfa-Glycin-Entwickler	20° C	vollk. beständig	—	—
desgl.	kochend	,,	—	—
Bier	20° C	vollk. beständig	—	—
desgl.	70° C	,,	—	—
Doppelchlorzinnlösung, sauer, spez. Gewicht 1,259	20° C	—	genüg. beständig	—
Eisengallustinte	20° C	vollk. beständig	vollk. beständig	vollk. beständig
desgl.	kochend	,,	,,	,,
Karnallit ($MgCl_2 + KCl$) kalt gesättigte Lösung	kochend	vollk. beständig	—	—
Salmiakbetriebslauge	kochend	genüg. beständig	genüg. beständig	genüg. beständig
Schweinfurter Grün $Cu(AsO_2)_2 + Cu(C_2H_3O_2)_2$, Kupriacetoarsenit, in feuchtem Zustande	20° C	vollk. beständig	vollk. beständig	vollk. beständig
Seewasser. Normale Zusammensetzung	kochend	vollk. beständig	vollk. beständig	—
+ 20% Natriumsulfat	,,	,,	,,	—
+ 33% Natriumsulfat	,,	,,	,,	—
Terpentinöl	35° C	vollk. beständig	vollk. beständig	—
Wasserstoffsuperoxyd H_2O_2 (Perhydrol)	20° C	vollk. beständig	vollk. beständig	—
katalytischer Einfluß	—	nicht vorhanden	—	—

Der Grad der Beständigkeit dieses Stahls gegen einige Säuren wird in Zahlentafel 76 gezeigt, in der die Eigenschaften einer solchen Legierung mit jenen einer Legierung der Nichrom-Art verglichen werden, die bekanntlich einen sehr hohen Widerstand gegen Säuren besitzt. Diese Versuche wurden bei atmosphärischer Temperatur ausgeführt, die Dauer eines jeden Versuchs betrug 48 Stunden. Die Gewichtsverluste sind, wie üblich, in mg/cm²-Stunde und auch in Hundertteilen des ursprünglichen Gewichts der Probe wiedergegeben. Jede Probe wog 25 g und hatte eine Gesamtoberfläche von etwa 12,5 cm². Die Eigenschaften der Chromnickelsiliziumstähle beschrieb zuerst Johnson[1].

Zahlentafel 76. Widerstand von Chromnickelsiliziumstählen gegen Säuren bei Lufttemperatur.

Legierung	Kohlenstoff vH	Silizium vH	Chrom vH	Nickel vH
A	0,34	2,35	17,7	25,8
B	0,41	0,50	11,1	64,3

Säure	Stärke	Gewichtsabnahme in mg/cm²–Stunde		Abnahme des ursprünglichen Gewichts in vH	
		A	B	A	B
Schwefelsäure	5%ig	0,015	0,012	0,038	0,028
„	35 „	0,012	0,011	0,030	0,026
„	50 „	0,020	0,008	0,048	0,019
Salzsäure..	10 „ (N)	0,021	0,016	0,053	0,038
„ ..	50 „ (5N)	0,220	0,150	0,540	0,360
Salpetersäure	normal	0,040	1,700	0,100	4,160
Essigsäure.	5%ig	—	0,011	—	0,027

Aus diesen Angaben ist ersichtlich, daß die 25%ige Nickellegierung bei Lufttemperatur tatsächlich bessere allgemeine Eigenschaften zeigt als die höhere Nickellegierung, weil erstere, selbst wenn auch die letztere etwas besser der Schwefelsäure und Salzsäure widersteht, von verdünnter Essigsäure überhaupt nicht angegriffen wird und sie in ihrem Widerstande gegen verdünnte Salpetersäure stark überragt, welch letztere die hochgradige Nickellegierung tatsächlich außerordentlich angreift.

Die Einwirkung verdünnter Salpetersäure auf diese beiden

---

[1] Transactions American Society for Steel Treating 1921 (I), S. 554.

Legierungen ist insofern lehrreich, als sie anzeigt, daß das Chrom derjenige Zusatz ist, der eine „Immunität" gegen den Angriff dieser Säure bewirkt. Ein Stahl mit 17,7 vH Chrom, aber sonst frei von Nickel wäre durch verdünnte Salpetersäure vollständig unbeeinflußt geblieben, trotzdem die Legierung A nach Zahlentafel 76 leicht angegriffen wurde. Gleichfalls hätte ein gewöhnlicher rostfreier Stahl, der wie Legierung B Kohlenstoff und Chrom enthält, aber frei von Nickel ist, wahrscheinlich keine 4 vH seines Gewichts nach 48 stündigem Angriff durch die gewöhnliche Salpetersäure verloren.

Bei Temperaturen jedoch, die über der atmospärischen Temperatur liegen, ist die niedrigere Nickellegierung weniger vorteilhaft. Der Angriff der Schwefelsäure auf diese Legierung wächst ziemlich schnell, sowie die Temperatur über die atmosphärische steigt, so daß bei diesen höheren Temperaturen, wenn Vergleiche gezogen werden, der Vorteil bestimmt zu Gunsten der Nichromlegierung ausschlägt. Als Beispiel werden die Ergebnisse, die nach dem Angriff von Säuren bei 60 bis 65°C erhalten wurden, in Zahlentafel 77 wiedergegeben. Sie bestätigen die ausgesprochene Überlegenheit der höheren Nickellegierung. Die Ergebnisse mit Salzsäure zeigen auch, daß keine der Legierungen besonders fest gegen heiße Lösungen dieser Säure ist, besonders wenn sie stark ist. Die Wirkung von heißer verdünnter Salpetersäure ist auch bemerkenswert, und es wird hier das, was früher

Zahlentafel 77. Widerstand von Chromnickelsiliziumstählen gegen Säuren bei 60 bis 65°C.

Legierung	Kohlenstoff vH	Silizium vH	Chrom vH	Nickel vH
A	0,34	2,35	17,7	25,8
B	0,41	0,50	11,1	64,3

Säure	Stärke	Gewichtsabnahme in mg/cm²-Stunde		Gewichtsabnahme nach 6—6½ Stunden vH	
		A	B	A	B
Schwefelsäure	10%ig	1,67	0,127	0,54	0,038
,,	20 ,,	4,57	0,108	1,48	0,033
,,	30 ,,	6,85	0,105	2,21	0,032
Salzsäure .	10 ,, (N)	0,93	0,810	0,28	0,240
,,	50 ,,(5 N)	14,70	9,600	4,49	2,840
Salpetersäure	normal	2,01	18,800	0,60	5,550

über die Wirkung von Nickel und Chrom hinsichtlich dieser Säure gesagt wurde, bestätigt.

Im Hinblick auf den Widerstand gegen Oxydation bei hohen Temperaturen wurden Proben der beiden obengenannten Legierungen von 38 mm Länge und 25 mm Durchmseser im Gewicht von etwa 150 g zusammen mit Proben aus weichem Stahl, rostfreiem Stahl und „Anka" (vgl. S. 262) in einem Gasofen drei Tage lang einer Temperatur von 1000^0 C ($\pm 25^0$ C) ausgesetzt. Nach dieser Behandlung waren beide Proben mit einer dünnen anhaftenden Schicht bedeckt und zeigten eine Gesamtgewichtszunahme von weniger als 0,1 vH, ein Ergebnis, das mit den Werten für die anderen Stähle auf S. 262 verglichen werden kann. Diese beiden Proben wurden dann für eine weitere Zeitdauer von siebzehn Tagen in den Ofen zurückgebracht, wobei die Temperatur die gleiche blieb wie vorher. Während dieser Zeit konnte der die Proben enthaltende Ofen während der „Wochenenden" abkühlen. Diese Zeit wurde jedoch bei den oben angegebenen Tagen nicht mitgezählt. Am Ende dieses Versuches waren die Proben mit einer dünnen anhaftenden Zunderschicht überzogen. Nach Entfernung dieser Schicht wurde gefunden, daß die Legierung mit 25 vH Nickel und 17 vH Chrom insgesamt 0,18 vH und die Nichromlegierung 0,05 vH ihres Gewichts verloren hatten. Dann wurden beide Proben in den Ofen zurückgetan und dessen Temperatur während $4\frac{1}{4}$ Tage auf 1100^0C gehalten. Nach dieser Behandlung hatte die Nichromlegierung 0,4 vH und die andere Legierung 0,9 vH ihres Gewichts eingebüßt. Bei allen diesen Veruschen wurde während der ganzen Zeit eine oxydierende Atmosphäre in dem Ofen unterhalten. Die Ergebnisse zeigen, daß die Legierung mit 25 vH Nickel und 17 vH Chrom besonders widerstandsfähig gegen Oxydation ist.

Kayser gibt an, daß Nickelchromlegierungen der Nichromart, obschon sie eine außerordentliche Festigkeit gegen Oxydation bei hohen Temperaturen besitzen, leicht angegriffen werden, wenn sie bei diesen Temperaturen Gasen ausgesetzt wurden, die Schwefeldioxyd oder Schwefelwasserstoff enthielten[1]. Die Legierung mit 25 vH Nickel und 17 vH Chrom scheint denselben Mangel zu haben.

---

[1] Kayser: Hitze- und säurebeständige Legierungen (Nickel-Chrom-Eisen). Transactions Faraday Society Bd. 19, S. 184.

Außer dem Widerstand gegen Oxydation bei hohen Temperaturen ist diese Legierung auch bei Rotglühhitze viel fester als jeder andere rostfreie Stahl oder die niedrigen Nickellegierungen wie z. B. Anka. Zerreißversuche ergaben für diese Legierung eine Zugfestigkeit von etwa 63 kg/mm² bei 600⁰ C, 46 kg/mm² bei 700⁰ C, 35 kg/mm² bei 800⁰ C und 25 kg/mm² bei 900⁰ C. Solche hohen Chromnickellegierungen wie diese sind von austenitischem Gepräge, sie können durch Abschreckung nicht gehärtet werden, obgleich natürlich eine Härtung durch Kaltbearbeitung erzielt werden kann. Ihre mechanischen Eigenschaften sind die folgenden (Zahlentafel 78), die von Stangen (25 mm Durchmesser) mit 0,34 vH Kohlenstoff, 2,35 vH Silizium, 17,7 vH Chrom und 25,8 vH Nickel erhalten wurden:

Zahlentafel 78. Mechanische Eigenschaften eines verschieden behandelten austenitischen Chromnickelstahls.

Behandlung	Streck- grenze kg/mm²	Zug- festig- keit kg/mm²	Deh- nung vH	Ein- schnü- rung vH	Brinell- härte	Kerb- zähig- keit mkg/cm²
gewalzt	41,0	79,6	23,5	41,9	223	4,8
wasserabgeschreckt von 1000⁰ C . .	28,4	73,4	36,0	49,7	179	8,0

Wie auch bei anderen austenitischen Stählen ist die Abschreckung von etwa 1000⁰ C eine geeignete Behandlung für die „Erweichung" dieses Stahles.

Lötungen und Schweißungen können mit diesen Chromnickelsiliziumstählen ohne Schwierigkeit ausgeführt werden. Tatsächlich werden diese Arbeiten schneller mit diesem Werkstoff als mit den oben beschriebenen Chromnickelstählen verrichtet.

Eine der Verwendungsmöglichkeiten der Nickelchromlegierung mit 25 vH Nickel ist die zur Herstellung von Ventilen für Verbrennungsmaschinen, bei denen äußerst schwierige Verhältnisse angetroffen werden. Aus diesem Werkstoff hergestellte Ventile sind wegen ihrer Zuverlässigkeit bei hohen Temperaturen und ihres großen Widerstandes gegen Oxydation als sehr wertvoll befunden worden. Man muß sich jedoch in dieser Hinsicht daran erinnern, daß diese Legierung ähnlich wie „Anka" einen viel größeren Ausdehnungskoeffizienten hat als rostfreier Stahl. So wurden die folgenden Werte von dieser Legierung erhalten, von der die Ergebnisse der mechanischen Versuche oben wiedergegeben wurden:

Dieser höhere Ausdehnungskoeffizient muß im Auge behalten werden. Man soll genügend Spielraum zwischen der Ventilspindel und der Führung lassen, da

Temperaturgebiet ⁰C	Ausdehnungskoeffizient
15 bis 400	0,0000175
400 ,, 600	0,0000183
600 ,, 800	0,0000193

sonst die durch die Erwärmung hervorgerufene größere Ausdehnung des Ventils ein Klemmen verursachen kann.

Die Dichte (spezifisches Gewicht) dieser Legierung ist niedriger, als man von seinem hohen Nickelgehalt erwarten müßte. So hatte ein Probestück einer Legierung mit 0,34 vH Kohlenstoff, 2,35 vH Silizium, 17,7 vH Chrom und 25,8 vH Nickel, die für die verschiedenen auf den vorhergehenden Seiten beschriebenen Versuche verwendet wurde, nach der völligen Erweichung eine Dichte von 7,836. Diese niedrige Dichte muß dem hohen Siliziumgehalt zugeschrieben werden.

4. Chrommolybdänstähle.

Über den Widerstand von Chrommolybdäneisenlegierungen gegen chemische Einflüsse und besonders gegen Säuren ließen sich vor mehreren Jahren Borchers und Monnartz aus[1]. Im Jahre 1910 erhielten sie auf diese Legierungen bereits ein Patent (D.R.P. Nr. 246035). Die Legierungen enthielten 10 bis 60 vH Chrom und 2 bis 5 vH Molybdän. Von diesen Legierungen behaupteten die Erfinder, daß sie einen hohen Widerstand gegen chemische Einwirkungen und mechanische Behandlung besitzen. Sie behaupteten ferner, daß das Molybdän zum Teil durch Vanadin oder Titan ersetzt werden kann.

Durch den Zusatz von etwa 2 vH Molybdän zum gewöhnlichen rostfreien Stahl wird der Widerstand des letzteren gegen Mineralsäuren und organische Säuren entschieden erhöht[2]. Als Beispiel hierfür können die Ergebnisse in Zahlentafel 79 angeführt werden,

---

[1] Metallurgie 1911, S. 161 und 193.
[2] Bei gewöhnlichen Molybdänstählen fanden Friend und Marshall „Einfluß des Molybdäns auf das Rosten des Eisens". Stahl und Eisen 1914, S. 1179, daß die Rostfähigkeit des Stahls bei einem Gehalt von mehr als 1 vH erheblich gesteigert wird.

die von zwei rostfreien sonst in der Zusammensetzung gleichen Stählen erhalten wurden, nur mit dem Unterschied, daß der eine Stahl etwas über 2 vH Molybdän enthielt. Beide Stähle waren gehärtet und angelassen. Die Versuche wurden bei atmosphärischer Temperatur ausgeführt.

Zahlentafel 79. Einfluß von Molybdän auf den Widerstand von rostfreien Stählen gegen Säuren.

Stahl	Kohlenstoff vH	Chrom vH	Molybdän vH
A	0,32	12,2	—
B	0,23	11,6	2,3

Säure	Stärke	Dauer des Versuchs Stunden	Gewichtsabnahme vH		Gewichtsabnahme in mg/cm²-Stunde	
			A	B	A	B
Salpetersäure.	normal	6	0,54	0,206	1,76	0,67
Salzsäure ..	10 %ig	24	2,59	0,240	2,15	0,20
Schwefelsäure	5 ,,	24	4,90	1,650	4,09	1,37
,,	35 ,,	6	3,16	0,525	20,50	1,72
Essigsäure ..	5 ,,	192	0,78	0,045	0,079	0,0045
,,	33 ,,	240	1,15	0,109	0,093	0,0089
Zitronensäure	6 ,,	168	2,08	0,071	0,240	0,008
Weinsäure ..	25 ,,	312	0,68	0,340	0,043	0,022

In bezug auf den Einfluß des genannten Molybdängehaltes auf die mechanischen Eigenschaften des Stahls zeigen die Versuche, daß das Vorhandensein dieses Elementes

a) die Temperatur des Ac_1-Punktes erhöht und

b) in ausgeprägtem Maße die Lufthärtungsfähigkeit des Stahls in jedem Falle vermindert, wenn er von der Temperaturstufe abkühlt, die etwa 100° C oberhalb des Ac_1-Punktes liegt.

Diese Wirkungen sind aus den Schaulinien in Abb. 109 ersichtlich. Die Linien A und B bedeuten die Brinellhärten eines Stahls mit 0,24 vH Kohlenstoff, 12,8 vH Chrom und 2,28 vH Molybdän. Die Werte der Linie A beziehen sich auf kleine, von den angegebenen Temperaturen wasserabgeschreckte Scheiben, während jene der Linie B von luftabgekühlten Stangen mit einem Durchmesser von 25 mm erhalten wurden. Zum Vergleich stellt Linie C bezeichnende Werte dar, die bei der Luft- oder Ölhärtung eines molybdänfreien Stahls mit sonst gleicher Zusammensetzung zu erzielen sind.

Chrommolybdänstähle. 293

In der Annahme jedoch, daß für den Molybdänstahl eine geeignete Härtungstemperatur gewählt wird, verhält sich dieser nach dem Anlassen sehr ähnlich wie der gewöhnliche rostfreie Stahl. Wahrscheinlich ist der Molybdänstahl nach dem vollständigen Anlassen etwas härter als ein Stahl, der frei von diesem Element ist, aber sonst dürfte das Vorhandensein von Molybdän wenig Einfluß auf die Eigenschaften des Stahls haben. So hatte eine Stange von 25 mm Durchmesser aus dem oben angeführten Stahl mit 0,24 vH Kohlenstoff, 12,8 vH Chrom und 2,28 vH Molybdän nach der Ölabschreckung von 950° C und nachfolgendem Anlassen auf 700° C nach Zahlentafel 80 die folgenden Eigenschaften:

Zahlentafel 80. Mechanische Eigenschaften eines Chrommolybdänstahls nach Ölabschreckung und Anlassen.

Streckgrenze kg/mm²	Zugfestigkeit kg/mm²	Dehnung vH	Einschnürung vH	Brinellhärte		Kerbzähigkeit mkg/cm²
				nach dem Härten	nach dem Anlassen	
53,6	78,1	27,0	59,3	332	235	6,8

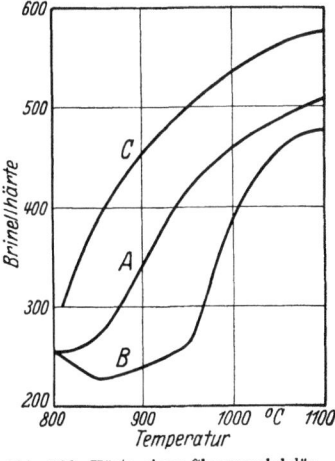

Abb. 109. Härte eines Chrommolybdänstahls mit 0,24 vH Kohlenstoff, 12,8 vH Chrom und 2,28 vH Molybdän nach Wasserabschreckung (Linie A) und Luftabkühlung (Linie B) von verschiedenen Temperaturen. Linie C entspricht der Härte eines molybdänfreien doch sonst gleichen Stahls.

Die Streckgrenze ist etwas niedrig, was der Tatsache zugeschrieben werden kann und auch durch die Brinellhärte angedeutet wird, daß der Stahl durch Ölabschreckung von 950° C nicht völlig gehärtet war. Die Zugfestigkeit ist auch etwas höher, als sie von einem gewöhnlichen rostfreien Stahl mit demselben Kohlenstoffgehalt nach gleichem Härten und Anlassen zu erwarten ist (vgl. hiermit die Ergebnisse in Zahlentafel 3, S. 104). Doch abgesehen hiervon sind die Ergebnisse für den gewöhnlichen rostfreien Stahl bezeichnend.

Oertel und Würth (a. a. O.) untersuchten ebenfalls Chrommolybdänstähle mit 0,1 bis 0,47 vH Kohlenstoff, 0,32 bis 1,4 vH Molybdän und 14 bis 15 vH Chrom. Hier zeigte sich mit zunehmendem Kohlenstoffgehalt eine größere

Härtesteigerung als bei den reinen Chromstählen. Das Bruchaussehen wechselte von sehnigfeinkörnig bis fast muschelig. Das Kleingefüge stellte sich als Ferrit-Perlit gemischt bis zum Martensit dar. Molybdän erhöht den A_3-Punkt und vergrößert die Hysteresis (vgl. S. 240). Die Versuche ergaben im allgemeinen die guten Festigkeitseigenschaften der reinen, rostsicheren Chromstähle. Der weiche Stahl mit 0,1 vH Kohlenstoff und 0,32 vH Molybdän läßt sich sehr weich glühen und weist dementsprechend sehr hohe Werte für Dehnung und Einschnürung auf. Die Streckgrenze liegt für die höher gekohlten Werkstoffe sehr hoch. Die Kerbzähigkeit beträgt bei dem weichsten Molybdänstahl rund 20 mkg/cm², bei den härteren Sorten rund 10 mkg/cm². Die Tiefziehfähigkeit wird durch den Molybdänzusatz zumindest nicht verschlechtert. Die Prüfung dieser Stähle auf Rost- und Säurebeständigkeit ergab folgendes Bild:

Salzsäure: der Werkstoff wird sehr verbessert, ist jedoch noch nicht beständig; Salpetersäure: er ist verbessert und namentlich bei geringem Kohlenstoffgehalt sehr beständig; Essigsäure: er ist sehr verbessert und beständig (vgl. Abb. 91); Meerwasser: er ist sehr verbessert und namentlich bei geringem Kohlenstoffgehalt sehr beständig; Sublimatlösung: er ist verbessert und beständig bei blankpolierten Flächen.

Bei niedrigem Kohlenstoff- und niedrigem Molybdängehalt tritt Verzunderung (Proben wurden 48 Stunden einer gleichbleibenden Temperatur von 900° C ausgesetzt) auf. Erst bei 0,47 vH Kohlenstoff und 1 vH Molybdän ist die Probe grauglatt ohne Verzunderung.

Diese Forscher dehnten aber auch ihre Versuche auf Chromsiliziummolybdänstähle mit 0,3 vH Kohlenstoff und 0,77 bis 2,6 vH Silizium, 1,05 bis 3,37 vH Molybdän und 14 bis 15 vH Chrom aus. Sie fanden, daß bei höherem Molybdängehalt (bis etwa 3 vH) die Härtungswirkung des Kohlenstoffs nachläßt. Die verschlechternde Wirkung des Siliziums wird dagegen durch 1 vH Molybdän in etwa aufgehoben, so daß bei allen Proben ungefähr 375 bis 425 Brinelleinheiten erreicht werden. Der Bruch ist feinkörnig und das Kleingefüge ferritisch mit Karbidkörnern bzw. perlitisch-troostitisch. Die mit wechselndem Molybdän- und Siliziumgehalt legierten Werkstoffe zeigen durchweg eine Verschlechterung der Festigkeitseigenschaften gegenüber den Chrommolybdänstählen, Chromsiliziumstählen und reinen, rostsicheren Chromstählen. Während die Festigkeitswerte in üblicher Höhe liegen, sind die Werte für Dehnung und Einschnürung durchweg sehr schlecht, der Werkstoff ist spröde. Nur im geglühten Zustande zeigen Dehnung und Einschnürung verhältnismäßig gute Werte. Die Kerbzähigkeit liegt bei allen Werkstoffen unter 3 mkg/cm^2. Die Prüfung auf Rost- und Säurebeständigkeit ergab folgendes Bild:

Salzsäure: der Werkstoff ist verbessert, aber noch nicht beständig; Salpetersäure: er ist verbessert und beständig; Essigsäure: er ist verbessert und beständig (vgl. Abb. 91); Meerwasser: er ist verbessert und ziemlich beständig; Sublimatlösung: er ist verbessert und beständig (für blankpolierte Flächen).

Die mit Molybdän und Silizium legierten Chromstähle zeigten bei hoher Erhitzung in allen Fällen eine gute, glatte Oberfläche ohne jegliche Verzunderung (Proben wurden 48 Stunden einer gleichbleibenden Temperatur von 900° C ausgesetzt).

5. Komplexe Legierungen.

Die Hinzufügung von anderen Metallen, z.B. Kupfer, Molybdän und Wolfram zu beiden Arten der vorher in diesem Abschnitt besprochenen Nickelchromlegierungen ist zum Zwecke der Verbesserung der Eigenschaften dieser Legierungen in bestimmten Richtungen vorgeschlagen worden. Hierhin gehören z. B. erhöhter Widerstand gegen Säuren oder besondere Korrosionsarten oder gegen die Oxydation bei hohen Temperaturen und eine größere Zugfestigkeit bei diesen Temperaturen.

Hinsichtlich des Säurewiderstandes hat sich Krupp im Jahre 1923 eine Reihe von Legierungen schützen lassen[1], deren Einzelbestandteile sich in folgender Höhe bewegen:

Kohlenstoff . . 0,1 bis 0,4 vH
Chrom . . . . 18,0 „ 30,0 „
Nickel. . . . . 20,0 „ 40,0 „
Molybdän . . . 2,0 „ 4,0 „

Diese Legierungen sollen eine besondere Festigkeit gegen schweflige Säure bei hohen Temperaturen besitzen, so daß sie für Geräte zur Herstellung von Zellulose vorgeschlagen wurden

---

[1] Englisches Patent Nr. 201915 vom Juli 1923 (vgl. S. 330).

und hier gute Dienste leisten sollen. Sie müssen als eine Abart des Kruppschen V2A-Stahls angesehen werden, die etwa durch Hinzufügung von Molybdän erhalten wird (vgl. S. 275). Eine solche Legierung mit Molybdän besitzt auch einen sehr ausgesprochenen Widerstand gegen sehr verdünnte Schwefelsäure. Bei starken Lösungen dieser Säure scheint das Molybdän die Angriffsgeschwindigkeit zu erhöhen. Die Wirkung des hinzugefügten Molybdäns kann aus den Ergebnissen in Zahlentafel 81 abgeleitet werden, die von einer Legierung der V2A-Art (A) und einer Legierung mit ähnlicher Zusammensetzung aber mit 3,8 vH Molybdän (B) erhalten wurden.

Zahlentafel 81. **Einfluß von Molybdän auf den Widerstand von Chromnickelstählen gegen Schwefelsäure.**

Legierung	Kohlenstoff vH	Chrom vH	Nickel vH	Molybdän vH
A	0,34	20,4	8,6	—
B	0,44	20,5	6,5	3,8

Schwefelsäure	Temperatur	Dauer des Angriffs	Gewichtsabnahme in mg/cm²–Stunde	
Stärke	⁰ C	Stunden	A	B
5%ig	18	48	0,087	—[1]
10 „	18	48	0,098	—[2]
15 „	18	48	0,13	0,09
20 „	18	48	0,13	0,14
25 „	18	48	0,20	0,27
35 „	18	48	0,30	0,71
50 „	18	48	0,39	0,61
10 „	60/65	6	4,20	—[3]
20 „	60/65	6	11,90	15,80
30 „	60/65	6	17,70	29,70

Eine weitere Abart der V2A-Legierung ist Krupp ebenfalls geschützt worden, bei der in diesem Falle das hinzugefügte Metall Kupfer ist (2 bis 6 vH)[4]. Von dieser Sonderlegierung wird behauptet, daß sie einen außergewöhnlichen Widerstand gegen den Angriff von Ammoniumchloridlösungen besitzt.

---

[1] und [2]: Nach fünf Monaten kein Angriff.
[3] Nach zwei Tagen kein Angriff; nach Erhöhung der Temperatur auf 80 bis 85⁰ C nach dreißig Stunden ebenfalls kein Angriff.
[4] Englisches Patent Nr. 201914 vom Juli 1923.

Verschiedene andere eigentümliche Legierungen von mehr oder weniger komplexer Natur befinden sich augenblicklich auf dem Markt, z. B. wurde der S. A. de Commentry Fourchambault et Decaseville eine Legierung „A.T.V" geschützt, der sowohl eine große Beständigkeit gegen hohe Temperaturen als auch gegen Korrosion nachgesagt wird. Dieses Erzeugnis dürfte eine Chromnickellegierung mit 10 oder 15 vH Chrom und 25 bis 40 vH Nickel zugleich mit kleineren Mengen von Molybdän, Wolfram und Vanadin sein. Die Herstellungsrechte für England besitzt die Hatfields, Ltd. Eine komplexe Eisensilizium-chromwolframlegierung, die auch Nickel, Mangan, Kupfer, Kobalt, Vanadin, Titan und Aluminium enthalten kann und von der auch ein hervorragender Widerstand gegen Korrosion sowohl bei atmosphärischer Temperatur als auch hohen Temperaturen behauptet wird, wurde ebenfalls Hatfield geschützt[1]. Es gibt aber auch noch andere Arten korrosionsfester Legierungen, zu denen die aus Amerika herübergekommenen Stellite und stellitartigen Legierungen gerechnet werden können[2]. Über die Eigenschaften dieser komplexen Legierungen im Hinblick auf ihre Korrosionsfestigkeit ist jedoch noch nicht viel bekannt geworden, so daß es nicht möglich ist, sie mit den einfacheren Chromnickellegierungen zu vergleichen und so ein Urteil über den Nutzen dieser besonderen Legierungen zu gewinnen. Augenscheinlich liegt hier ein fruchtbares Feld für die Erforschung der Eigenschaften dieser und anderer komplexer Erzeugnisse vor, ganz besonders vom Standpunkte der Werkstoffbeschaffung aus, um namentlich scharfen Angriffsverhältnissen besonders bei Temperaturen gerecht zu werden, die über der atmosphärischen Temperatur liegen und die auch in der chemischen Industrie angetroffen werden.

---

[1] Englisches Patent Nr. 220006 vom 9. Februar 1923.
[2] Vgl. Schulze, Jenge und Bauerfeld: Neue Fortschritte auf dem Gebiet der Hochleistungslegierungen. Zeitschrift für Metallkunde 1926, S. 155 und Schulz: Stellit und stellitähnliche Legierungen. Zeitschrift für Metallkunde 1924, S. 337.

VIII. Einige Anwendungen des rostfreien Stahls.

Bis zum Kriegsende gab es, wie bereits gesagt, wenig Gelegenheit, den rostfreien Stahl für die verschiedenen technischen Zwecke zu entwickeln. Gewiß wurden während des Krieges viele Erfahrungen in verschiedener Richtung gesammelt, die zum Teil das Ergebnis von Untersuchungen einiger Ingenieure und auch anderer Personen waren, die die Vorzüge des neuen Werkstoffes sehr wohl erkannt hatten. Jedenfalls kann nicht behauptet werden, daß der rostfreie Stahl bis zum Ende des Jahres 1919 irgendwelche allgemeine technische Verwendung fand. Seit jener Zeit sind jedoch wesentliche Fortschritte in der Entwicklung der rostfreien Stähle gemacht worden. Doch soll es nicht der Zweck dieses Abschnittes sein, nur allein eine Reihe der Gebrauchsmöglichkeiten dieses neuen Werkstoffes aufzuzählen, sondern es soll mehr ein kurzer Überblick über die Ergebnisse seiner Anwendung für gewisse technische Erfordernisse gegeben werden. Auch wird der Versuch gemacht, einige der physikalischen Eigenschaften, die dieser Werkstoff für bestimmte Zwecke besitzen muß, mit Beispielen zu belegen. Es ist alsdann zu erwarten, daß sowohl diese Angaben als auch die Ratschläge über die Wahl besonderer Arten des rostfreien Werkstoffes sich für dessen Gebrauch am geeignetsten erweisen und für diejenigen von Nutzen sind, die irgendeine Art von rostsicherem Stahl zu wählen wünschen, die aber über seinen zweckmäßigen Zustand nicht genügend unterrichtet sind oder nicht die Notwendigkeit erkennen, zwischen der einen oder der anderen Stahlgüte zu unterscheiden.

Es ist auch nicht beabsichtigt, nur allein bei der Verwendung dieses Werkstoffes für Messerwaren zu verweilen. Die Tatsache, daß der rostfreie Stahl wirtschaftlich zuerst zur Messerherstellung herangezogen wurde, ist bereits mehrmals erwähnt worden, wie auch im vorigen Abschnitt die Eigenschaften betrachtet wurden, die von einem Messer im Hinblick auf den Chromgehalt dieses Stahls verlangt werden müssen.

Von seiner ursprünglichen Verwendung für Tischmesser haben verschiedene Schritte zu der Annahme des rostfreien Stahls für andere Messerarten geführt, z. B. für Taschenmesser, ja selbst für Rasiermesser oder jene, die eine mehr oder weniger große technische Anwendung finden, wie sowohl Schlächtermesser als auch kleine Scheren und ärztliche und zahnärztliche Geräte[1]. Diese letzteren Gegenstände sollen, sofern sie keine Schneidkante verlangen, aus rostfreiem Stahl mit ausgesprochen niedrigerem Kohlenstoffgehalt als jenem gefertigt werden, der für Messer und sonstige Werkzeuge, die Schneidzwecken dienen, gebraucht wird. Am geeignetsten dürfte ein Kohlenstoffgehalt von 0,15 vH sein. Es soll noch bemerkt werden, daß Lysol und andere ähnliche keimtötende Mittel keinen Einfluß auf den rostfreien Stahl haben, so daß die aus diesem Werkstoff hergestellten Geräte ohne irgendwelchen Schaden mit Hilfe solcher Flüssigkeiten von Giftstoffen befreit werden können.

Das Sublimat (Quecksilberchlorid) ist jedoch für ärztliche Geräte aus rostfreiem Stahl kein geeignetes Reinigungsmittel. Die sehr verdünnte Lösung mit etwa 0,1 vH dieses Salzes hat sicherlich nur einen sehr geringen Einfluß auf diesen Stahl, der aber immerhin zur Bildung ganz kleiner Anfressungen führen kann, wodurch eine Oberflächenbeschaffenheit hervorgerufen wird, die bei ärztlichen Geräten zu vermeiden ist.

Zur Herstellung von anderen Tisch- oder Küchengegenständen wie Gabeln, Löffeln oder Schüsseln wird ein leicht kalt zu bearbeitender Werkstoff gebraucht. Für solche Zwecke eignen sich zwei Güten, nämlich rostfreies Eisen oder die Chromnickellegierungen der Ankaart und auch der Kruppsche V2A-Stahl (Nirosta-Bestecke usw.)[2], die in dem vorhergehenden Abschnitt beschrieben wurden. Mit Ausnahme der Vorlegegabeln, deren

---

[1] Vgl. Hauptmeyer: Gebißplatten aus nichtrostendem Stahl. Kruppsche Monatshefte 1923, S. 45 und 1927, S. 105 („Gebißplatten aus V2A-Stahl" Wipla-Metall). Auch Kronen, Kauflächen, Knochendraht, Knochennägel, Knochenschrauben, Kanülen, Injektionsnadeln, Metallspiegel usw. werden aus V2A-Stahl gefertigt. — Siehe in diesem Zusammenhange: „Nichtrostender Stahldraht". Mitteilungen aus dem Staatlichen Materialprüfungsamt 1923. S. 51 und Bange: Drahtextension mit rostfreiem Stahldraht. Zentralblatt für Chirurgie 1923, Nr. 22.

[2] Vgl. Kruppsche Monatshefte 1927, S.103 („Etwas über nichtrostende Stähle und ihre Verwendung").

Zinken eine große „Federung" besitzen sollen, wodurch die Verwendung eines härteren Werkstoffes bedingt wird, ist das rostfreie Eisen mit einem sehr niedrigen Kohlenstoffgehalt, z. B. etwa 0,1 vH, doch mit einem ziemlich hohen Chromgehalt, z. B. 14 vH, vorzuziehen. Dieses lufthärtet nicht in sehr hohem Maße und aus diesem Grunde werden Störungen, die während der Bearbeitung des Stahls eintreten könnten, vermieden. Der hohe Chromgehalt ist auch erwünscht, damit der Werkstoff einen sehr großen Widerstand gegen Korrosion besitzt, und zwar auch dann, wenn er geglüht oder mehr oder weniger kaltbearbeitet worden ist.

Im Hinblick auf den Kohlenstoffgehalt ist es natürlich richtig, daß ein Werkstoff mit einem beträchtlich höheren Gehalt an diesem Element als das rostfreie Eisen durch Glühung sehr weich gemacht werden kann, der dann genügend weich sein dürfte, um in vielen Fällen die notwendige Kaltbearbeitung zu ermöglichen. Dieser geglühte höher gekohlte Werkstoff ist jedoch bedeutend weniger widerstandsfähig gegen die atmosphärische Korrosion als rostfreies Eisen von annähernd derselben oder niedrigeren Härte, eine Eigenschaft, die aus den Ausführungen in Abschnitt V leicht verständlich sein wird.

Polierte Tischgeräte aus rostfreiem Eisen wie Löffel und Gabeln haben eine Eigenschaft, die von Nachteil oder auch ohne Nachteil je nach dem persönlichen Geschmack des Benutzers sein kann. Vergleicht man diese Geräte mit poliertem Silber oder mit einigen nicht eisenhaltigen, für gleiche Zwecke vorgesehenen Legierungen, so haben sie einen deutlich bläulichen Farbton, besonders dann, wenn sie mit Chromoxyd poliert worden waren. Diese Farbwirkung, die bis zu einem gewissen Grade durch die Verwendung von Polierrot anstatt Chromoxyd als Poliermittel geändert werden kann, kann deutlich beobachtet werden, wenn solche Gegenstände aus rostfreiem Eisen neben polierte Silbergegenstände gelegt werden. Ob diese Farbwirkung ein Nachteil ist oder nicht, ist, wie gesagt, eine reine Geschmackssache, aber denjenigen, die diese Farbwirkung nicht lieben, wird eine Hilfe durch den Gebrauch der Chromnickellegierungen der Ankaart geboten. Polierte Gegenstände dieser Legierungen haben einen ausgeprägt gelblichen Farbton, besonders wenn sie mit Polierrot blank gemacht worden sind, und folglich stechen sie nicht so stark von Silber oder Legie-

Einige Anwendungen des rostfreien Stahls. 301

rungen der Neusilbergruppe ab. Hier braucht man wieder ein weiches Erzeugnis, um das Pressen, Ziehen, Drücken oder andere Kaltbearbeitungsverfahren leicht durchführen zu können wie z. B. den V2A-Stahl mit seinen guten Tiefzieheigenschaften zur Herstellung von Hohlkörpern, wie Abb. 110 erkennen läßt. Die Ankaart „A" (S. 246) dürfte ebenfalls hierfür geeignet erscheinen, die im weichgeglühten Zustande eine Zugfestigkeit von rund 60 kg/mm² besitzt. Wird sie mit den nichteisenhaltigen Legierungen verglichen, die gewöhnlich für diese Zwecke gebraucht werden, so sind alle Arten von rostfreiem Werkstoff doch verhältnismäßig hart. Es ist klar, daß die Verwendung einer möglichst weichen Art dieses Erzeugnisses von Vorteil ist. Auch müssen die Ausführungen im vorhergehenden Abschnitt über den härtenden Einfluß der Kaltverformung auf die vollständig austenitischen Stähle und deren Verwendung im Auge behalten werden (S. 256).

Auf weitere Verwendungsmöglichkeiten des Kruppschen VM-Stahls wurde bereits auf S. 269 hingewiesen.

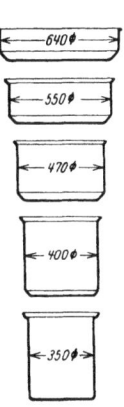

Abb. 110.
Aus V2A-Blech gezogene Gefäße.

Hatte sich der rostfreie Stahl für Messerwaren und einige andere gewerbliche Geräte seinen Platz gesichert, so war anscheinend das nächste Gebiet seine Verwendung für die Ventile der Flugzeugmotore. Während des Krieges wurde rostfreier Stahl für diese Zwecke in großem Maße hergestellt. Seit jener Zeit wurde der Bedarf aus erklärlichen Gründen geringer, wenngleich auch dieser Stahl in gewissem Maße für die Ventile anderer Verbrennungsmaschinen gebraucht wurde. Die Anforderungen an einen befriedigenden Ventilbaustoff sind sehr verschieden von denjenigen eines Werkstoffes, bei dem der Widerstand gegen Korrosion die allerwichtigste Eigenschaft ist. Für Ventile ist es von größter Wichtigkeit, daß sie ihre Festigkeit bei hohen Temperaturen behalten und widerstandsfähig gegen Anfressungen und Oxydation während der Erhitzung sind. Zu diesem Behufe ist ein etwas höherer Kohlenstoffgehalt als der gewöhnlich im rostfreien Werkstoff gefundene wertvoll, und wie auch schon in einem früheren Abschnitt gezeigt wurde (S. 238), ist es nicht nötig, einen sehr hohen Chromgehalt anzusetzen. In dieser Hinsicht ist es wichtig, daran zu erinnern, daß die Ventile für den Motor des ersten Flugzeuges, das den atlantischen Ozean überflog (1919), aus Chromsiliziumstahl mit etwa 1 vH Silizium bestanden, dessen Eigenschaften auf S. 238 beschrieben wurden. Die Chromsiliziumstähle für diese Ventile stellten die Brown Bayleys Steel Works, Ltd. in Sheffield her.

Bei der Auswahl einer besonderen Stahlart zur Herstellung eines bestimmten Ventils ist das Hauptaugenmerk auf die Temperatur zu legen, die das Ventil wahrscheinlich während des Dienstes erreicht. Je heißer ein Ventil wird, um so größer wird, solange die anderen Verhältnisse gleich bleiben, die Notwendigkeit, Sonderarten dieses Werkstoffes für die Herstellung der Ventile auszuwählen.

Eine der wichtigsten technischen Forderungen an den rostfreien Stahl liegt in der Verbindung des Wasser- und Dampfbetriebes. Einen Bericht über einige der früheren Erfahrungen bei der Verwendung von rostfreiem Stahl im Zusammenhang mit dem Wasser- und Dampfbetrieb gibt Bell in einem Aufsatz: ,,Rostfreier Stahl"[1]. Eine etwas kürzere Betrachtung über dieses Gebiet rührt von Monypenny her[2].

Die Vorteile des rostfreien Stahls im Vergleich zur Geschützbronze, zu Nickelkupfer- und anderen Legierungen für Ventile und Druckkolben (Plungerkolben) haben jetzt viele Ingenieure erkannt, so daß es nicht nötig ist, hier alle geeigneten Anwendungen dieses neuen Baustoffes aufzuzählen. Es dürfte genügen, einige bemerkenswerte Beispiele zu beschreiben und sich über die zu beobachtenden Gesichtspunkte näher auszulassen, wenn rostfreier Stahl an Stelle der sonst allgemein verwendeten Metalle gesetzt wird.

Das Jahr 1925 ist für die Technik insofern bemerkenswert, als vor hundert Jahren (1825) die erste Eisenbahn lief. Es wird deshalb angebracht sein, die Lokomotive als ein besonderes Beispiel anzuführen, da sie die günstigsten Möglichkeiten bietet, die Eigenschaften des rostfreien Stahls in Verbindung mit dem Dampfbetrieb zu erproben.

---

[1] Iron and Coal Trades Review. 10. August 1923.
[2] Cleveland Institution of Engineers (Proceedings), 5. März 1923.

Einige Anwendungen des rostfreien Stahls. 303

Seit den letzten drei bis vier Jahren ist in England eine Reihe von Lokomotiven in dauerndem Betrieb, die mit Teilen aus rostfreiem Stahl nach der untenstehenden Aufstellung ausgerüstet sind. Es dürfte wichtig genug sein, das Verhalten dieser verschiedenen Teile während ihres Dienstes zu besprechen. Im allgemeinen wurde es nicht für nötig erachtet, die Ventile während dieser Jahre irgendwie nachzuschleifen.

Sicherheitsventile,
Speiseabsperrventile,
Dampfpfeifenventile,
Dampfbremsventile,
Dampfstrahlventile,
Ablaßhähne,
Injektorventile (Dampf und Wasser),
Reglerventile,
Wasserstandszubehör,
Druckmesser- (Manometer-) ventile,
Injektordüsen und Injektorventile,
Dampfverteilungsstutzen,
Kolbenstangen,
Schieberstangen,
Bremskolbenstangen.

Die allgemeine Erfahrung bei Lokomotivsicherheitsventilen aus Geschützbronze oder gewöhnlicher Bronze lehrt, daß diese Ventile etwa jeden Monat neu eingeschliffen werden müssen. Es kann daher auch kein bestimmter Vergleich mit ausgeprobten Sicherheitsventilen aus rostfreiem Stahl aus dem einfachen Grunde gezogen werden, weil auch nach dreijährigem Dienst keine irgendwie geartete Unterhaltung dieser Ventile erforderlich war. Man kann jedoch mit ziemlicher Sicherheit behaupten, daß für sie der Vorteil mindestens wie 30 : 1 ist.

In Abb. 111 werden drei Ausführungen von Sicherheitsventilen aus rostfreiem Stahl gezeigt. In jedem Falle ist der Ventilsitz einfach in den Ventilkörper aus Gußeisen oder Stahlguß hineingepreßt. Soll ein Bronzekörper als Fassung des Ventils dienen, so ist es notwendig, den Sitz einzuschrauben oder sonstwie eine feste Verbindung etwa mittels Bolzen herzustellen, weil der Ausdehnungskoeffizient des rostfreien Stahls viel niedriger ist als der

der Bronze (vgl. Abb. 74) und sich der Sitz bei der Hitze lockern und daher das Ventil undicht werden würde, wodurch es dann nicht mehr gebrauchsfähig ist[1].

Ventile und Ventilsitze können aus Schmiedestücken oder Preßlingen oder auch aus gewalzten Stangen aus rostfreiem Stahl hergestellt werden. Jedes dieser Verfahren ist demjenigen der Verwendung von Gußstücken vorzuziehen. Die letzteren sind zuweilen weniger gesund als das geschmiedete oder gewalzte Werkstück, eine Eigenschaft, die allen Gußstücken gemeinsam ist und die deshalb im Betriebe viel eher Risse im Gefolge haben kann.

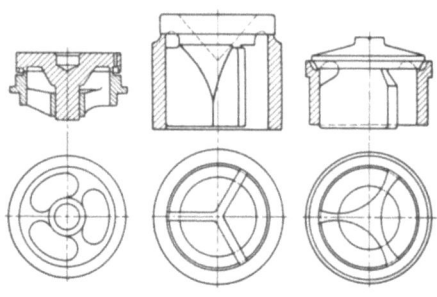

Abb. 111. Sicherheitsventile aus rostfreiem Stahl für Lokomotiven.

Die längere Lebensdauer eines Ventils aus rostfreiem Stahl im Vergleich zu demjenigen aus Geschützbronze oder anderen Kupferlegierungen hängt in erheblichem Maße von seiner größeren Härte und dem höheren Widerstand gegen Zerfressung ab. Ohne Rücksicht auf die verwendete Legierung ist es für die meisten Ventile angebracht, den Sitz etwas weicher zu machen als das Ventil. In dieser Hinsicht ist der rostfreie Stahl infolge der Leichtigkeit, mit der seine Härte geändert werden kann, sehr anpassungsfähig. Die Erfahrung hat den Gedanken nahegelegt, daß es zweckmäßig ist, die Sitze so zu härten und anzulassen, daß sie eine Brinellhärte von etwa 270 aufweisen, ein Wert, der von einem rostfreien Stahl mit etwa 0,3 vH Kohlenstoff nach dem Härten und Anlassen auf etwa 600⁰ C zu erhalten ist. Für das Ventil selbst ist eine wesentlich höhere Brinellhärte zweckmäßig, d. h. von etwa 370 bis 400, die durch Lufthärtung eines gleichen oder etwas weicheren Stahls mit folgendem Anlassen auf 300 bis 500⁰ C erzielt werden kann. Die Sitze mit ihrer geringeren Härte können nach der Wärmebehandlung fertig gemacht werden. Die härteren

---

[1] Vgl. Kruppsche Monatshefte 1926, S. 181 („Absperrmittel mit V2A-Dichtungen"); 1927, S. 125 („V2A-Dichtungen in Rückschlagventilen") und 1927, S. 192 („V2A-Dichtungen in Absperrmitteln").

Einige Anwendungen des rostfreien Stahls. 305

Ventile werden vor der letzten Wärmebehandlung grob maschinell bearbeitet, während sich der Stahl in dem weichgeglühten Zustande befindet. Sie werden dann wärmebehandelt, um den verlangten Härtegrad zu ergeben, zur Entfernung des Zunders gebeizt und dann an den Arbeitsflächen mit der Maschine geschliffen.

Da rostfreier Stahl gegen Abnutzung und Anfressung äußerst widerstandsfähig ist, so kann es vorkommen, daß das Maschinenschleifen von Gegenständen, die aus diesem Stahl gefertigt sind, etwas mühsam ist[1]. Wird jedoch die Schleifscheibe in tadellosem Zustande gehalten und ein passendes Korn und ein richtiger Vorschub gewählt, so können ausgezeichnete Ergebnisse im Fertigmachen des Gegenstandes erzielt werden.

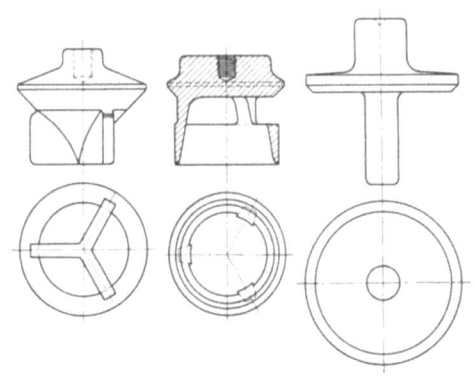

Abb. 112.
Kesselspeiseventile aus rostfreiem Stahl für Lokomotiven.

Die Art der Scheibe schwankt in gewissem Grade mit der Maschine und der Arbeitsweise.

Diese Ausführungen über Sicherheitsventile sind auch in gleicher Weise auf Kesselspeiseventile usw. anwendbar. Abb. 112 zeigt verschiedene Ausführungen solcher Ventile, die ausgezeichnete Ergebnisse erbrachten, wenn sie aus rostfreiem Stahl gefertigt waren. Die mit diesen Ventilen gesammelten Erfahrungen lehren, daß sie, wenn sie wie oben angegeben, hergestellt werden, jahrelang ohne Nachschleifen arbeiten. Doch ist es klar, daß sie früher oder später etwas Aufmerksamkeit in dieser Hinsicht verlangen werden. Auch kommt es manchmal vor, daß der Sitz verzerrt wird, während er in den Ventilkörper eingesetzt wird, wodurch ein Nachschleifen notwendig wird. In solchen Fällen müssen die Flächen des Ventils und des Sitzes mit einer kleinen Menge von Karborundumpaste bestrichen und dann

---

[1] Vgl. Fußanmerkung auf S. 274.

die beiden Teile von Hand leicht gegeneinander gerieben werden. Es soll nur der geringste Druck angewendet und nach zwei oder drei Drehungen müssen die Flächen gereinigt werden. Werden diese Vorsichtsmaßnahmen beachtet, so ist dieses Verfahren einfach und sicher. Ist aber der Druck zu groß oder werden die Flächen nicht regelmäßig gereinigt, so wird das Metall wahrscheinlich klemmen und fressen, wodurch eine rauhe und schwer zu behandelnde Fläche zurückbleibt.

Die verschiedenen Dampfabsperrventile einer Lokomotive werden in gleicher Weise, wie beschrieben, behandelt, doch wird eine Bemerkung hinsichtlich der Spindelpackung von Nutzen sein. Es wurde schon im Abschnitt V gesagt, daß, wenn sich rostfreier Stahl und Graphit miteinander in Berührung befinden, während sie in bestimmte Elektrolyten eintauchen, galvanische Ströme leicht auftreten können, die auf dem Stahl Einfressungen hervorrufen. Gleiche Wirkungen können ebenfalls leicht entstehen, wenn sich Graphit und Stahl in feuchter Luft berühren. Diese feuchte Luft ist bekanntlich während eines großen Teiles des Jahres für England bezeichnend. Besteht die für die Dampfabsperrventile verwendete Packung einfach aus graphitiertem Asbest, so wird die Spindel dort sehr wahrscheinlich angefressen werden, wo sie mit der Packung in Berührung steht. Diese Wahrscheinlichkeit wird durch die Verwendung eines Stahls mit hohem Chromgehalt vermindert, aber auch bei einem Stahl mit 15 vH Chrom wird ein Anfressen noch nicht gänzlich beseitigt. Die Chromnickelstähle der Ankaart und auch der V2A-Stahl scheinen jedoch nicht, soweit die Erfahrung reicht, unter solchen Verhältnissen angegriffen zu werden. Sollte die Verwendung einer solchen Packungsart notwendig sein, so wäre die Herstellung der Spindeln aus diesen Stählen vorzuziehen. Die oben genannte Unannehmlichkeit kann jedoch durch die Verwendung einer gefetteten graphitierten Asbestpackung vermieden werden. In diesem Falle arbeitet der gewöhnliche rostfreie Stahl durchaus zufriedenstellend. Der Gebrauch einer solchen gefetteten Packung dürfte wohl in allen Fällen anzuraten sein, ohne Rücksicht darauf, welche Metallart für die Spindel vorgesehen wird, da zwischen dieser und der Packung eine gleitende Bewegung besteht und schon aus diesem Grunde eine Schmierung notwendig erscheint.

Es sollen hier noch die Ergebnisse einiger erst kürzlich ausgeführter Versuche mit Packungsstoffen wiedergegeben werden, die sich auf den oben vorgebrachten Punkt beziehen. Für diese Versuche, die sich über einen Zeitraum von drei Jahren erstreckten, wurden zwei gleiche „Weir"-Pumpen verwendet. Bei der einen Pumpe wurde Kohlenstoffstahl und bei der anderen rostfreier Stahl für die Dampfkolbenstange gewählt, wobei in beiden Fällen eine gleiche Packung vorlag. Zunächst wurden diese Versuche zu dem Zwecke ausgeführt, um die Abnutzung der beiden Stähle zu beobachten. Die Versuche mit den verschiedenen Packungsstoffen kamen erst in zweiter Linie in Betracht, aber sie zeigten, daß die verwendete Packungsart von größter Wichtigkeit war, da sie nicht nur den Umfang der Abnutzung der Stangen, sondern auch die Brauchbarkeit des rostfreien Stahls beeinflußte.

Bei Verwendung einer kräftigen graphitierten Asbestpackung war der Umfang der Abnutzung der Stange aus Kohlenstoffstahl fünfmal so groß wie bei der Stange aus rostfreiem Stahl. Wurde die Packung durch Gummiasbest ersetzt, so stieg das Verhältnis auf 56 : 1, während bei einer Packung aus Gummi, Asbest und Weißmetall, deren Abnutzungsfläche größtenteils aus Weißmetell bestand, dieses Verhältnis 8 : 1 war. Der wirkliche Abnutzungsgrad des rostfreien Stahls bei den verschiedenen Packungen blieb sich während der gleichen Zeitdauer ungefähr gleich, der Verlust im Durchmesser der Stange war in allen Fällen etwa 0,0125 mm. Der Kohlenstoffstahl war dagegen äußerst empfindlich gegen die verwendete Packungsart, und die Größe der Abnutzung dieser Stangen während der gleichen Zeit schwankte zwischen 0,0625 und 0,35 mm. Hahnküken aus rostfreiem Stahl, die in Gehäusen aus Geschützbronze arbeiten, bilden eine gute Vereinigung für Ablaßhähne oder Wasserstandszubehörteile, wenngleich auch bestimmte Wasserarten die Geschützbronze im Laufe der Zeit sehr leicht angreifen können. Abb. 113 zeigt einen geeigneten Entwurf eines Dampfhahnes. Hiernach wurde ein Hahn hergestellt und gründlich erprobt. Die Wasserstandszubehörteile nach Abb. 114, deren Hahnteile aus rostfreiem Stahl bestehen, die in einem Körper aus Geschützmetall spielen, sind auch insofern bemerkenswert, als hier die Packung vollständig wegfiel. Wasserstandszubehörteile dieser

Art sind seit vielen Monaten im Gebrauch und haben bis jetzt noch keine Wartung benötigt. Ein wichtiger Punkt, der im Auge behalten werden muß, wenn Hahnkücken aus rostfreiem Stahl in Körper aus Geschützbronze arbeiten, besteht in der Verjüngung des Kückens auf mindestens 1:2,5, sofern der Hahn für heiße Arbeit vorgesehen werden soll. Eine geringere Verjüngung würde das Ergebnis haben, daß das Kücken mit dem Körper festklemmt, wenn beide Teile mit ihren unterschiedlichen Ausdehnungszahlen abkühlen.

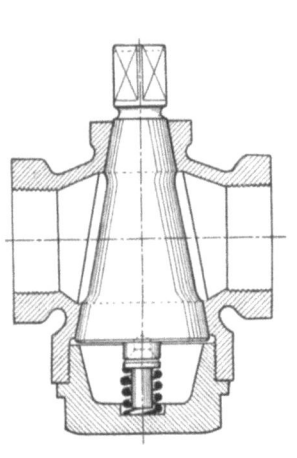

Abb. 113. Dampfhahn mit Kücken aus rostfreiem Stahl.

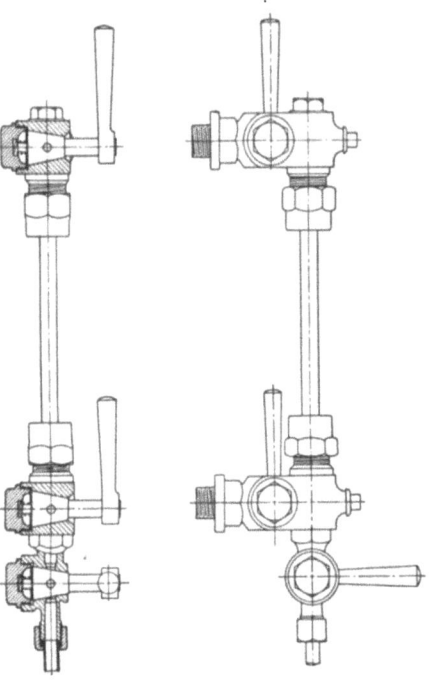

Abb. 114. Lokomotivwasserstandsanzeiger mit Hahnkücken aus rostfreiem Stahl.

Abb. 115 bringt eine geeignete Zusammenstellung eines Lokomotivdampfverteilungsstutzens, dessen sämtliche Teile wie Kasten, Ventile, Sitze und Spindeln aus rostfreiem Stahl gefertigt wurden. Der Stutzen wurde aus einem Schmiedestück aus weichem rostfreiem Stahl mit 0,15 bis 0,20 vH Kohlenstoff herausgearbeitet, das vorher gehärtet und angelassen worden war und eine Zugfestigkeit von 65 bis 80 kg/mm² besaß. Die Ventile und Sitze wurden wie oben beschrieben hergestellt. Die Spindeln, sofern jede aus einem Stück mit ihrem

Einige Anwendungen des rostfreien Stahls. 309

entsprechenden Ventil bestehen soll, werden nötigenfalls aus demselben Stahl wie das letztere hergestellt werden müssen. Wird jedoch für das Ventil ein besonderes Stück vorgesehen, das angeschraubt oder auf andere Weise an der Spindel befestigt wird, so wird für letztere vorzugsweise ein weicher rostfreier Stahl mit 0,1 bis 0,15 vH Kohlenstoff gewählt, oder wenn ein nicht gefetteter Graphit für die Packung benutzt wird, kann der Ankastahl, wie bereits bemerkt, hierfür in Betracht kommen.

Es ist wohl bekannt, daß, wenn zwei Stahlstücke gegeneinander gerieben werden, eine ausgesprochene Neigung besteht,

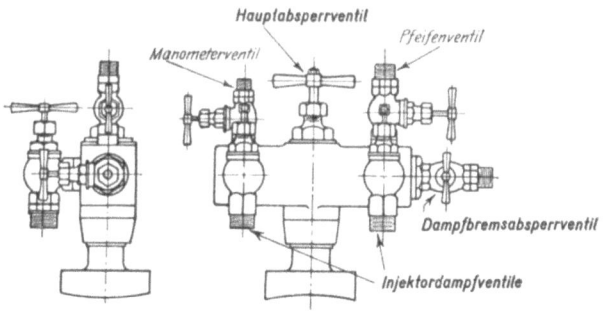

Abb. 115. Lokomotivdampfverteilungsstutzen aus rostfreiem Stahl nebst Teilen aus dem gleichen Werkstoff.

daß sich die Flächen abnutzen oder sich klemmen oder festfressen und zuweilen auch reißen. Daraus dürfte sich die Tatsache herleiten, daß in bestimmten Fällen, in denen Teller und Sitze aus rostfreiem Stahl bei Gleichstromventilen in Gebrauch sind, sich die Flächen einkerben oder rauh werden. Die Neigung des Festklemmens oder auch Einfressens kann gemildert werden, indem sowohl die Teller als auch die Sitze praktisch so hart wie möglich gemacht werden, z. B. mit einer Brinellhärte von 400 bis 450. Doch ist es im allgemeinen ratsam, den Sitz bei Ventilen dieser Art aus gehärtetem rostfreiem Stahl und die Teller aus einer guten Nickelkupferlegierung z. B. mit etwa 55 vH Nickel und 35 vH Kupfer (der Rest besteht aus kleineren Mengen Zinn, Eisen, Zink usw.) zu fertigen. Bei einer solchen Vereinigung besteht wenig oder gar keine Neigung zum Klemmen oder Einfressen. Auch ist bei dieser Ventilart die Abnutzung des Sitzes viel stärker als die des Tellers, da sich letzterer außerhalb des Dampfweges befindet, wenn das Ventil vollständig geöffnet ist. Folglich soll der widerstandsfähigere Werkstoff, der rostfreie Stahl, eher für den Sitz und die weichere Nickelkupferlegierung für den Teller als umgekehrt gewählt werden.

Die Vorteile, die sich aus der geschickten Verwendung von Teilen aus rostfreiem Stahl ergeben, sind auch beim hydraulischen Betrieb offensichtlich. Tatsächlich war dies schon vor mehreren Jahren bekannt, ehe man an den Gebrauch von rostfreiem Stahl

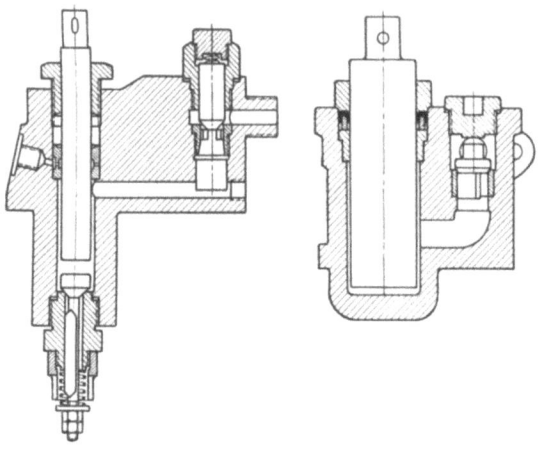

Abb. 116. Kolben, Ventile und Ventilsitze aus rostfreiem Stahl für eine hydraulische Pumpe.

für Dampfventile dachte, ein Erfolg, der wahrscheinlich durch den Umstand erzielt wurde, daß die Stahlwerke, wenigstens in England, mit zu den größten Verbrauchern von Wasserkraft gehören und dadurch eher unter dem Versagen der Legierungen litten. Tatsache ist, daß entweder Ende 1913 oder Anfang 1914 drei große Kolben aus rostfreiem Stahl für eine Schmiedepreßpumpe eines Sheffielder Stahlwerkes gewählt wurden, die heute, nach 13 Jahren, immer noch in Betrieb ist.

Abb. 116 zeigt zwei Ausführungen von Körpern für hydraulische Pumpen mit Kolben und Ventilen aus rostfreiem Stahl. Die letzteren und ebenso die Sitze wurden auf gleiche Weise, wie für die Dampfventile und Sitze beschrieben, hergestellt.

Kolben aus nichtrostendem Stahl sollen aus den Schmiede-

Einige Anwendungen des rostfreien Stahls. 311

stücken oder gewalzten Stangen, die in dem weichsten Zustande, d. h. vollständig angelassen oder geglüht, vorliegen, roh maschinell gefertigt werden. Ein geeigneter Werkstoff hierfür enthält etwa 0,25 vH Kohlenstoff und 14 vH Chrom. Die Kolben sollen dann gehärtet und auf 300 bis 400°C angelassen werden, um eine Brinellhärte von etwa 400 zu ergeben. Sie werden dann wieder angelassen, aber nur an dem dünnen Ende innerhalb des Bereiches von 600 bis 650°C, um dadurch die Härte an dieser Stelle auf etwa 250 bis 270 Brinelleinheiten zu verringern. Das besondere Anlassen des dünnen Endes ermöglicht es, daß dieser Teil auf der Drehbank wunschgemäß fertig gemacht, gebohrt oder gefräst werden kann. Außerdem wird erreicht, daß der Gegenstand an seiner dünnsten Stelle zäh ist. Die Führung des Kolbens, die hart ist, muß durch Schleifen fertiggestellt werden. Dies soll bei allen Kolben und Stangen geschehen, ganz gleich, von welcher Art der verwendete Werkstoff ist. Diese Arbeit geht auch leicht vonstatten. Solche Kolben usw. werden unter gewöhnlichen Arbeitsbedingungen eine Lebensdauer besitzen, die bei weitem diejenige übersteigt, die von irgendeinem anderen bekannten Metall erwartet werden kann. Als Beispiel hierfür kann angeführt werden, daß ein nach dem Entwurf von Abb. 116 hergestellter Kolben von 83 mm Durchmesser zweieinhalb Jahre in Wasser unter einem Druck von 60 kg/cm² arbeitete und im Durchmesser nur um 0,125 mm vermindert wurde. Gleichzeitig war die durchschnittliche Lebensdauer der U-Lederpackung neun Monate.

Die ungewöhnlich lange Lebensdauer der U-Lederpackung ist, sofern sie bei Kolben aus rostfreiem Stahl herangezogen wird, eine der hervorstechendsten Eigenschaften bei der Verwendung dieses Baustoffes und führt zu sehr beträchtlichen Ersparnissen bei der Instandhaltung hydraulischer Anlagen. Daß hier Leder eine geringe Abnutzung aufweisen wird, ist verständlich, weil der harte Kolben aus rostfreiem Stahl eine hohe Politur annimmt und diese Politur bei der Arbeit auch behält. Infolge seiner Härte wird der Kolben auch nicht leicht verkratzt. Die Lebensdauer des Leders war hier jedoch ein ganz Teil höher, als man voraussetzte.

Die durch die Verwendung von rostfreiem Werkstoff erzielten Ersparnisse liegen nicht allein in der verlängerten Lebensdauer der aus ihm gefertigten Gegenstände oder in den ermäßigten Kosten der Lederpackungen, obschon diese Kosten oft wesentlich sind. Noch größere Ersparnisse werden durch die Verminderung von Zeitverlust infolge von Stillständen erzielt. Dies bezieht sich auch auf andere Anwendungen dieses Werkstoffes sowohl beim Wasser- als auch Dampfbetrieb. Hierfür gibt Monypenny folgendes Beispiel an. Während des Krieges verursachte ein Ventil aus Phosphorbronze bei einer Schmiedepresse von rund 1200 t dauernd Schwierigkeiten. Alle drei Wochen mußte ein Nachschleifen vorgenommen werden, und trotzdem dies regelmäßig geschah, hörten die Störungen, die jedesmal eine Außerbetriebsetzung der Presse verursachten, nicht auf. Diese Unterbrechungen waren besonders unangenehm und außerdem sehr kostspielig. Denn der durch den jedesmaligen Stillstand der Presse verursachte Schaden belief sich auf etwa zwanzig Mark in der Minute. Es wurde dann ein Ventil aus rostfreiem Stahl eingesetzt, und während der nächsten zwei Jahre brauchte es nicht mehr nachgeschliffen zu werden, da irgendwelche Betriebsstörungen ausblieben.

Die sich aus der Verwendung von rostfreiem Stahl für die Herstellung von Turbinenschaufeln ergebenden Vorteile wurden schon vor mehreren Jahren erkannt und es sind auch schon in dieser Richtung genügende Erfahrungen gesammelt worden, die zeigen, daß das Verhalten dieses Werkstoffes den Erwartungen im großen und ganzen entspricht[1].

Die bei den verschiedenen Turbinenarten vorkommenden Verhältnisse ändern sich beträchtlich, so daß auch die von dem Werkstoff für die Schaufelherstellung verlangten wünschenswertesten physikalischen Eigenschaften sehr wahrnehmlich schwanken. Hierauf soll etwas näher eingegangen werden.

Bei Gleichdruckturbinen werden die Schaufeln in den Düsenzwischenböden oft aus Platten oder Streifen gefertigt, die zu der benötigten Form gebogen werden. Sie werden in ihrer Lage gehalten, indem der eiserne Zwischenboden um die Schaufeln „herumgegossen" wird. Dieses Herstellungsverfahren verlangt von dem verwendeten Werkstoff bestimmte Eigenschaften. Das Stahlblech muß weich, doch nicht federnd sein, so daß es leicht in die verlangte Form gepreßt werden kann und, wenn dies geschehen ist, auch die gewünschte Form genau behält. Das Verfahren der Zwischenbodenherstellung durch „Umgießen" der Schaufeln ver-

---
[1] Vgl. S. 93 und Fußanmerkung S. 317.

Einige Anwendungen des rostfreien Stahls. 313

langt, daß der Schaufelbaustoff in nicht zu hohem Maße lufthärtet. Während der Gießarbeit werden die Schaufeln, die vorher in der Gießform in die richtige Lage gebracht wurden, bis über den Schmelzpunkt des Gußeisens (1150 bis 1200° C) erhitzt und alsdann mehr oder weniger schnell je nach der Größe des Zwischenbodens abgekühlt. Härtet sich der Werkstoff bei dieser Behandlung erheblich, so werden die Schaufeln verhältnismäßig spröde und ganz besonders in nächster Nähe der Stelle, wo sie in die Mitte oder den Rand des Bodens eintreten. Die erforderlichen Eigenschaften des Schaufelbaustoffes werden in zufriedenstellender Weise durch die Verwendung eines weichen rostfreien Stahls oder Eisens mit 0,10 oder 0,15 vH Kohlenstoff erhalten. Bleche aus diesem Werkstoff sind, wenn sie ganz angelassen sind, leicht in die verlangte Form zu pressen und härten auch nicht unnötig, wenn sie „umgossen" werden. Dieser letztere Punkt kann durch eine Reihe von Versuchen beleuchtet werden, die ausgeführt wurden, um den Einfluß des Kohlenstoffgehaltes dieses rostfreien Werkstoffes auf diese Forderung zu zeigen.

Blechstreifen von etwa 150 mm Länge, 25 mm Breite und 1,6 mm Dicke aus Stählen mit 0,10, 0,15, 0,18, 0,21 und 0,30 vH Kohlenstoff wurden in die Form eines Gußklotzes von etwa 300 × 75 × 100 mm eingesetzt. Der Klotz wurde um die Blechstreifen gegossen, nachdem letztere in einer solchen Lage in die Gießform gebracht worden waren, daß jeder Streifen um 50 mm in das Gußeisen hineinging (Abb. 117). Nach dem Guß wurde der Klotz in der für Güsse dieser Größe üblichen Weise abgekühlt.

Vor dem „Herumgießen" waren alle Streifen gehärtet und vollständig angelassen worden, um sie in einen zähen dehnbaren Zustand zu bringen. Nach der völligen Erkaltung des Gusses wurden die hervorstehenden Streifenenden an der Stelle um 90° gebogen, wo sie aus dem Gußklotz herausragten, wie es der linke Streifen in Abb. 117 andeutet. Alle Streifen mit 0,18 vH Kohlenstoff und weniger bestanden diese Prüfung.

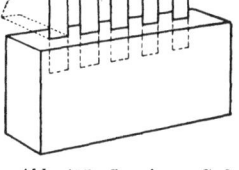

Abb. 117. In einem Gußeisenblock zum Teil „umgossene" Blechstreifen aus rostfreiem Stahl zur Prüfung der Härte dieses Werkstoffes.

Auch bei dem Streifen mit 0,21 vH Kohlenstoff glückte der Versuch, doch die anderen Streifen brachen, während der Streifen mit 0,30 vH Kohlenstoff auch nicht um 90° gebogen werden konnte, ohne zu brechen. Aus diesen Ergebnissen folgt, daß ein Kohlenstoffgehalt von nicht mehr als 0,18 vH oder besser noch mit 0,15 vH am wünschenswertesten für den rostfreien Baustoff ist, der für Turbinenschaufeln, die in dieser Weise behandelt werden, in Betracht kommt. Die untere Grenze ist als Sicherheitsmaßnahme vorzuziehen, weil die Lufthärtungsfähigkeit dieses Stahls durch seinen Chrom- und Nickelgehalt beeinflußt wird.

Es ist selbstverständlich, daß die Stärke der bei den Turbinenschaufeln erzeugten Lufthärtungswirkung von der Größe des Zwischenbodenabgusses und der Geschwindigkeit abhängt, mit der er abkühlt. Betrachtet man Abb. 18, so ergibt sich, daß ein gewöhnlicher rostfreier Stahl mit etwa 0,3 vH Kohlenstoff, wenn er auf Temperaturen bis zu 1200° C oder darüber erhitzt wird, hiervon mit verhältnismäßig niedrigen Geschwindigkeiten abgekühlt werden kann und dennoch hart wird. Es ist natürlich möglich, daß die Abkühlungsgeschwindigkeit eines großen Zwischenbodenabgusses genügend niedrig sein kann, um irgendwelche lufthärtende Wirkung bei den eingesetzten Schaufeln zu verhüten, gleichgültig, welchen Kohlenstoffgehalt der nichtrostende Stahl aufweist. Es kann die Frage gestellt werden, ob unter diesen Umständen die Verwendung eines Werkstoffes mit niedrigem Kohlenstoffgehalt für die Schaufeln wesentlich ist. Nach einer solchen langsamen Abkühlung von Temperaturen von etwa 1200° C besitzen alle rostfreien Stähle mit Ausnahme der weichsten ein grobes Perlitgefüge zugleich mit mehr oder weniger freiem Ferrit oder Karbid je nach dem Kohlenstoffgehalt (vgl. Abb. 2, 3, 4 und 21). Die mit einem solchen Gefüge verbundenen mechanischen Eigenschaften sind nicht besonders gut, und wie schon auf S. 119 gezeigt wurde, werden sie durch Erhöhung des Kohlenstoffgehaltes ungünstig beeinflußt. Es dürfte daher scheinen, daß es auch dann, wenn die Abkühlungsverhältnisse solche sind, daß sie keinerlei Lufthärtungswirkung bei den eingesetzten Schaufeln hervorrufen, wünschenswert ist, einen Werkstoff mit niedrigerem Kohlenstoffgehalt wegen seiner unter solchen Bedingungen vorhandenen verhältnismäßig besseren Eigenschaften zu verwenden. Man kann daher hieraus schließen, daß der geeignetste rostfreie Werkstoff zur Herstellung von Schaufeln für die Düsenzwischenböden von Gleichdruckturbinen derjenige mit nicht mehr als etwa 0,15 vH Kohlenstoff ist.

Bei den Laufschaufeln dieser Gleichdruckturbinen sind die Verhältnisse jedoch ganz verschieden. Diese Schaufelung ist im allgemeinen kurz und kräftig gehalten. Folglich werden die Schaufeln gewöhnlich aus wärmebehandelten Stangen oder Schmiedestücken passender Größe gewalzt und alsdann durch verschiedene mechanische Vorrichtungen in ihrer richtigen Lage befestigt. Der Stahl kann deshalb, solange er maschinell bearbeitbar ist, härter sein als derjenige für die Düse des Zwischenbodens und kein Grund besteht, warum er nicht lufthärten sollte. Folglich wird ein Stahl, wenn nicht irgendwelche Herstellungseinzelheiten im Hinblick auf die Schaufeln zu beachten sind, die die Wahl eines weicheren Werkstoffes wünschenswert erscheinen lassen, mit einer Zugfestigkeit von etwa 70 bis 85 kg/mm² als der geeignetste für solche Schaufeln gelten. Infolge seiner größeren Härte wird er wahrscheinlich Anfressungen besser widerstehen als der sehr weiche Werkstoff.

Bei den Überdruckturbinen sind die Verhältnisse nicht so ernst wie bei den Gleichdruckturbinen. Vielleicht deswegen, weil die Hersteller von Überdruckturbinen den rostfreien Stahl nicht so früh einführten wie jene, die die größeren Anfressungen bei der Gleichdruckturbine bekämpfen mußten. Bei der Überdruckturbine sind die Schaufeln schmäler und dünner als bei der anderen. Folglich wird eine solche Schaufelung im allgemeinen kaltgewalzt oder zu der betreffenden Form kaltgezogen. Ein großer Teil der Schaufelung ist auch sehr lang, und deshalb muß der für sie verwendete Werkstoff zäh sein. Die Enden der Schaufeln werden gewöhnlich mit Versteifungsdrähten hartgelötet, während die längeren Schaufeln eine weitere Steifigkeit dadurch erhalten, daß sie an andere Drähte an einer oder an mehreren Stellen in Richtung ihrer Länge hartgelötet werden.

Für das übliche Kaltwalzen oder Kaltziehen der Schaufelbleche ist die Verwendung eines ziemlich weichen Werkstoffes wünschenswert, und es dürfte für solche Zwecke ein rostfreier Stahl oder ein rostfreies Eisen mit etwa 0,2 vH Kohlenstoff oder weniger, der gehärtet und angelassen wird, um eine Zugfestigkeit von etwa 55 bis 70 kg/mm² zu ergeben, der geeignetste sein. Dieser Rat zur Verwendung eines Werkstoffes mit niedrigem Kohlenstoffgehalt wird noch dringlicher, wenn man die Wirkung berücksichtigt, die die zahlreichen Hartlötverfahren, die notwendig sind, um die Versteifungsdrähte zu befestigen, auf die Schaufeln haben. Dieser Umstand wurde schon in einem früheren Abschnitt erwähnt (S. 93), in dem gezeigt wurde, daß es, wenn auch die Hartlötung bei Temperaturen ausgeführt werden kann, die bei Verwendung einer geeigneten Hartlötmischung niedriger sind als der Ac_1-Punkt des rostfreien Stahls, besser ist, aus Sicherheitsgründen einen rostfreien Werkstoff mit einem niedrigen Kohlenstoffgehalt zu wählen, vorzugsweise vor einem Erzeugnis mit höherem Kohlenstoffgehalt für Zwecke, die eine Hartlötung mit einschließen, weil die schlechten Einflüsse einer zufälligen Überhitzung während der Hartlötarbeit bei dem Stahl mit niedrigerem Kohlenstoffgehalt viel weniger ernst sind als bei dem anderen. Trotzdem es möglich ist, die Hartlötarbeit mit den genannten Sonderhartlötlegierungen auszuführen, damit die Temperatur des Stahls niemals etwa 800° C, den Ac_1-Punkt des rostfreien Stahls, übersteigt, so ist es verständlich, daß dieses Verfahren eine ganz besonders große Sorgfalt verlangt, da sonst sehr wahrscheinlich unter den gewöhnlichen Werkstattsverhältnissen, wie sie bei der Hartlötung von Versteifungsdrähten vorliegen, die dünnen Ecken und Kanten der Schaufeln über diese Temperatur erhitzt werden. In diesem Falle ist der Wert des rostfreien Eisens offensichtlich. Der rostfreie Stahl mit höherem Kohlenstoffgehalt besitzt eine bemerkenswerte Lufthärtungsfähigkeit, sobald er durch den Ac_1-Punkt gegangen ist. Andererseits lufthärtet das rostfreie Eisen in größerem Maße, wenn es auf höhere Temperaturen erhitzt wird, z. B. auf 900 bis 950° C, nicht und dann ist natürlich der erhaltene Härtegrad viel geringer als bei dem Stahl mit einem höheren Kohlenstoffgehalt, wenn namentlich der Chromgehalt ziemlich hoch ist, z. B. 13 oder 14 vH. Hieraus ergibt sich, daß die Hartlöttemperatur beim rostfreien Eisen beträchtlich über jene erhöht werden kann, die wahrscheinlich bei dem Stahl mit höherem Kohlenstoffgehalt Härtung verursachen wird, ohne bei dem Werkstoff mit niedrigerem Kohlenstoffgehalt irgendwelche wahrnehmbare Härtungswirkung hervorzurufen. Die Vorteile dieses bedeutend größeren Spielraums bei der Hartlötung eines Werkstoffes mit niedrigem Kohlenstoffgehalt werden allen denen klar werden, die aus praktischer Erfahrung die Schwierigkeit bei der Überwachung der Höchsttemperatur kennen, welch letztere die dünnen Metallstreifen erfaßt, wenn sie mittels einer Lötrohrflamme erhitzt werden.

Für den größten Teil der Schaufelung von Überdruckturbinen dürfte ein Werkstoff mit niedrigem Kohlenstoffgehalt, der gehärtet und ganz angelassen wird, um eine Zugfestigkeit von etwa 55 oder 65 oder 70 kg/mm² zu ergeben, am geeignetsten sein. Zuweilen findet man jedoch, daß die Anfressungen am Dampfeintritt der Turbine stärker sind als an anderen Stellen, und so werden in vielen Fällen die ersten paar Reihen der kurzen Schaufeln aus etwas härterem Werkstoff mit einer Zugfestigkeit von etwa 70 bis 85 kg/mm² hergestellt. Ein Gegenstand mit dieser Härte kann aus geeignetem Werkstoff mit niedrigem Kohlenstoffgehalt durch Härten und nachfolgendes Anlassen auf 600⁰ C erhalten werden (vgl. Zahlentafel 2 auf S. 103).

In manchen Fällen werden anstatt der Hartlötung eines Deckbleches auf die Enden der Schaufeln letztere durch Bohrungen in den Ring gezogen, der oft aus einem rostfreien Stahlstreifen besteht, und dann werden die Enden zur Herstellung einer starren Befestigung kalt übergenietet. Dasselbe Verfahren wird auch bevorzugt, um die Enden der Laufschaufeln der Gleichdruckturbinen zu verbinden. Gewöhnlich besteht keine Schwierigkeit in der Bildung zufriedenstellender Verbindungen durch diese Nietung der Schaufelenden, wenn die letzteren eine Zugfestigkeit von nicht mehr als etwa 80 kg/mm² besitzen. Sollte irgendeine Unannehmlichkeit während der Nietung der harten Schaufeln eintreten, so ist es sehr tunlich, die Enden derselben örtlich zu erweichen, besonders dann, wenn sie in der oben angegebenen Weise hergestellt worden waren[1].

Von der vorzüglichen Bewährung von Turbinenschaufeln aus rostfreiem Stahl gibt Abb. 118 Zeugnis. Sie stellt den Abschnitt einer Turbinenscheibe dar, bei der einzelne Segmente abwechselnd mit Schaufeln aus Kruppschem V1M-Stahl und Nickelstahl

---

[1] Vgl. Lasche: Konstruktion und Material im Bau von Dampfturbinen und Turbodynamos. 3. Auflage. Berlin: Julius Springer 1925; Thum: Die Werkstoffe im heutigen Dampfturbinenbau. Zeitschrift des Vereins deutscher Ingenieure 1927, S. 753; Wallenborn: Untersuchung von Schaufelmaterial für Dampfturbinen. Stahl und Eisen 1921, S. 204; Quack: Der Einfluß der Dampftemperatur auf das Verhalten des Turbinenmaterials. Mitt. der Vereinigung der Elektrizitätswerke 1923, S. 304; Honegger: Über den Verschleiß von Dampfturbinenschaufeln. BBC-Mitteilungen 1927, S. 146; Kraft: Der heutige Stand der Baustofffrage von Dampfturbinenbeschaufelungen. AEG-Mitteilungen 1924, S. 183 und Kraft: Eisen und Stahl im Dampfturbinenbau. AEG-Mitteilungen. 1928, S. 15.

mit 5 vH Nickel, welch letzterer heute an Stelle des früher üblichen Nickelstahls mit 25 vH Nickel verwendet wird, versehen worden waren, um das Verhalten dieser beiden Stahlsorten im Betriebe festzustellen. Nach dreijähriger Betriebsdauer der Turbine waren die Schaufeln aus dem Nickelstahl durch Verrostung vollständig unbrauchbar geworden, während im Gegensatz hierzu die Schaufeln aus V1M-Stahl sich den Ansprüchen vollständig gewachsen zeigten und unverändert geblieben waren[1].

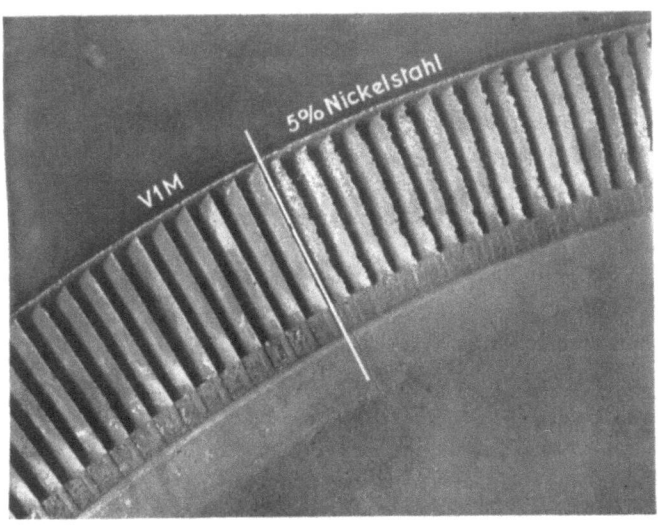

Abb. 118. Schaufelkranz einer Dampfturbine nach dreijähriger Betriebsdauer. Der V1M-Stahl ist unverändert geblieben, der Nickelstahl ist stark angefressen.

Bei einer gewissen Ingenieurtätigkeit arbeitet man auf die Verwendung von Dampf bei höheren Temperaturen und Drucken hin (hochüberhitzter Dampf). Man spricht schon von Temperaturen von 425°C bei etwa 38 at Druck, während bereits 540°C vorgeschlagen wurden. Eine solche Temperatur würde einem absoluten Druck von etwa 140 at entsprechen bei einer Überhitzung des Dampfes von etwa 182°C. Es ist jedoch nicht ausgeschlossen, daß bei diesen Temperaturen und Druckverhältnissen der gewöhnliche rostfreie Stahl nicht genügend fest gegen Anfressungen in der Turbine ist. Sollte dies tatsächlich der Fall sein, so ist es wahrscheinlich, daß es durch Verwendung der besonderen Nickelchromlegierungen

---
[1] Kruppsche Monatshefte 1920, S. 144.

Einige Anwendungen des rostfreien Stahls.

(Abschnitt VII) nach etwaiger Änderung durch Zusatz anderer Metalle wie Wolfram oder Molybdän, ermöglicht wird, diesen ernsten Einflüssen zu begegnen. Noch ernstere Verhältnisse werden zweifellos angetroffen werden, sollte sich die Gasturbine jemals aus dem Versuchszustande zu erfolgreicher praktischer Verwendung erheben. Alsdann ist wohl anzunehmen, daß die Metallurgie mit einer äußerst schwierigen Aufgabe betraut werden wird, Legierungen zu schaffen, die diesen wahrscheinlich in der Gasturbine anzutreffenden Verhältnissen vollkommen gewachsen sind.

Außer der Wahl von rostfreiem Stahl bei der Lösung einiger der Aufgaben, die bei diesen besonderen Zweigen der Konstruktionstechnik, nämlich dem Dampf- und Wasserbetrieb, sowie der Turbinenherstellung angetroffen werden, gibt es noch viele Gelegenheiten, die im Ingenieurwesen, im Maschinenbau oder in den Stahlwerken vorkommen, bei denen die Verwendung von rostfreiem Stahl für irgendeinen Maschinenteil usw. zu einer ansehnlichen Ersparnis führen wird, wenigstens was die Vermeidung oder Verminderung von Störungen anbetrifft. Bei der Herstellung von Eisenbahnradreifen wird z. B. der für diese gewählte Stahl oft zu großen Blöcken vergossen, die später auf kräftigen Drehbänken in Stücke von der verlangten Größe geschnitten werden. Bei zwei solcher Drehbänke, die in den Werken verwendet werden, bei denen Monypenny beschäftigt ist, sind die Werkzeughalter mit Bolzen, Schraubenmuttern und Quertrieben aus rostfreiem Stahl gefertigt. Hierdurch wird viel Ärger infolge Verrostung der gleichen Teile, die aber aus gewöhnlichem Stahl bestehen und alsdann ein Klemmen verursachen, vermieden. Bestanden gleichfalls die Führungsbahnen des Hauptschlittens derselben Drehbänke aus gewöhnlichem Stahl, so wurden sie an beiden Enden von Rost angefressen und bewirkten hierdurch ein ruckweises Arbeiten des Schlittens. Nach Herstellung dieser Teile aus rostfreiem Stahl blieb dieser Übelstand aus.

Wie aus dem kurzen Bericht in Abschnitt VI über die Wirkung besonderer Angriffsmittel auf rostfreien Stahl geschlossen werden kann, ist dieser Werkstoff kein Allheilmittel gegen alle Korrosionsübel und sonstigen Störungen, die die Konstruktionstechnik bei ihrer Arbeit antrifft. In mancher Hinsicht hat sich für sie die Verwendung von rostfreiem Stahl als von großem Werte erwiesen. In anderer Beziehung dürfte seine Verwendung keinen großen Erfolg haben. Vielleicht ist es für den Ingenieur von Nutzen, wenn hier weitere Beispiele für die Heranziehung von rostfreiem Werkstoff angeführt werden.

Die Vorzüge, die sich aus dem Gebrauch rostfreier Stähle bei der Errichtung von Werken für die Herstellung und Behandlung von Salpetersäure ergeben, wurden schon früher genannt. Eine vollständige „Immunität" gegen den Widerstand dieser Säure wird bei einem rostfreien Eisen mit einem hohen Chromgehalt (nicht weniger als etwa 15 vH) erreicht, oder bei den Chromnickellegierungen der Ankaart mit einem gleichen oder höheren Gehalt an Chrom zugleich mit einer genügenden Nickelmenge, um sie vollständig austenitisch zu machen. Welche von diesen beiden Legierungen unter den gegebenen Verhältnissen vorzuziehen ist, hängt von den jeweiligen Umständen ab. Das rostfreie Eisen ist etwas billiger als die austenitische Legierung und hat aus diesem Grunde Vorteile, wo große Mengen von Blechen benötigt werden, wie z. B. bei dem Bau von Türmen[1]. Die Kaltnietung solcher Bleche kann auch leichter ausgeführt werden, wenn die Nieten aus rostfreiem Eisen bestehen, worüber schon im letzten Abschnitt gesprochen wurde.

Es soll noch daran erinnert werden, daß sich rostfreies Eisen im allgemeinen leichter maschinell bearbeiten läßt als die austenitische Legierung, trotzdem man mit letzterer wohl nur dann Unannehmlichkeiten erleben dürfte, wenn gewisse Vorsichtsmaßnahmen nicht beobachtet worden sind. Diese hängen mit der Fähigkeit des Stahls, während der Bearbeitung hart zu werden, zusammen. Es ist bei der maschinellen Bearbeitung dieser austenitischen Legierungen äußerst wichtig, daß ein scharfes Werkzeug gewählt wird, das dauernd „freischneidet". Schleift das Werkzeug an der Oberfläche des Werkstückes entlang, ohne zu schneiden, so wird sich eine harte Außenhaut bilden, die ein weiteres Schneiden erschwert oder sogar fast unmöglich macht. Aus diesem Grunde können z. B. Störungen leicht vorkommen, wenn tiefe Löcher gebohrt werden, weil die Spitze des Bohrers mehr schleift als schneidet. Ein Körner soll nur leicht angesetzt werden. Wird er mit einem schweren Schlag eingetrieben, so wird das nachfolgende Bohren des Loches wahrscheinlich beträchtliche Schwierigkeiten verursachen. Diese Vorsichtsmaßnahmen sind vornehmlich bei Legie-

---

[1] Bei der Erneuerung der St.-Pauls-Kathedrale in London wurden etwa 50 Tonnen Staybritestahl verbraucht.

rungen zu beachten, die zur Erzeugung von Austenit genügend Nickel aufweisen, weil sie während der Bearbeitung schnell hart werden. Ferner beziehen sich diese Vorsichtsmaßnahmen auch noch besonders auf Legierungen mit einer hohen Zugfestigkeit und weniger auf Stähle, die diese Eigenschaft in geringerem Maße besitzen.

Es kann nicht behauptet werden, daß irgendeine der beschriebenen rostfreien Legierungen gegen Schwefel- und Salzsäure vollkommen widerstandsfähig ist. Zwar kann durch den Gebrauch von Sonderlegierungen bei Raumtemperatur ein hoher Grad von Widerstand gegen den Angriff verdünnter Lösungen dieser Säuren erreicht werden, wie im Abschnitt VII beschrieben wurde. Wird aber die Temperatur der Säure erhöht, so steigt im allgemeinen die Angriffsgeschwindigkeit schnell an. Eine Ausnahme hiervon findet man bei der komplexen Chromnickelmolybdänlegierung (S. 295), die dem Angriff verdünnter Schwefelsäure, sogar wenn sie heiß ist, standhält. Dies dürfte sich als wertvoll erweisen, wenn man solchen Betriebsverhältnissen begegnet. Wo jedoch schwach saure Flüssigkeiten bei etwa Raumtemperatur gepumpt oder sonstwie gehandhabt werden müssen, scheinen die Chromnickellegierungen entweder der Ankaart oder derjenigen mit etwa 25 vH Nickel besondere Vorteile für den Bau von Maschinen zu besitzen, die mit solchen Flüssigkeiten in Berührung kommen.

Ein noch größeres Anwendungsgebiet für die verschiedenen Arten des rostfreien Stahls findet man bei der Behandlung der verschiedenen organischen Säuren oder der schwächeren Mineralsäuren. In manchen Fällen kann man den gewöhnlichen rostfreien Stahl oder das gewöhnliche rostfreie Eisen heranziehen, oder auch die besonderen Chromnickelstähle, z. B. die Ankalegierungen, worüber in den Abschnitten VI und VII eingehend berichtet wurde.

Noch größere Möglichkeiten für den rostfreien Stahl kommen bei der Behandlung von Salzen und anderen mehr oder weniger neutralen Körpern entweder organischer oder anorganischer Natur vor, die einen sehr großen Teil der chemischen Schwerindustrie ausmachen. Irgendwelche ausführlichen Angaben über die Gebrauchsmöglichkeiten rostfreier Stähle in dieser Richtung dürften sich wohl erübrigen. Indessen kann jedoch das Ergebnis besprochen werden, das unlängst bei der Verwendung einer Kette aus rostfreiem Eisen bei einem Saftfilter in der Zuckerindustrie erhalten wurde. Diese Ketten werden im allgemeinen aus gewöhnlichem Stahl gefertigt und verursachen infolge von Korrosion und daher schneller Lockerung der Befestigung beträchtliche Störungen. Zwei derartige Ketten, die die Gestalt nach Abb. 119 hatten, wurden nebeneinander verlegt und liefen während der Dauer der Zuckerkampagne. Die eine Kette bestand aus gewöhnlichem Kohlenstoffstahl, verschiedene Einzelteile waren einsatzgehärtet. Die andere Kette bestand vollständig aus rostfreiem Eisen.

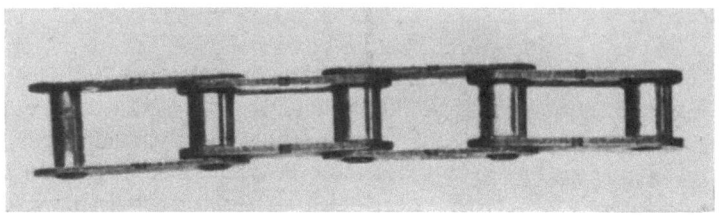

Abb. 119. Teil einer Kette aus rostfreiem Eisen in einem Saftfilter laufend, nach der Zuckerkampagne. Unangegriffen.

Abb. 120. Teil einer Kette aus gewöhnlichem Stahl, die neben der Kette aus rostfreiem Eisen nach Abb. 119 lief. Stark angegriffen.

Gegen Ende der Kampagne fand man, daß die Kette aus rostfreiem Eisen kaum gelitten hatte, die gewöhnliche Stahlkette jedoch war für eine weitere Benutzung unbrauchbar. Tatsächlich mußten einige neue Bolzen usw. eingesetzt werden, um die Seitenbleche zusammenzuhalten, damit die Kette noch bis zum Ende der Kampagne laufen konnte. Dies ist auch aus den Abb. 119 und 120 ersichtlich, die ein kurzes Stück der Ketten am Ende der Kampagne zeigen. Während sich die Glieder der rostfreien Eisenkette noch in gutem Zustande befinden, sind die der gewöhnlichen

Stahlkette sehr locker geworden und werden nur durch die eingesetzen Bolzen zusammengehalten, die an sich deutlich angegriffen sind.

Was die Kruppschen nichtrostenden Stähle für die chemische Industrie anbetrifft, so sei noch angeführt, daß bereits zahllose Gegenstände und Einrichtungen aus V2A-Stahl im Gebrauch sind, wie Eindampfschalen, Kochgefäße, Destilliergeräte, Wellen, Rührerschaufeln, Säuregefäße, Zentrifugen, Ventilatoren für Säuregase (Abb. 121), Kühlgefäße nebst Rührschnecken, Säureabscheider für Nitriergut einschließlich Drahtsiebe, Kristallisationsschalen, Trocknungsgefäße für Farben, Holländermesser für die Papiererzeugung (wegen der hohen Verschleißfestigkeit des V2A-Stahls) usw. Auch ist festgestellt worden, daß sich der V2A-Stahl zur Verwendung im Gärungsgewerbe, z. B. für Gärungsbottiche, Lagertanks usw. besonders in der Bierbrauerei vorzüglich eignet, da

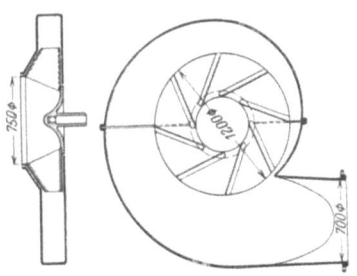

Abb. 121. Ventilator aus V2A-Stahl für Säuregase.

diesen Stahl weder die Gärungsflüssigkeiten noch die chemischen Mittel, die zur Keimtötung der Gefäße dienen, angreifen. Durch die Einführung von Bierfässern aus V2A-Stahl fällt die Küferei und Picherei fort, so daß kein Holz- und Pechgeschmack, wie bei den üblichen Holzfässern, mehr auftritt[1]. Auch für Übersee kann das Bier statt in Flaschen in V2A-Fässern entkeimt (pasteurisiert) werden. Auch Selbstschenker (Siphons) und sogar Milchkannen aus V2A-Stahl genießen guten Ruf. Letztere sind schnell und einwandfrei zu säubern. Die Milch hält sich in ihnen wesentlich besser als in verzinkten Eisenblechkannen, bei denen sich an den abgeblätterten Stellen der Zinkschutzschicht nur schwer zu beseitigender Rost und Schmutz ansetzt.

Der V4A-Stahl (molybdänhaltig) ist, wie schon im vorigen Abschnitt gesagt wurde, sehr widerstandsfähig gegen heiße schweflige Säure unter Druck z. B. gegen die Sulfitlaugen der Zellulose-

---

[1] Vgl. Strauß: Der nichtrostende Stahl V2A und seine Anwendung im Apparatebau. Kruppsche Monatshefte 1925, S. 149 und 1927, S. 103.

herstellung und ferner auch gegen Essigsäure, während der V6A-Stahl (kupferhaltig) besonders beständig gegen heiße Lauge von Ammoniumchlorid (Salmiak) sowie gegen sehr verdünnte Lösungen von Salzsäure ist.

Wenn hier noch erwähnt werden soll, daß es den Mannesmannröhrenwerken gelungen ist, den Kruppschen V2A-Stahl zu nahtlosen Röhren (nahtlos warmgewalzt oder nahtlos kaltgezogen) zu verarbeiten (Abb. 122) und der Westfälischen Drahtindustrie, Hamm, diesen Stahl zu Draht umzuformen, so sind hier, wenn auch noch daran erinnert wird, daß Entwicklerschalen und Halter für photographische Zwecke aus diesem Stahl gefertigt werden, und er auch als Platinersatzstoff in chemischen Laboratorien dient[1], nur einige weitere Erzeugnisse genannt worden, die aus rostfreiem Stahl auf den Markt gekommen sind.

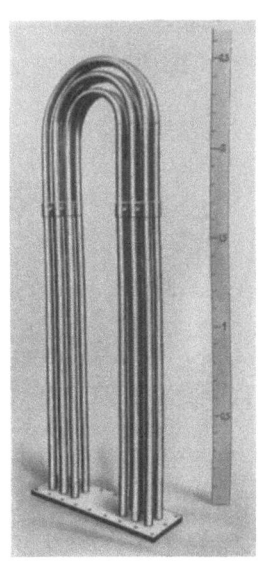

Abb. 122. Heizkörper aus nahtlosen V2A-Stahlröhren.

Was noch insbesondere die Fertigung von nahtlosen Röhren aus rostfreiem Stahl anbetrifft, so sind auf diesem Gebiete große Anstrengungen gemacht worden, die aber noch bis zu Anfang 1926 nur sehr geringe Erfolge aufwiesen. Man war gezwungen, solche Röhren aus Blechen als Schlitzrohre zu rollen, und die Schlitze durch eine Längsschweiße zu schließen. Diese Ausführungsart genügte aber in sehr vielen Fällen nicht, wenn höhere Beanspruchungen durch Druck usw. in Frage kamen. Die chemische Industrie arbeitet bei ihren neuzeitlichen Verfahren zumeist mit sehr hohem Druck, und sie empfand deshalb seit Jahren den Mangel an nahtlosen, nichtrostenden und säurebeständigen Röhren besonders stark.

---

[1] Vgl. Rothe: Der Kruppsche V2A-Stahl als Platinersatzstoff im chemischen Laboratorium. Kruppsche Monatshefte 1925, S. 157.

Anfang 1926 ist es nun den Mannesmannröhrenwerken geglückt, nahtlose Röhren aus den Kruppschen VA-Stählen im Fabrikationswege zu gewinnen. Dieses Unternehmen hat in den letzten zwei Jahren reiche Erfahrungen sowohl in bezug auf die Herstellung nahtloser VA-Röhren selbst, als auch im Hinblick auf den Verwendungszweck dieser Erzeugnisse gesammelt.

Die Verarbeitung von Kruppschen VA-Stählen bereitete, was sowohl das Walzen als auch das Kaltziehen anbelangt, zuerst große Schwierigkeiten, die aber nach und nach überwunden wurden. Man war zunächst nur in der Lage, Röhren bis zu vier Meter Länge herzustellen. Doch da namentlich die chemische Industrie wesentlich größere Längen anforderte, so mußte man allmählich die Länge der Röhren bis zu 20 Meter erhöhen.

Mit der Herstellung von nur glatten Röhren war jedoch der Industrie noch nicht gedient. Es wurden Rohrverbindungen, Bogenstücke, Krümmer, T-Stücke und sonstige Formteile aller Art verlangt, die eine neue Frage, die das genannte Unternehmen zu lösen hatte, darstellten. Zuerst bereitete die Verarbeitung der Röhren, wie Gewindeschneiden, Aufschweißen von Bunden, Zusammenschweißen von Röhren und das Biegen der Krümmer usw. einige Schwierigkeiten, die aber schließlich doch überwunden wurden. Namentlich das Biegen von Krümmern, die mit den kleinsten Biegungshalbmessern verlangt wurden, und die Fertigung von Schlangen verwickelster Art stellten eine schwierige Aufgabe dar. In diesem Zusammenhange ist die Bemerkung von Wert, daß man früher nur auf die autogene Schweißung angewiesen war, während die elektrische Schweißung noch wenig befriedigte. Heute schweißt man bereits elektrisch und autogen mit gleich großer Sicherheit.

Im Laufe der Zeit hat sich durch die Erprobung der VA-Stähle in den verschiedensten Säuren von unterschiedlichen Stärken und Wärmegraden das Verwendungsgebiet für Rohre, bei denen der nahtlosen Ausführung aus naheliegenden Gründen allgemein der Vorzug gegenüber geschweißten Röhren gegeben wird, außerordentlich vergrößert. Es kann wohl behauptet werden, daß es heute kaum noch ein Industriegebiet gibt, in dem nicht nahtlose VA-Röhren Verwendung finden. Es sei hier u. a. noch erwähnt, daß die sogenannten Posaunenrohre bei Schiffsdieselmotoren heute fast ausschließlich aus dem VA-Werkstoff gefertigt werden.

Die Fortschritte beziehen sich sowohl auf Röhren aus V2A-Stahl, als auch auf solche aus V4A- und V6A-Stahl.

Inzwischen wurde durch umfangreiche Versuche in der Nord- und Ostsee nachgewiesen, daß V2A-Röhren gegenüber Seewasser vollkommen beständig sind. So zeigten Röhren, die in der Ostsee versenkt waren, nach 277 Tagen auch nicht den geringsten Gewichtsverlust oder Veränderungen irgendwelcher Art. Diese nahtlosen, nichtrostenden Mannesmannröhren werden sich daher fraglos auch im Schiffbau in stetig steigendem Maße einführen[1].

Diese nahtlosen, nichtrostenden, säure- und hitzebeständigen Röhren haben sich in den verschiedensten Industriezweigen, zumal in der chemischen Industrie, sehr gut bewährt. Beträchtliche Mengen finden bereits Verwendung, und die sich stetig steigernde Nachfrage zeigt die allseitige außerordentliche Vorliebe für dieses neue Röhrenerzeugnis. Dies ist auch verständlich, wenn berücksichtigt wird, daß es in der chemischen Industrie gewisse Anlagen gibt, die bei der Verwendung der sonst üblichen Stahl- und Eisenröhren infolge der zersetzenden Wirkung von Säuren nach kurzen Zeitabständen neu berohrt werden müssen.

Aber nicht nur die chemische Industrie hat sich die Vorteile der nichtrostenden, säure- und hitzebeständigen, nahtlosen Mannesmannröhren zunutze gemacht. Es sind vielmehr auch andere Unternehmungen dazu übergegangen, diese Röhren einzuführen, z. B. der Bergbau zur Ableitung saurer Grubenwasser, Salinen- und Brunnenverwaltungen zur Weiterleitung der Sole und der Mineralwässer. Spinnereien, Webereien, Färbereien, sowie Papier- und Zellstoffabriken bedienen sich, wie bereits gesagt, ebenfalls mit großem Vorteil der nahtlosen VA-Röhren. Von besonderer Wichtigkeit ist die Verwendung dieser nahtlosen, säurebeständigen und rostfreien Röhren auch in der Nahrungsmittelindustrie, z. B. in Essig-, Fruchtwein- und Zuckerfabriken, in Brauereien und verwandten Betrieben insofern, als sich der VA-Werkstoff vollkommen neutral gegen Fruchtsäuren, ebenso auch gegen Milch- und Buttersäure verhält, Tatsachen, auf die in den hervorgehenden Ausführungen bereits verschiedentlich hingewiesen wurde.

---

[1] Vgl. „Nahtlose Mannesmannröhren aus nichtrostendem, säure- und hitzebeständigem Stahl." Glasers Annalen 1927, S. 116.

Einen großen Absatz finden die nahtlosen VA-Röhren auch in der Wärmewirtschaft, und zwar dort, wo Hitzen bis zu 1000° C in Frage kommen, z. B. als Pyrometer, Wärmeaustauscher usw.

Für viele Bauwerke und Maschinenteile, für die eine verhältnismäßige Unangreifbarkeit des rostfreien Stahls Vorteile zu erbringen scheint, ist es tatsächlich unwesentlich, daß der aus ihm hergestellte Gegenstand unter den gegebenen Arbeitsbedingungen vollständig unangegriffen bleibt. Einen höchsten Grad von Widerstand erträumt sicherlich jeder Ingenieur, und es ist auch erwiesen, daß sich in vielen Fällen die eine oder andere der zahlreichen rostsicheren Stahlarten diesem Zustande nähert. Ist jedoch die Korrosionsgeschwindigkeit bei Teilen aus rostfreiem Stahl so viel langsamer als bei gleichen Teilen aus gewöhnlichem Stahl oder anderen Metallen, so daß sich die erhöhte Lebensdauer des rostfreien Gegenstandes trotz größerer Kosten im Vergleich zu anderen Metallen mehr als bezahlt macht, so werden bei Verwendung des rostfreien Stahls im Endergebnis offensichtliche Ersparnisse erzielt. In dem obigen Falle kann gegen die größeren anfänglichen Kosten der Kette aus rostfreiem Werkstoff die verhältnismäßige Freiheit von Störungen und sonstigen Unannehmlichkeiten gesetzt werden, wie sie durch die häufige Erneuerung von korrodierten Maschinenteilen verursacht werden. Es müssen dann neue angefordert werden, um in einer begrenzten Zeit z. B. große Mengen von Naturerzeugnissen (Früchte) zu verarbeiten, wenn sie besonders nach der Reife so rasch wie möglich verkauft werden müssen, da sonst ihr Wert beträchtlich sinken würde. Es ist kaum anzunehmen, daß die Kosten irgendeines rostfreien Stahls jemals so niedrig werden, wie die des gewöhnlichen Stahls. Die Kosten des rostfreien Stahls soll jedoch der Ingenieur nur nach der Dienstleistung dieses Baustoffes veranschlagen, und so lange diese sich während der Betriebsdauer ergebenden entsprechenden Kosten wesentlich unter denen des gewöhnlichen Stahls liegen, wird die Verwendung des rostfreien Stahls für jeden Konstrukteur, Maschineningenieur oder Ingenieurchemiker von Vorteil sein, auch wenn die aus diesem Werkstoff hergestellten Maschinen, Geräte und anderen Gegenstände nicht vollkommen „immun" gegen Rost und Korrosion sind.

Patente.

Es sollen hier noch der Inhalt der beiden wichtigsten Patente, die Brearley in Kanada und den Vereinigten Staaten Amerikas über seinen „Stainless Steel" erhielt, sowie Auszüge aus den deutschen Krupppatenten wiedergegeben werden.

I. Canadian Patent Nr. 164622, August 31st, 1915 (application dated April 21st, 1915).

My (Harry Brearley) invention relates to the production of steel or steel alloys and has for its object to produce a malleable steel which shall be practically untarnishable and can be forged, rolled, hardened and tempered under ordinary commercial conditions. The invention results from the discovery that the addition of certain percentages of chromium and carbon to iron will produce a steel having the characteristics above referred to. I have discovered that the addition to iron of an amount of chromium anywhere between 9 and 16%, and also an amount of carbon not greater than 0,7% will result in such a product. In this product there are no microscopically distinguishable free carbides.

I have further found by experiment that steels containing less than 8% of chromium are relatively tarnishable whatever the amount of carbon that they contain up to the limit at which they are malleable and can be hardened and tempered. I have also found that when the amount of carbon exceeds 0,7% the polished steel is tarnishable whatever the amount of chromium it may contain and that this condition corresponds with the appearance in the steel of free carbides which are distinguishable microscopically on polished and etched specimens.

A typical composition for the untarnishable steel embodying my invention would be as follows: carbon 0,24%; manganese 0,3%; chromium 13%; iron 86,46%. In producing such steel embodying my invention I preferably use an electric arc melting furnace. It can be readily made in such a furnace. It forges easily into sheets or strips such as are required for knife blades, for example, and can be hardened and tempered by ordinary commercial processes. It is suitable also for structural purposes, the following being average mechanical properties after small bars of steel of the above composition have been oil hardened at 900° C. and tempered at 700° C., e. g.: yield point 39 tons per square inch., maximum stress 48 tons per square inch., elongation 25% on $2'' \times 0,564''$ test piece, reduction of area 63%, Izod impact figure 86 foot lbs.

Steels which are otherwise of the same composition as the typical composition quoted above but containing greater amounts of carbon cannot be made so tough for any particular degree of hardness but they are suitable for purposes where great toughness ist not required. Small amounts up to say 1 or 2% of nickel, copper, cobalt and small amounts of tungsten, molybdenum and vanadium appear to be without influence an the untarnishable property of the steel.

I am aware that claims have been made for alloy steels containing more than 40% of chromium and nickel and for alloys consisting essentially of chromium and nickel or chromium and cobalt, and for alloys containing chromium associated with other elements but having now described the nature of my said invention I declare that what I claim is

1. An alloy steel containing essentially from 9 to 16% of chromium and less than essentially 0,7% of carbon.

2. A steel alloy containing chromium equal to at least essentially 9% and carbon to an amount not more than essentially 0,7%.

3. A malleable and temperable steel alloy containing iron, chromium and carbon, the iron being at least essentially 80%, the chromium being at least essentially 9% and the carbon being not more than essentially 0,7%.

4. A malleable and temperable steel alloy containing chromium equal to at least essentially 9% and carbon to an amount not more than essentially 0,7%, the balance being iron and less than essentially 2% of other metal.

5. A malleable and temperable steel alloy containing iron, carbon and chromium and the chromium being essentially from 9% to 16% and not containing essentially any microscopically distinguishable free carbides.

II. United States Patent-Nr. 1, 197256, Sept. 5th, 1916 (application filed March 6th, 1916; continuation of application filed March 29th, 1915).

My (Harry Brearley) invention relates to new and useful improvements in cutlery or other hardened and polished articles of manufacture where non-staining properties are desired and has for its object to provide a tempered steel cutlery blade or other hardened article having a polished surface and composed of an alloy which is practically untarnishable when hardened or hardened and tempered. This alloy is malleable and can be forged, rolled, hardened, tempered and polished under ordinary commercial conditions.

The invention results from the discovery that the addition of certain percentages of chromium and carbon to iron will produce a steel capable of taking a polish and having the characteristics above referred to. I have discovered that the addition to iron of an amount of chromium anywhere between 9% and 16%, and also an amount of carbon not greater than 7% will result in a product which, when made into knife blades, has the said characteristics.

I have further found from experiments that steels containing less than 8% of chromium are relatively tarnishable whatever the amount of carbon that they contain up to the limit at which they cease to be malleable and capable of being hardened and tempered. I have also found that when the amount of carbon exceeds 7% the polished steel is tarnishable whatever the amount of chromium it may contain and that this condition corresponds with the appearance in the steel of free carbids, which are distinguishable microscopically on polished and etched specimens.

A typical composition for the untarnishable steel blades embodying my invention would be as follows: carbon 0,3%; manganese 0,3%; chromium 13%; iron 86,4%. In producing such steel I preferably use an electric arc melting furnace. It can be readily made in such furnace. It forges easily into sheets or strips such as are required for knife blades and can be hardened and tempered by ordinary commercial processes.

Knife blades embodying my invention are made from the steel above referred to being formed, hardened and polished by grinding or buffing in the ordinary manner, the product being a polished cutlery blade similar in appearance to other polished blades but possessing the remarkable quality of being practically untarnishable when subjected to the ordinary uses to which knife blades are subjected, because made from the alloy above described. My blades are tempered so as to be sufficiently resilient for ordinary requirements.

Small amounts, up to say 1 or 2% of nickel, copper, cobalt, tungsten, molybdenum and vanadium, appear to be without influence on the untarnishable property of the steel.

In practice it is best not to attempt to obtain an alloy containing above 0,4% of carbon, but rather to try to obtain an alloy containing an amount of carbon less than 0,4% thus leaving a wider margin for variations from the alloy sought to be produced since the desired result is attained when considerably less carbon is present.

This application is a continuation of my application serial No. 17,856 filed March 29th, 1915.

As is evident to those skilled in the art, my invention permits of various modifications without departing from the spirit thereof or the scope of the appended claims. What I claim is:

1. A hardened and polished article of manufacture composed of a ferrous alloy containing between 9% and 16% of chromium and carbon in quantity less than 0,7%.

2. A hardened, tempered and polished cutlery blade composed of a ferrous alloy containing between 9% and 16% of chromium and carbon in quantity less than 0,7% and not containing any microscopically distinguishable free carbids

3. A hardened and polished cutlery article composed of a ferrous alloy containing between 9% and 16% of chromium and carbon in quantity less than 0,6%.

4. A hardened and polished article of manufacture composed of a ferrous alloy containing approximately carbon 0,3%, manganese 0,3% and chromium 13%.

III. Auszüge aus den
deutschen Krupppatenten über „Nichtrostende Stähle". Letztere sind außerdem durch eine Reihe von Auslandspatenten geschützt.

DRP. Nr.	Beginn	längste Dauer	Titel	Bemerkung
304126	18. 10. 1912	17. 10. 1935	Herstellung von Gegenständen (Schußwaffenläufe, Turbinenschaufeln usw.) die hohe Widerstandskraft gegen Korrosion erfordern, nebst thermischem Behandlungsverfahren	Dieses Patent hat die Herstellung von Gegenständen, die hohe Widerstandsfähigkeit gegen Korrosion erfordern, aus bestimmten Chromnickelstahllegierungen zum Gegenstand sowie die der Eigenart dieser Stähle entsprechenden Wärmebehandlungen.

DRP. Nr.	Beginn	längste Dauer	Titel	Bemerkung
304159	21. 12. 1912	20. 12. 1935	Herstellung von Gegenständen, die hohe Widerstandsfähigkeit gegen den Angriff durch Säuren und hohe Festigkeit erfordern (Gefäße, Rohre, Maschinenteile usw.) nebst thermischem Behandlungsverfahren	Dieses Patent hat die Herstellung von Gegenständen, die hohe Widerstandsfähigkeit gegen den Angriff durch Säuren und hohe Festigkeit erfordern, aus bestimmten Chromnickelstahllegierungen zum Gegenstand sowie eine für diese Stähle besonders vorteilhafte Wärmebehandlung zum Gegenstand.
340067	2. 5. 1918	1. 5. 1937	Legierung zur Herstellung chemisch und mechanisch hochbeanspruchter Gegenstände	Den Gegenstand dieses Patentes bilden siliziumhaltige Legierungen der Eisen- und Chromgruppe zur Herstellung chemisch und mechanisch hochbeanspruchter Gegenstände.
395044	3. 8. 1922	2. 8. 1940	Gegenstände (Gefäße, Rohre, Maschinenteile usw.), die hohe Widerstandsfähigkeit gegen Korrosion durch Chlorammoniumlösungen erfordern	Das Patent hat Gegenstände, die hohe Widerstandsfähigkeit gegen Korrosion durch Chlorammoniumlösungen erfordern, aus Chrom-Nickel-Kupferstahllegierungen zum Gegenstand.
399806	3. 8. 1922	2. 8. 1940	Gegenstände (Gefäße, Rohre, Maschinenteile usw.), die hohe Widerstandsfähigkeit gegen den bei hoher Temperatur und hohem Drucke erfolgenden Angriff von schwefliger Säure erfordern	Das Patent hat Chrom-Nickel-Molybdän-Stahllegierungen für die Herstellung von Gegenständen, die hohe Widerstandsfähigkeit gegen den bei hoher Temperatur und hohem Druck erfolgenden Angriff von schwefliger Säure erfordern, zum Gegenstand.

Schrifttum.

Andés: Der Eisenrost. Chemisch Technische Bibliothek. Wien und Leipzig 1898.
Cushman and Gardner: The Corrosion and Preservation of Iron and Steel. London 1910.
Friend: The Corrosion of Iron and Steel. New York 1911.
Liebreich: Rost und Rostschutz. Braunschweig 1914.
Creutzfeldt: Korrosionsforschung vom Standpunkte der Metallkunde. Braunschweig 1924.
Maaß: Korrosion und Rostschutz. Berlin 1925.
Pollitt-Creutzfeldt: Die Ursachen und die Bekämpfung der Korrosion. Braunschweig 1926.
Evans-Honegger: Die Korrosion der Metalle. Zürich 1926.
Rapp: Die Schiffsboden- und Rostschutzfarben. Berlin 1925.
Speller: Corrosion-Causes and Prevention. London 1926.
Würth: Rostschutz. München 1926.
Heat Treatment of a High Chromium Steel. Chem. Met. Eng. 1920 (123), S. 13[1]).
Stainless Steel and its Properties. Engineer 1921 (132), S. 504.
Uses of Stainless Steel. Engineer 1921 (131), S. 598.
Microstructure of Chromium Steels. Chem. Met. Eng. 1921 (24), S. 703.
Some Engineering Uses of Stainless Steel. Engineering 1921 (112), S. 592.
Microstructure of Chromium Steels. Chem. Met. Eng. 1921 (24), S. 703.
A High Chromium Alloy. Metallurgist. Mai 1925. S. 69 (Supplement to Engineer).
Abram: Metallurgical Data on Stainless Steels. Chem. Met. Eng. 1924 (30), S. 430.
Aitchison: Experiments on the Influence of Composition on the Corrosion of Steel. Trans. Faraday Soc. 1916 (11), S. 212.

---

[1]) Abkürzungen: Chem., Met., Eng. = The Chemical and Metallurgical Engineering; J. I. S. I. = The Journal of the Iron and Steel Institute; Trans. A. S. S. T. = Transactions of the American Society for Steel Treating; Trans. A. S. T. M. = Transactions of the American Society for Testing Materials.

Aitchison: Valve Failures and Valve Steels in Internal Combustion Engines. Proc. Inst. Automobile Eng. 1919 (14), S. 31.
— Chromium Irons and Steels. Proc. Inst. Automobile Eng. 1921 (14), 1, S. 183 und Engineering 1921, 2. Dez., S. 771 und 9. Dez. S. 895.
Armstrong: Corrosion Resistant Alloys. Past, Present and Future. Proc. A. S. T. M. 1924 (24), S. 198 (vgl. auch Stahl und Eisen 1925, S. 353).
— Stainless or Rustless Iron, Correctly described as Stable Surface Iron. Trans. A. S. S. T. 1925 (8), S. 163 und Stahl und Eisen 1926, S. 922.
Aupperle: Corrosion Resisting Irons and Steels. Chem. Met. Eng. 1923 (28), S. 681.
Bell: Stainless Steel, its practical application in hydraulic and steam plant problems. Iron and Coal Trades Review. 10. August 1923.
Brearley: Stainless Steels. Chelmsford Engineering Soc. 18. Januar 1923.
Brown Bayleys Steel Works, Ltd.: Stainless Steel, its properties and uses. 1921.
— The use of Stainless Steel for Hydraulic Steam and Mining Plant 1923.
Edwards, Sutton und Oishi: The Properties of Iron-Chromium-Carbon Steels. J. I. S. I. 1920 (101), S. 403.
Edwards und Norbury: Chromium Steels; Effect of Heat Treatment on Electrical Resistivity. J. I. S. I. (101), S. 447.
Enos und Sellig: Corrosion tests on metals and alloys in acid mine waters from coal mines. Carnegie Inst. of Technology. Bull. Nr. 4. 1922.
Enos: Acid Resisting Alloys for use in Mine Water. Coal Age 1923 (23), S. 665.
— Problems of Corrosion in Coal Mining Industry. Proc. Eng. Soc. Western Pennsylvania 1923 (39).
— und Anderson: Corrosion Resistant Alloys for Use in Acid Mine Water. Proc. A. S. T. M. 1924 (24), S. 259.
Fahrenwald: Some principles underlying the successful use of metals at high temperatures. Proc. A. S. T. M. 1924 (24), S. 310 und Chem. Met. Eng. 1923 (28), Nr. 15, S. 680.
Friend, Hammond und Trobridge: The „Stainless" Chromium Steels. Trans. Amer. Electrochem. Soc. 1924 (46).
Firth and Sons, Ltd.: Development of Stainless Steel. 1923.
— Development of Staybrite Steel. 1926.
— Stainless Steel for Turbine Blades. Colliery Guardian 1921 (122), S. 1210 und Electrician 1921 (87), S. 540.
French und Yamauchi: Heat Treatment of a High Chromium Steel. Chem. Met. Eng. 1920 (23), S. 13.
— Stainless Steel at High Temperatures. Iron Age 1922 (110), S. 404. — Vgl. auch Stahl und Eisen 1921, S. 1861.
Hadfield: The Corrosion of Metals, ferrous and nonferrous. Trans. Faraday Society 1918 (11), S. 183.
— und Newbery: The Corrosion and Electrical Properties of Steels. Proc. Roy. Soc. 1916, A. (93), S. 56.
— Corrosion of High Chromium Steels. Iron Age 1916 (97), S. 202.

Hadfield: Reducing Corrosion by Sea Water. Iron Trade Review 1922 (70), S. 1481.
— Corrosion of Ferrous Metals. Engineering 1922 (113), S. 419.
— Progress in the Development and Practical Application of Heat-Resisting and Non-Corroding Steels. Inst. Marine Eng. Januar 1927.
Hall: Stainless Steel and the Making of Cutlery. Trans. A. S. S. T. 1922 (2), S. 561.
Hatfield: Corrosion as affecting metals used in the Mechanical Arts. Engineering 1922 (134), S. 639; Engineering 1922 (114), S. 747 und Stahl und Eisen 1923, S. 886.
— Stainless Steels. Trans. Inst. Mining Eng. 1922 (63), S. 177.
— Stainless Steel and its application to Colliery Works. Iron and Coal Trades Review 1922 S. 524 und 1481.
— Stainless Steels from the point of view of the Glass Industry. J. Soc. Glass Technology, Juni 1923, S. 142 und Coventry Society Journal, Juni 1923.
— Influence of Nickel and Chromium upon the solubility of Steel. J. I. S. I. 1923 (2), S. 103.
— Stainless Chromium Steels. Trans. Amer. Electrochem. Soc. 1924 (46), S. 297; Chem. Met. Eng. 1924 (31), S. 544 und Stahl und Eisen 1925, S. 595.
— Steels Resistant to Corrosion. Engineering 1925 (120), S. 657.
— The Possibilities of Stainless and Similar Corrosion Resisting Steels in the Chemical and Allied Industries. Industrial Chemist. März 1925, S. 64.
— Progress in the Chromium and Chromium-Nickel Corrosion Resisting and Steels Industry. Industrial Chemist. Januar 1926, S. 11.
— Resistant Steels for Chemical Engineering. Inst. of Chem. Eng. Juli 1926.
Haynes: Stellite and Stainless Steel. Proc. Eng. Soc. of Western Pennsylvania. 1920 (35), S. 467 und Iron Age (108), S. 1723.
— Stainless Steel. Yearbook of American Iron and Steel Institute 1921, S. 59; Iron Age (109), S. 1467 und Stahl und Eisen 1921, S. 347.
— Stainless Steel, Composition and Properties. Iron Age 1921 (107), S. 1467.
Henshwa: Valve Steels. Proc. Royal. Aeronautical Society März 1927.
Hultgren: The carrying capacity of Ball Bearings made of Stainless Steel. Proc. A. S. T. M. 1924 (24), S. 304.
Hurst und Moore: Materials for the Exhaust Valves of Internal Combustion Engines. Engineering 1919 (108), S. 672.
Johnson: Properties and Microstructure of heat-treated, non-magnetic flame, acid and rust resisting steel. Trans. A. S. S. T. 1921 (1), S. 534.
— und Christiansen: Characteristics of material for Valves operating at High temperature. Proc. A. S. T. M. 1924 (24), S. 383 und Stahl und Eisen 1924, S. 1757.
Kayser: Heat and Acid Resisting Alloys. Trans. Faraday Soc. 1923 (19), S. 156.
Kerns: Melting High Chromium Alloys in Acid Furnaces. Foundry 1926 (54), S. 229.

MacQuigg: Commercial Alloys of Iron, Chromium and Carbon in the higher Chromium Ranges. Trans. Amer. Inst. Mining and Met. Eng. 1923 (69), S. 831 und Iron Age 1923 (112), Nr. 16, S. 1040.
— Some Engineering Applications of High Chromium Iron Alloys. Proc. A. S. T. M. 1924 (24), S. 373 und Iron Age 1926 (118), Nr. 7, S. 416.
MacAdam: Endurance Properties and Corrosion Resistant Steels. Proc. A. S. T. M. 1924 (24), S. 273.
Hopcraft: Stainless Steel. Engineer. 1924 (138), H. 3596, S. 612.
McKay: Causes and Effects of Corrosion. Chem. Met. Eng. 1925 (32), S. 432.
Marble: Stainless Steel, its treatment and applications. Trans. A. S. S. T. 1920, S. 170.
— Manufacture of Stainless Steel Articles. Chem. Met. Eng. 1920 (23), S. 257.
Monypenny: Stainless Steel. J. Soc. Chem. Ind. 1920 (39), S. 390 und Chem. News 1920 (121), S. 318.
— The Structure of Some Chromium Steels. J. I. S. I. 1920 (101), S. 493.
— The Resistance to Corrosion of Stainless Steel. Trans. Faraday Soc. 1923 (19), S. 169.
— Stainless Steel, its properties and some of its Engineering Applications. Proc. Cleveland Inst. of Eng. 1923 S. 155 und Iron and Coal Trades Review (106), H. 2871, S. 342.
— Stainless Steel, with Particular Reference to the Milder Varieties (Stainless Iron). Trans. Amer. Inst. of Min. and Met. Eng. Februar 1924 und Stahl und Eisen 1924, S. 1182.
— Alloys Resistant to Heat and Corrosion. Proc. Soc. of Glass Technology (8), S. 150.
Murakami: The Structure of Iron — carbon — chromium alloys. Science Rep. of Tohoku Imp. University 1918 (7), S. 217.
Nelson: Recent Developments in the Use and Fabrication of Corrosion Resistant alloys. Trans. A. S. T. M. 1926 (26).
Parmiter: Stainless Steel and Iron. Trans. A. S. S. T. 1924 (7), S. 315 und Stahl und Eisen 1925, S. 805.
Parr: The development of an Acidresisting alloy. Trans. Amer. Inst. Metals 1915 (9), S. 211.
Pickworth: Corrosion with Special Reference to Ferrous Metals and the Deterioration of Ships. North East Coast. Inst. of Eng. and Shipbuilders 1922.
Rawdon und Krynitsky: Resistance to corrosion of various types of chromium steels. Chem. Met. Eng. 1922 (27), S. 171.
Richardson: The gap between theory and practice in the production of corrosion-resisting iron and steel. Trans. Amer. Electrochemical Soc. 1921 (39), S. 61.
Russell: On the Constitution of Chromium Steels. J. I. S. I. 1921 (104), S. 247.
Saklatawalla: The Ferro-Alloy Industry. J. Industrial and Engg Chem. 1922 (14), S. 862.

Saklatawalla: Ferrous Alloys Resistant to Corrosion. Chem. Met. Eng. 1924 (30), S. 672 und Iron Age (113), H. 17, S. 1209.

Seidell und Horvitz: Physical properties of High Chrome Steel. Iron Age 1919 (103), S. 291.

Souder und Hidnert: Thermal Expansion of Nickel, Monel Metal, Stellite, Stainless Steel and Aluminium. U. S. Bureau of Standards 1921. H. 1, S. 426.

— Thermal expansion of a few steels. U. S. Bureau of Standards 1922, H. 433.

Strauss J.: Tabulation of Data and Composition and Properties of Corrosion and Heat Resisting Alloys. Proc. A. S. T. M. 1924 (24), S. 189.

— und Talley: Stainless Steels, their heat treatment and resistance to Sea Water Corrosion. Proc. A. S. T. M. 1924 (24) S. 217.

Strauss B.: Non-rusting Chromium Nickel Steels. Proc. A. S. T. M. 1924 (24), S. 208.

Waddell: The Properties and Engineering Uses of Stainless Steel. Trans. Liverpool Eng. Soc. 1926 (47), S. 233.

Watts: Principles of alloying to resist corrosion. Trans. Amer. Electrochem. Soc. 1921 (39), S. 253.

Wood: Heat Treatment of Non-Corrosive Steels. Amer. Machinist 1925 (62), S. 567.

Zimmerlie: A Bibliography and Abstract of Chromium Steels 1789—1919. Chem. Met. Eng. 1921 (25), S. 703.

Rieger: Korrosion widerstandsfähiger Legierungen. Gießereizeitung 1919, S. 289.

Korrosionswiderstand von verschiedenen Arten Chromstahl. Gießereizeitung 1923, S. 379 (Chem. and Met. Eng. (27), S. 171).

Nichtrostender Stahl. Gießereizeitung 1924, S. 214 (Machinery (30), H. 6, S. 437).

Einiges über Eisenchromlegierungen. Gießereizeitung 1924, S. 259 (The Metal Industry (23), H. 24).

Esselbach: Herstellung und Anwendungsgebiete von nichtrostendem Eisen. Gießereizeitung 1925, S. 317.

Die Verwendung von Chrom in der Industrie. Gießereizeitung 1925, S. 47 aus La Technique Moderne (18), H. 8, S. 300.

Chromeisenlegierung mit hohem Chromgehalt. Gießereizeitung 1925, S. 404 (Proceedings of the American Society for Testing Materials (24), S. 373).

Einfluß der ultravioletten Strahlen auf die Korrosion. Gießereizeitung 1925, S. 99 (Iron Age (114), H. 3, S. 131).

Das Glühen von rostfreiem Stahl. Gießereizeitung 1925, S. 288 aus Foundry Trade Journal (31), H. 439, S. 58.

Zusammensetzung von rostfreiem Stahl. Gießereizeitung 1925, S. 288 aus American Machinist (61), H. 24, S. 931.

Gegen chemische Einflüsse beständige Legierungen. Gießereizeitung 1926 S. 664 (Mac Quigg: Iron Age vom 12. August 1926).

Wärmebeständige Nickelchromlegierungen. Gießereizeitung 1926, S. 493 und 653 (Iron Age vom 10. Juni 1926, Foundry Trade Journal (33), H. 512, S. 411).

Säurebeständige Legierung. Gießereizeitung 1927, S. 16 (Iron Age (117), H. 22, S. 1577).
Hatfield: Wärmebeständige Stähle. Gießereizeitung 1927, S. 371 (The Iron and Coal Trades Review 1927 (113), S. 722).
Pioneer-Metall, eine neue säurebeständige Legierung. Gießereizeitung 1927, S. 261 (Iron Age (177), Nr. 22).
Patente über rostfreien Stahl in Frankreich. Gießereizeitung 1927, S. 68.
Säurefeste Legierung. Fonderie moderne (16), S. 354.
Utescher: Einige Beobachtungen an rostsicherem Stahl. Stahl und Eisen 1924, S. 727.
Rostfreie Stähle und ihre praktische Behandlung. Metal Ind. 1924 (25), H. 16, S. 379.
Die Verwendung von Chrom in der Industrie. La Technique Moderne (16), S. 300.
Heller: Über einige Eigenschaften des Kruppschen V2A-Stahls. Metallbörse 1922, S. 2553 und 1923, S. 66 und 165 (Schottky und Heller).
Nichtrostender Stahldraht. Mitteilungen aus dem Staatlichen Materialprüfungsamt 1923, S. 51.
Bange: Drahtextension mit rostfreiem Stahldraht. Zentralblatt für Chirurgie 1923, Nr. 22.
Heise und Clemente: Die Anfressung von Eisen durch Schwefelsäure und die Wirkung von Chromverbindungen. Chemisches Zentralblatt 1923, S. 712 und 993.
Brunner: Korrosionsverhältnisse der bis heute bekannten sogenannten nichtrostenden Eisen- und Stahllegierungen bei verschiedenen Temperaturen. Beiblatt Nr. 6 (S. 1) zur Vierteljahrsschrift der Naturforschenden Gesellschaft in Zürich 1924 und Stahl und Eisen 1926, S. 169.
Hochprozentige Chromnickelstähle. Min. Metallurgy 1924, H. 215, S. 542.
Rowe: Der Rostwiderstand technischer Legierungen gegen Flüssigkeiten. Metal Industry 1922 (20), H. 11, S. 263.
Herstellung von Nadeln aus fleckenfreiem Stahl. Weltwirtschaftliche Nachrichten 1924, 14. Sept., S. 2604.
Gegenstände aus fleckenfreiem Eisen. Weltwirtschaftliche Nachrichten 1924, 14. Sept. S. 2605.
Vorteile des rostfreien Eisens. Weltwirtschaftliche Nachrichten 1921, 9. Nov. S. 2700.
Van den Berg: V2A-Stahl. Chemisches Zentralblatt 5. Juli 1922, S. 38.
Strauß, B.: Nichtrostender Stahl. Umschau 1921 (25), S. 428.
— Das elektrochemische Verhalten der nichtrostenden Stähle. Stahl und Eisen 1925, S. 1198.
— Über die nichtrostenden Stähle. Zeitschrift für Elektrochemie 1927, S. 317.
— und Maurer: Die hochlegierten Chromnickelstähle als nichtrostende Stähle. Kruppsche Monatshefte 1920, S. 129 und Stahl und Eisen 1921, S. 830.

Hauptmeyer: Gebißplatten aus nichtrostendem Stahl. Kruppsche Monatshefte 1921, S. 45.

Strauß, B.: Der nichtrostende Stahl V2A und seine Anwendung im Apparatebau. Kruppsche Monatshefte 1925, S. 149.

Die Verwendung des nichtrostenden Stahls „V2A" in hydraulischen Anlagen. Kruppsche Monatshefte 1926, S. 85.

Absperrmittel mit V2A-Dichtungen. Kruppsche Monatshefte 1926, S. 181.

V2A-Dichtungen in Rückschlagventilen. Kruppsche Monatshefte 1927, S. 125. — Vgl. auch Kruppsche Monatshefte 1927, S. 192.

Etwas über nichtrostende Stähle und ihre Verwendung. Kruppsche Monatshefte 1927, S. 103.

Nichtrostende Stähle. Kruppsche Werbeschrift.

Lösche: Nichtrostender Stahl „Nirosta". Techn. Rundschau 1927, S. 378.

Yorks: Rostbeständige Stähle. Metal Industry (29), 20. Oktober 1926, S. 419.

MacAdam: Die Korrosionsermüdung von Stählen in Abhängigkeit von der chemischen Zusammensetzung, der Wärmebehandlung und Kaltbearbeitung. Trans. A. S. S. T. (11), März 1927, S. 355.

Locke: Die Bearbeitung von nichtrostenden Stählen. Machinery (29), März 1927, S. 815 (Drehen, Gewindeschneiden, Fräsen, Bohren, Schleifen).

Fortschritte in der Erzeugung von rostbeständigen Sonderstählen. Iron Trade Review (78), 17. Juni 1927, S. 1561.

Drysdale: Der Korrosionswiderstand verschiedener Metalle und Legierungen. Zeitschrift für Metallkunde 1924, S. 369 nach The Foundry 1923, 1. Dezember.

Guertler: Das Problem der säurefesten metallischen Werkstoffe. Zeitschrift für Metallkunde 1926, S. 365 und 1927, S. 499.

Schulz und Jenge: Chemisch beständige Legierungen und ihre Eigenschaften. Zeitschrift für Metallkunde 1926, S. 377.

Schulz, Jenge und Bauerfeld: Neue Fortschritte auf dem Gebiet der Hochleistungslegierungen. Zeitschrift für Metallkunde 1926, S. 155.

Rohn: Säurefeste Legierungen mit Nickel als Basis. Zeitschrift für Metallkunde 1926, S. 387.

Grotewold: Amerikanische Erfahrungen mit säure- und alkalischen Legierungen. Zeitschrift für Metallkunde 1926, S. 399.

Thum: Die Werkstoffe im heutigen Dampfturbinenbau. Zeitschrift des Vereins deutscher Ingenieure 1927, S. 753.

Schwitzky: VA, das neue Schiffbaumaterial. Die Yacht 1927, Nr. 29, S. 13.

Harms: Nirostastahl als Bootsbeschlag. Die Yacht 1927, Nr. 31, S. 10.

Sorge: Die nichtrostenden Stähle und ihre Verwendung. Wirtschaftsrundschau des „Tag". Ausgabe „Deutschland" 1927, Nr. 4.

Schulz: Hitze- und säurebeständige Konstruktionsstoffe. Brennstoff- und Wärmewirtschaft 1927, S. 62.

Oertel und Würth: Über den Einfluß des Molybdäns und Siliziums auf die Eigenschaften eines nichtrostenden Stahls. Stahl und Eisen 1927, S. 742.

Schrifttum.

Friend, Bentley und West: Die Korrosionsfähigkeit von Nickel-, Chrom- und Nickelchromstählen. Ferrum 1912/13, S. 344 (Aus J. I. S. I. 1912 (1), S. 249).

Monnartz: Beitrag zum Studium der Eisenchromlegierungen unter besonderer Berücksichtigung der Säurebeständigkeit. Metallurgie 1911, S. 161 und 193.

Rittershausen: Stähle für die chemische Industrie. Zeitschrift für angewandte Chemie 1921 (34), S. 413.

Säurefeste Legierungen. Trans. Faraday Society (19), 1. Teil.

Chemische und physikalische Eigenschaften säurefester Legierungen. Chem. Met. Eng. 1924 (31), S. 79.

Rostfreier Stahl, Revista minera, metallurgica y de ingenieria 1921, S. 653 und Stahl und Eisen 1922, S. 148.

Rostfreier Elektrostahl, Industritidningen Norden 1921 (2), S. 21 u. Elektrotechnische Zeitschrift 1921, S. 1496.

Die Möglichkeiten für rostfreies Eisen. Foundry Trade Journal 1. Dez. 1921, S. 435.

Neuere Bibliographie über rostfreien Stahl. Mechanical Engineering Juli 1922, S. 469.

Zusammensetzung und Eigenschaften von rostfreiem Stahl. Werkzeugmaschine 1921, S. 454.

Guillet: Die Chromstähle und ihre derzeitige Verwendung. Revue de Métallurgie 1922, S. 499.

Ärztliche Instrumente aus nichtrostendem Stahl. Gewerbefleiß 1922, S. 223.

Rostfreie Stähle, Chem. Met. Eng. 13. Sept. 1922, S. 532.

Smith: Die rostfreien Metalle des Handels. Iron Age 1923 (112), Nr. 10, S. 615 und Metal Industry 1923 (22), Nr. 15, S. 371.

Stumper: Korrosionswiderstand eines Chromnickelstahls. Revue de Métallurgie 1923 (20), Nr. 9, S. 620.

Longdon: Rostfreies Eisen und rostfreier Stahl. Foundry Trade Journal 1922 (26), Nr. 330, S. 479.

Daeves: Rostfreie Stähle. Stahl und Eisen 1922, S. 1315.

— Eisen und Stahlsorten, die nicht rosten und zundern. Präzision 1922 (1), Nr. 19, S. 270.

Polansky: Bibliographie über rostfreies Eisen und rostfreien Stahl. Forging and Heat Treating 1922 (8), Nr. 12, S. 560.

Rohre aus rostfreiem Stahl. Engineer 1922 (134), Nr. 3492, S. 575.

Amerikanische Patente über rostfreien Stahl. Engineer 1923 (135), Nr 3514, S. 469 und Engineering 1923 (115), Nr. 2992, S. 550.

Tammann: Die spontane Passivität der Chromstähle. Stahl und Eisen 1922, S. 577.

— und Sotter: Über das elektrochemische Verhalten der Legierungen des Eisens mit Chrom, des Eisens mit Molybdän und des Eisens mit Aluminium. Zeitschrift für anorganische Chemie 1923, S. 257.

Rostfreier Stahl. Seine praktische Anwendung in Wasser- und Dampfkraftanlagen. Foundry Trade Journal 1923 (28), Nr. 365, S. 131.

Holmesland: Säurebeständige Metallegierungen. Teknisk Ukeblad 1923 (30), S. 239.

Smith: Platinersatzstoffe. Engineering 1923 (116), Nr. 3021, S. 651.
Cyclops Steel Company, New York: Nichtrostende Stahllegierung. D. R. P. Nr. 367613 vom 23. September 1920. Stahl und Eisen 1923, S. 1143.
Patente über rostfreien Stahl. Engineer 1923 (135), Nr. 3515, S. 497 (Haynes gegen Brearley).
Benedicks und Sundberg: Die elektrochemischen Potentiale von Kohlenstoff- und Chromstählen. Stahl und Eisen 1922, S. 278.
Rostfreies Saville-Eisen. Ironmonger 1921, 29. Okt., S. 77.
Gifford: Rostfreie Stähle. Engineer 1924 (137), Nr. 3553, S. 129.
Schwedisches rostsicheres Eisen. Engineering 1923 (116), Nr. 3026, S. 805.
Wirkung der Kaltbearbeitung auf Chromstahl. Technische Zeitschriftenschau 1924 (4), Nr. 7, S. 8.
Korrosionsbeständige Legierungen und der Mechanismus der Korrosion. Chem. Met. Eng. 1924 (30), Nr. 17, S. 671.
Rostsicherer Stahl und rostsicheres Eisen. Ingeniören 1924 (33), Nr. 17, S. 204.
Löf: Über ein neues Verfahren zur Herstellung von rostsicherem Eisen. Teknisk Tidskrift 54, Bergvetenskap 3, S. 17.
Sauveur: Was ist Stahl? American Institute of Minig and Metallurgical Engineers, Frühjahrsversammlung Februar 1924; Stahl und Eisen 1924, S. 1184.
Patentfähigkeit von Gegenständen aus rostfreiem Eisen und Stahl. Brennstoff- und Wärmewirtschaft 1924, S. 140.
French: Verarbeitung von rostfreiem Stahl. Iron and Coal Trades Review 1924 (109), H. 2951, S. 480.
Kjerrmann: Untersuchungen an rostfreiem Stahl. Jernkontorets Annaler 1922 (106), S. 133; Stahl und Eisen 1923, S. 1014 und 1924, S. 727.
Kraft: Der heutige Stand der Baustofffrage von Dampfturbinenbeschauflungen. AEG-Mitteilungen 1924, S. 183.
Griff: Verarbeitung von rostfreiem Stahl. Iron and Coal Trades Review 1924 (109), Nr. 2951, S. 480.
Rostfreie Stähle und ihre praktische Behandlung. Metal Industry 1924 (25), Nr. 16, S. 379.
Primrose: Herstellung und Gebrauch von rostfreiem Eisen. Iron and Coal Trades Review 1925 (110), Nr. 2966, S. 18; Metal Industry 1925 (26), Nr. 2, S. 37 und Nr. 3, S. 64 und Foundry Trade Journal 1925 (31), Nr. 439, S. 56.
Hamilton: Verfahren zur Herstellung von rostfreiem Stahl. D. R. P. Nr. 394853 vom 11. November 1921. Stahl und Eisen 1925, S. 57.
Primrose: Rostfreier Stahl nach dem Hamilton-Evansverfahren. Engineering 1925 (139), Nr. 3622, Beilage „The Metallurgist", S. 74.
Verzunderungsversuche mit Hadfields „Hecla" oder „Era"-A.T.V.-Stählen. Engineering 1925 (120), Nr. 3109, S. 142.
Neuer Verwendungszweck für rostfreies Eisen. Iron Age 1926 (117), Nr. 17, S. 1189.
Clark: Die neuere Entwicklung auf dem Gebiete des nichtrostenden Stahls. Stahl und Eisen 1926, S. 196 (Schottky).

Schrifttum. 341

Aktiebolaget Ferrolegeringer, Stockholm. Verfahren zur Herstellung von rostfreiem, chromhaltigem Eisen oder Stahl. D. R. P. vom 10. Mai 1926. Stahl und Eisen 1926, S. 1300.

Wild, Sheffield: Verfahren zur Erzeugung von kohlenstofffreien oder kohlenstoffarmen Eisenlegierungen, wie Eisenchrom oder rostfreies Eisen. D. R. P. vom 20. Februar 1923. Stahl und Eisen 1926, S. 1766.

Rostfreies Eisen (Delhi Tough). Foundry Trade Journal 1926 (33), Nr. 506, S. 328.

Elliot und Willey: Gegen chemische Einwirkung widerstandsfähige Stähle unter Berücksichtigung hoher und tiefer Temperaturen. Metal Industry 1926 (29), Nr. 5, S. 109; Nr. 6, S. 134 und Nr. 7, S. 156.

Thompson: Widerstand verschiedener Metalle gegen Salpetersäure. Chem. Met. Eng. 1926 (33), Nr. 10, S. 614.

Nelson: Hochlegierte Chromstähle für hohe Anforderung. Chem. Met. Eng. 1926 (33), S. 612.

Mac Quigg: Chromlegierungen für chemische Anlagen. Chem. Met. Eng. 1926 (33), Nr. 10, S. 609.

Joske: Rostfreie Stähle. Metal Industry 1926 (29), Nr. 18, S. 419.

Rostsichere Eisenlegierungen. Ingeniören 1926 (35), S. 529.

Großmann: Verhalten des Kohlenstoffs in hochlegierten, rostfreien Chromstählen. Trans. A. S. S. T. 1926 (10), Nr. 3, S. 436.

Mochel: Rostfreier Stahl. Trans. A. S. S. T. 1926 (10), Nr. 3, S. 353.

Weber (Erfinder Sommer und Rapatz): Korrosionssichere Stahllegierung. D. R. P. vom 1. Oktober 1926. Stahl und Eisen 1926, S. 1887.

Speller: Korrosion von Baustahl. American Iron and Steel Institute, Herbstversammlung am 22. September 1926. Stahl und Eisen 1927, S. 677.

Hadfield: Hitzebeständige Legierungen. Stahl und Eisen 1927, S. 1583.

Primrose: Rostfreies Eisen. Proc. Staffordshire Iron Steel Inst. 1924/25 (40), S. 59.

Rohn: Vergleichende Untersuchungen über die Oxydation von Chromnickellegierungen bei hohen Temperaturen. Elektrotechnische Zeitschrift 1927, S. 227 und 317.

Mochel und Großmann: Einige Eigenschaften des rostfreien Eisens. Stahl und Eisen 1927, S. 971.

De St. Pierre du Bosc: Die Erzeugung von rostfreiem Eisen im elektrischen Ofen. Iron Trade Review 1927 (80), Nr. 7, S. 457.

Brès: Die rostfreien Stähle im Flugzeugbau. Aciers spéciaux 1926 (2), Nr. 15, S. 591.

Downes: Die Vorteile des rostfreien Stahls. Iron Age 1926 (118), Nr. 19, S. 1265.

Eigenschaften und Anwendungsgebiete von nichtrostendem Stahl. Electrical Review 98, Nr. 2526, S. 658 und Gießereizeitung 1926, S. 591.

Mac Vettly und Mochel: Festigkeitseigenschaften von nichtrostendem Stahl und anderen Legierungen bei hohen Temperaturen. Trans A. S. S. T. 1927 (11), Nr. 1 S. 73, 100 und 169.

Ostroga: Bemerkungen über Chrom- und Kobaltstähle. Revue de Métallurgie 1927 (24), S. 135.

Kornatschewskyj: Nichtrostende Stähle. Tschnitschni Wisty, Lemberg 1926 (2), Nr. 5/6, S. 33, Nr. 7/12, S. 51.

Hadfield: Fortschritte in der Entwicklung und praktischen Anwendung wärmebeständiger und nichtrostender Stähle. Metal Industry 1927 (30), Nr. 4, S. 117.

Nahtlose Mannesmannrohre aus nichtrostendem, säure- und hitzebeständigem Stahl. Glasers Annalen 1927, S. 116.

Nahtlose Mannesmannröhren aus VA-Stählen. Werbeschrift der Mannesmannröhrenwerke, Düsseldorf.

Rustless Acid and Heat-resisting Seamless Tubes. Werbeschrift der Mannesmannröhrenwerke, Düsseldorf.

Drähte aus nichtrostenden Sonderstählen. Werbeschrift der Westfälischen Drahtindustrie, Hamm.

Direkte Herstellung rostfreien Eisens und Stahls nach dem Flodni-Gustafsonschen Verfahren. Anzeiger für Berg-, Hütten- und Maschinenwesen 1927 (110), S. 6.

Schottky: Die Geburt des V2A-Stahls. Kraft und Stoff. November 1927.

V2A-Dichtungen in Absperrmitteln. Kruppsche Monatshefte 1927, S. 192.

Rostfreies Eisen nach einem neuen Verfahren. Iron Age 1927 (119), S. 990 und Stahl und Eisen 1927, S. 1880.

Rostfreies Eisen in England. Anzeiger für Berg-, Hütten- und Maschinenwesen 1927 (130), S. 9.

Honegger: Über den Verschleiß von Dampfturbinenschaufeln. BBC-Mitteilungen 1927, S. 146.

Kraft: Eisen und Stahl im Dampfturbinenbau. AEG-Mitteilungen. Januar 1928.

Verlag von Julius Springer in Berlin W 9

Die Werkzeugstähle und ihre Wärmebehandlung.
Berechtigte deutsche Bearbeitung der Schrift "The heat treatment of tool steel" von **Harry Brearley,** Sheffield. Von Dr.-Ing. **Rudolf Schäfer.** Dritte, verbesserte Auflage. Mit 226 Textabbildungen. X, 324 Seiten. 1922. Gebunden RM 12.—

Aus den Besprechungen:

Unzweifelhaft ein vorzügliches Werk, das großen Anklang finden dürfte. Der Verfasser schildert nicht nur die physikalischen Eigenschaften des Stahles in einer dem Laien verständlichen Art, sondern er geht auch näher auf die Behandlung des Stahles in der Werkstatt ein und gibt so dem in der Praxis Stehenden sehr gute, auf gründliche Erfahrungen gestützte Winke, deren Befolgung manche Fehler vermeiden läßt. Bei der neuen Auflage wurde die Behandlung der legierten Stähle besonders hervorgehoben, sowie die Beschreibung der Härteanlagen ausführlich gebracht, wobei die modernsten Verhältnisse berücksichtigt wurden. Dadurch ist der Wert des Buches wesentlich gehoben worden. Da der Verfasser die Behandlung des Kapitels über Einsatzhärtung in einem gesonderten Werk verspricht, so kann man in diesem Buch darauf verzichten, umsomehr, als sie in das Gebiet der Konstruktionsstähle gehört. Der Krieg hat eine wesentliche Umwälzung auf dem behandelten Gebiet geschaffen, sodaß der Werkzeugfabrikant und Härter umlernen mußte. Darum ist ein Werk zu begrüßen, das alle diese Verhältnisse berücksichtigt. Ein umfangreiches Literatur-Verzeichnis gestattet Interessenten, sich weiter in die Materie zu vertiefen. Es dürfte auf dem Gebiet wohl selten eine Arbeit geben, die in gleichem Maße wie die vorliegende aus der Praxis für die Praxis spricht. Für wirtschaftliche Leistung ist gutes Werkzeug die Hauptbedingung. Es kann aber nur durch sachgemäße Behandlung erzielt werden. Hierfür genügt nicht allein, daß der Härter eine bestimmte Stahlsorte härten kann, er muß vielmehr in der Lage sein, alle vorkommenden Stähle zu behandeln, um für gegebene Fälle ein individuelles Werkzeug zu schaffen. Hierzu gibt ihm das vorliegende Werk Mittel an die Hand. Es kann aus diesem Grunde bestens empfohlen werden und sollte in keiner modernen Werkzeugfabrik und Härterei fehlen.
"Technisches Blatt der Frankfurter Zeitung."

Die Konstruktionsstähle und ihre Wärmebehandlung.
Von Dr.-Ing. **Rudolf Schäfer.** Mit 205 Textabbildungen und einer Tafel. VIII, 370 Seiten. 1923. Gebunden RM 15.—

Aus den Besprechungen:

Das Bedürfnis, jeden Betrieb nach neuesten wissenschaftlichen Untersuchungen möglichst vollkommen zu leiten, ist in den letzten Jahren immer stärker hervorgetreten. Der Konstrukteur, der Betriebsingenieur, der häufig nicht immer in der Lage ist, die bereits erschienene Literatur und die neuesten Forschungen zu verfolgen und die Ergebnisse seinem Betriebe nutzbar zu machen, braucht ein Buch, das ihm ermöglicht, sich diese Grundlage schnell und auf bequeme Art zugänglich zu machen. Der Verfasser hat diesem Bedürfnis abgeholfen und sich ein unbestreitbares Verdienst um die wissenschaftliche Durchdringung in den praktischen Betrieben erworben. Sein Buch verfolgt den Zweck, die Kenntnis der wichtigsten wissenschaftlichen Tatsachen und praktischen Erfahrungen, die für die richtige Auswahl und Behandlung des Stahles als Konstruktionsmaterial erforderlich sind, den weitesten Kreisen in knapper, leicht verständlicher Form zu unterbreiten. Aber nicht allein der Techniker, auch der Kaufmann, der mit dem Einkauf des Stahles betraut ist, wird das Buch nach dem Lesen mit Befriedigung aus der Hand legen; ihm ist die Möglichkeit gegeben, sich schnell und leicht über die zu fordernden chemischen und physikalischen Eigenschaften eines Stahles, der für einen bestimmten Zweck ins Auge gefaßt ist, Auskunft zu verschaffen. ... Das Buch, in dem alles Unwesentliche ausgeschaltet ist und nur solches gebracht wird, was für den Praktiker von Vorteil ist, steht, was Sachlichkeit anbelangt, auf dem neuesten Stande der Wissenschaft ... Im ganzen betrachtet, stellt das Buch eine hervorragende, kritische Zusammenstellung der heutigen Forschung über die Eigenschaften des Stahles als Konstruktionsmaterial dar, das in den Kreisen der Praktiker und der Wissenschaftler weiteste Verbreitung verdient. Die Ausstattung ist, was besonders in Anbetracht der heutigen ungünstigen Verhältnisse hervorgehoben werden soll, ganz hervorragend.
"Maschinenbau."

Verlag von Julius Springer in Berlin W 9

Brearley-Schäfer, Die Einsatzhärtung von Eisen und Stahl.
Berechtigte deutsche Bearbeitung der Schrift "The Case Hardening of Steel" von **Harry Brearley**, Sheffield. Von Dr.-Ing. **Rudolf Schäfer**. Mit 124 Textabbildungen. VIII, 250 Seiten. 1926. Gebunden RM 19.50

Aus den Besprechungen:

Bei der großen Bedeutung des Einsatzhärtens für die Fahrzeugindustrie ist es zu begrüßen, daß das Brearleysche Buch über diesen Gegenstand auch in deutscher Bearbeitung erschienen ist. Das Buch wendet sich vor allem an die Stahlverbraucher und ist so geschrieben, daß es auch der weniger wissenschaftlich Vorgebildete benutzen kann. Die Hauptabschnitte befassen sich mit folgenden Gegenständen: Gefügeänderungen beim Einsatzhärten, Sehne, Eigenschaften der Außenschicht, Arbeitsvorgänge beim Einsatzhärten, Kohlungsmittel, Automobilstähle, Härten und Anlassen, Prüfungsverfahren. ... Beim Lesen dieses Buches wird es einem bewußt, wieviel Fragen über die Kohlungsvorgänge, über die Prüfung der Einsatzstähle noch zu lösen sind. Im ganzen kann man das Buch als eine sehr wertvolle Bereicherung des Schrifttums ansehen, zumal da es ... das einzige bedeutende Werk über jenen Gegenstand ist. *„Stahl u. Eisen."*

Die Edelstähle.
Ihre metallurgischen Grundlagen. Von Dr.-Ing. **F. Rapatz**, Leiter der Versuchsanstalt im Stahlwerk Düsseldorf, Gebr. Böhler & Co., A.-G. Mit 93 Abbildungen. VI, 219 Seiten. 1925.
Gebunden RM 12.—

Die Schneidstähle,
ihre Mechanik, Konstruktion und Herstellung. Von Dipl.-Ing. **Eugen Simon**. Dritte, vollständig umgearbeitete Auflage. Mit etwa 550 Textfiguren. In Vorbereitung.

Über Dreharbeit und Werkzeugstähle.
Autorisierte deutsche Ausgabe der Schrift: "On the art of cutting metals" von **Fred. W. Taylor**, Philadelphia. Von Prof. **A. Wallichs**, Aachen. Vierter, unveränderter Abdruck. 5. und 6. Tausend. Mit 119 Figuren und Tabellen. XII, 231 Seiten. 1920. Gebunden RM 8.40

Härten und Vergüten.
Von **Eugen Simon**. Erster Teil: Stahl und sein Verhalten. Zweite, verbesserte Auflage. (16.—17. Tausend.) Mit 63 Figuren und 6 Zahlentafeln. 64 Seiten. 1923. Zweiter Teil: Die Praxis der Warmbehandlung. Zweite, verbesserte Auflage. (16.—17. Tausend.) Mit 105 Figuren und 11 Zahlentafeln. (Bildet Heft 7 und 8 der „Werkstattbücher". Herausgegeben von Eugen Simon.) 64 Seiten. 1923. Jedes Heft RM 1.80

Blöcke und Kokillen.
Von **A. W.** und **H. Brearley**. Deutsche Bearbeitung von Dr.-Ing. **F. Rapatz**. Mit 64 Abbildungen. IV, 142 Seiten. 1926. Gebunden RM 13.50

Das technische Eisen.
Konstitution und Eigenschaften. Von ord. Prof. Dr.-Ing. **Paul Oberhoffer**, Aachen. Zweite, verbesserte und vermehrte Auflage. Mit 610 Abbildungen im Text und 20 Tabellen. X, 598 Seiten. 1925. Gebunden RM 31.50

MIX
Papier aus verantwortungsvollen Quellen
Paper from responsible sources
FSC® C105338

If you have any concerns about our products,
you can contact us on
ProductSafety@springernature.com

In case Publisher is established outside the EU,
the EU authorized representative is:
**Springer Nature Customer Service Center GmbH
Europaplatz 3, 69115 Heidelberg, Germany**

Printed by Libri Plureos GmbH
in Hamburg, Germany